装备科技译著出版基金

工程动力学与振动的最新研究进展

［挪］Junbo Jia　［韩］Jeom Kee Paik　主编

舒海生　孔凡凯　黄璐　卢家豪　译

国防工业出版社

·北京·

著作权合同登记　图字:01-2022-3644 号

图书在版编目(CIP)数据

工程动力学与振动的最新研究进展/(挪威)贾俊波(Junbo Jia),(韩)全记白(Jeom Kee Paik)主编;舒海生等译. —北京:国防工业出版社,2023.1

书名原文:Engineering Dynamics and Vibrations: Recent Developments

ISBN 978-7-118-12683-9

Ⅰ.①工… Ⅱ.①贾… ②全… ③舒… Ⅲ.①工程力学-动力学-研究进展②振动-研究进展 Ⅳ.①TB12 ②O32

中国版本图书馆 CIP 数据核字(2022)第 225018 号

Engineering Dynamics and Vibrations 1st Edition/by Junbo Jia,Jeom Kee Paik/9780367780449

Copyright © 2018 by CRC Press.

Authorized translation from English language edition published by CRC Press, part of Taylor & Francis Group LLC; All rights reserved.

本书原版由 Taylor & Francis 出版集团旗下,CRC 出版公司出版,并经其授权翻译出版。

版权所有,侵权必究。

National Defense Industry Press is authorized to publish and distribute exclusively the Chinese (Simplified Characters) language edition. This edition is authorized for sale throughout Mainland of China. No part of the publication may be reproduced or distributed by any means, or stored in a database or retrieval system, without the prior written permission of the publisher.

本书中文简体翻译版经授权由国防工业出版社独家出版,并限在中国大陆地区销售。未经出版者书面许可,不得以任何方式复制或发行本书的任何部分。

※

国防工业出版社出版发行

(北京市海淀区紫竹院南路 23 号　邮政编码 100048)
三河市腾飞印务有限公司印刷
新华书店经售

*

开本 710×1000　1/16　插页 1　印张 23¾　字数 422 千字
2023 年 1 月第 1 版第 1 次印刷　印数 1—1500 册　　定价 149.00 元

(本书如有印装错误,我社负责调换)

国防书店:(010)88540777　　书店传真:(010)88540776
发行业务:(010)88540717　　发行传真:(010)88540762

前　言

　　本书主要介绍了工程动力学、振动与冲击领域内诸多国际专家和学者团队在近年来所进行的研究工作，不仅涵盖了这一研究领域的核心基础内容，同时还阐述了当前所取得的一系列全新进展。

　　动力学和振动这一研究主题最早起源于艾萨克·牛顿爵士的著作——《自然哲学的数学原理》，随后瑞利爵士在其著作《声学理论》中又为这一主题的进一步研究铺平了道路。事实上，这两本巨著也为机械动力学领域的重要地位奠定了基础。自此之后，大量科研和工程技术人员都在运用这些理论来处理各自所关心的应用科学和技术场合中的问题，同时也使这些理论得到了进一步丰富和扩充。

　　20世纪，人们在建筑、机械和航空等工程领域内的投资是巨大的，目前正朝着高速化、轻量化以及对环境影响的鲁棒性等方向发展，由此也导致在很多相关设计工作中人们不得不面对性能极限问题。不仅如此，在不可预测的或具有高度不确定性的环境中，为了确保所需实现的功能（这是最基本的要求），工程技术人员往往还会遇到更多动力学方面的问题。虽然人们至今尚未充分地认识和理解动力学这一科学主题（或许永远不会达到完全理解的程度），不过从实用层面来看，20世纪这一领域中所出现的大量研究工作仍然为我们提供了一个相当系统的并且具有一致性和定量特点的知识框架。在这些研究工作的推动下，当前的实用动力学理论要比以往显得更为复杂，同时它们的重要性也日益突出。应当指出的是，过去的50年间实用动力学所取得的显著进步，也要归功于计算机技术、便携式和精密测试仪器与测试技术，以及计算方法等方面的快速发展。当然，实用动力学的发展也使当前设计工作的具体实现面临更多的挑战，对工程技术人员提出了更高的要求，特别是需要他们更加透彻地理解动力学这一主题。尽管工程领域已经有了很大的发展，然而我们应当清醒地认识到，在与动力学和振动相关的很多实际问题的研究方面，人们往往并没有成功地予以解决。不仅如此，在有些情况下即使工程技术人员能够采用计算机来完成一些高级动力学分析任务，也往往并不能透彻地认识和理解这些任务背后所蕴含的动力学基本原理，因此也就使得理论与应用之间存在着脱节现象。显然，这一现状将会令相关的技术人员在验证分析结果和对这些分析结果加以本质层面的解读时备感困难,或者会导致他们难以进一步改进工程设计(与动力学、振动和冲击相关)。不难理解,由此将带来不可忽视的安全隐患并产生较大的经济损失。

正是由于上述原因,本书将针对工程动力学、振动和冲击这一领域,详细阐述近年来的最新研究进展,内容涵盖了该领域中的相关概念、原理和求解方法等重要方面。这些内容对于实际工程问题的求解,特别是一些较为困难的问题求解都是十分有益的。可以说,本书的涉及面是相当广的,从基本的动力学、振动和冲击方面的研究到更高级的非线性动力学和随机动力学的研究,都进行了介绍;不仅如此,我们并不局限于基本原理层面的介绍,而是密切联系实际,针对由风、海洋(水波)、地震和爆炸等载荷引起的各种动力学问题,细致地描述相关原理的实际应用。此外,本书还针对噪声控制问题单独安排了一章内容,对与此有关的原理做了详尽阐述。

本书的主要目的是为相关科技人员介绍动力学、振动和冲击这一研究主题的近期研究进展,覆盖了该领域内的基本内容和高级内容,同时也注重理论和实践两方面的有机结合,因而是一本十分有益的参考书。事实上,无论是那些正在寻求日常工程问题解决方法的工程技术人员,还是那些致力于将理论与实际联系起来的学生或研究者,他们都能从本书各章所安排的内容中获益,不仅如此,这些内容也可为其他对一般动力学、振动和声学问题感兴趣的科技工作者和学生提供帮助。此外,我们相信本书还能够在面向极端条件和偶然性条件的结构系统容限设计方面发挥应有的作用。

尽管本书并不倾向于特定的"学派",不过所阐述的内容仍然不可避免地会体现出各章作者所特有的适合自身的"最佳分析过程"和"工作习惯",特别是在选择研究点、详尽的分析步骤、数学处理方式和符号表达等方面更是如此。我们希望这些不会妨碍读者们寻求适合于自己的分析习惯。

我们要感谢那些为本书内容提供素材的诸多研究人员和研究团队,此外,书中还列出了大量参考文献,它们反映了这一研究领域的历史发展和近期研究进展,在这里也要向所有这些文献的作者们表示衷心的谢意。最后,我们也要感谢为本书的版权提供帮助的人们。

Junbo Jia

Jeom Kee Paik

目　　录

第1章　动力学、振动和冲击概述 ·· 1

1.1　引言 ·· 1
1.2　动力学问题的表现 ·· 1
1.3　动力学的利用 ·· 13
1.4　动力学和静力学问题 ·· 18
1.5　动力学问题的求解 ·· 22
1.6　动力学响应的特性 ·· 25
1.7　动态环境载荷的频率范围 ·· 33
1.8　动力学分析领域的先驱 ·· 35
致谢 ··· 36
参考文献 ·· 36

第2章　碳氢化合物爆炸产生的非线性结构响应 ··························· 38

2.1　引言 ··· 38
2.2　相关理论基础 ··· 40
　　2.2.1　爆炸压力曲线 ·· 40
　　2.2.2　碳氢化合物的热力学相关知识 ······································ 41
　　2.2.3　流体控制方程——扩散和爆炸 ······································ 43
　　2.2.4　湍流模型——$k-\varepsilon$ 模型 ··· 44
　　2.2.5　风边界——扩散 ··· 44
　　2.2.6　燃烧模型 ··· 45
　　2.2.7　非线性结构响应的数值模型 ··· 46
2.3　现行规则和行业惯例 ··· 47
　　2.3.1　美国船级社 ·· 47
　　2.3.2　美国石油协会 ·· 49

    2.3.3 挪威船级社和德国劳氏船级社 ………………………………… 51
    2.3.4 火灾与爆炸信息协会 …………………………………………… 53
    2.3.5 国际标准化组织 ………………………………………………… 53
    2.3.6 劳氏船级社 ……………………………………………………… 54
    2.3.7 挪威石油工业技术标准（挪威标准）………………………… 55
  2.4 面向高级工程实践的若干建议 ……………………………………… 56
    2.4.1 推荐采用的方法 ………………………………………………… 56
    2.4.2 各种推荐做法的比较 …………………………………………… 59
  2.5 应用实例 ……………………………………………………………… 61
    2.5.1 爆炸载荷评估 …………………………………………………… 61
    2.5.2 将爆炸载荷应用于非线性结构响应分析 ……………………… 63
    2.5.3 非线性结构响应分析 …………………………………………… 65
  2.6 本章小结 ……………………………………………………………… 66
  缩略语和相关术语 ………………………………………………………… 68
  符号表 ……………………………………………………………………… 69
  参考文献 …………………………………………………………………… 72

第3章 海工结构的随机动力分析 ……………………………………………… 74
  3.1 引言 …………………………………………………………………… 74
  3.2 理论基础 ……………………………………………………………… 76
    3.2.1 概述 ……………………………………………………………… 76
    3.2.2 波浪环境的统计模型 …………………………………………… 76
    3.2.3 线性和非线性结构响应分析 …………………………………… 78
    3.2.4 频域和时域动力响应分析 ……………………………………… 82
    3.2.5 概率域中的随机分析 …………………………………………… 88
    3.2.6 长期响应特性 …………………………………………………… 94
    3.2.7 基于等值线的长期极端响应分析 ……………………………… 95
    3.2.8 结构可靠性分析 ………………………………………………… 106
    3.2.9 非高斯随机变量的失效概率计算 ……………………………… 111
  3.3 现行规则和行业惯例 ………………………………………………… 113
    3.3.1 概述 ……………………………………………………………… 113
    3.3.2 极限状态和设计方式 …………………………………………… 113

3.3.3　结构元件的类型 ··· 114
　　3.3.4　结构完整性管理、再鉴定和寿命延长 ······················ 114
3.4　针对进一步工程实践的若干建议 ··· 115
3.5　本章小结 ··· 116
符号表 ··· 116
参考文献 ·· 119

第4章　基于缓波几何的深海钢质立管的应力和振动抑制 ············ 124

4.1　引言 ·· 124
4.2　立管系统 ··· 124
　　4.2.1　深水严苛环境下立管系统面临的挑战 ························· 124
　　4.2.2　各类深水立管系统 ·· 125
4.3　SLWR 构型 ·· 127
　　4.3.1　模型概述 ·· 127
　　4.3.2　SLWR 的变型 ·· 128
　　4.3.3　管道和浮力块的特性 ·· 128
　　4.3.4　环境条件 ·· 130
4.4　长期响应和极限应力分析结果 ·· 133
　　4.4.1　长期响应分析结果 ··· 134
　　4.4.2　极限状态分析结果 ··· 135
4.5　波致疲劳的分析结果 ··· 138
4.6　涡致振动引发的疲劳 ··· 139
4.7　本章小结 ··· 140
致谢 ·· 140
参考文献 ·· 140

第5章　风致动力响应的计算 ·· 142

5.1　引言 ·· 142
5.2　相关理论基础 ·· 147
　　5.2.1　模态坐标系下的响应计算 ·· 153
　　5.2.2　模态坐标下的频域求解 ··· 155
　　5.2.3　一些可行的简化处理 ·· 158

5.3　当前应用实践介绍 ·· 162
　　　　5.3.1　基于简化的逐阶模态法计算动力响应 ······························· 162
　　　　5.3.2　风场描述 ·· 166
　　　　5.3.3　静态载荷系数 ··· 168
　　　　5.3.4　用于确定气动导数的气动弹性实验 ······································ 168
　　5.4　面向进一步工程实践的若干建议 ·· 170
　　　　5.4.1　基于自由悬挂节段模型实验进行气动导数的确定 ············ 170
　　　　5.4.2　基于强迫振动实验进行气动导数的确定 ···························· 171
　　　　5.4.3　气动导数的全尺度应用 ·· 173
　　5.5　本章小结 ·· 174
　　符号说明 ·· 174
　　参考文献 ·· 177

第6章　新的确定性地震加速度时程和频谱
　　　　——地震分析中的NDSHA方法 ·· 179

　　6.1　引言 ··· 179
　　　　6.1.1　关于术语"概率"的评述 ·· 185
　　6.2　NDSHA基本原理 ··· 186
　　　　6.2.1　区域尺度分析 ·· 188
　　　　6.2.2　特定场地分析 ·· 194
　　　　6.2.3　最大可信地震输入 ·· 195
　　　　6.2.4　NDSHA和地震活动的长期特性 ·· 201
　　　　6.2.5　全国范围内的时变NDSHA场景 ··· 203
　　6.3　基本方法和建议 ·· 205
　　　　6.3.1　基于NDSHA的推荐做法 ·· 205
　　6.4　时程选择 ·· 208
　　　　6.4.1　加速度记录的选择:问题和建议 ·· 208
　　　　6.4.2　目标反应谱 ·· 209
　　　　6.4.3　周期范围 ·· 210
　　　　6.4.4　分析次数 ·· 210
　　　　6.4.5　地球物理和地质参数 ··· 211
　　　　6.4.6　加速度记录的获取 ·· 212

  6.4.7 基于 NDSHA 的选择 ··········· 213
 6.5 实例分析 ··········· 218
  6.5.1 印度 ··········· 219
  6.5.2 意大利北部——2012 年艾米莉亚地震 ··········· 219
  6.5.3 意大利中部 ··········· 220
 6.6 本章小结 ··········· 222
 缩略语 ··········· 223
 参考文献 ··········· 225

第 7 章　基于能量的地震动参数预测方程
——在土耳其西北部的区域应用 ··········· 233

 7.1 引言 ··········· 233
 7.2 模型参数和强震数据库 ··········· 234
 7.3 基于能量的地震动参数的相关背景介绍 ··········· 236
 7.4 回归模型 ··········· 238
 7.5 回归结果 ··········· 239
  7.5.1 吸收能 ··········· 239
  7.5.2 输入能 ··········· 244
 7.6 讨论 ··········· 248
  7.6.1 强度参数和能量参数的预测结果比较 ··········· 249
  7.6.2 所构建的模型与美国西部模型的对比 ··········· 250
  7.6.3 场地条件导致的能量参数的放大 ··········· 255
 7.7 本章小结 ··········· 256
 致谢 ··········· 256
 参考文献 ··········· 257

第 8 章　框架结构的非线性抗震分析 ··········· 258

 8.1 引言 ··········· 258
 8.2 非线性结构分析的应用现状 ··········· 259
 8.3 相关理论背景 ··········· 262
  8.3.1 非线性源 ··········· 262
  8.3.2 结构构件的建模 ··········· 264

8.3.3　结构分析中的非线性问题求解 …………………………… 268
　　　8.3.4　非线性分析的类型 …………………………………………… 273
　8.4　基于非线性分析方法进行数值预报的可靠性 ……………………… 275
　　　8.4.1　盲测研究 ……………………………………………………… 276
　　　8.4.2　实例验证 ……………………………………………………… 276
　8.5　进一步的工程实践建议 ……………………………………………… 282
　　　8.5.1　结构构件建模方面 …………………………………………… 282
　　　8.5.2　需求性能水平和验收标准 …………………………………… 283
　8.6　本章小结 ……………………………………………………………… 284
　致谢 ………………………………………………………………………… 284
　参考文献 …………………………………………………………………… 284

第 9 章　独塔斜拉桥的减震技术 …………………………………………… 288

　9.1　引言 …………………………………………………………………… 288
　9.2　斜拉桥的建模 ………………………………………………………… 290
　　　9.2.1　桥面 …………………………………………………………… 290
　　　9.2.2　塔柱和桥墩 …………………………………………………… 291
　　　9.2.3　斜拉索 ………………………………………………………… 292
　　　9.2.4　桩-土相互作用 ……………………………………………… 293
　9.3　减震装置 ……………………………………………………………… 294
　　　9.3.1　概述 …………………………………………………………… 294
　　　9.3.2　黏性阻尼器 …………………………………………………… 295
　　　9.3.3　摩擦滑移支座 ………………………………………………… 295
　9.4　独塔斜拉桥的地震反应分析 ………………………………………… 297
　　　9.4.1　独塔斜拉桥的数值模型 ……………………………………… 297
　　　9.4.2　不同桥梁模型的动力特性 …………………………………… 299
　　　9.4.3　非线性地震反应 ……………………………………………… 299
　　　9.4.4　带有黏滞阻尼器的桥梁的地震反应 ………………………… 307
　9.5　基础隔震斜拉桥的抗震设计 ………………………………………… 308
　　　9.5.1　基础隔震斜拉桥的替代结构 ………………………………… 308
　　　9.5.2　设计流程 ……………………………………………………… 312
　　　9.5.3　实例验证分析 ………………………………………………… 314

9.6　结论与展望 ………………………………………………………… 317
参考文献 ………………………………………………………………… 317

第10章　噪声控制原理 ……………………………………………… 320

10.1　引言 ………………………………………………………………… 320
10.2　噪声控制方法 ……………………………………………………… 322
 10.2.1　源–路径–接受者原理 ………………………………………… 324
 10.2.2　噪声源 ………………………………………………………… 325
 10.2.3　噪声源的类型 ………………………………………………… 328
 10.2.4　噪声源处的控制 ……………………………………………… 328
 10.2.5　在传播路径上进行噪声控制 ………………………………… 329
 10.2.6　在接收端进行噪声控制 ……………………………………… 330
 10.2.7　购买低噪声产品 ……………………………………………… 330
 10.2.8　最佳噪声控制方法的选择实例 ……………………………… 331
 10.2.9　本节小结 ……………………………………………………… 332
10.3　噪声控制措施 ……………………………………………………… 332
 10.3.1　板的声辐射 …………………………………………………… 332
 10.3.2　墙壁和房间隔断 ……………………………………………… 334
 10.3.3　多重墙和复杂结构 …………………………………………… 337
 10.3.4　隔声罩 ………………………………………………………… 339
 10.3.5　加装吸声材料 ………………………………………………… 344
 10.3.6　振动隔离 ……………………………………………………… 347
 10.3.7　调谐吸振器 …………………………………………………… 352
 10.3.8　阻尼减振 ……………………………………………………… 354
 10.3.9　消音器 ………………………………………………………… 356
10.4　本章小结 …………………………………………………………… 364
参考文献 ………………………………………………………………… 364

第1章　动力学、振动和冲击概述

Junbo Jia①

1.1　引　　言

　　动力学、振动和冲击等行为一般源自于时变的力和(或)运动的作用。当一个动力学系统(由刚度、惯性和阻尼构成)承受这些时变的力和(或)运动时,它所展现出的响应将明显区别于仅有静载作用的情况。实际上,动力学问题和静力学问题的主要不同之处就体现在惯性和时变激励上。一般将时变的力或运动称为动力载荷,这种载荷有很多,如风载荷(Jia,2011)、地震载荷(Jia,2012)、海浪载荷(Jia,2008)、冰层冲击(Jia等,2009)、机械设备的振动载荷或人致振动载荷、爆炸或撞击效应,甚至还包括承受静载作用的结构系统发生的刚度突变(Jia,2014)等。所有此类问题都可称为动力学问题,即便其中的一部分可以简化成等效的静力学问题。对于动力学、振动和冲击行为的分析与设计,在很多方面与其说是一门科学,倒不如说是一种艺术。尽管在相关的分析与设计过程中,确实需要以严谨的科学态度进行透彻的检查,然而这并不能否定直觉、想象以及经验和知识的有机融合的重要贡献。事实上,在进行动力学分析和设计的过程中,研究人员往往必须具备一定的"直觉力"才能有效地解决所面临的相关问题。

1.2　动力学问题的表现

　　我们每天所处的环境中都充斥着大量的动力学问题,如早晨闹钟的铃声、爱人的声音、收音机和电视机传出的声音、交通噪声、桅杆和树木的随风摇摆,甚至我们的心跳(Jia,2014)等都属于动力学问题的范畴。

　　操场上的秋千可以说是一种最基本的动力学实例,如图1.1所示,为了增大其摆动幅度,坐在秋千上的人或者推秋千的人必须对秋千施加激励力,并且这个

---

① Aker Solutions, Bergen, Norway, Email: junbojia2001@yahoo.com.

激励力应当跟秋千的运动处于相同的相位,换言之,即激励力的周期必须靠近或者等于该秋千的固有周期,这样才能形成共振状态。就图1.1所示的秋千而言,如果它的摆动幅度较小,那么固有周期 T_n(在摆动弧上来回一次所用的时间)将近似为一个常数,即

$$T_n \approx 2\pi \sqrt{\frac{L}{g}} \tag{1.1}$$

式中:L 为单根悬绳的长度;g 为重力加速度。

图1.1 操场秋千上玩耍的孩子

必须注意的一点是,在式(1.1)的固有周期计算中,假定秋千的悬绳质量忽略不计,并且秋千上的孩子视为一个质点。当绳子长度为1.5m时,这个秋千的固有周期约为2.5s。式(1.1)一般称为单摆定律,最早是由伽利略·伽利雷于1583年发现的,当年他才19岁,有一次坐在比萨大教堂中时,他注意到头顶上的吊灯始终以不变的周期在摆动(图1.2),由此受到了启发。

尽管我们实际上一直在利用各种动力学现象为我们服务,然而往往并不去思考日常生活中的这些动力学问题,这很可能正是因为它们显得太过于常见了而已。不过,如果能够对这些问题稍微多关注一些,那么很可能会使得我们的生活变得更加安全方便和轻松愉快。

在工程领域中,诸多工程结构的设计或维护往往都需要我们对其动力学响应做出细致审慎的考量,如高层建筑、桥梁、船舶、海工结构、飞机、陆地车辆、航

图 1.2 比萨大教堂悬挂的灯
(2013 年拍摄,与 1583 年该灯的状态可能有所区别)

天器、机械设备以及微电子元件等。

通过一些典型事故案例,就不难认识和理解动力学问题的重要性,这些案例都是由于没有恰当地考虑动力学行为而导致的。

1985 年,墨西哥城发生了一起 8.1 级地震,造成了 412 座建筑物倒塌,并且另有 324 座建筑物严重受损(图 1.3)。值得注意的是,这些市区建筑物中的绝大多数都在 8~18 层这个高度,它们的共振周期大约在 2.0s 附近,在该城市的软土地基情况下,传递到地表处的地震波的主导周期(dominant period)也在 2.0s 左右,由此产生了共振行为(Elnashai 和 Sarno,2008)。类似地,1994 年的 Northridge 地震也导致了较严重的结构损伤,其原因也是上层建筑与地震激励形成了共振(Broderick 等,1994)。

工程结构的故障常常是由于共振导致的,如管道的过大振动或声学共振会产生裂纹,进而又会导致管路出现泄漏。即使共振没有使结构立刻发生故障,它们也会导致这些结构产生显著的变形或较大的加速度,由此可能造成物体掉落、安装在结构上的机械电子设备失效或不稳定,以及人员产生不适、损伤或伤亡等不良后果。如图 1.4 所示,其中展现了某海上平台在受到大风暴袭击后出现的混乱场景,这是由于大风暴使该平台产生了过大的运动(由于共振)而导致的。对于船舶而言,过大的横摇运动(围绕船只纵轴的摆动)往往是由于该运动模式

图1.3 1985年墨西哥城发生的8.1级地震中一座8层建筑断裂成两个部分

与海浪形成了共振效应。已有报道指出,几乎一半的严重船舶事故都是由于振动引发的,其形式要么是直接的(即振动使船舶结构失效),要么是间接的(即使船员出现疲劳症状而诱发事故)(ISO,1997;Berg 和 Bråfel,1991)。人体对振动也是相当敏感的,特别是腹部、头部和颈部。当受到 1~30Hz 范围内的振动激励时,人体要想保持正确的姿势和平衡就会比较困难(ISO,1997)。尽管目前还很难把振动对人体的影响与特定频率直接关联起来,不过认识到人体器官的共振行为,已经对晕动病的防治起到十分重要的作用。不仅如此,由于运输车辆与动物器官可能发生共振,因而晕动病也可以出现在动物身上。例如,人们已经发现在运输过程中,健康鸡雏可能会生病,且无法站立(Ji 和 Bell,2008)。

图1.4 大风暴后海上平台的一间办公室(左图)和
档案室(右图)的混乱状态(Equinor 和 Aker Solutions 供图)

图1.5 展示了红酒溢出现象,一般称为晃荡,这一现象涉及液体在激励作用下的动力学响应问题。当液体容器(玻璃杯)的运动周期接近液体(红酒)的晃荡周期时,这种动力学响应就会被放大。对于几乎所有运动着的车辆或结构,只要它们携带着具有自由表面的液体,就必须考虑这种晃荡运动(Faltinsen 和

图1.5 玻璃杯中的红酒发生晃荡（Stefan Krause 摄）

Timokha,2012)。例如,对于行驶中的卡车来说,如果车上携带了化学品容器,那么容器中的液体晃荡运动(图1.6)就可能对容器产生显著的冲击作用,从而使卡车变得不稳定甚至导致翻车事故。已有报道指出,大约有4%的重型卡车事故都是由于所携带的液体货物的晃荡运动直接导致的(Romero等,2005)。对于陆地上的储液罐来说,地震也可能诱发晃荡运动,进而导致结构损伤。与此有关的一次事故就发生在2003年的Tokachi-oki地震期间,当时有7个大型储油罐由于这种晃荡运动而受损。后续调查发现,在储油罐位置处地震引发的地面运动周期为4~8s,恰好位于储油罐晃荡周期范围(5~12s)内(Hatayama,2008)。对于运输LNG(液化天然气)的船舶来说,当液体货物装载量达到一定程度时,它们的晃荡运动与船舶运动之间可能会形成较为显著的共振行为,这主要是因为大量液体的运动会对容器壁面产生非常强烈的局部冲击力,进而威胁到LNG船舶的结构健康和稳定性。在各类大型游轮上,游泳池中水的晃荡运动会经年累月地对甲板产生频繁的冲击作用,关于这一点,读者可以参阅在线视频(Youtube,2007),其中对此作了展示。这主要是由于船舶的纵荡(发生在航向上往复平动)和纵摇(绕船只横轴的摆动)运动与游泳池的固有晃荡频率接近而导致的(Ruponen 等,2009)。另外,在强地震或暴风雨期间,地震波和风也会对湖泊或半封闭海域中的水产生激励作用,进而导致高水位涌浪晃荡,也就是人们所熟知的假潮现象。一般来说,港口、海湾和河口比较容易出现较小的假潮现象,其幅值约为几个厘米,周期为几分钟左右。北海经常会出现纵向假潮,周期在36h左右。地理学研究表明,Tahoe 湖岸在史前时代就已经受到了假潮和海啸(10m 高)的冲击,当地的研究人员也已经呼吁将该地区的这一风险纳入应急计划(Brown,2008)。1954 年 6 月 26 日,8 位渔民在 Michigan 湖被超过 3m 高的假潮冲走溺亡。图 1.7 给出了两张暴风雨导致的假潮,发生在明尼苏达州 Duluth 运河公园的 Superior 湖,这两幅照片的拍摄时间仅相隔几分钟。

图 1.6　槽中液体的晃荡

图 1.7　(a)明尼苏达州 Duluth 运河公园的假潮;
(b)假潮发生前几分钟的状态(Minnesota Sea Grant 供图)

众所周知,结构在重复加载条件下将会在比预期值更低的载荷水平处发生失效,这一现象也称为疲劳失效。事实上,这种类型的疲劳正是大多数工程结构材料失效的主要原因。应当指出的是,在此类疲劳损伤发生时,往往会存在人们所不希望的可能导致共振的动力激励、高频载荷或重复性的强载荷等。疲劳失效已经导致大量的事故,其中很多事故都是非常闻名的。1998 年 6 月 3 日一列从汉诺威开往汉堡的城际高速列车在 Eschede 小镇附近脱轨,当时的时速为 200km/h,脱轨后撞上了公路桥(图 1.8),结果导致 102 人死亡和 88 人受伤。后来调查发现,这一事故是由于列车车轮外钢圈疲劳爆裂导致的,在重复性的疲劳载荷作用下该部位未被发现的裂纹扩展到了非常严重的程度。

图1.8　乘用车相互碰撞并撞到公路桥上发生破坏
(Eschede 事故,1998年6月3日,Nils Fretwurst 摄)

环境载荷会重复地作用于结构上,如风和海浪就是如此,由此产生的疲劳是一个非常典型的问题,它给结构安全带来了隐患。例如,1994年9月28日爱沙尼亚号在芬兰西南部波罗的海海域沉没,造成了852人死亡,这次事故仅仅只是由于海浪反复击打船艏使船艏舱盖锁闭装置发生了疲劳失效,相对于甲板铰链形成了打开力矩(爱沙尼亚联合事故调查委员会,1994)。其他一些典型的导致结构失效的事故还有墨西哥湾"Ranger Ⅰ"号自升式钻井平台事件(1979年,84人死亡)和北海 Alexander Kielland 半潜式平台倒塌(1980年,123人死亡)等。Alexander Kielland 半潜式平台的事故(图1.9(b))起因是一根立柱发生了疲劳断裂,随后另外5根立柱出现了过载而失去有效的支撑能力,进而海水灌入甲板,导致整个平台倾覆(Moan,2005)。另一起事故发生于加拿大东部沿海海域,即"Ocean Ranger"号可移式近岸钻井船倾覆事件,这一事故原因是,由于舷窗破裂,海水灌入压载控制室,导致电力中断,压载泵发生故障并误动作,进而海水进入锚链舱,最后船体发生了倾覆(Moan,2005)。除了已经认识到是疲劳裂纹导致了这些故障或失效之外,人们也同时注意到图1.9中的这两个结构物都是缺少冗余性的静定平台类型。图1.10还展示了某海洋导管架结构中一个构件在受到反复的波浪载荷作用后所出现的断裂现象。现代研究已经认识到,波浪引发的船舶振动是疲劳损伤的一个重要原因,通常是指船体梁的振动(包括鞭振和弹振),其中的两节点模态振动一般是主要的。船体梁的振动是经常发生的,当浪高达到几米时,大多数情况下船上人员都能很容易地感受到这种振动。此外,与细长形船只相比,由于阻尼小和尺寸大,短肥形船只往往会产生更多的振动行为。

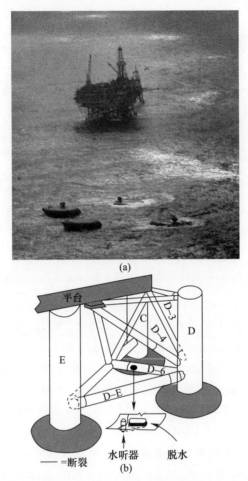

图 1.9　起始于一根立柱发生疲劳裂纹(图(b))的
Alexander Kielland 半潜式平台倾覆事故(图(a)由挪威石油博物馆提供)

塔科马海峡吊桥(图1.11(a))于1940年7月1日通车,横跨1mile(1mile≈1.6km)长,是当时世界上第三长的悬跨桥,整个桥面是以缆索悬挂结构和钢板梁的组合形式支撑起来的。这个悬索桥与更早以前的桥梁设计的明显不同之处在于其细长度,正是因为这一点,该桥甚至在建造阶段就表现出了振动趋势。从建成通车开始,人们就对它提出了诸多抱怨,主要是因为即使是在微风条件下这座悬索桥也会像一艘航行于波浪中的船只那样出现显著的垂向振荡,汽车中的乘客会因此出现"晕船"症状(Levy 和 Salvadori,2002)。后来人们给这座桥梁还起了个昵称为"舞动的格蒂",由此不难想象当时的情形。1940年11月7日这

8

图 1.10　某海洋导管架结构中一个主要构件在受到反复的波浪载荷后而出现的断裂现象(该照片是在导管架结构退役后运到岸上拍摄的)

座桥梁出现了过大的扭曲(当时风速为 64km/h),路面左侧显著下沉而右侧上升,同时这一运动还在快速交替地进行。这种扭转振动变得越来越严重,最终导致整座桥梁完全倒塌,参见图 1.11(b)。从气动力学角度来看,这种强烈的振动行为是由气弹性颤振引发的,其原因在于当桥梁在强风环境中呈现出不稳定的振荡行为时能量会不断馈入结构系统中;而从结构工程学角度来看,该桥的振动属于一种自激振动,它源自持续的交变激励,这种激励使系统在其固有频率或临界频率处发生失稳(应当注意的是这种行为是不同于一般的共振现象的),于是整个桥 – 风系统就仿佛存在着一个等效负阻尼,其动力学响应呈现出指数增长。

图 1.11　塔科马海峡吊桥因气弹性颤振而倒塌

图 1.12 给出了另一个桥梁自激振动的实例。虽然这座桥梁没有发生倒塌,但是桥面也出现了巨大的变形。在塔科马海峡吊桥事故之后,工程技术人员提出了各种缓解措施以预防类似的事故再次出现,如在桥面下纵梁腹板上打孔或

者安装曲线形悬臂支架来改变风向(图1.13),也就是使风穿过这些孔洞以避免风致颤振。塔科马海峡吊桥事故极大地刺激了人们,气动力稳定性和结构动力学研究领域由此也得到了显著的推动,在此基础上人们后来对金门大桥(图1.14)和其他一些重要的悬索桥都做出了修改和完善(White等,1972)。

图1.12 由于自激振动导致桥面出现大幅变形(左图和右图分别显示了两个时刻所处的竖向相对位置)(Larsen等,2000)

星期六华盛顿大学针对他们价值14000美元的海峡大桥模型进行了测试,目的是消除最终会导致实际结构发生倒塌的非常危险的风致振动。左边的草图显示的是平直的水平梁,它提供了抗风能力,受风荷载作用时会出现摇摆。该大学建议用焊枪在该梁上加工出通孔,让风可以穿过该梁,如中间的草图所示;或在该梁旁安装价值8万美元的流线形缓冲器来分散气流,如右边的草图所示。他们的试验表明,后者大大降低了振动水平,可能挽救这座桥梁

图1.13 针对塔科马海峡吊桥提出的避免气弹性颤振的建议
(华盛顿大学图书馆供图)

涡致振动(vortex-induced vibrations,VIV)是一种非常重要的动力学现象,

图 1.14　金门大桥（Rich Niewiroski Jr. 摄）

图 1.15　流体流经圆柱体产生的涡旋

通常发生于与外部流体产生相互作用的构件上，并且会在流体中形成周期性不规则的涡，如图 1.15 所示。当物体附近的这些涡不是对称形式（相对于物体中面）时，就会在物体两侧形成升力，从而使物体发生垂直于流体运动方向的振动行为。当涡致振动频率与结构件的固有频率一致时，一般将这一状态称为锁定（lock-in）状态，在锁定过程中结构件的振幅将越来越大，不过很少会超过物体横风向尺寸的一半。圆柱状构件，如海底管道或烟囱，是最容易受到涡致振动影响的。图 1.16 中展示了管状构件端部接头位置出现的疲劳裂纹。研究表明，火炬臂的抖振响应并不会导致该接头位置处出现裂纹（Jia，2011），因此涡致振动是最有可能导致这些特殊疲劳裂纹的原因。涡致振动的另一个实例是风暴或飓风期间船舶外部扶手的振动发声现象。为了抑制涡致振动，常见的做法是在圆柱状物体的自由表面附近放置一些障碍物。图 1.17 中展示了在烟囱上半部分安装螺旋线板这种消除涡致振动的措施。

图1.16 北海火炬臂因风引起的 VIV 导致管状构件端部接头位置出现裂纹(圆圈标记)(Aker Solutions 供图)

图1.17 在烟囱上半部分安装螺旋线板以消除涡致振动(Jing Dong 摄)

机械设备的振动可能会导致一系列不良的影响,如产生过大的应力、主结构失效、非结构元件的损伤、紧固件的松弛、龙骨和天花板坍塌、结构裂纹扩展、疲劳、地基加速沉降等。由机械设备的振动还会引起一些结构件的振动,如建筑构件出现(可目测的)较大运动、悬挂式灯具的振动,并可进一步产生结构噪声和空气噪声。另外,机械设备的振动也会导致机械零部件的疲劳、形变和强度下降,而在制造方面,由于工装可能出现一些未知的运动,因此还需要对机械设备的设计和加工提出更高的公差要求,进而使生产效率下降。

进一步可知,连续暴露在结构声或空气声环境中有可能导致出现各种问题,如人员处于噪声环境中会出现听觉损伤、设备或结构件的高周疲劳等。这里所谓的空气噪声是指通过空气介质传播的声音,而结构噪声则是指结构某个部位受到冲击或做连续振动而产生的声音。虽然有时对这两者应分别加以考虑,但实际上它们是彼此关联的,因为空气声能够导致结构声;反之亦然。

1.3 动力学的利用

在现代工程领域中,避免共振带来的危害是一个十分重要的方面,不过任何事物都具有两面性,我们也能够利用共振来实现某些有益的功能。利用共振型系统可以产生特定频率的振动(如乐器),还可以从包含大量频率成分的振动中突出特定的频率成分(如滤波器)。例如,大量的钟表就是通过平衡轮、钟摆或石英晶体等的机械共振来计时的(Jia,2014)。

另一个实例是振动训练器(power plate),最初是苏联科学家设计用于预防宇航员肌肉萎缩和骨密度降低问题的,目前已经被作为一种健身器材使用,人们借助它来增强肌肉和减重。如图 1.18 所示,这种器械基本上就是一个能够产生振动的平台,锻炼者站立在平板上,而平板以 0.4~2Hz 的频率进行振动,从而迫使整个人体对这种相对较高频率的振动做出反应,由此也就使人体的肌肉收缩和扩张(以保持平衡)。只需将器材调节到合适的振动频率,人体大多数肌肉都能得到有效的锻炼,从而实现增强肌肉和减重的目的。

固有周期是任何系统的本质属性,因此如果能够找到一种很方便的测量固有周期的方法,那么这个系统的一些基本性质也就很容易确定了。为了阐明这一点,首先来看一下伦敦巨眼观景摩天轮,如图 1.19 所示,它的结构类似于一个自行车轮子,其轮圈由 16 根转动索和 64 根辐索加强。很明显,在该结构的使用期限内,每条缆索中的张力都会逐渐降低,这就要求适时对它们进行重新张紧,使得这些缆索张力始终满足设计要求。然而,直接测量每条缆索中的张力却是一件比较困难的事情。为此,工程技术人员采用了一种非常方便的替代方法,他们测试的是每条缆索的横向振动固有频率情况,根据这些固有频率,利用固有周期与张力之间的关系就能够计算出缆索中的张力了。

图1.18　作为一种健身器材使用的振动训练器

图1.19　伦敦巨眼观景摩天轮（左图）（其轮圈由预应力钢缆张拉（右图），结构类似于一个巨大的轮辐式自行车轮）

对于一些重要的材料力学特性，如杨氏模量，通常都是借助一系列力学测试来测量的，一般是将测试样件放置于昂贵的拉扭试验机上来完成这一工作。现在一些技术人员已经找到另一种代价较低并且更为方便的方法，可以获得部分基本力学特性，这种方法只需对材料样件施加简单的撞击作用并使之内部产生振动即可，如图1.20所示。在材料样件附近安装高精度传声器，可以测得振动信号并将其传输给计算机，然后计算机对这些信号进行分析，最终给出样件的固有周期和内摩擦等信息。在此基础上，利用样件的共振频率、尺寸和重量等参数,就可以计算出弹性性质了,即杨氏模量、剪切模量和泊松比。

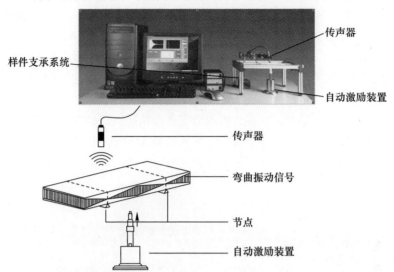

图1.20　通过测量弯曲和扭转固有频率以确定杨氏模量和剪切模量
以及通过样件的自由振动衰减来测量阻尼(比利时 IMCE 供图)

将质量块(常称为调谐质量)和弹簧这个系统安装到一个主结构上,是吸收后者在共振频率处能量的一种措施,所吸收的能量可以进一步通过系统的阻尼耗散掉。需要注意的是,这个调谐质量的响应与主结构的响应在相位上大约相差 90°,正是这个相位差使调谐质量产生了能量吸收效应,进而使主结构的共振响应大幅降低。这种技术装置一般称为动力吸振器(Thomson,1966),如图1.21所示,其中的质量 m_a 和刚度 k_a 经过恰当选择后就可以使这个吸振器的固有频率与主结构的共振频率保持一致了。

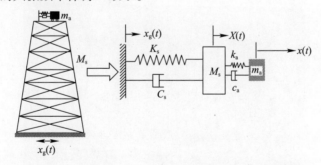

图1.21　由质量 m_a 和刚度 k_a 以及黏性阻尼 c_a 构成的
动力吸振器的机理(可以抑制主结构(质量为 M_s)的动力响应)

图1.22所给出的动力吸振器——调谐质量阻尼器(tuned mass damper, TMD)与图1.1所示的秋千的机理是类似的。该TMD安装于高度为509.2m的台北国际金融中心,其质量为660t,由8个钢缆悬挂(布置成4对)于第92层楼体框架上,从而构成了一个单摆系统。通过调节钢缆长度,这个单摆系统的质量运动周期可与该建筑物的固有周期接近(6.8s)。在该TMD下方还安装了8个大型油压黏性阻尼器,它们可以自动地耗散摆动产生的冲击能量。另外,为了防止摆动位移过大(超过1.5m),特别是在强台风或地震袭击情况下,在TMD下方还设置了由8个液压黏滞阻尼器构成的缓冲系统,可以有效地吸收冲击能量(www.taipei-101.com.tw),由此也就显著降低了地震和风载导致的动力学响应(Jia,2017)。

图1.22 660t重的摆式调谐质量阻尼器(TMD)(安装于高度为509.2m的台北国际金融中心,用于抑制风致响应和地震反应。该TMD悬挂于92~88层)

与 TMD 类似,调谐液体阻尼器(tuned liquid damper,TLD)也是一种动力吸振器形式,它同样是一类被动式减振系统,其中的阻尼效应是由容器中的液体运动提供的。流动液体的角色类似于 TMD 中的移动质量,重力是作为恢复力使用的。能量耗散的主要途径是通过阻尼挡板对液体流动施加扰动而形成湍流效应,以及波浪碎裂和流体对容器壁面的冲击效应。盛水容器的几何形状需要通过理论计算来确定,这样才能获得期望的固有频率(水的运动),它与容器安装位置相关。TLD 所用的液体容器一般是矩形或者圆形的,矩形的可以在两个正交方向上调节成不同的频率值。关于 TLD 的工程实例就是安装在旧金山 One Rincon Hill 大厦顶部的水槽,如图 1.23 所示。该水槽中可以容纳 190t 水,通过调节水位可以使水槽的固有晃荡频率接近大厦的固有频率。在水槽中设置了隔板,它们可以增强水运动过程中的阻尼效应。除了可以作为 TLD 来抑制风致响应和地震响应外,水槽还可以用于容纳防火用水。将其他用于增强性能的措施考虑在内,采用该装置后每平方米可以节省 54 美元的开销。与 TMD 相比而言,TLD 的优点在于制造成本和维护成本比较低,同时它还可以为紧急情况或工业生产提供液体(如水、燃油、原油或泥浆等)储存功能(Lee 和 Ng,2010),当使用清水时甚至还可以作为日常用水设施(Hitchcock 等,1997a;Hitchcock 等,1997b)。不仅如此,TLD 用的容器可以设计成合适的尺寸,或者也可以利用隔板对已有水槽进行重构,这不会影响其功能,但却有益于满足某些物理上和建筑上的要求(Jia,2017)。

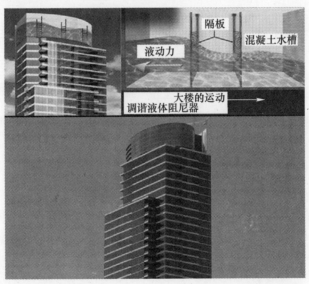

图 1.23 安装在旧金山 One Rincon Hill 大厦顶部的 TLD
(John Hooper、Magnusson Klemencic Associates 供图)

1.4 动力学和静力学问题

历史上,结构的安全性和服务功能基本上是根据其静态行为来衡量的,一般要求具备足够的刚度和强度。之所以如此,可能还是因为技术人员缺乏一些必备的动力学知识,而静力学方面的知识却要丰富得多。当今人们已经普遍认识到,所有具有刚度和质量的物体都会表现出动力学行为。

动态响应和静态响应之间的主要差别在于,前者涉及惯性力,这种惯性力与结构各个部分的加速度是相关的(Jia,2014)。如果忽略这种惯性力,那么所得到的响应可能就是错误的。不妨考虑一个底部固定且受到海浪载荷作用的悬臂型塔结构(Naess 和 Moan,2012),如图 1.24 所示。海浪载荷会使该结构产生静态弯矩,如图 1.24(b)所示,此外,该结构的刚度和质量还会对海浪载荷产生反应而生成作用于顶部质量块和塔身的内力,如图 1.24(c)所示,这两个力分别表示为符号 Q_i 和 q_i。这些惯性力的幅值并不仅与质量有关,而且与刚度与质量的比值(或者特征频率)、质量及阻尼都有关。它们会产生附加的动态弯矩作用,参见图 1.24(d)。

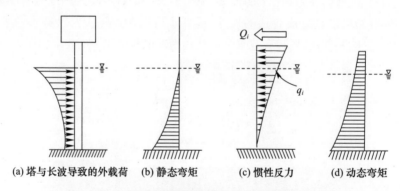

(a) 塔与长波导致的外载荷　(b) 静态弯矩　(c) 惯性反力　(d) 动态弯矩

图 1.24　底部固定的悬臂型塔结构在海浪载荷作用下
出现的静态和瞬态力与力矩(Naess 和 Moan,2012)

再来考虑另一个实例,即图 1.25 所示的重力基础结构(gravity-based structure,GBS)。该结构受到的是地面运动激励,这个激励来源于 El Centro 地震波记录,其能量主要集中在振动周期大于 0.2s 的成分中,即 5Hz 以下的频段,可参见图 1.26 所示的傅里叶幅值谱。通过改变 4 条支腿的厚度(从基准厚度的一半到基准厚度再到两倍的基准厚度),对该平台的动态响应进行了分析。非常明显,当支腿厚度增大时,该 GBS 将会变得更刚硬。如果进行静态分析,那么在相同的地震激励条件下刚度更高的结构将会表现出更小的反应,然而当涉及动态效应时地震反应就可能不再具有这一特点了。图1.27给出了支腿与上部结构连接位置处的加速度情况,可以很清晰地观察到支腿为基准厚度时的峰值加速度要比半基准厚度时大些。不过我们并不能由此识别出峰值加速度随刚度的变化趋势,因为当支腿厚度为两倍基准值(对应于刚度最大的情况)时,峰值加速度却要比另外两种低刚度情况低一些。显然,这实际就说明惯性的影响要比静态质量的影响复杂得多。要想识别出这种响应的变化趋势,需要将地震反应与结构和激励这两者的动力学特性关联起来。

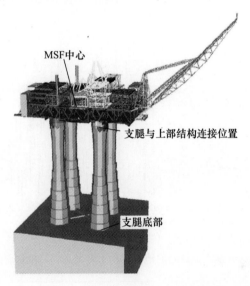

图1.25　通过4条混凝土支腿支承上部结构的GBS

即便是那些对于动力不敏感的结构物(共振周期小于动力载荷周期),其动力学响应也一定包含着惯性效应,因为载荷是随时间变化的,即使这种载荷的变化非常慢(相对于结构的共振周期来说)。这种惯性效应也可能会导致材料的疲劳失效,从而在应力水平低于材料的断裂强度条件下就发生破坏。此外,它们还可能会导致人体产生不适感。图1.28中给出的是受到两个相继波浪作用的海洋导管架结构,结构的共振周期为2.5s。针对C1支腿计算得到了轴向力时域响应,图1.29将考虑惯性效应和不考虑惯性效应这两种情形下的结果做了比较。当忽略惯性效应时(对应于图1.29(b)),轴向力的时间历程完全反映了波浪的变化,其周期为波浪载荷的周期(15.6s),这要比结构的共振周期大得多。然而,当计入惯性效应时(对应于图1.29(a)),轴向力表现出了非常明显的波动起伏,看上去类似于背景噪声,其周期为结构的共振周期。这种背景噪声能够通过疲劳损伤这一途径逐步对结构形成削弱效应,当然这与其幅值大小是有关的。

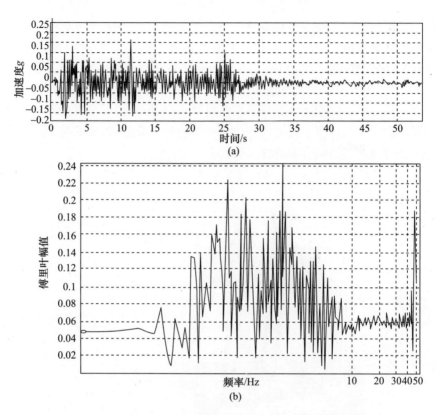

图 1.26　El Centro 地震记录到的地面运动 EW 分量(a)及其傅里叶幅值谱(b)

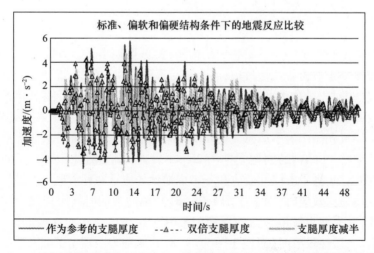

图 1.27　不同支腿刚度条件下支腿与上部结构连接位置处的加速度情况(见彩图)
(峰值加速度:半基准厚度时为 4.7m/s², 基准厚度时为 5.8m/s², 双倍基准厚度时为 4.7m/s²)

另外,尽管某些载荷类型(如高速冲击)的主要成分的周期远小于结构的共振周期,它们也能激发出结构的高频模态的振动,由此也可能会导致出现强度、疲劳和噪声等方面的相关问题。

(a) C1支腿受到一次波峰作用　　(b) C1支腿受到二次波峰作用

图1.28　受到波浪作用(波高为31.5m,峰值周期为15.6s)的海洋导管架结构(Aker Solutions 供图)

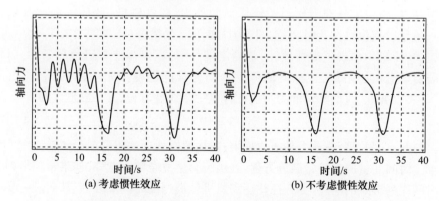

(a) 考虑惯性效应　　(b) 不考虑惯性效应

图1.29　针对海洋导管架结构的C1支腿计算得到的轴向力时域响应结果比较
(为保护相关方的权益,图中略去了准确的轴向力大小)

从另一个角度来看,动力载荷常常会表现出与静力载荷不同的方向。例如,地球重力作用下结构所受到的静载荷是铅直向下的,然而当结构受到动力载荷作用时,如地震或海浪的作用,合成载荷的方向将从静态时的向下变得倾向于水平了。显然,这也就使得载荷水平和路径出现了完全不同的模式,进而也就会影响到结构的设计。正因为如此,结构设计人员一般需要彻底明晰载荷的水平和路径等信息,所设计的结构必须具备相应的承载模块,从而使结构的不同部分与基础之间能够形成一条连续的载荷路径。图1.28所示的结构代表了一种典型的导管架结构构型,其载荷传递具有清晰的路径,上部结构的重力和加速度负载、作用于导管架上半部的波浪载荷、导管架重力和加速度负载都是通过支腿和支架向下传递到位于底部的桩基础中。

在结束本节之前,需要着重强调一点,动力学问题要比静力学问题复杂得多。当结构的刚度、质量或者阻尼发生变化时,其固有频率也会发生改变。严格来说,动力学之所以更加复杂,是因为真实世界中实际不存在简单而规则的简谐载荷或响应(即单一频率处的正弦或余弦波形),尽管当处理由单一频率成分主导的动力学问题时它们是一种很有用的简化措施。这就意味着必须仔细地考虑各种频率成分的振动是否需要加以处理。

1.5 动力学问题的求解

正如1.4节所讨论的,由于惯性效应的存在,动力学问题一般要比静力学问题的分析更为困难些,这主要是因为此时的平衡方程具有以下一般形式,即

$$m\ddot{x}(t) + c\dot{x}(t) + kx(t) = F(t) \tag{1.2}$$

式中:F、k、m 和 x 分别为作用于物体上的外力、线性刚度(物体和固定基础之间)、质量以及位移;t 为时间;上圆点为对时间 t 的微分(参见图1.30)。

式(1.2)中出现了惯性项,为了确定唯一解,不仅需要知道边界条件,而且还需要知道初始条件,这也就使得这个动力学问题变成了所谓的"初边值问题"。不仅如此,我们知道静力平衡方程是一个线性方程,其一般形式为

$$kx = F \tag{1.3}$$

与此不同的是,在动力平衡方程中,附加的惯性项和阻尼项会使它变成一个依赖于时间变量的二阶常微分方程,其求解会更复杂些。此外,如果希望得到的是时间序列形式的响应,那么往往还需要进行适当的时间步处理,从而进一步增加了该动力学问题的复杂性。

显然,如果可以通过静力分析来计算响应,就应当尽量避免进行动力学计

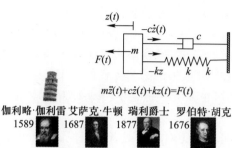

图1.30 基本的实用动力学分析方法(源自于作者在第11届结构动力学研究进展国际会议(比萨,2013)上的报告)

算。不过,对于工程中的大量实际问题来说,情况却不是这样的。一般而言,如果激励(载荷)包含接近于结构固有频率的主要频率成分,就必须进行动力分析了。应当指出的是,即使载荷频率远离结构的固有频率,对于某些类型的问题来说(如疲劳),惯性效应可能仍然是十分重要的,比如图1.29所给出的问题就是如此。此外,高频瞬态载荷还可能导致显著的动态响应,如爆炸、汽车碰撞等,在这些场合中相关结构的惯性效应是相当重要的。显然,在上述这些场景下,一般也是需要进行动力分析的。

有的时候采用放大因子来反映动力效应是比较方便的,也就是将静力响应放大一个倍数(即动力放大因子)来体现动力效应,这种情况下就只需要对静力问题进行分析了。不过要注意的是,这种做法缺乏坚实的理论基础,有一定的局限性,在特定情况下可能会导致严重的错误。

在求解动力问题之前,有必要将振动问题做一分类。根据是否受到外界激励的作用,振动问题可以分为受迫振动和自由振动;根据激励是确定性的还是随机性的,可以分为定则振动和随机振动;根据是否存在阻尼,可以分为有阻尼振动和无阻尼振动;根据系统模型是离散的还是连续的,可以分为离散系统的振动和连续系统的振动;根据响应是线性的还是非线性的,可以分为线性振动和非线性振动(Jia,2014;Jia,2016)。

为了进行动力分析,分析人员必须透彻地了解所考察的系统或结构的基本动力学特性,其中包括特征频率、模态形状(振型)和阻尼等。

为了确定振动响应解,一般需要将所考察的系统或结构简化成一个理想化的模型。这种模型可以是离散型的,也可以是连续型的。离散模型包含有限个自由度,而连续模型则具有无限个自由度。

对于离散模型来说,首先需要建立运动控制方程(组),一般是以带有常系数的二阶微分方程的形式来表达的。然后需要确定边界条件情况,包括位移或转角(基本边界条件)以及外力激励(自然边界条件)。如果涉及时间参量,则还需要确定初始条件情况(即时域中的边界条件)。当以上这些边界状态信息都完备之后,平衡方程组的解也就唯一确定了(Krysl,2006)。此后,就可以采用适当的数学方法去求解这些方程。

我们所分析的系统可能是无阻尼的或者有阻尼的,也可能受到或不受外部的激励作用。这里特别关注的是受迫振动的解,它们一般包括稳态部分和瞬态部分。稳态部分的频率与激励频率是相同的,并且这种成分会逐渐占据主导地位,而瞬态部分是以系统固有频率振荡的,初始时是比较重要的成分,不过随着时间的流逝很快就消失了(由于阻尼的作用)。在特定条件下,上述这个占据主导地位的稳态成分(即受迫振动)会变得非常显著,人们一般将其称为共振现象。

分析人员有时需要对动力学分析方法的类型做出选择,每种方法都有其自身的优点和缺陷,同时它们也往往适用于不同的情况,如不同的结构特点、载荷特性、设计需要、计算工具的限制,甚至还包括分析人员的技术水平等。对于这些情况的认识越全面,就越能更好地选择恰当的分析方法,从而一方面提高分析精度,另一方面在不降低可靠性的前提下简化计算。应当指出的是,在某些情况下,即便是有经验的分析人员也很难做出折中的考虑。

对于单自由度的或者自由度非常少的结构或系统来说,目前已经有多种类型的解析方法可用于求解其动力响应,它们都对结构的刚度、质量和阻尼进行了纯数学描述,所得到的分析结果都是精确解。当然,这些不同的方法类型是针对不同情况的,如激励和响应的类型(持续时间、形状、确定性或随机性等)、系统的特征(特征频率和模态形状)与激励的对比情况等。

与此不同的是,对于那些自由度很多的系统或结构来说,利用经典的解析方法几乎是难以进行动力分析的。于是,人们往往转而采用一些近似的分析方法来处理,其中有两种近似方法是最重要的。第一种方法是引入级数解或者能量准则来近似,并控制其近似误差或者最小化近似误差,瑞利能量法就属于这种类型。第二种方法是将结构进行离散处理,使之包含大量的子域(即单元),然后将这些单元以矩阵形式组装起来进行求解,这一方法实际上促进了有限元方法的应用。

如图 1.30 所示,在工程结构的复杂动力问题分析中,有限元方法、有限差分方法或模态叠加方法、线性迭代方法已经成为计算固体力学中 3 种最为常用的数值分析方法(Curnier,1994),它们分别与空间域、时间域和非线性问题的求解相关联,不过有时也会联合起来使用。这些方法之所以非常重要,不仅因为它们的效率高、适用范围广,而且也因为它们的计算实现非常简单。

在模态叠加方法中,耦合的运动方程组会被转换成一组解耦的独立方程,每个方程与单自由度系统的运动方程是类似的,因而可以按照后者的求解方式去求解。为了获得系统的响应,需要先把特征矢量(与时间无关)与广义坐标(即模态坐标,时变的)相乘,然后将所有特征模式(即模态)进行求和处理。应当注意的是,解耦后的方程个数等于特征模式的个数。对于某些结构来说,可能其动力学响应只是由前几个特征模式所主导,此时这种模态叠加的方法就会比较高效,特别是在自由度数非常多的情况下更是如此。

在线性动力学问题的分析中,结构或系统的响应是与所受到的载荷或激励成正比的,因此叠加原理也就是适用的了,这使得我们的数学处理变得非常方便,并且在绝大多数情况下还能保证计算精度。不过,如果系统或结构中存在非线性,或者刚度和(或)载荷依赖于形变,那么一般不再能够借助那些可给出精确解的解析方法去求解系统的响应了。实际上,对于非线性微分方程(组)来说,目前还没有一般性的精确解法,人们所提出的各种解析方法大多只能给出近似解。不仅如此,这些求解方法还与非线性方程的类型有很大关系,方程类型不同,求解方法也往往很不相同。

虽然模态分析方法具有很高的效率,不过它一般只适用于线性动力学问题的分析。因此,当所考察的动力学问题中涉及非线性时,通常需要借助有限差分方法和线性迭代方法对其进行处理。有限差分方法(典型的如 Newmark 方法)是对运动方程逐步进行时间积分,可以用于求解类似于瞬态行为一类的问题,如非线性振动或冲击波传播等。线性迭代方法是牛顿-拉弗森方法的一般推广,主要是针对载荷与变形之间的局部逼近曲线进行线性化处理,它能够克服一些数值分析上的困难,这些困难大多是由几何非线性(如屈曲)、材料非线性(如塑性)、边界非线性(如接触)以及作用力的非线性(如与几何变化相关的随动力或流体动力阻力等)所导致的。

所有实际结构或系统中都存在着阻尼,它们主要实现的是能量耗散。在大多数情况下,阻尼是有助于减小动态响应的。值得指出的是,黏性阻尼是最为典型的一类阻尼模型,不过只有在结构或系统的特征频率附近这种阻尼才能比较好地发挥作用。

1.6 动力学响应的特性

这里不妨以单自由度(SDOF)的弹簧-质量-阻尼器系统为例,假定该系统受到了外界激励作用,如图 1.31 所示。显然,这一系统的运动方程可以表示为

$$m\ddot{x}(t) + c\dot{x}(t) + kx(t) = F(t) \tag{1.4}$$

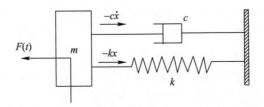

图1.31 外力 $F(t)$ 作用下的 SDOF 弹簧-质量-阻尼器系统

如果所施加的外力是简谐型的,即 $F(t)=F_0\sin(\Omega t)$,如图1.31所示,或者施加的是简谐型的位移激励,那么这一系统的运动控制方程就可以写为

$$m\ddot{x}(t)+c\dot{x}(t)+kx(t)=F_0\sin(\Omega t) \tag{1.5}$$

将式(1.5)两边同时除以 m,可得

$$\ddot{x}(t)+\frac{c}{m}\dot{x}(t)+\omega_n^2 x(t)=\frac{F_0}{m}\sin(\Omega t) \tag{1.6}$$

这里的黏性阻尼是比较重要的,它能有效地抑制系统的共振振幅。可以定义一个临界阻尼系数 c_c,它对应的是系统不产生自由振动响应所需的最小阻尼值,换言之,当系统的阻尼系数不小于这个临界阻尼系数时,它不会发生自由振动,而仅仅是渐近地回复到平衡位置而已。这个临界阻尼系数可以作为一个基准,由此即可区分出振动运动和非振动运动,其定义式为

$$c_c=2\sqrt{km}=2m\omega_n \tag{1.7}$$

系统的实际阻尼也可以通过阻尼比的形式给出,即

$$\zeta=\frac{c}{c_c} \tag{1.8}$$

根据式(1.7)和式(1.8)不难得到 $c=2\omega_n m\zeta$ 这一关系,由此即可将系统的运动方程改写为

$$\ddot{x}(t)+2\omega_n\zeta\dot{x}(t)+\omega_n^2 x(t)=\frac{F_0}{m}\sin(\Omega t) \tag{1.9}$$

显然,上面这个运动方程是一个二阶非齐次方程,因而它的通解应为两个部分之和,分别是齐次通解 $x_c(t)$(即自由振动解)和非齐次方程特解 $x_p(t)$,也即

$$x(t)=x_c(t)+x_p(t) \tag{1.10}$$

齐次通解表现为以系统固有频率进行的瞬态振动,它仅取决于系统的初始条件和固有频率,或者说它代表的是自由振动,不包括任何受迫响应成分,这个解可以表示为

$$x_c(t) = Xe^{-\zeta\omega_n t}\sin(\sqrt{1-\zeta^2}\omega_n t + \phi) \tag{1.11}$$

不难发现,由于阻尼的存在,这个自由振动解会快速衰减掉,因而达到稳态后系统的响应将只包含特解了,即以激励频率 Ω 进行的稳态简谐振动。正因如此,人们也把这个特解称为稳态解,它依赖于激励的幅值 F_0 和激励频率 Ω,以及系统的固有频率,其表达式为

$$x_p(t) = E\sin(\Omega t) + F\cos(\Omega t) \tag{1.12}$$

将式(1.12)及其一阶和二阶导数代入方程式(1.6),可以得到系数 E 和 F 分别为

$$E = \frac{F_0}{k}\frac{1-\left(\frac{\Omega}{\omega_n}\right)^2}{\left[1-\left(\frac{\Omega}{\omega_n}\right)^2\right]^2 + \left[2\zeta\left(\frac{\Omega}{\omega_n}\right)\right]^2} \tag{1.13}$$

$$F = \frac{F_0}{k}\frac{-2\zeta\frac{\Omega}{\omega_n}}{\left[1-\left(\frac{\Omega}{\omega_n}\right)^2\right]^2 + \left[2\zeta\left(\frac{\Omega}{\omega_n}\right)\right]^2} \tag{1.14}$$

将这两个系数的表达式代入式(1.12),整理之后即可得到以下形式的稳态解,即

$$x_p(t) = \frac{F_0}{km}\frac{\sin(\Omega t - \varphi)}{\sqrt{\left[1-\left(\frac{\Omega}{\omega_n}\right)^2\right]^2 + \left[2\zeta\left(\frac{\Omega}{\omega_n}\right)\right]^2}} \tag{1.15}$$

式中:φ 为外界激励力和系统响应之间的相位差,当发生共振时它将表现出显著的变化,特别是对于无阻尼系统,其表达式为

$$\varphi = \arctan\left(\frac{2\zeta\left(\frac{\Omega}{\omega_n}\right)}{1-\left(\frac{\Omega}{\omega_n}\right)^2}\right) \tag{1.16}$$

从稳态解的表达式可以非常清晰地看出,它主要与激励力和固有频率有关。图 1.32 给出了一个动力响应实例,其中包括瞬态响应和稳态响应,该系统的相关参数 Ω/ω_n 为 0.8,阻尼比为 0.05(φ = 0.21),ϕ = 0.1。从该图不难观察到两种响应成分之间存在着相位差。

对于图 1.31 所示的系统,当质量 m 受到简谐激励作用时,其位移响应的幅值和相位是强烈依赖于激励频率的,由此可以区分出 3 种不同形式的稳态响应,分别称为准静态响应、共振响应和惯性主导响应,如图 1.33 所示。

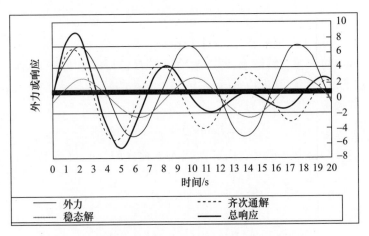

图 1.32　外部简谐载荷作用下的瞬态响应和稳态响应
（系统相关参数为 $\omega_n=1.0, \Omega=0.8, \zeta=0.05, \phi=0.1$）

当激励频率 Ω 远小于结构的固有频率 ω_n 时，运动方程中的惯性项和阻尼项相对都较小，因而此时的系统响应主要是由刚度项来决定的，质量的位移几乎跟时变激励力同时改变。对于大多数陆上结构和固定式海上结构来说，由于受到的主要是环境载荷（如风载荷和海浪载荷），因而此类结构设计主要考虑的就是这种情形（即激励频率处于低频段），参见图 1.34。需要注意的是，地震载荷有可能会包含超过结构固有频率的主导频率成分。

当激励频率接近于结构的固有频率时，惯性项会变得很大，更为重要的是，此时的外部激励力几乎被黏性阻尼力完全抵消。正因如此，系统将会出现共振现象，其响应远大于准静态情形，可参见图 1.34 中的顶图。这种情况下，相位也会出现显著的变化，即：如果忽略阻尼，那么位移将会跟激励力相差 90°相位，而速度则会跟激励力处于同相位状态。一般而言，在典型的系统中阻尼比是远小于 1.0 的，因而响应是远远大于准静态下响应的。从能量的观点来看，当激励频率等于固有频率时，最大动能将会等于最大势能。在工程领域中，为了安全起见，几乎所有的结构设计都必须避开这种共振状态。例如，这种共振状态可能发生在土壤层的共振周期（对应于剪切波传播）接近结构固有周期的条件下；或者表面波的共振周期接近结构的固有周期也会形成共振状态；又或者强地震过程中结构件出现了显著的塑性变形，导致结构的固有频率下降，进而与地震不断下降的主导频率形成匹配而产生共振（移动共振，moving resonance）（Jia，2017、2018）等。

当激励频率远大于系统的固有频率时，可以想象到激励力几乎完全是由惯性力所抵消的，原因在于这种情形下的激励力变化得过于迅速，以至于质量来不

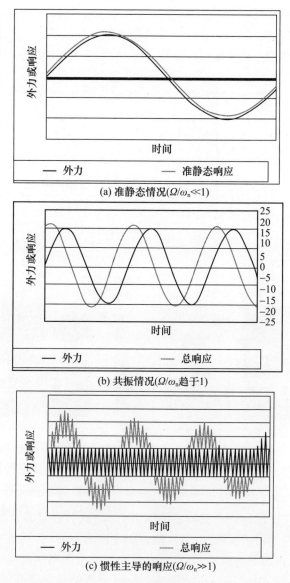

图 1.33 简谐激励下的阻尼响应(系统参数为 $\omega_n = 1.0$,黏性阻尼比 $\zeta = 0.03$)

及做出反应。一般来说,此时的瞬态振动要比稳态振动显著得多,质量的稳态响应比较小,并且几乎是与激励力反相位的(相位角接近 180°),如图 1.34 所示。从能量角度来说,这反映了最大动能比最大势能更大的状态。例如,在海上柔性结构物和浮式结构的设计中,人们一般希望其运动响应比较"软",也就是说使其固有频率远小于外部载荷频率,显然这正是一个典型的实例。另外,对于大多数工程结构和典型的现场条件来说,长周期地震激励一般是比较小的,不过地震表面波(瑞利波)导致的地面运动是较强的,它可能是最主要的长周期地面运动成分,在这些地震激励作用下,很多海上结构和陆上结构都是有可能满足上述状态的。

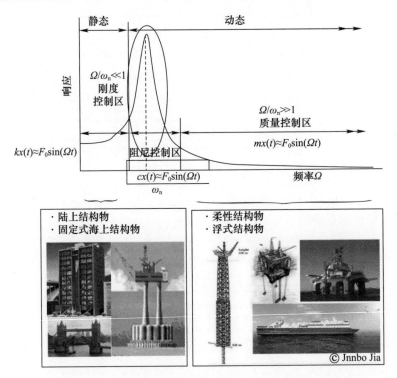

图1.34　各种类型陆上结构和海上结构在受到频率为Ω的外部环境载荷作用时在3个频率范围内的响应情况(结构固有频率为ω_n)(源自于作者在第11届结构动力学研究进展国际会议(比萨,2013)上的演讲)

结构模型往往包含着大量的自由度,因而也就会有很多个特征频率(固有频率),其总数等于自由度数。不过,前若干个固有频率,特别是第一个(基本固有频率)往往是占主导地位的,与之对应的模态质量在结构振动中的参与度(贡献度)是最主要的,因此它们在结构动态响应分析中是最重要的。从模态响应角度来看,较低阶的固有频率通常分隔得比较开,在这一频率范围内,如果阻尼较小,那么模态响应一般是由固有频率接近于载荷频率的那个模态和结构的基本固有频率模态所主导的。当载荷频率低于结构基本固有频率时,结构的响应将会出现两个峰,一个位于载荷频率处(对应于准静态响应),另一个则位于结构的基本固有频率处(构成了结构的动态响应)。作为一个实例,如图1.35所示,其中给出了波浪导致的频率响应,针对的是北海海域的一个海洋导管架结

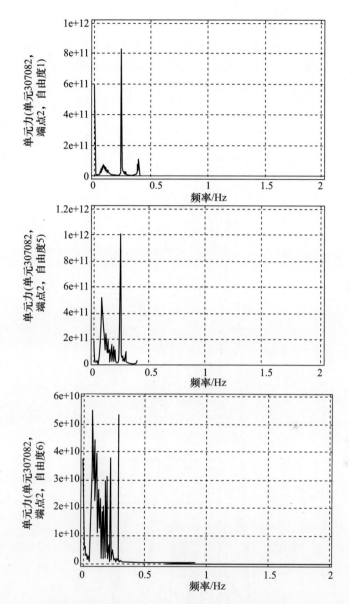

图 1.35 导管架顶部焊接接头 10803(参见图 1.36)处的轴向力(N,DOF1)、面内弯矩(Nm,DOF5)与面外弯矩(Nm,DOF6)频率响应(该导管架结构受到的波浪载荷所对应的海况为有效波高 $H_s=8.8\text{m}$、谱峰周期 $T_p=13.2\text{s}(0.08\text{Hz})$)

构(图 1.36)。在该图中可以观察到两个峰,一个峰对应的是波浪频率(0.08Hz),另一个则对应了结构的基本固有频率(0.24Hz)。另外,高阶固有频率一般分布得较为密集,对应的模态质量参与度要远小于前若干阶模态。对于高冗余性结构这一点更为明显。当在这一频率范围内存在动力载荷时,这些高阶模态都会对响应产生程度相似的贡献,不过高于载荷频率的振动模态将会与低于载荷频率的振动模态相位相反,因此"净"振动有可能会弱于该频率范围内的任何单模态的振动(动力相消现象)。

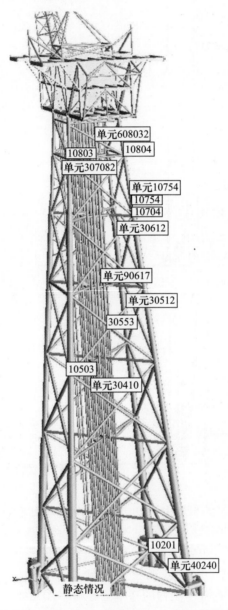

图1.36 导管架结构上的焊接接头10803的位置

1.7 动态环境载荷的频率范围

如果所设计的工程结构可能受到环境载荷的作用,如风、地震、海浪、海流或冰等载荷作用,那么相关的技术人员就必须特别关注其共振问题,因为它与结构的极限强度、疲劳强度及服务期限等方面的性能是息息相关的。每种类型的载荷都有其不同的主要频率范围,如图 1.37 所示。除了上述这些载荷外,还有其他一些动力载荷类型也是需要仔细考虑的,如爆炸激励、机械设备的振动激励、车辆激励或人致激励等,设计过程中有必要针对与此相关的动力学问题进行分析(Jia,2006、2007)。

典型的短周期环境载荷频率

- 地震导致的强地面运动
  - 峰值周期在4s以下
  - 典型的主导周期在0.2~0.5s之间
  - 能量主要集中在0.3~30s之间
- 风
  - 平均风速缓慢变化:周期约为小时级别
  - 瞬时风速快速变化:峰值周期在15s到几分钟之间
  - 瞬时风速变化所携带的大多数能量集中于1s以上的周期
- 波浪
  - 缓慢变化的波浪:周期在小时级别;如有效波高和特征周期
  - 快速变化的波浪:周期在3~26s
- 水流
  - 随时间缓慢变化:可以视为常值(周期很长)
- 冰(冰层)载荷
  - 直立结构:宽带
  - 锥体结构:窄带,大于0.2s

图 1.37 典型的短期环境载荷频率/周期(源自于作者在第 11 届结构动力学研究进展国际会议(比萨,2013)上的演讲)

就地震激励而言,值得注意的是,地面运动的主导频率不仅仅取决于波源发出的地震波频率,而且也会受到场地条件的更多影响,如土层情况和地表形状等。因此,此类激励的峰值周期范围可能很大(达到4s)(Jia,2017)。

进一步,图 1.37 还指出了不同环境载荷类型的主导频率范围是具有很大差异的。这一现象使设计一种能够抵抗各种动力载荷的最优结构变得比较困难。例如,对于固定式海上结构或者陆上结构来说,为了避免过大的动力放大因子和(或)剧烈的振动,通常希望设计比较刚硬的结构,以抵抗风载和海浪载荷,这就使结构的固有周期远低于风载和海浪载荷的主导周期范围,于是避免了共振行为,限制了振动水平。从另一方面来看,由于地震载荷的主导周期是较小的,因而一般需要把结构设计得偏"软",使其具有较大的固有周期。显然,上述这种矛盾是有可能出现在各种结构设计项目中的,有些时候我们不得不寻求这两者的折中方案,如台北101大厦的设计就是如此。该大厦的某个固有周期在7s左右,显然高于地震载荷的主导周期。虽然这个固有周期远低于风湍流载荷(风载的波动成分)的周期,但是它却能够导致该大厦顶部出现非常大的峰值加速度,进而使楼内人员产生不适感以及金属结构件发生疲劳。为解决这一问题,人们采用了一件重达660t的大型调谐质量阻尼器(TMD)来抑制大厦的摆动(强台风和地震期间,顶层的运动位移可超过1.5m)。针对重现期为半年的风暴,这个TMD能够将顶层的峰值加速度从7.9mg降低到5.0mg,而针对重现期为1000~2500年的强震,该TMD还能相当有效地降低结构动态响应,使得在地震和结构振动停止之后大厦仍能保持完好。除了这个TMD外,人们还设计安装了两个较小的TMD,主要用于抑制两个周期约为1s的顶端振动模式。

对于较为细长的轻质结构物来说,如牵索铁烟囱、火炬臂的细长尖端以及其他高架结构等(参见图1.38和图1.39给出的两个实例),结构设计主要应考虑风载而不是地震载荷的影响,这是因为相对于地震载荷的主导周期而言,此类结构的固有周期是比较长的,而风载却会随着到地面距离的增大而增大。不过,由于这些细长结构的末端一般比较"软"(即相对于其他部位其刚度非常低),所以在地震期间会表现出显著的振动行为,人们常将其称为"鞭梢效应"(Jia,2017)。

图1.38 台北101大楼(Guillom和Peellden提供的CC BY-SA 3.0协议授权)

为此,对于这些细长结构物,其末端的设计可能主要取决于地震载荷,需要设计人员审慎考虑其抗震性能。

图1.39 带有细长尖端的火炬臂(Aker Solutions 供图)

1.8 动力学分析领域的先驱

在动力学分析这一领域,历史上有若干位非常伟大的科学家是必须要提及的,正是他们和其他诸多学者的努力,才使这一领域得到了长足的发展。伽利略·伽利雷(1564—1642年)最早揭示出了重力加速度与质量是无关的;伊萨克·牛顿(1642—1727年)建立了三大运动定律(此处我们最关心的主要是第二运动定律);罗伯特·胡克(1635—1703年)建立了弹性定律;第三代瑞利男爵(1842—1919年)首次建立了模态分析和黏性阻尼概念;约瑟夫·路易斯·拉格朗日(1736—1813年)提出了拉格朗日乘子;威廉·罗万·哈密尔顿(1805—1865年)提出了动力学的哈密尔顿描述(本质上是对牛顿动力学的另一种描述)。

除了上述这些科学家以外,在动力学领域中还有一些现代学者也发挥了重要作用,如 Goldstein(Goldstein 等,2001)、Whittaker 和 Synege(Whittaker,1988)、Timoshenko 和 Young(Timoshenko 和 Young,1948)、Den Hartog(Den Hartog,1930)、Griffith(Synge 和 Griffith,1959)、Nayfeh(Nayfeh,1973)、Crandall 和 Mark(Crandall 和 Mark,1963)、Robson(Robson,1964)、Zienkiewicz 等(Zienkiewicz,等,2005),这些学者对近一个世纪的动力学分析领域的发展做出了不可磨灭的贡献,使得复杂动力学问题和工程振动实际问题的分析与求解成为可能(Jia,2014)。

最后还应当指出的是,本书所考察的动力学、振动和冲击等问题都是针对实时因果系统的,也即当前的响应仅取决于过去和当前的输入,而与将来的输入无关。本书假定自然界中是不存在非因果系统的。

致　　谢

在这里我们要感谢 Springer 和 Elsevier，感谢他们同意我们使用相关书籍和期刊论文中的一些图片和文字。

参 考 文 献

Berg, P.K. and Bråfel, O. 1991. Noise and Vibrations on Board. Joint Industrial Safety Council, Stockholm, Sweden.

Broderick, B.M., Elnashai, A.S., Ambraseys, N.N., Barr, J.M., Goodfellow, R.G. and Higazy, E.M. 1994. The Northridge (California) earthquake of 17 January 1994: Observations, strong motion and correlative response analysis, Engineering Seismology and Earthquake Engineering, Research Report No. ESEE 94/4, Imperial College, London, UK.

Brown, K. 2002. Tsunami! At Lake Tahoe? Science News, Magazine of The Society for Science & the Public. https://www.sciencenews.org/article/tsunami-lake-tahoe.

Crandall, S.H. and Mark, W.D. 1963. Random Vibration in Mechanical Systems. Academic Press, New York, U.S.

Curnier, A. 1994. Computational Methods in Solid Mechanics. Kluwer Academic Publishers, Dordrecht, Netherlands.

Den Hartog, J.P. 1930. Forced vibrations with combined Coulomb and viscous damping. Translations of the ASME 53: 107–115.

Elnashai, A.S. and Sarno, L.D. 2008. Fundamentals of Earthquake Engineering. John Wiley and Sons, Hoboken, NJ, US.

Faltinsen, O.M. and Timokha, A.N. 2012. On sloshing modes in a circular tank. Journal of Fluid Mechanics 695: 467–477.

Goldstein, H., Poole, C.P. and Safko, J.L. 2001. Classical Mechanics. 3rd edn., Addison-Wesley, Boston, MA, USA.

Hatayama, K. 2008. Lessons from the 2003 Tokachi-oki, Japan, earthquake for prediction of long-period strong ground motions and sloshing damage to oil storage tanks. J. Seismol. 12: 255–263.

Hitchcock, P.A., Kwok, K.C.S. and Watkins, R.D. 1997a. Characteristics of liquid column vibration absorbers (LCVA)-I. Engineering Structures 19(2): 126–134.

Hitchcock, P.A., Kwok, K.C.S. and Watkins, R.D. 1997b. Characteristics of liquid column vibration absorbers (LCVA)-II. Engineering Structures 19(2): 135–144.

ISO 2631-1. 1997. Mechanical Vibration and Shock—Evaluation of Human Exposure to whole Body Vibration—Part 1: General Requirements, International Organization for Standardization. 2nd edn., Geneva, Switzerland.

Ji, T.J. and Bell, A. 2008. Seeing and Touching Structural Concepts. Taylor and Francis, Oxon, UK.

Krysl, P. 2006. A Pragmatic Introduction to the Finite Element Method for Thermal and Stress Analysis. World Scientific, London, UK.

Larsen, A., Esdahl, S., Andersen, J.E. and Vejrum, T. 2000. Storebaelt suspension bridge—vortex shedding excitation and mitigation by guide vanes. Journal of Wind Engineering and Industrial Aerodynamics 88: 283–296.

Lee, D. and Ng, M. 2010. Application of tuned liquid dampers for the efficient structural design of slender tall buildings. CTBUH Journal 4: 30–36.

Levy, M. and Salvadori, M. 2002. Why Buildings Fall Down. WW Norton and Company, New York, US.

Moan, T. 2005. Safety of Offshore Structures. No 2005-04, Centre for Offshore Research and Engineering, National University of Singapore, Singapore.

Naess, A. and Moan, T. 2012. Stochastic Dynamics of Marine Structures. Cambridge University Press, Cambridge, UK.

Nayfeh, A.H. 1973. Perturbation Methods. Wiley, New York, U.S.

Robson, J.D. 1964. Random Vibration. Edinburgh University Press, Edinburgh, UK.

Romero, J.A., Hildebrand, R., Martinez, M., Ramirez, O. and Fortanell, J.A. 2005. Natural sloshing frequencies of liquid cargo in road tankers. International Journal of Heavy Vehicle System 2(2): 121–138.

Ruponen, P., Matusiak, J., Luukkonen, J. and Ilus, M. 2009 Experimental study on the behavior of a swimming pool onboard a large passenger ship. Marine Technology 46(1): 27–33.

Synge, J.L. and Griffith, B.A. 1959. Principles of Mechanics. McGraw-Hill, New York, U.S.

Jia, J.B. and Ulfvarson, A. 2006. Dynamic Analysis of Vehicle-deck Interactions. Ocean Engineering 33(13): 1765–1795.

Jia, J.B. 2007. Investigations of vehicle securing without lashings for Ro-Ro ships. Journal of Marine Science and Technology 12(1): 43–57.

Jia, J.B. 2008. An efficient nonlinear dynamic approach for calculating the wave induced fatigue damage of offshore structures and its industry applications for the lifetime extension purpose. Applied Ocean Research 30(3): 189–198.

Jia, J.B. 2011. Wind and structural modeling for an accurate fatigue life assessment of tubular structures. Engineering Structures 33(2): 477–491.

Jia, J.B. 2012. Seismic Analysis for Offshore Industry: Promoting State of the Practice toward State of the Art, ISOPE 2012. 438–447, Rhodes.

Jia, J.B. 2014. Essentials of Applied Dynamic Analysis. 424 pp., Springer, Heidelberg, Germany.

Jia, J.B. 2016. The effect of gravity on the dynamic characteristics and fatigue life assessment of offshore structures. Journal of Constructional Steel Research 118(1): 1–21.

Jia, J.B. 2017. Modern Earthquake Engineering–Offshore and Land-based Structures. 848 pp., Springer, Heidelberg, Germany.

Jia, J.B. 2018. Soil Dynamics and Foundation Modeling–Offshore and Earthquake Engineering. 740 pp., Springer, Heidelberg, Germany.

Jia, J.B. and Ringsberg, J.W. 2009. Numerical dynamic analysis of nonlinear structural behaviour of ice-loaded side-shell structures. International Journal of Steel Structures 9(3): 219–230.

The Joint Accident Investigation Commission of Estonia, Finland and Sweden. 1997. Final Report on the Capsizing on 28 September 1994 in the Baltic Sea of the Ro-Ro passenger vessel MV ESTONIA.

Thomson, W.T. 1966. Vibration Theory and Applications. George Allen and Unwin, London, UK.

Timoshenko, S. and Young, D.H. 1948. Advanced Dynamics. 1st edn, McGraw-Hill Book Company, New York, U.S.

Whittaker, E.T. 1988. A Treatise on the Analytical Dynamics of Particles and Rigid Bodies. Cambridge Mathematical Library, Cambridge, UK.

White R.N., Gergely P. and Sexsmith, R.G. 1972. Structural Engineering, Volume 1, Introduction to Design Concepts and Analysis. John Wiley and Sons, NY, U.S.

Youtube. 2007. Crazy "wave pool" aboard Sun Princess, http://www.youtube.com/watch?v=AJCurMmkNTY.

Zienkiewicz, O.C., Taylor, R.L. and Zhu, J.Z. 2005. The Finite Element Method: Its Basis and Fundamentals. 6th edn, Butterworth-Heinemann, Oxford, UK.

第2章 碳氢化合物爆炸产生的非线性结构响应

Jeom Kee Paik[①]*，Sang Jin Kim[②]，Junbo Jia[③]

2.1 引　言

各类船舶和海上结构物在服役期间都会发生各种各样的事件，一般来说这些事件是正常的，不过有时却是比较严重的，甚至可能导致事故，参见图2.1。对于从事油气开发的海上设施来说，碳氢化合物爆炸和火灾就是两种最为典型的事故类型。

爆炸是从事可燃油气生产的海上平台的主要事故类型，一般原因在于海上设施上的法兰、阀门、密封件、容器或喷嘴往往会泄漏一些碳氢化合物，很容易被火星点燃，当碳氢化合物与氧化物（经常是氧气或空气）混合后，一旦遇火就会发生爆炸。一般来说，当温度上升到碳氢化合物分子和氧化物能够发生自发反应时燃烧过程也就开始了，随后压力会快速升高并产生气浪。在这种爆炸导致的过高压力冲击下，海上结构物可能会遭受严重的损伤，并导致人员伤亡、财产损失和海洋污染等一系列灾难性后果。

一般而言，一项成功的工程设计不仅应满足功能方面的要求，同时还应当满足健康、安全、环境和人体工程学（health、safety、environment ＆ ergonomics，HSE&E）方面的要求。功能要求主要体现正常状态下的可操作性，而 HSE&E 要求则反映偶然和极端情况下所应具备的系统完好性和安全性。对于正常状态，一般只需采用线性方法进行分析处理，而对于偶然和极端情况，由于涉及强非线性响应，因而往往需要采用更复杂的方法去处理，参见图2.2（Paik 等，2014；Paik，2015）。目前人们已经认识到基于风险的方法是实现（能够满足 HSE&E

[①]　韩国，国立釜山大学，船舶与海洋工程系，韩国船舶与近海研究所（劳氏船级社基金会卓越研究中心）；英国，伦敦大学学院，机械工程系。
[②]　韩国，国立釜山大学，韩国船舶与近海研究所（劳氏船级社基金会卓越研究中心）。
[③]　挪威，卑尔根，阿克集团公司。
＊　通讯作者。

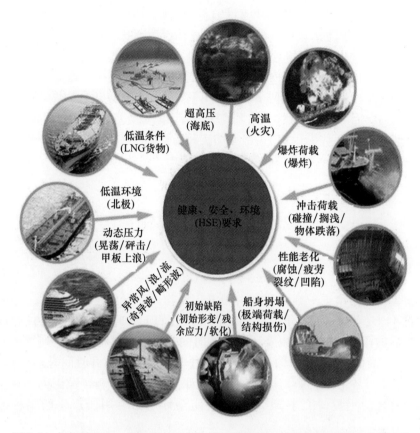

图 2.1　与船舶和海上设施有关的各种类型的极端事件和偶然事件(Paik,2015)

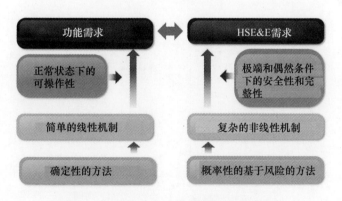

图 2.2　工程设计中的范式转换(Paik,2015)

要求的)成功设计的最佳途径。

在工程实际中,风险评估和管理经常采用的是规范性方法,也即预定义的或者确定性的方法(FABIG,1996;API,2006;ABS,2013;DNVGL,2014)。然而,人们往往更希望将全概率方法应用于定量的风险评估与管理中(Czujko,2001;Vinnem,2007;NORSOK,2010;Paik 和 Czujko,2010;Paik,2011;ISO,2014;LR,2014)。

在风险评估与管理框架内,各种作用的特性及其效应可以通过能够反映非线性结构力学行为的工程模型来识别。本章将针对与碳氢化合物爆炸相关的非线性结构力学问题进行阐述,介绍风险评估方面的现有规则和工业实践情况,并分析一些先进的处理方法和值得借鉴的实践经验。当我们在分析由爆炸导致的非线性结构响应时,一般必须确定爆炸压力作用情况,因此下面先来介绍爆炸压力作用及其效应。

2.2 相关理论基础

2.2.1 爆炸压力曲线

图 2.3 中给出了一幅典型的由碳氢化合物爆炸导致的压力曲线,一般可以通过 4 个参数来描述,分别是达到峰值压力的上升时间、峰值压力、超过峰值压力后的压力衰减形式以及压力持续时间。峰值压力往往会达到结构元件破坏压力(准静态条件下)的 2~3 倍,不过爆炸压力的上升时间是非常短的,通常仅为若干毫秒,而爆炸压力的持续时间一般在 10~50ms 范围内。在风险评估与管理的定量研究中,通常需要确定爆炸压力作用所产生的结构损伤情况。

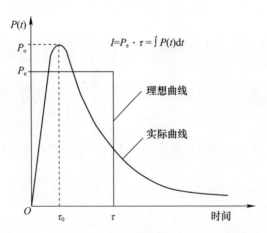

图 2.3 典型的爆炸压力曲线形态及其理想化处理(Paik 和 Thayamballi,2007)

当爆炸压力作用的上升时间和持续时间都非常短时,人们通常将其近似为一个仅由两个参数刻画的脉冲型作用,这两个参数分别是等效峰值压力 P_e 和持续时间 τ(Paik 和 Thayamballi,2007),它们应当使得实际的压力作用和理想的脉冲具有完全相同的冲量,即

$$I = P_e \tau = \int P(t)\,\mathrm{d}t \tag{2.1}$$

式中:I 为压力作用的冲量;t 为时间;P_e 为等效峰值压力;τ 为 P_e 的持续时间。很明显,若将实际的峰值压力 P_o 看成 P_e,就有些过分悲观了,因此有时人们直接将 P_o 乘以一个折减因子,从而得到 P_e。一旦确定冲量 I 和等效峰值压力 P_e,根据式(2.1)也就很容易得到持续时间 τ 了。

在解析分析由爆炸压力导致的结构损伤问题时,P_o 和 τ 通常是作为影响参数来处理的,而在计算模型中,一般是直接采用实际的爆炸压力曲线来仿真分析非线性结构响应。

2.2.2 碳氢化合物的热力学相关知识

1. 物理参数定义

本节介绍与碳氢化合物爆炸有关的一些物理参数。考虑某种单一类型的气体,其样品的摩尔数可以按以下关系式计算(FLACS,2016),即

$$n_i = \frac{m_i}{M_i} \tag{2.2}$$

式中:n_i 为数密度;m_i 为质量;M_i 为样品的分子量。

摩尔分数的定义为

$$X_i = \frac{n_i}{\sum_{i=1}^{N} n_i} \tag{2.3}$$

式中:X_i 为摩尔分数。

质量分数的定义为

$$Y_i = \frac{m_i}{\sum_{i=1}^{N} m_i} \tag{2.4}$$

式中:Y_i 为质量分数。

燃料/氧化剂比的定义为

$$(F/O) = \frac{m_{\text{fuel}}}{m_{\text{oxygen}}} \tag{2.5}$$

式中：(F/O) 为燃料/氧化剂比；m_{fuel} 为燃料的质量；m_{oxygen} 为氧化剂的质量。

进一步，当量比可以表示为

$$\Phi = \frac{(F/O)_{\text{actual}}}{(F/O)_{\text{stoichometric}}} = \frac{\left(\dfrac{m_{\text{fuel}}}{m_{\text{oxygen}}}\right)_{\text{actual}}}{\left(\dfrac{m_{\text{fuel}}}{m_{\text{oxygen}}}\right)_{\text{stoichometric}}} \tag{2.6}$$

式中：Φ 为当量比。

当爆炸涉及若干种气体时，摩尔分数应按下式确定，即

$$X_i = \frac{\dfrac{Y_i}{M_i}}{\sum\limits_{i=1}^{N}\dfrac{Y_i}{M_i}} \tag{2.7}$$

而质量分数则按下式计算，即

$$Y_i = \frac{X_i M_i}{\sum\limits_{i=1}^{N} X_i M_i} \tag{2.8}$$

混合气体的理想气体定律可以表示为

$$p = \rho RT \tag{2.9}$$

式中：p 为绝对压力；ρ 为密度；R 为混合气体的气体常数；T 为绝对温度。

对于理想气体来说，道尔顿定律可以表示为

$$p = \sum_{i=1}^{N} p_i = \frac{R_u T}{V} \sum_{i=1}^{N} n_i \tag{2.10}$$

式中：R_u 为普适气体常数；V 为体积。

等熵比定义为

$$\gamma = \frac{c_p}{c_V} \tag{2.11}$$

式中：γ 为等熵比；c_p 和 c_V 分别为定压比热容和定容比热容。

声速的计算式为

$$c \equiv \sqrt{\gamma RT} = \sqrt{\gamma \frac{\rho}{p}} \tag{2.12}$$

爆炸压力、密度和温度之间的关系可以表示为

$$\frac{p}{p_0} = \left(\frac{\rho}{\rho_0}\right)^{\gamma} = \left(\frac{Y}{Y_0}\right)^{\gamma/(\gamma-1)} = \left[1 + \frac{\gamma-1}{2}\left(\frac{u}{c}\right)^2\right]^{-\gamma/(\gamma-1)} \tag{2.13}$$

式中：p_0 为环境压力；ρ_0 为初始密度；Y_0 为初始质量分数；u 为流速。

2. 化学计量反应

燃烧过程是指燃料被氧化剂(通常是空气)所氧化而生成光和热的过程,其化学反应过程可以表示为(FLACS,2016)

$$C_{n_c}H_{n_h}O_{n_o} + \alpha O_2 \rightarrow n_c CO_2 + bH_2O + Q \tag{2.14}$$

如果燃料和氧化剂在化学反应结束之后都彻底耗尽,那么称这一过程为化学计量反应。氧化剂的化学计量数(以摩尔计)可以通过下式确定,即

$$\alpha = n_c + \frac{n_h}{4} - \frac{n_o}{2} \tag{2.15}$$

式中:n_c、n_h 和 n_o 分别为碳原子、氢原子和氧原子的数量。

2.2.3　流体控制方程——扩散和爆炸

质量守恒定律可以表示为

$$\frac{\partial}{\partial t}(\beta_V \rho) + \frac{\partial}{\partial x_i}(\beta_i \rho u_i) = \frac{\dot{m}}{V} \tag{2.16}$$

式中:β_V 为体积孔隙率;β_i 和 u_i 分别为第 i 个方向上的面积孔隙率和平均速度;$\dot{m}$ 为质量变化率。

动量方程可以写为

$$\frac{\partial}{\partial t}(\beta_V \rho u_i) + \frac{\partial}{\partial x_j}(\beta_j \rho u_j u_i) = -\beta_V \frac{\partial p}{\partial x_i} + \frac{\partial}{\partial x_j}(\beta_j \sigma_{ij}) + F_{o,i} + \beta_V F_{w,i} + \beta_V (\rho - \rho_0) g_i$$

$$F_{o,i} = -\rho \left| \frac{\partial \beta}{\partial x_i} \right| u_i |u_i| \tag{2.17}$$

式中:σ_{ij} 为应力张量;$F_{o,i}$ 和 $F_{w,i}$ 分别为阻力和壁面摩擦力;g_i 为 i 方向上的重力加速度。

焓的输运方程可以表示为

$$\frac{\partial}{\partial t}(\beta_V \rho h) + \frac{\partial}{\partial x_j}(\beta_j \rho u_j h) = \frac{\partial}{\partial x_j}\left(\beta_j \frac{\mu_{\text{eff}}}{\sigma_h} \frac{\partial h}{\partial x_j}\right) + \beta_V \frac{Dp}{Dt} + \frac{\dot{Q}}{V} \tag{2.18}$$

式中:h 为比焓;μ_{eff} 为有效黏度;σ_h 为比焓的普朗特-施密特数(一般 $\sigma_h = 0.7$);$\dot{Q}$ 为热耗率。

燃料质量分数的输运方程可以写为

$$\frac{\partial}{\partial t}(\beta_V \rho Y_{\text{fuel}}) + \frac{\partial}{\partial x_j}(\beta_j \rho u_j Y_{\text{fuel}}) = \frac{\partial}{\partial x_j}\left(\beta_j \frac{\mu_{\text{eff}}}{\sigma_{\text{fuel}}} \frac{\partial Y_{\text{fuel}}}{\partial x_j}\right) + R_{\text{fuel}} \tag{2.19}$$

式中：Y_{fuel} 为燃料的质量分数；σ_{fuel} 为燃料的普朗特 – 施密特数（一般 $\sigma_{\text{fuel}} = 0.7$）；$R_{\text{fuel}}$ 为燃料的反应率。

湍动能的输运方程为

$$\frac{\partial}{\partial t}(\beta_V \rho k) + \frac{\partial}{\partial x_j}(\beta_j \rho u_j k) = \frac{\partial}{\partial x_j}\left(\beta_j \frac{\mu_{\text{eff}}}{\sigma_k} \frac{\partial k}{\partial x_j}\right) + \beta_V P_k - \beta_V \rho \varepsilon \qquad (2.20)$$

式中：k 为湍动能；σ_k 为湍动能的普朗特 – 施密特数（一般为 $\sigma_k = 1.00$）；P_k 为湍动能的表压；ε 反映了湍动能的耗散。

湍动能耗散率的输运方程为

$$\frac{\partial}{\partial t}(\beta_V \rho \varepsilon) + \frac{\partial}{\partial x_j}(\beta_j \rho u_j \varepsilon) = \frac{\partial}{\partial x_j}\left(\beta_j \frac{\mu_{\text{eff}}}{\sigma_\varepsilon} \frac{\partial \varepsilon}{\partial x_j}\right) + \beta_V P_\varepsilon - C_{2\varepsilon} \beta_V \rho \frac{\varepsilon^2}{k} \qquad (2.21)$$

式中：σ_ε 为湍动能耗散率的普朗特 – 施密特数（一般 $\sigma_\varepsilon = 1.30$）；$P_\varepsilon$ 为动能耗散率的表压；$C_{2\varepsilon}$ 为 $k-\varepsilon$ 方程中的常数（一般 $C_{2\varepsilon} = 1.92$）。

2.2.4 湍流模型——$k-\varepsilon$ 模型

工业实践中，人们经常采用 $k-\varepsilon$ 模型来给与碳氢化合物爆炸相关的湍流行为建模。在这个模型中，需要求解两个附加的输运方程，一个是针对湍动能的，另一个则是针对湍动能耗散的，分别为

$$\frac{\partial}{\partial t}(\rho k) + \frac{\partial}{\partial x_i}(\rho k u_i) = \frac{\partial}{\partial x_j}\left(\frac{\mu_t}{\sigma_k} \frac{\partial k}{\partial x_j}\right) + 2\mu_t E_{ij}^2 - \rho \varepsilon \qquad (2.22)$$

$$\frac{\partial}{\partial t}(\rho \varepsilon) + \frac{\partial}{\partial x_i}(\rho \varepsilon u_i) = \frac{\partial}{\partial x_j}\left(\frac{\mu_t}{\sigma_\varepsilon} \frac{\partial \varepsilon}{\partial x_j}\right) + C_{1\varepsilon} \frac{\varepsilon}{k} 2\mu_t E_{ij}^2 - C_{2\varepsilon} \rho \frac{\varepsilon^2}{k} \qquad (2.23)$$

式中：E_{ij} 为变形率分量；$C_{1\varepsilon}$ 为 $k-\varepsilon$ 方程中的常数（一般 $C_{1\varepsilon} = 1.44$）。

2.2.5 风边界——扩散

在碳氢化合物的爆炸过程中，结构响应会受到风边界情况的影响，此类边界可能与近地面的大气边界层特性相同。在工程实际中，人们经常采用特征长度这一概念和浮力效应来描述大气边界层（Monin 和 Obukhov，1954），特征长度可以表示为

$$L = \frac{\rho_{\text{air}} c_p T_{\text{air}} (u^*)^3}{\kappa g H_s} \qquad (2.24)$$

式中：L 为 Monin – Obukhov 长度；ρ_{air} 和 T_{air} 分别为空气的绝对压力和绝对温度；u^* 为摩擦速度；κ 为冯·卡曼常数（一般 $\kappa = 0.41$）；H_s 为地表感热通量。表 2.1 中列出了 Monin – Obukhov 长度和稳定度情况，实际上就是将 Monin – Obukhov 长度与大气稳定度做了对应。

表 2.1 Monin–Obukhov 长度和稳定度

Monin–Obukhov 长度/m	稳定度
较小的负值，$-100 < L$	非常不稳定
较大的负值，$-10^5 < L < -100$	不稳定
非常大，$\|L\| > 10^5$	中性
较大的正值，$10 < L < 10^5$	稳定
较小的正值，$0 < L < 10$	非常稳定

2.2.6 燃烧模型

当燃料和氧化剂的混合物被点燃后爆炸会逐步加剧，然而对于燃料和氧化剂所形成的稳定非湍流混合物来说，往往在爆炸加剧之前会以层流燃烧速度进行燃烧，即

$$S_L^0 = S_L^0(\text{fuel}, \Phi) \tag{2.25}$$

燃料和当量比 F 对层流燃烧速度是有影响的，而当燃料含量低于可燃性下限(LFL)或者高于可燃性上限(UFL)时是不会发生燃烧的。在碳氢化合物爆炸过程中，火焰加速并形成湍流，由于反应物和产物混合得更充分，因而湍流燃烧速度远大于层流燃烧速度。在燃烧的数值模型中，通常利用相关性分析手段来研究实验得到的层流和湍流燃烧速度。

实际应用中，常假设预混火焰的反应区比实际的网格要小，这种情况下就需要在火焰建模时将火焰区增厚，主要是通过增加扩散(因子 b)和减小反应速率(因子 $1/b$)来实现，因而这类火焰模型也常称为 β 模型。

1. 火焰模型

燃料的扩散系数 D 来自于输运方程，即

$$D = \frac{\mu_{\text{eff}}}{\sigma_{\text{fuel}}} \tag{2.26}$$

对 D 和 W 进行调整可以定义无量纲形式的参量，即

$$W^* = \frac{W}{\beta} = W \frac{l_{\text{LT}}}{\Delta g} \tag{2.27a}$$

$$D^* = D\beta = D \frac{\Delta g}{l_{\text{LT}}} \tag{2.27b}$$

式中：W^* 为无量纲反应速率；β 为 β 模型中的变换因子；l_{LT} 为 β 模型中的混合长度；D^* 为无量纲扩散系数。

2. 燃烧速度模型

对于静态下的可燃气云遇到弱火源的情形,初始燃烧过程可能是层流状态的。此时火焰前沿是平滑的,其传播主要受热扩散和(或)分子扩散过程的控制。在刚过这一初始阶段后,由于各种不稳定因素(如点火、流体动力过程或者瑞利-泰勒不稳定性等)的影响火焰面会出现褶皱,火焰速度会增大并变成准层流状态。依赖于流体状态情况,可能会出现一个过渡期,最终将达到湍流燃烧状态。

很显然,层流燃烧速度是取决于燃料类型、燃料空气混合比及压力等因素的。对于燃料混合物而言,层流燃烧速度可以按照体积加权平均来估算。一般将层流燃烧速度表示为压力的函数形式,即

$$S_L = S_L^0 \left(\frac{P}{P_0}\right)^{\gamma_P} \tag{2.28}$$

式中:γ_P 为压力指数,它是与燃料相关的一个参数。

在准层流状态下,湍流燃烧速度可以表示为

$$S_{QL} = S_L \left(1 + \chi \min\left(\left(\frac{R_{\text{flame}}}{3}\right)^{0.5}, 1\right)\right) \tag{2.29}$$

式中:R_{flame} 为火焰半径;χ 为与燃料相关的常数。

2.2.7 非线性结构响应的数值模型

动力平衡方程可以通过数值方法来求解(Paik,2018),包括隐式的和显式的方法。显式方法一般与动力学方程的时间积分相关,也即根据时刻 t 结构的平衡方程计算出 $t + \Delta t$ 时刻的位移,不考虑阻尼效应的前提下,该方程可以写为

$$m\ddot{w}^t = F^t - S^t \tag{2.30}$$

式中:m 为结构的质量矩阵;w^t 为时刻 t 的节点位移矢量;$\ddot{w}^t$ 为对应的加速度矢量;F^t 为外部作用的节点力矢量;S^t 为内力(力矩)矢量(等效于内应力)。

矢量 S^t 是变化的,主要取决于时刻 t 的结构构型、应力以及材料本构模型。对于线弹性响应而言,它可以表示为

$$S^t = Kw^t \tag{2.31}$$

式中:K 为刚度矩阵。

通过将近似的加速度矢量代入前述方程,即可得到下一个时间步(即 $t + \Delta t$ 时刻)的节点位移,最常用的近似是利用中心差分算子得到的,即

$$\ddot{w}^t = \frac{w^{t+\Delta t} - 2w^t + w^{t-\Delta t}}{\Delta t^2} \tag{2.32}$$

当把式(2.32)代入式(2.30)之后就计算出 $t + \Delta t$ 时刻的位移了。在实际

问题中，m 通常是一个对角矩阵，因而前述方程就是解耦的，所以 $t+\Delta t$ 时刻的结构响应计算也就非常简单了，不需要去求系数矩阵的逆了。这也是显式的时间积分方法所具有的一个主要优点。不过其主要缺点在于，为了获得稳定而可靠的解，必须采用非常小的时间步长。

对于隐式的时间积分方法来说，$t+\Delta t$ 时刻的位移是按照以下方程式得到的，即

$$m\ddot{w}^{t+\Delta t} + K^t \Delta w^t = F^{t+\Delta t} - S^t \tag{2.33}$$

式中：K^t 为时刻 t 结构的切线刚度矩阵；$\Delta w^t = w^{t+\Delta t} - w^t$。

目前有多种隐式处理手段可以近似式(2.33)中的加速度 $\ddot{w}^{t+\Delta t}$，其中一种是梯形公式，可以表示为

$$\begin{cases} \dot{w}^{t+\Delta t} = \dot{w}^t + \dfrac{\Delta t}{2}(\ddot{w}^t + \ddot{w}^{t+\Delta t}) \\ w^{t+\Delta t} = w^t + \dfrac{\Delta t}{2}(\dot{w}^t + \dot{w}^{t+\Delta t}) \end{cases} \tag{2.34}$$

将式(2.34)代入式(2.33)，平衡方程就被转换成为

$$\left(K^t + \dfrac{4}{\Delta t^2}m\right)\Delta w^t = F^{t+\Delta t} - S^t + m\left(\dfrac{4}{\Delta t}\dot{w}^t + \ddot{w}^t\right) \tag{2.35}$$

根据式(2.35)即可求解得到位移增量 Δw^t，这里需要对矩阵进行求逆运算，而时间步长要比显式求解方法中的步长大些。

2.3 现行规则和行业惯例

2.3.1 美国船级社

美国船级社(ABS)(ABS,2013)制定了一项指南，用于指导爆炸风险评估，它包括两个步骤，即初步评估和详细评估，如图 2.4 所示，其中非线性结构响应的分析是一个关键任务。该 ABS 指南采用 3 个阶段的分析，分别是①筛选分析；②强度水平分析；③延性水平分析，与 API(2006)类似，所考虑的爆炸压力载荷曲线经过了理想化处理，如图 2.5 所示。这 3 个阶段分别如下。

(1) 筛选分析。在评估爆炸事件产生的结构响应时，这是最简单的做法。它采用的是当量静载荷，并通过基于极限状态的设计检查来评估响应情况。所采用的当量静载荷是峰值超压，与强度水平分析是相同的。

(2) 强度水平分析。采用与爆炸超压对应的当量静载荷进行线弹性分析，并考虑塑性的影响。超压峰值一般由动力放大因子来描述。

(3) 延性水平分析。将几何非线性和材料非线性考虑进来，是最精细的做法。

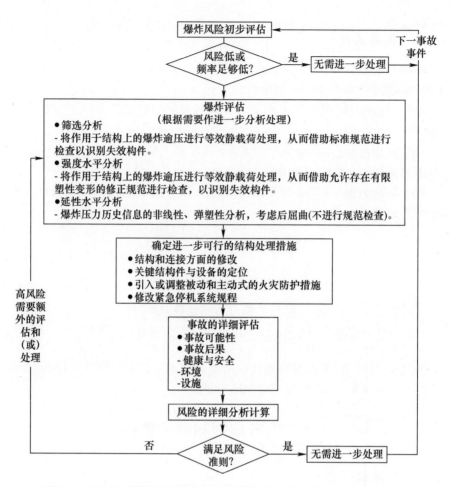

图 2.4　ABS 针对爆炸压力载荷给出的结构安全性评估过程(ABS,2013)

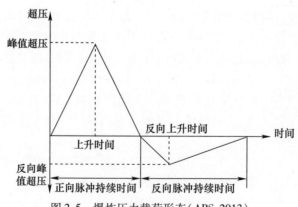

图 2.5　爆炸压力载荷形态(ABS,2013)

2.3.2 美国石油协会

美国石油协会(API)(API,2006)推荐了一种可用于确定爆炸载荷和评估结构响应的规范性方法,图2.6给出了其过程,其中涉及3类模型,分别如下。

(1) 经验模型。采用源于实验的超压数据,其精度和适用性受模型数据库限制。

(2) 唯象模型。将物理原理和经验观测相结合(即对观测结果进行解释,使之与基本理论相符),对超压进行描述。

(3) 数值模型。通过气流、燃烧和湍流之间的关系求解来确定超压,一般借助的是计算流体动力学(CFD)原理。

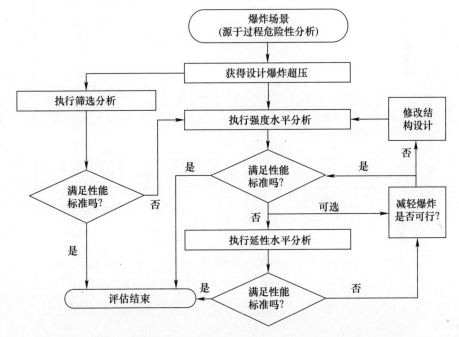

图2.6 API针对爆炸压力载荷给出的结构安全性评估过程(API,2006)

数值模型要比另外两种模型更为精细,只是需要更多的计算时间和精力。为此,API过程采用了一个规范模型,它与结构特定区域的超压标称值有关。API过程包括以下几步:①概念类型选择;②确定制约因素;③确定标称超压;④采用安全系数来处理数据不确定性。

表2.2按照海上设施类型的不同列出了标称超压,表2.3则给出了与项目情况相关的修正因子。对于未在表2.3中列出的其他情形,一般需要根据可接

受的风险水平从爆炸载荷曲线得到设计爆炸载荷,通常建议采用$10^{-3} \sim 10^{-4}$/年这一风险等级范围,具体还要取决于实施标准。

表2.2 不同类型海上设施的标称超压(API,2006)

爆炸易发区	海上设施的标称超压/bar				
	一体化生产/钻探		桥接式生产/钻探(多平台)	仅生产	
	单井平台	TLP[①]/湿树		单腿导管架平台	单体FPSO[②]
井口/钻台	2.50	2.50	2.00	—	—
气体分离设施	2.00	1.00	1.50	1.50	1.00
气体处理和压缩设施	1.50	1.00	1.00	1.00	1.00
转动架(内部)	—	—	—	—	3.00
FPSO主甲板	—	—	—	—	2.00
TLP月亮池	—	2.00	—	—	—
TLP甲板箱	—	2.50	—	—	—
其他	1.00	0.75	1.00	1.00	0.50

① TLP—张力腿平台。
② FPSO—浮式生产、储油、卸油船。
注:1bar=100kPa。

表2.3 与项目参数相关的修正因子(API,2006)

项目参数		标称爆炸荷载修正因子[①]
名称	范围/比值/量值	
生产率	低于50000bbl/d	0.90
	50000~100000bbl/d	1.05
	高于100000bbl/d	1.10
气体压缩压力	低于100bar	1.00
	100~200bar	1.05
	高于200bar	1.10
气体成分	标准	1.00
	高	1.10
	超高	1.35
生产线	1	0.90
	2	0.95
	4	1.10

续表

项目参数		标称爆炸荷载修正因子①
名称	范围/比值/量值	
模块覆盖范围	低于75000sqft	0.90②
	75000~150000sqft	1.00
	高于150000sqft	1.10
封闭情况	三边以上开放	0.85
	1~2边开放	0.95
	全封闭	1.25
模块长宽比	低于1.0	0.90
	1.0~1.7	1.05
	高于1.7	1.10

① 载荷修正因子不适用于井口/钻台、月亮池和FPSO主甲板。
② 对于较小的和非常拥挤的平台(约10000sqft),不宜选择0.9来减小标称爆炸超压。
注:1sqft≈0.093m^2。
1bbl=1桶。

在针对爆炸压力作用对结构响应进行评估方面,API的方法与ABS的方法是类似的,也是按照筛选检查、强度水平分析以及延性水平分析这个顺序来进行的。

2.3.3 挪威船级社和德国劳氏船级社

挪威船级社和德国劳氏船级社(DNVGL)(DNVGL,2014)推荐了一种可用于设计爆炸载荷预估(以超压和脉冲持续时间的形式)的确定性方法。设计载荷可以根据场地限制情况作进一步细分,如表2.4所列,其中列出了一些典型的设计爆炸载荷值。不过,如果需要获得准确的预估值,则建议对实际具体情况进行专门的分析,这主要是因为爆炸超压的影响因素过多。

表2.4 DNVGL(2014)给出的设计爆炸载荷值

海上设施类型	工作区域	设计爆炸超压/bar	脉冲持续时间/s
钻井平台	带有围墙的钻台	0.1	0.2
	带有坚固围墙的振动筛房,中等尺寸	2.0	0.3
单体FPSO	处理区,小型	0.3	0.2
	处理区,中型,无围墙或屋顶	1.0	0.2

续表

海上设施类型	工作区域	设计爆炸超压/bar	脉冲持续时间/s
单体FPSO	船体内转塔,带出入舱口的STP/STL沉没式转塔生产系统/沉没式转塔装卸系统室	4.0	1.0
单体FPSO(大型)	处理区,大型,无围墙或屋顶	2.0	0.2
生产平台(半潜式)	处理区,大型,无围墙或围墙较弱,3层,格栅夹层和上层甲板	2.0	0.2
生产平台(固定式)	处理区,中型,上下层甲板,3层,1个或2个侧边敞开	1.5	0.2
一体式生产和钻探平台	甲板上的处理区和钻探模块,中型,3层,3个侧边敞开	1.5	0.2
	采油树/井口区,中型,格栅地板	1.0	0.2

针对海上结构物的设计,为做好爆炸防护,DNV–RP–C204(DNVGL,2010)提出采用非线性动力有限元分析,或基于单自由度(SDOF)和(或)多自由度(MDOF)类比的简单计算方法,并使用理想化的设计爆炸载荷。DNVGL(2010)将分析模型进行了分类,主要根据的是设计者希望检查的失效模式。图2.7和表2.5展示了双向加筋板的失效模式以及推荐的分析模型。

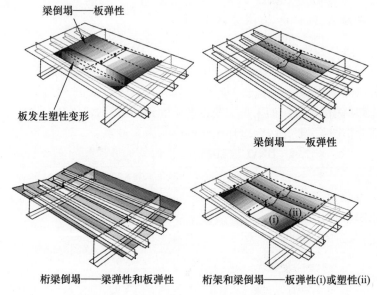

图2.7 分析模型选择时所考虑的双向加筋板的失效模式(DNVGL,2010)

表2.5 DNVGL(2010)建议的与失效模式对应的分析模型

失效模式	简化分析模型	备注
板的弹塑性变形	SDOF	—
筋板塑性,板弹性	SDOF	板的有效翼缘,弹性阶段
筋板塑性,板塑性	SDOF	板中部的有效宽度;端部的有效翼缘,弹性阶段
大梁塑性,筋板和板弹性	SDOF	带有集中荷载(筋板反力)的板的有效翼缘,考虑筋板质量
大梁塑性,筋板弹性,板塑性	SDOF	大梁中部和端部处板的有效宽度,考虑筋板质量
大梁和筋板塑性,板弹性	MDOF	筋板的动态反力导致大梁上的荷载
大梁和筋板塑性,板塑性	MDOF	筋板的动态反力导致大梁上的荷载

2.3.4 火灾与爆炸信息协会

火灾与爆炸信息协会(FABIG)的技术规范四中强调指出有必要针对爆炸载荷的定义区分出基础、偏低和偏高这3种情况,这主要是因为在爆炸仿真用的几何模型中没有包含大量管道,也没有充分体现出结构拥挤情况,因而难以得到实际压力(FABIG,1996)。

结构响应分析中都可以采用单自由度和多自由度形式来处理(本节是指有限元方法),考虑的是理想爆炸载荷,如图2.3所示(FABIG,1996)。FABIG还建议,当进行爆炸情况下的结构响应分析时,应当把诸如应变率效应这样的动态效应考虑进来(FABIG,1996)。

2.3.5 国际标准化组织

国际标准化组织(ISO)制定了国际标准(ISO 19901-3),对平台上部结构的防火防爆设计提出了专门的要求,如图2.8所示。不仅如此,ISO还针对一些最不利的爆炸效应提出了逃生路线和安全区域方面的详细要求,并建议对爆炸效应进行统计评估,通常可以采用以下做法(ISO,2014)。

(1)采用极差情况下含有化合物的烟气层,据此得到的爆炸效应肯定或极有可能是偏于保守的。

(2) 采用以某种概率分布的烟气层,据此得到的爆炸效应及其概率是由一组曲线来描述的,这些曲线反映的是超压的概率分布。

(3) 也可以利用允许风险水平和爆炸超越曲线来进行爆炸效应或作用的设计(ISO,2014),所给出的风险水平包括:

① 强度水平爆炸(SLB),其超越概率在10^{-2}/年;

② 延性水平爆炸(DLB),其超越概率在10^{-4}/年。

这一标准根据超越概率提供了不同的爆炸效应分析方法,对于SLB来说,SDOF和(或)线性有限元分析(FEA)已经足够了,而对于DLB它还推荐了非线性FEA。

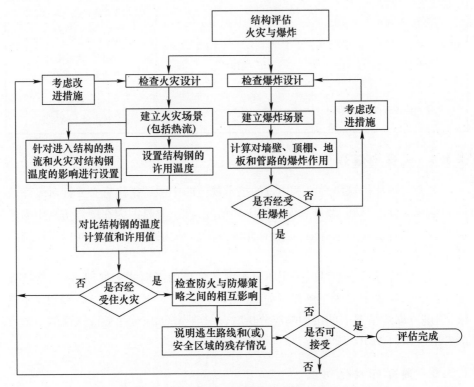

图2.8 针对火灾和爆炸的结构评估详细过程(ISO,2014)

2.3.6 劳氏船级社

劳氏船级社(LR)在指南中建议采用统计方法来确定设计爆炸载荷(LR,2014),并推荐借助CFD仿真手段来分析不同参数条件下的气体扩散和爆炸情况。

该指南建议,在结构响应分析中可以将设计图(如压力-冲量曲线,即$P-I$曲线)和设计载荷结合起来使用。如果偶然载荷设计(DAL)值是通过风险接受(即最高出现频次)准则来定义的,就可以确定出简化的设计爆炸载荷了(LR,2014)。

2.3.7 挪威石油工业技术标准(挪威标准)

挪威石油工业技术标准Z003(NORSOK Z003)采用统计方法来确定爆炸载荷,图2.9中给出了计算爆炸风险(爆炸载荷)的过程(NORSOK,2010)。它考虑了最有影响的若干因素,如气体释放(速率和方向)、风(速率和方向)、火源、烟气层(尺寸、位置、浓度)以及爆炸载荷定义中每个参数的频率或概率,显然这里包括气体扩散和爆炸等步骤(NORSOK,2010)。

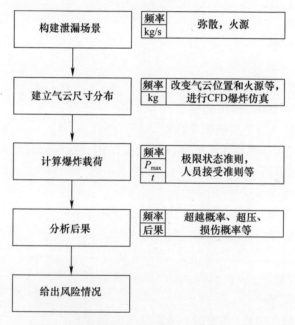

图2.9 爆炸风险的计算过程(NORSOK,2010)

这一标准将概率性偶然载荷应用于结构响应的分析中,主要有以下3种不同的方式(NORSOK,2010)。

(1)采用的是设计爆炸载荷,它建立在风险接受准则基础上,是利用压力和冲量超越曲线计算出的。

(2)基于载荷-频率关系(如$P-I$图)进行结构响应分析。

(3)在结构响应分析中直接采用(从每种爆炸场景中计算出的)爆炸时间历程。

NORSOK(2004)所给出的另一标准 NORSOK-N004,详细阐述了针对爆炸事件的结构分析与设计过程。在局部结构的响应分析方面,该标准所建议采用的方法与 DNVGL(2010)是相似的,参见图 2.7 和表 2.5。此外,应注意的是,NORSOK(2010)还指出,在分析过程中人们应恰当地选用 SDOF、MDOF、线性有限元方法(FEM)和(或)非线性 FEM。

2.4 面向高级工程实践的若干建议

2.4.1 推荐采用的方法

为了确定爆炸载荷,既可以采用确定性模型,也可以使用概率性模型。

(1) 用于载荷预测的确定性模型:

① 经验模型;

② 唯象学模型;

③ CFD(FLACS)模型。

(2) 爆炸载荷的概率性模型:

① NORSOK(2001)给出的模型;

② 借助定量风险分析的概率性爆炸载荷评估。

对于由碳氢化合物爆炸形成的压力载荷作用,可以采用以下方法来进行非线性结构响应的分析。

(1) 基于 SDOF:

① 静态分析和准静态分析(考虑动力放大因子);

② 动态分析(线性系统和非线性系统)。

(2) 基于动量守恒和能量守恒:冲击分析。

(3) 基于设计图:基于 FEA 和 SDOF 的 $P-I$ 图。

(4) 基于 FEM:

① 非线性静态分析(考察静态承载力和失效模式);

② 非线性动态分析(考虑动态效应,主要分析时域响应)。

在利用概率性方法确定爆炸载荷时,一般需要考虑如下参数:

① 泄漏源的位置;

② 气体喷射方向;

③ 泄漏流量;

④ 阻隔装置的性能。

通常可以把冲击压力载荷简化为三角形或矩形压力脉冲形式,或者也可以根据 CFD 仿真给出其详尽的压力-时间关系。在非线性结构响应分析中，一般应采用非线性 FEM，由此可以获得：

① 压力时间曲线（详尽的曲线或者简化的三角形脉冲）所导致的动态响应；

② 结构响应的非线性特性。

在确定设计爆炸载荷时，不仅需要考虑与超压相关的载荷，而且也要考虑阻力和阻力冲量，因此设计载荷一般是以 4 种爆炸载荷（超压、超压冲量、阻力和阻力冲量）超越曲线的形式来给出的（风险接受水平为 10^{-4}/年）。

在计算海上设施受到的爆炸作用及其作用效应时，一般可以采用以下 3 种方法来完成，当然，如果需要更精细的计算结果，就应该首选 CFD 和非线性 FEM 了。

（1）SDOF。采用的是理想化的爆炸载荷。

（2）非线性 FEM。采用的是理想化的设计载荷，并且可以借助 CFD 与 FEM 的接口施加真实爆炸载荷。

（3）设计图。采用的是基于 FEA 和 SDOF 的 $P-I$ 图。

图 2.10 给出了 ISSC（国际船舶结构会议）（2015）所建议的针对爆炸作用及其作用效应的偶然极限状态设计过程，其中考虑了 3 种用于爆炸载荷评估的方法，表 2.6 中还针对爆炸作用下的上部结构设计，详细介绍了 4 种结构分析途径（与不同的设计阶段相关）。图 2.11 进一步示出了一种可用于爆炸风险定量评估与管理的更先进的处理方式，是由 Paik 等（2014）提出的。

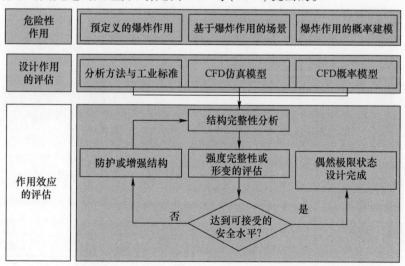

图 2.10　针对爆炸作用及其作用效应的偶然极限状态设计过程（ISSC,2015）

表2.6 气体爆炸载荷作用下的上部结构设计过程选择(ISSC,2015)

设计阶段	分析方法	动力行为	非线性行为	接受准则	结构模型
基本	SDOF方法	具备内在分析能力(或通过基于响应图的DAF[①]来考察);屈服应力增大(应变率效应×1.2)	具备内在分析能力;屈服应力增大(全塑性段×1.12);应变硬化(极限抗拉强度/1.25)	延性比	逐个构件进行建模;将板或加筋板模化为梁
基本	线性静态有限元(FE)分析	不具备内在的分析能力,需通过DAF来考察;屈服应力增大(应变率效应×1.2)	不具备内在的分析能力,可通过修订规范检查来做部分考虑;屈服应力增大(全塑性段×1.12);应变硬化(极限抗拉强度/1.25)	屈服强度和修订规范检查(在ASD[②]中利用系数×1.5)	框架;板;加筋板(理想筋板)
详细	非线性静态FE分析	不具备内在的分析能力,需通过DAF来考察;屈服应力增大(应变率效应×1.2)	具备内在的分析能力	极限应变(或延性比)	框架;板;加筋板(理想筋板)
详细	非线性动态FE分析	具备内在的分析能力	具备内在的分析能力	极限应变(或延性比)	框架;板;加筋板(理想筋板)
详细	非线性动态FE分析	具备内在的分析能力	具备内在的分析能力	极限应变(或延性比)	所有结构

① DAF:动力载荷放大系数。
② ASD:许用应力设计。

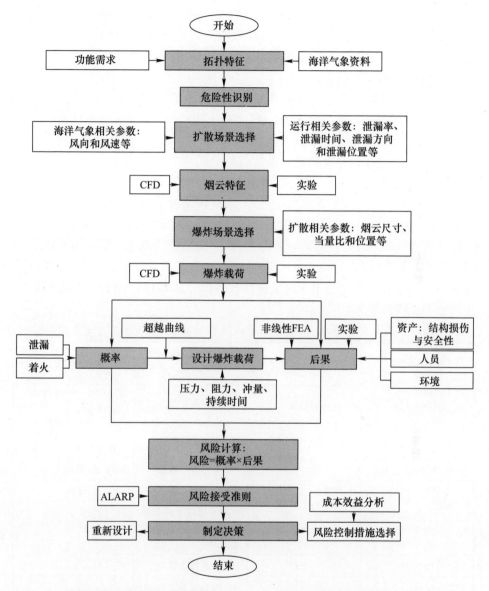

图 2.11 爆炸风险定量评估与管理过程(ALARP 是指最低合理可行的风险)(Paik 等,2014)

2.4.2 各种推荐做法的比较

1. 爆炸载荷的定义

ABS、API 和 DNVGL 推荐采用确定性方式来定义设计爆炸载荷(API,2006；ABS,2013；DNVGL,2014),而 LR 和 NORSOK 则给出的是概率性方法(NOR-

59

SOK,2010;LR,2014)。与此不同的是,FABIG(1996)建议根据预定义的最佳和最差条件下的爆炸模拟结果来确定爆炸载荷。另外,ISSC(2015)还发布了较好的指南,其中包含可用于定义碳氢化合物爆炸作用的所有可行方法。

2. 结构评估

对于结构响应的分析来说,ABS 和 API 采用的是一种分步式分析过程,包括筛选分析、线性分析和非线性 FEA(API,2006;ABS,2013),而其他的做法一般都是采用线性、非线性动力有限元分析,或基于单自由度(或多自由度)类比的简单计算方法,并使用理想化的设计爆炸载荷。

3. 各种方法的对比

表 2.7 将各种用于爆炸载荷的确定、结构评估及结构分析的方法进行了总结和对比,大多数方法都采用了理想化的爆炸载荷,通常是根据确定性的、预定义的或概率性的方式获得的。一般而言,基于理想结构模型的简化形式的结构分析方法是最常受到推荐的,不过与实际模型(真实的爆炸载荷,完整的结构模型)相比较,这些理想化的用于获取爆炸载荷的方法和(或)结构分析方法往往会产生不正确的结果。

表 2.7 关于爆炸载荷的确定及其在结构分析中应用的各类方法比较

方法	爆炸载荷的确定	爆炸载荷在结构评估中的应用	结构分析方法
ABS(2013)	确定性	理想化的爆炸载荷	筛选分析→线性 FEM→非线性 FEM
API(2006)	确定性/概率性	理想化的爆炸载荷	筛选分析→线性 FEM→非线性 FEM
DNVGL(2010;2014)	确定性	理想化的爆炸载荷	SDOF 或 MDOF
FABIG(1996)	预定义(上、下限)	理想化的爆炸载荷	SDOF 或 FEM
ISO(2014)	概率性	最恶劣情况下理想化的爆炸载荷或设计载荷	SDOF 或 FEM
LR(2014)	概率性	理想化的爆炸载荷	$P-I$ 图
NORSOK(2004;2010)	概率性	理想化的爆炸载荷/实际爆炸载荷	SDOF,MDOF 或 FEM
Czujko(2001)	确定性/概率性	理想化的爆炸载荷	SDOF,解析法,设计图或 FEM
Vinnem(2007)	概率性	理想化的爆炸载荷	FEM

续表

方法	爆炸载荷的确定	爆炸载荷在结构评估中的应用	结构分析方法
Paik 和 Czujko(2010); Paik(2011)	概率性	理想化的爆炸载荷	SDOF,NLFEM 或设计图
Czujko 和 Paik(2015)	概率性	实际载荷	FEM
ISSC(2015)	预定义,基于场景/概率性	理想化的爆炸载荷/实际爆炸载荷	SDOF,静态或动态 FEM

2.5 应用实例

本节将介绍一个应用实例,考虑受到爆炸作用的结构响应分析。

2.5.1 爆炸载荷评估

当采用爆炸风险定量评估方法进行结构分析(图 2.11)时,必须借助概率性方法确定爆炸载荷。在爆炸载荷的分析中,一般需要先进行气体扩散模拟,再进行气体爆炸模拟,不过有时也可能略去扩散模拟这一步,如气体爆炸场景在较早前就已经明确了这种情况。

1. 气体扩散模拟

三维气体扩散模拟是研究气云特性所必需的,而这些特性又将用于气体爆炸模拟。基于概率性扩散场景进行气体扩散模拟,能够帮助我们识别出气云的位置和浓度情况。

图 2.12 给出了基于气体扩散模拟得到的最大可燃(实际)气云与等价气云之间的关系。等价气云是燃料和氧气的理想混合,即在燃烧后不再剩余燃料或氧气了。

2. 气体爆炸模拟

在得到气体扩散模拟结果后,就可以定义爆炸场景以进行气体爆炸模拟。当然,如果较早前已经进行过爆炸场景设定,那么这里是可以直接使用的。

通过气体爆炸模拟,能够分析出爆炸载荷特性,如超压、冲量、曳力和持续时间等。图 2.13 给出了气体爆炸模拟实例的分析结果,它反映了气云体积对最大超压的影响情况。分析过程中,借助气体爆炸模拟得到的爆炸载荷是直接(对于实际爆炸载荷)或间接(对于理想化的爆炸载荷)地施加到结构上的。

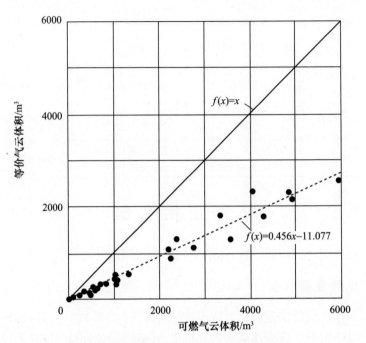

图 2.12 最大可燃气云与等价气云之间的关系

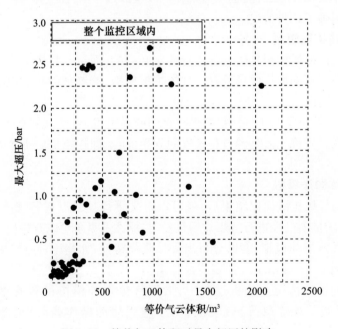

图 2.13 等价气云体积对最大超压的影响

2.5.2 将爆炸载荷应用于非线性结构响应分析

一般有两种方法可以将爆炸载荷应用于结构分析中,分别对应于理想化的爆炸载荷和实际爆炸载荷。

1. 理想化的爆炸载荷

理想化的爆炸载荷可以通过若干个参数来定义,其中包括正压峰值、正压峰值持续时间(上升和衰减时间)、负压峰值以及负压峰值持续时间,如图 2.5 所示。

(1) 确定性方式。在这一方式中,不需要进行气体扩散和爆炸仿真,因为爆炸载荷是通过 2.3 节介绍的那些规范和建议去确定或定义的。

(2) 概率性方式。在爆炸风险定量评估中,如果采用的是概率性处理方式,那么理想化的设计爆炸载荷需要根据大量爆炸场景的爆炸载荷特性(参见 2.4 节)及其频率去确定。

根据爆炸载荷和发生频率就可以生成超越曲线,进一步即可按照 ALARP(最低合理可行的风险)水平去确定设计载荷了。图 2.14 示出了一个实例,它以 10^{-4}/年的 ALARP 风险水平(在爆炸风险评估中是相当常用的)在爆炸超越曲线中确定了最大面板压力这个设计载荷参数。当然,图中的曲线也可以分别针对其他一些参量来生成,如超压、曳力、持续时间等,进而用于确定理想化的爆炸载荷。

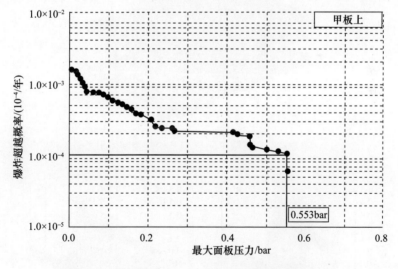

图 2.14 超越概率为 10^{-4}/年时设计载荷的确定示例

2. 实际爆炸载荷

当需要施加的是实际爆炸载荷时,一般需要通过一个接口程序将爆炸载荷值从 CFD 仿真环境中传递到非线性有限元分析环境中。FLACS2DYNA 就是这样的接口程序之一,图 2.15 示出了这一接口的基本思想。该接口程序可以处理 FLACS 中的检测点和控制体积,壳单元上的压力载荷就是从最近的检测点或者控制体积中心映射过来的(Kim 等,2012)。

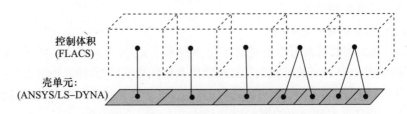

图 2.15　FLACS2DYNA 接口程序的基本思想(Kim 等,2012)

图 2.16 进一步展示了有限元模型与检测点或控制体积之间爆炸载荷的映射,每个位置处的实际爆炸载荷数据都会通过 FLACS2DYNA 接口传送到结构上。针对某一特定场景,图 2.17 还给出了实际超压与理想超压时间历程的分布情况,理想化的载荷是均匀分布在某个区域上的,该图表明了实际爆炸载荷与理想爆炸载荷之间确实存在着很大的差异。

图 2.16　爆炸载荷在有限单元与 CFD 中的控制体积之间的映射

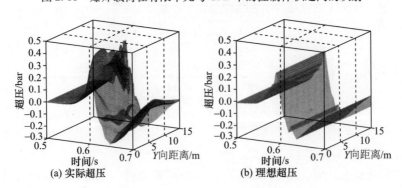

图 2.17　实际超压与理想超压时间历程的分布

2.5.3 非线性结构响应分析

在确定爆炸载荷后（无论是确定性还是概率性方式），即可进行实际爆炸载荷或理想爆炸载荷下的非线性结构响应分析了。

对于结构响应分析来说，人们一般采用非线性 FEA，为了获得更为准确的结果，对于那些能够影响冲击载荷下结构响应的因素来说，都是必须考虑的，如几何建模、单元类型、应变率效应及边界条件等。

图 2.18 中示出了一个采用壳单元生成的有限元网格模型。图 2.19 至图 2.22 则给出了基于非线性 FEA 得到的结构响应（爆炸载荷下），并对比了实际爆炸载荷与理想爆炸载荷条件这两种情况下的响应情况。图 2.19 和图 2.20 反映的分别是防爆墙和甲板的变形情况，图 2.21 给出的则是总位移分布情况。这些图像清晰地表明了实际爆炸载荷（非均匀分布）会导致扭矩的出现，而理想化的均匀分布载荷则未能体现出这一行为。

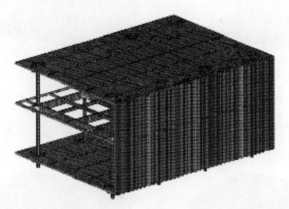

图 2.18　FPSO 的上部结构和防爆墙的有限元网格模型示例

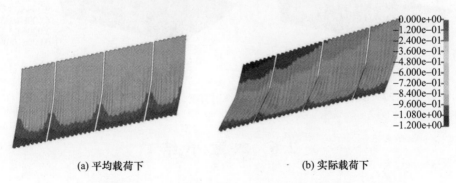

(a) 平均载荷下　　　　　　　　(b) 实际载荷下

图 2.19　防爆墙在 0.68s 处的变形情况（绘图时的放大因子取 5，单位为 m）

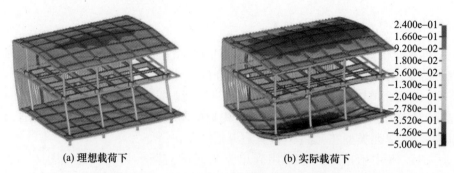

(a) 理想载荷下　　　　　　　　(b) 实际载荷下

图 2.20　甲板在 0.68s 处的变形情况(绘图时的放大因子取 5,单位为 m)

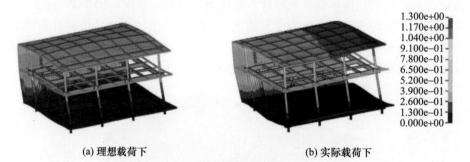

(a) 理想载荷下　　　　　　　　(b) 实际载荷下

图 2.21　0.68s 处的总位移分布情况(绘图时的放大因子取 5,单位为 m)

对于受冲击载荷作用的结构,人们往往会借助塑性应变来进行评估,为此图 2.22 进一步给出了这一塑性变形情况。

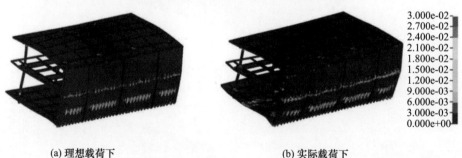

(a) 理想载荷下　　　　　　　　(b) 实际载荷下

图 2.22　1.0s 处的塑性应变分布(绘图时对变形量作了放大,放大因子取 5)

2.6　本章小结

风险水平的确定通常需要考虑能够导致严重后果(如人员伤亡、环境危害、经济财产的较大损失等)的那些事故或极限状态的发生概率,同时也要计入这些后果的严重性,一般是这两者的乘积形式或某种复合形式(Paik 和 Thayamballi,2007)。此处所谓的后果主要是与非线性结构响应相关联的,因而非线性结构响应分析也就所当然地成为风险定量评估与管理这一框架下非常关键的一项任务。本章主要介绍了爆炸作用下非线性结构响应分析的一般过程,并且对爆炸载荷的确定也做了说明,在结构响应分析中这一工作也是必需的。

在针对爆炸载荷下的传统结构设计工作中,通常假定爆炸载荷是沿着各个结构构件均匀分布的。然而,实际的爆炸载荷并不是这种均匀分布,如图 2.23 所示。均匀分布的载荷与实际爆炸载荷这两种情形下得到的结构响应计算结果可能相差非常显著。在某些场合下,均匀载荷的假定可能导致结构损伤的高估,而在其他一些场合中则又会导致低估。因此,为了准确分析结构响应,采用实际载荷分布是十分重要的。

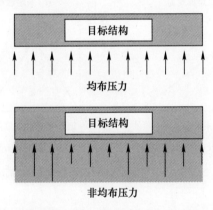

图 2.23　爆炸事件中压力载荷的均匀分布和非均匀分布

在与爆炸相关的非线性结构响应分析中,一般会涉及各种各样的影响参数,其中一些比较重要的包括爆炸载荷曲线、应变率和温度等。在结构完整性分析中需要考虑的主要因素是爆炸载荷曲线。一般来说,理想化的压力载荷是均匀分布的,目前存在 4 种一般性的理想化方式,它们将爆炸载荷形式简化为不同样式的脉冲,参见图 2.24,相关参数包括上升时间(直至达到峰值压力)、峰值压力、衰减形式(峰值压力之后)及持续时间等。对于碳氢化合物爆炸事件来说,相关的结构动力分析往往选用对称三角形式的载荷样式,而其他一些样式则可用于分析固体爆炸情况,如 TNT 爆炸问题。

应当注意的是,载荷的理想化处理是隐含着不确定性的,这可能会显著影响到非线性结构响应,为此除了从 CFD 仿真中直接获得的非均匀分布的超压外,一般还推荐采用实际载荷曲线。

材料特性也是结构动力分析中的主要影响因素。在基于非线性 FEM 的结构分析中必须把所采用材料的动态特性考虑进来,这些材料特性(如屈服应力和断裂应变)应当与动态效应一同考虑,通常也称为应变率效应。爆炸的持续时间是极短的(几毫秒),因此在非线性结构响应分析中温度的影响通常可以忽略不计,相比较而言,气云的温度需要长得多的时间才能传递到钢材上。

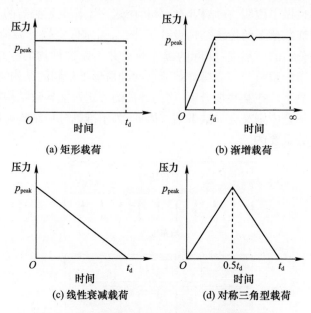

图 2.24　结构分析中的几种理想化爆炸载荷形式

缩略语和相关术语

实际气云尺寸	从 CFD 仿真或实验中获得的可燃气云尺寸
实际载荷	从 CFD 仿真或实验中获得的逾压或曳力
ALARP	最低合理可行的风险
ANSYS/LS – DYNA	用于非线性结构响应分析的软件
平均载荷	实际逾压或曳力的平均值
CFD	计算流体动力学
控制体积	CFD 仿真中构建数学模型时所采用的一种数学抽象
DAF	动力载荷放大因子

ER	当量气体浓度比
等价气云尺寸	化学计量条件下的气云尺寸
FEM	有限元方法
FLACS	用于仿真气体扩散和爆炸的软件
FLACS2DYNA	用于将 FLACS 仿真的结果输入给 ANSYS/LS–DYNA 的软件
HSE&E	健康、安全、环境 & 人类工程学
监测面板或监测点	用于监测计算结果的预定义的区域或点
多孔性	空隙所占体积的度量,位于 0~1.0 范围内,1 代表完全为空隙,0 代表实体
SDOF 方法	基于解析分析的单自由度方法

符 号 表

A	压力载荷下的有效区域
b_f	翼缘宽度
C	Cowper–Symonds 系数
$C_{1\varepsilon}, C_{2\varepsilon}$	$k-\varepsilon$ 方程中的常数
C_{A1-12}	标高 A 处的检测点
C_{B1-12}	标高 B 处的监测点
C_d	曳力系数
c	声速
c_p	定压比热容
c_v	定容比热容
D	扩散系数
E	变形率分量
F	最大动态反作用力瞬间所施加的爆炸力
F/O	燃料氧化剂比
F_o	摩擦阻力
F_w	壁面摩擦力

g		重力加速度
H		氢
H_s		地表感热通量
h		比焓
h_w		腹板高度
k		湍动能
L		Monin – Obukhov 长度
l_{LT}		β 模型中的混合长度
M		混合物的分子量
m		质量
$\dot{m}$		质量变化率
m_{fuel}		油气质量
m_{oxygen}		油气中的氧元素质量
n		数密度
O		氧
P		表压
P_B		防爆墙上的监控面板
P_M		夹层甲板上的监控面板
P_P		加工甲板上的监控面板
P_U		上甲板上的监控面板
p_0		外界压力
p_{air}		绝对压力
p_{peak}		峰值逾压
Q		热量
$\dot{Q}$		热耗率
q		Cowper – Symonds 系数
R		混合气体常数
R_B		最大抗爆载荷
R_{flame}		火焰半径

R_{fuel}		燃料反应率
R_u		普适气体常数
r_{inner}		柱的内半径
r_{outer}		柱的外半径
S_L		层流燃烧速度
T		自然周期
T_{air}		绝对温度
t_d		特定时间
t_f		翼缘厚度
t_w		腹板厚度
u		流体速度
u^*		摩擦速度
u_i		第 i 个方向上的平均速度
V		体积
W		无量纲反应因子
X		摩尔分数
Y		质量分数
Y_0		初始质量分数
y_{el}		弹性极限处的变形
y_m		最大总变形
β		β 模型中的变换因子
β_i		第 i 个方向上的面积孔隙率
β_v		体积孔隙率
γ		等熵比
γ_P		层流燃烧速度的压力指数
ε		湍动能的耗散率
$\dot{\varepsilon}$		应变率
ε_f		准静态载荷下的临界断裂应变
ε_{fd}		动力载荷下的临界断裂应变

κ	冯卡曼常数
μ	动力黏度
μ_{eff}	有效黏度，$\mu_{\text{eff}} = \mu + \mu_t$
μ_t	湍动黏度
ρ	密度
ρ_0	初始密度
σ	普朗特–施密特数
σ_{ij}	应力张量
σ_Y	准静态载荷下的屈服应力
σ_{Yd}	动力载荷下的屈服应力
Φ	当量比
χ	与燃料相关的常数

参 考 文 献

ABS. 2013. Accidental Load Analysis and Design For Offshore Structures, American Bureau of Shipping, TX, USA, Design.

API. 2006. Design of Offshore Facilities Against Fire and Blast Loading, API-RP2FB, American Petroleum Institute, WA, USA.

Czujko, J. 2001. Design of Offshore Facilities to Resist Gas Explosion Hazard: Engineering Handbook, CorrOcean ASA, Oslo, Norway.

Czujko, J. and Paik, J.K. 2015. A new method for accidental limit states design of thin-walled structures subjected to hydrocarbon explosion loads. Ships and Offshore Structures 10(5): 460–469.

DNVGL. 2010. Design Against Accidental Loads, DNV-RP-C204, Det Norske Veritas, Oslo, Norway.

DNVGL. 2014. Safety Principles And Arrangements, DNV-OS-A101, Det Norske Veritas, Oslo, Norway.

FABIG. 1996. Explosion resistant design of offshore structures, Technical Note 4, Fire and Blast Information Group, Berkshire, UK.

FLACS. 2016. User's manual for FLame ACceleration Simulator (FLACS) version 10.1, Gexcon AS, Bergen, Norway.

ISO. 2014. Petroleum and natural gas industries—specific retirements for offshore structures—Part 3: topside structure, ISO 19901-3. International Standards Organization, Geneva, Switzerland.

ISSC. 2015. Committee V.1: Guidelines on the use of accidental limit states for the design of offshore structures, International Ship and Offshore Structures Congress, Rostock, Germany.

Kim, S.J., Sohn, J.M., Kim, C.K., Paik, J.K., Katsaounis, G.M. and Samuelides, M. 2012. Computational modelling of interaction between CFD and FEA simulations under gas explosion loads, Proceedings of the International Conference on Ship and Offshore Technology (ICSOT): Developments in Fixed and Floating Offshore Structures, May 23–24, Busan, Korea.

LR. 2014. Guideline for the calculation of probabilistic explosion loads, Report No. 104520/R1, Lloyd's Register, Southampton, UK.

Monin, A.S. and Obukhov, A.M. 1954. Basic laws of turbulent mixing in the surface layer of the

atmosphere. Tr. Akad. Nauk SSSR Geofiz. 24: 163–187.
NORSOK. 2001. Risk and Emergency Preparedness Analysis, NORSOK-Z013, Norway Standard, Lysaker, Norway.
NORSOK. 2004. Design of Steel Structures, NORSOK-N004, Norway Standard, Lysaker, Norway.
NORSOK. 2010. Risk and emergency preparedness assessment, NORSOK-Z003. Norway Standard, Lysaker, Norway.
Paik, J.K. 2011. Explosion and fire engineering on FPSOs (Phase III): nonlinear structural consequence analysis, Report No. EFEF-04, The Korea Ship and Offshore Research Institute, Pusan National University, Busan, Korea.
Paik, J.K. 2015. Making the case for adding variety to Goal-Based Standards, The Naval Architect, The Royal Institution of Naval Architects, UK, January 22–24.
Paik, J.K. 2018. Ultimate Limit State Analysis and Design of Plated Structures, 2nd Edition, John Wiley & Sons, Chichester, UK.
Paik, J.K. and Czujko, J. 2010. Explosion and fire engineering on FPSOs (Phase II): definition of design explosion and fire loads, Report No. EFEF-03, The Korea Ship and Offshore Research Institute, Pusan National University, Busan, Korea.
Paik, J.K. and Thayamballi, A.K. 2007. Ship-Shaped Offshore Installations: Design, Building and Operation, Cambridge University Press, Cambridge, UK.
Paik, J.K., Czujko, J., Kim, S.J., Lee, J.C., Seo, J.K., Kim, B.J. and Ha, Y.C. 2014. A new procedure for the nonlinear structural response analysis of offshore installations in explosions. Transactions of The Society of Naval Architects and Marine Engineers 122: 1–33.
Vinnem, J.E. 2007. Offshore Risk Assessment—Principles, Modelling and Application of QRA Studies, Springer, Stavanger, Norway.

第3章 海工结构的随机动力分析

Bernt J. Leira*, Wei Chai

3.1 引 言

随机模型已经得到了广泛的研究,并成功应用于大量环境过程(也包括对应的加载过程)的描述中,如在与海浪、风和地震等过程相关的领域中就已经出现了很多这样的模型实例。这里将主要关注海浪及其相关的加载过程。

对于确定性载荷模型和随机性载荷模型来说,结构响应分析方法的主要特征基本上是一致的。不过,这两种情况所对应的相关分析过程的实现却存在着一定程度的差异,特别是当所考察的是非线性结构在随机加载情况下的概率性响应特性时。

动力响应分析主要包括两种方法,分别是时域方法和频域方法。时域方法特别适合于研究载荷和结构行为的非线性效应,随机加载下的时域分析一般需要为加载过程生成大量的样本函数,然后再去计算感兴趣的响应参量的样本时间历程。

对于某些海工结构类型来说,如带动力定位系统或其他推进系统的浮式风力涡轮机和船只等,执行机构和控制力对动力响应的影响也是必须考虑的。在这些情况下,一般更多地采用时域分析手段。在动力平衡方程中,存在着一些与浮式结构相关的项,这方面的更多细节可以去参阅相关的文献(如 Fossen(2002))。

时域内的结构响应分析主要是通过对动力平衡方程的逐步积分实现的,这一思想已经体现在诸多研究文献中,如 Clough 和 Penzien(1975)及 Newland(1993)。对于非线性结构行为来说,平衡方程的增量形式已经应用得非常普遍了。关于结构动力分析中的逐步时间积分,很多经典文献都考察了其数值稳定性,如 Newmark(1959)、Belytscho 和 Shoeberle(1975)以及 Hughes(1976;1977),关于近年来的一些研究还可以参考 Bathe(1996)所做的综述。此外,对于带有

---

* 挪威科技大学海洋结构系,Otto Nielsensveg 10,7491 – Trondheim,挪威。
通讯作者。

大位移和约束条件的系统，Krenk（2008）还详尽阐述了适合于此类系统的时间积分方法。

频域方法大多用于载荷和结构行为属于线性（或线性化的）模型的分析，在计算时间上和人工处理时间上通常都要少些。关于多自由度系统的频域分析，Newland（1993）和 Jia（2014）都给出了相关内容细节。

在分析所谓的准静态响应时，动态效应是可以忽略不计的，这实际上意味着响应是通过对刚度矩阵（代表了结构的数值模型）求逆得到的。当载荷频率远低于结构固有频率时，这种类型的分析就是适用的。

在详细阐述随机分析过程之前，这里有必要对确定性分析方法的应用做进一步评述。确定性方法的优点在于，它们非常容易使用，原因在于它们往往把海面建模为一种简单的单色波振荡形式（具有给定的幅值和给定的周期），或具有一定幅值和周期的斯托克斯波。这类方法的不足在于，对于动力结构来说，周期的选择对所计算的响应特性具有非常显著的影响。尽管如此，可以看到确定性分析仍然得到了相当广泛的使用，特别是早期设计阶段的分析，一部分原因可能是因为这类计算速度很快，并且针对所计算出的响应的后处理工作也较少。

一直以来，在海上结构物的极端条件下的动力响应分析中，人们大多采用规则波分析方法。这种"代表性"波的特性（波高和周期）是在全概率描述下以某种方式确定的。不过，完整的随机动力响应分析已经越来越多地得到了应用，特别是在项目的验证阶段。在一些设计标准和规范中已经引入了所谓的等值线方法，如可参阅《N-003 作用和作用效应》（第2版，2007年9月），该方法的更多细节将在后续章节中加以介绍，它建立在波浪环境和动力响应特性的随机描述基础之上。关于一般性的设计准则和建议可以参阅 NORSOK（1997，2007，2012，2013、2015）和 ISO（2004，2006，2006a，2006b，2009，2010，2012，2013，2013a、2014、2014a、2015，2016，2016a，2016b，2017）。更具体的设计要求和建议则可以在船级社发布的规则、标准和指南中找到，如 DNVGL（1992，1992a，2010，2015，2015a，2015b，2015c，2015d，2015e，2016，2016a，2016b，2017，2017a，2017b，2017c）以及 API 文档（2007，2009，2011，2011a，2014，2014a，2015，2015a，2015b，2015c）。

随机动力响应这一概念很明显是对经典动力响应分析的拓展，在后者中动力载荷一般是以确定性的时间历程来描述的。通过引入随机过程中的"样本"这一概念，这两种分析方法就能够有机互联起来。对于加载过程的每个样本函数，可以借助成熟的数值计算方案来进行经典的动力响应分析，这些计算方案或过程可以参阅 Newmark（1959）、Belytschko 和 Schoeberle（1975）、Hughes（1976，1977）、Bathe（1996）、Krenk（2008）及 Jia（2014）的文献。针对大量样本函数重复这些响应分析,就能够获得相关响应过程的统计特性了。

对于海工结构的分析与设计来说,还必须考虑一系列不同的力学极限状态,这些极限状态主要对应于以下一些准则类型,包括正常使用极限状态(SLS)、最大极限状态(ULS)、疲劳极限状态(FLS)及偶然极限状态(ALS)。这里主要关注的是最大极限状态和疲劳极限状态。

就上述极限状态而言,在计算极限载荷和响应以及进行疲劳损伤预测时一般需要采用高效且足够准确的数值方法。等值线方法就属于这一类型,其内容将在下一章中对其做详细的阐述。

针对固定式和浮式(含顺应式)系统,目前已经有不同的规范可供参考。例如,已经应用于挪威大陆架的 NORSOK 和 DNV(挪威船级社)的规范,可参见 NORSOK(1997、2007、2012、2013、2015)和 DNVGL(1992,1992a,2010,2015,2015a,2015b,2015c,2015d,2015e,2016,2016a,2016b,2017,2017a,2017b,2017c)。在 ISO 和 API 的规范中也可发现固定式与浮式系统之间的类似差异,可参阅 ISO(2004,2006,2006a,2006b,2009,2010,2012,2013,2013a,2014,2014a,2015,2016,2016a,2016b,2017)和 API(2007,2009,2011,2011a,2014,2014a,2015,2015a,2015b,2015c)。

3.2 理论基础

3.2.1 概述

正如前面所讨论过的,波浪环境的统计模型及其对应的水动力载荷问题是随后进行的静态响应和动态响应分析工作的基础。所有结构响应分析方法的最终目标都是去构建能够用于设计工作的统计模型,同时也使我们能够正确地计算出结构可靠性水平。作为第一步工作,首先需要建立短期和长期的波浪统计模型,以及相关的结构响应,这些将在 3.2.2 小节中详细讨论。

3.2.2 波浪环境的统计模型

大多数环境过程是非平稳的,因而相关的建模一般都会包含两个部分,分别反映的是所谓的"短期"和"长期"行为。短期行为建模与"平稳"状态相关,这些状态通常对应于给定的一组环境特征参数值。

描述环境过程的"长期"行为一般需要借助若干特征参量的联合统计模型,如波浪气候通常是借助有效波高和特征周期(如峰值周期或跨零周期)来描述的。类似地,风气候通常可以借助平均风速和湍流强度来表征。应当注意的是,此处的"长期"也可以是针对有限时间段内的一系列环境状态而言的,因而它也就能反映出类似季节性环境特征这种与海工相关的行为特性了。

两个或更多个环境参数的联合统计特征对于大多数的海洋活动来说都是十分重要的,无论是远洋还是沿海地区都是如此。特别地,有效波高和特征周期的二维概率分布直接关系到大量海工应用,这方面实例可参见 Bitner – Gregersen 和 Guedes Soares(1997)、Bitner – Gregersen 和 Guedes Soares(2007)的文献。

有效波高刻画的是海面波浪的强度,而平均周期或峰值周期则主要用于分析激发结构固有周期运动的可能性。可以说,在海工结构设计中所遇到的诸多关键问题大多都需要借助有效波高和特征周期的联合分布来解决,事实上这种联合分布同时也是与海上作业规划相关的一个重要问题。

如图 3.1 所示,这里给出了一个有效波高(H_s)和峰值周期(T_p)的联合概率密度函数(PDF)实例,是根据 Bitner – Gregersen 和 Guedes Soares(1997)给出的数据集得到的。从该图可以清晰地观察到这两个参数之间的相关性以及等值线情况。

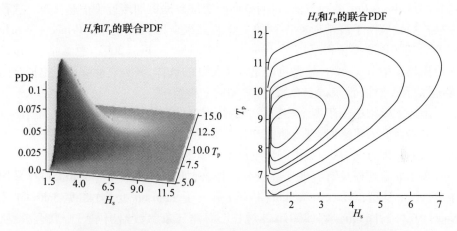

图 3.1 基于 Bitner – Gregersen 和 Guedes Soares(1997)给出的
数据集所得到的有效波高和峰值周期的联合概率密度函数示例
(图中的 PDF 等值线对应于 0.01、0.02、0.04、0.05、0.07 和 0.095)

在针对这些变量的联合行为所进行的建模工作中,人们也采用了相当多的其他形式的统计模型。Ochi(1978)选择的是二维对数正态分布,实际上是二维正态分布的指数变换。该模型的最大优点是简洁性,不过在较低概率范围内并不能始终保持其准确性。

为了实现数据的良好拟合,Haver(1985)选择了独立的模型来分别描述有效波高(H_s)和峰值周期(T_p),而利用威布尔分布和对数正态分布的组合来描述有效波高的边缘分布,峰值周期的条件分布则是通过对数正态分布进行拟合的,另外他还给出了关于峰值周期的条件分布参数(作为有效波高的函数)的回归方程,据此可以针对低概率范围实现参数值的外推。

Mathiesen 和 Bitner – Gregersen(1990)采用了一个三参数威布尔分布来为有效波高的边缘分布进行建模,同时还利用条件对数正态分布模型来描述波浪周期特性。他们将该模型与二维对数正态分布以及二维威布尔分布模型做了比较,表明了这种利用波浪周期的条件分布方法能够实现更好的数据拟合。

Athanassoulis 等(1994)提出过另一种方法,在保证一定程度的灵活性基础上尽量减少所需参数的数量,从而又具有一定的简洁性。他们利用 Plackett 二维模型对数据进行二维分布函数拟合,尽管目前一般性还不够,但是该模型允许设定任意两个边缘分布,并且能够借助两个变量之间的某个相关性参数去描述关联结构。

Ferreira 和 Guedes Soares(2001)采用二维正态分布为变换后的数据建模,所选择的是 Box – Cox 变换方法,目的是使原变量数据更加接近于正态分布。这种变换曾经被应用于波浪时间序列的一维和二维自回归模型中。Prince – Wright(1995)还将该变换进行了拓展。Soares 和 Guedes Soares(2007)总结指出,在诸多应用场合中 Box – Cox 模型可能是一个很好的选择,因为它能够体现出拟合的准确性与简洁性(涉及的参数数量)之间的一种折中。

上述的模型适用于两个参量联合的情况,如有效波高和特征周期。当还有更多的参量介入进来时,现有研究却比较少见。这些模型中的大多数都采用了条件式的处理方法,从而使由问题维度所要求的数据量可以迅速增大。

关于联合建模还有其他一些研究工作,例如,Nerzic 和 Prevosto(2000)采用了 Plackett 模型;Prince – Wright(1995)引入了 Johnson 变换(参见 Johnson 和 Kotz(1972));Fouques 等(2004)针对若干海洋气象参数给出了一个联合模型,这些参数包括有效波高、平均波浪周期、平均风速以及海况延续性等,同时还针对不同参数引入了季节模型。此外,Jonathan 等(2010)曾采用多元极值模型来描述有效波高和峰值周期。

3.2.3 线性和非线性结构响应分析

1. 概述

一般来说,线性和非线性物理机制的分析方法存在着显著差异,不过这一点并不适用于海工结构的分析。海工结构存在着大量非线性源,总体上可以将它们分为 3 种不同类型:

(1) 水动力非线性；
(2) 流-固耦合带来的非线性；
(3) 纯粹的结构非线性。

本节将对这3种类型的非线性做一概要介绍，在此之前先来简要总结一下海工结构的线性载荷计算。

固定式大型结构物所受到的载荷作用一般是基于绕射理论来计算的，波势可以表示为入射波和散射波的线性叠加。对于比较简单的几何形状来说，一般可以采用线性绕射问题的解析解。当结构在某个方向上尺寸很大（相对于其他方向）时，还可以采用薄片理论进行处理，它建立在简化的二维计算基础之上（Faltinsen,1990）。

对于由若干个体积很大的模块所组成的一般性结构物来说，必须采用边界元（即面元法）或有限流体单元来处理。值得重视的是，必须对边界元方法的结果仔细加以检查，考察其收敛性（针对表面几何不断进行精细化离散处理时）。

对于不规则波，通常需要针对不同频率进行波浪力的线性叠加，每个频率处的载荷幅值是与波浪幅值成比例的，后者可以根据海况的相关谱密度来确定。

如果所考察的结构物包含了体积很大的构件和细长的构件，那么在分析它所受到的波浪作用时通常可以把波浪绕射理论与 Morison 方程（参见下一节）组合起来。此类结构所包含的构件模型可以是边界元与梁单元的混合，它们分别可以反映水动力作用和黏滞阻力作用。当然，在应用 Morison 方程时还应将大体积构件导致的速度、加速度和水位的变化考虑进来。

当所考虑的大体积结构物在做明显的运动时（如船舶和浮式结构物），这些运动着的结构物还会导致出现辐射波，显然必须将它们和入射波、散射波一并考虑。辐射波通常是根据绕射分析确定的，一般会产生附加质量和阻尼效应。

2. 水动力非线性

波浪绕射求解不考虑黏滞作用，对于较细长（相对于波长而言）或者带有锐边的构件来说，这种黏滞效应可能是重要的，如对船身、系泊系统、推进器和立管等来说就需要考虑这种黏滞效应。

就细长形结构而言，一般是借助所谓的 Morison 方程来计算作用在长度增量上的波浪力（Faltinsen,1990）。这个波浪力包括两项，分别称为拖曳力项和惯性力项。拖曳力项是水粒子速度的二次函数，很多情况下也将其表示为水与结构件之间的相对速度的二次函数形式。惯性力项与流体加速度成比例，通常表示为流体与结构之间的相对加速度的函数形式。与这两项对应的载荷系数分别称为拖曳力系数 C_D 和惯性力系数 C_M，这些系数的取值一般是由所考察的水流状态决定的。

随后，通过对每个细长构件的长度增量上的载荷进行积分，就可以得到作用于整个结构的外力矢量了。对于处于大幅运动状态中的结构物，当采用相对速度描述时，应当针对零速度和最大流速情况去计算这些载荷。进一步，根据拖曳力主要引起的是抑制还是激励作用，还应当针对较小和较大的拖曳力系数进行计算。

势流理论或有限波高运动分析（与 Morison 方程联合使用）中的高阶项，会引起平均力成分和时变的和频力与差频力（在不规则波中），如果满足了共振条件，那么这些载荷可能会导致显著的响应。

在大体积结构物情况下也可能出现类似的效应（Faltinsen，1990），其中给出了更透彻的描述。当高阶项同时引发了和频和差频作用时（即出现了带有不同幅值和频率的线性波成分），往往就必须考虑亚谐和超谐响应了。

与波浪 – 结构体的非线性相互作用相关的差频（低频）作用力对于总体的运动和定位系统来说是十分重要的，特别是当这种作用力与系统或系统的某些部分的基本振动周期出现同步时更是如此。对于响应比较显著的情况，为了检验数值计算的正确性，人们还经常需要进行模型测试工作。

和频作用（高频，导致弹振）对于张力腿平台、船舶和自升式平台等的约束模态响应可能是重要的，尤其是对疲劳极限状态更是如此。

其他一些非线性水动力效应（如甲板上浪）一般对某些特定结构类型才是比较重要的。一般地，为了更好地完善海工结构设计，砰击载荷和鞭状响应等现象往往也需要考虑在内。

对于延伸到静水水面上的结构件来说，作用于其上的陡波可能会带来瞬态非线性作用力，由此会使结构响应出现动力放大，进而表现出类似于鸣振（Ringing）等不常见的响应。对于带有大直径轴系的结构物，如果动力放大效应也存在的话，那么这些瞬态非线性作用也是比较重要的。目前的一些分析方法一般只适合于鸣振问题的筛查，定量分析仍需要进行模型测试。此外，如何将冲击/砰击从高阶惯性效应（鸣振）中区分开来也是一个难题。

有限表面效应也会使动力响应水平出现一定程度的放大，这一现象已被人们观测到，如在特若尔混凝土重力式平台的设计中就是如此，在模型测试结果和数值计算结果中都能够发现这一效应（Fergestad 等，1994）。

3. 流 – 固耦合相关的非线性

在上文中所讨论过的非线性水动力效应中，有一些还与结构的响应密切相关（如 Morison 方程中的相对速度项）。这里进一步简要介绍由于流体和结构的相互作用带来的其他一些强非线性效应，主要关注的是必须考虑在内的流致振动问题。这些非线性效应一般是以涡致振动和（或）不稳定性（结构的方位相对于波浪和水流方向不断变化,即所谓的驰振现象)的形式表现出来的。

在细长形结构的设计中,旋涡脱落效应可能是非常重要的,有可能出现结构共振,特别是当阻尼水平较低时更是如此。涡致振动(VIV)的产生一般出现在流速(在水流和波浪的共同作用下)超过特定的临界值时,通常可以通过运动幅值和(或)构件受力来描述这种激励作用。另外,对于结构物的较大部位,旋涡脱落的可能性以及波浪的激励都必须加以考虑。

涡致振动通常还会使平均顺流向拖曳力系数增大,若对其做简化处理,那么只需将针对静止圆柱体的拖曳力系数乘以一个放大系数即可,该系数的取值主要依赖于横向运动与构件直径的比率。

旋涡脱落对于疲劳而言可能是尤为重要的,在结构建造、运输和运营的过程中,共振导致的累积效应必须在分析计算中予以考虑。通过引入一些装置来防止出现旋涡或者抑制旋涡强度,又或者改变结构的振动特性(如固有周期和阻尼水平),都可以减少旋涡脱落的影响。

就细长的柔性结构而言,当周围流场受到屏蔽和尾流效应的影响时,流-固耦合作用的分析将变得比较困难(Fu 等,2016)。对于此类情形中可能出现的涡致响应和驰振行为,其分析过程都会变得复杂得多。

在很多设计标准和指南中,都可以找到载荷和荷载效应的计算模型与计算过程。例如,主要面向挪威大陆架的《NORSOK STANDARD N-003》《作用与作用效应》(2007);再如面向全球的《石油和天然气工业—固定式海上钢结构》(ISO 19902(2008))标准。对于现有标准或研究文献中尚未覆盖到的一些包含复杂流-固耦合作用的特殊情况,一般需要进行专门的计算和模型测试验证,甚至有可能还需要进行全尺度测试。

4. 结构的非线性行为

在海工结构的统计分析中,几何非线性和材料非线性也是需要正确处理的。即便是在中等激励水平下,几何非线性也是可以表现出来的,如在系泊和立管系统的分析中就必须把张力刚化效应的变化(位移动态响应的函数)考虑进来。

对于极限状态和偶然状态来说,材料非线性变得越来越重要了,如塑性变形导致的材料非线性就是如此。关于材料非线性行为的影响,可以参阅 Jia(2014) 等的文献。

在结构行为的理解上,也可以把结构的基础和对应的土壤特性纳入进来,只要这些都是相关的影响因素。实际上,已经有一些研究人员发现了土壤的非线性行为会对极端响应产生显著的影响(在特若尔重力式平台的设计和研究中),(Leira 等,1994)。

5. 结构响应分析方法

如果统计载荷和结构模型都是线性的,那么动态响应分析一般也就是线性的。这时的结构特性可以借助与结构状态矢量(即位移、速度和加速度构成的矢量)无关的刚度矩阵、阻尼矩阵和质量矩阵来描述。下面将介绍时域和频域内的随机响应分析算法,其中频域算法广泛应用于载荷机制和结构特性均为线性的情况下。

3.2.4 频域和时域动力响应分析

1. 动力平衡方程

在采用有限元方法将结构进行离散处理后,载荷与响应这两个随机过程之间的关系就可以表示为矩阵形式的平衡方程。时域内的一般表达式为

$$\int_0^{+\infty} M(t-\tau)\ddot{r}\mathrm{d}\tau + \int_0^{+\infty} C(r,\dot{r},t-\tau)\dot{r}\mathrm{d}\tau + K(r)r(t) = Q(t) \quad (3.1)$$

考虑到因果关系,因而式(3.1)中的积分下限为零,而卷积计算则是因为质量矩阵和阻尼矩阵都是与频率无关的。当令阻尼矩阵是位移和速度的函数,且刚度矩阵为位移矢量的函数时,就可以引入非线性了。除了平衡方程外,这里还应指定零时刻($t=0$)的初始位移和初始速度矢量。质量矩阵包括结构和水动力两个方面的贡献,后者是频率依赖的,而纯结构部分的贡献则一般认为是不变的。类似地,阻尼矩阵也包括一个频率相关的水动力项和一个不变的结构贡献项(如瑞利阻尼)。通常可以忽略这些矩阵受位移矢量的影响。结构刚度矩阵所涵盖的成分也包括了可能存在的半浸式构件(如浮筒)、系绳和锚索等多方面的贡献。

对于一些特殊情况来说,即质量矩阵和阻尼矩阵受频率的影响可以忽略不计的情况下,动力平衡方程中的这两个卷积积分形式将不再出现,惯性项和阻尼项也就转变成更简单的乘积形式了。为了便于对系统方程进行逐步时间积分,最好是将该方程表示为增量形式,也就是以位移、速度和加速度矢量的增量以及载荷矢量的增量去表达。

2. 针对高斯过程的短期响应的统计特性

在结构可靠性分析中,机械故障描述、局部响应极值及其概率分布都是非常重要的。不仅如此,对于疲劳极限状态来说还要考虑应力循环的概率分布,并且这种分布与局部极值的概率分布是密切相关的,下面对这些问题做一介绍。

人们已经针对高斯过程推导得到了局部极大值的概率分布,常被称为莱斯分布(Rice,1944;Longuet-Higgins,1952;Cartwright 和 Longuet-Higgins,1956)。

该分布函数的形状主要取决于所谓的带宽参数 ε,其表达式为

$$\varepsilon = \sqrt{1 - \frac{\dot{\sigma}_x^2}{\sigma_x^2 \ddot{\sigma}_x^2}} \tag{3.2}$$

式中:σ_x^2 为响应过程的方差;$\dot{\sigma}_x^2$ 为对应的速度过程方差;$\ddot{\sigma}_x^2$ 为加速度过程的方差。

对于所谓的宽带过程(带宽参数接近于 1.0)来说,莱斯分布是趋近于高斯分布的,均值为零意味着正负局部极大值出现的概率相同。对于所谓的窄带过程(带宽参数接近于 0)来说,局部极大值趋于瑞利分布,于是对应的分布函数就可以写为

$$F_s(s) = 1 - \exp\left(-\frac{s^2}{2\sigma_x^2}\right) \tag{3.3}$$

式中:s 为局部极大值的大小。相应的密度函数为

$$f_s(s) = \frac{s}{\sigma_x^2} \exp\left(-\frac{s^2}{2\sigma_x^2}\right) \tag{3.4}$$

借助所谓的 Powell 逼近方法也可以获得局部极大值的分布函数,其中需要使用针对水准值 s 的向上跨越率,一般记为 $v_x^+(s)$。为得到所谓的过零率,只需令 $s=0$ 即可,也就是 $v_x^+(0)$。于是,基于 Powell 方法的局部极大值分布就可以表示为

$$F_{s,\text{Powell}}(s) = 1 - \left(\frac{v_x^+(s)}{v_{x,\max}^+}\right) \tag{3.5}$$

式中:$v_{x,\max}^+$ 为向上跨越率的最大值。对于高斯过程来说,向上跨越率可以表示为

$$v_x^+(s) = \frac{\dot{\sigma}_x}{2\pi\sigma_x} \exp\left(-\frac{s^2}{2\sigma_x^2}\right) \tag{3.6}$$

并且恰好在水准值 $s=0$ 处取得最大值。与此相应地,基于 Powell 方法得到的局部极大值的累积分布可以写为

$$F_{s,\text{Powell}}(s) = 1 - \left(\frac{v_x^+(s)}{v_{x,\max}^+}\right) = 1 - \exp\left(-\frac{s^2}{2\sigma_x^2}\right) \tag{3.7}$$

显然,式(3.7)与瑞利分布是完全一致的,也就是莱斯分布的窄带极限情况。

根据局部极大值的分布函数,不难得到给定时间段 T 内的极值分布。对于一个窄带过程来说,在 T 内的局部极大值的个数可以根据过零频率来估计,即

$N = v_x^+(0)T = \dfrac{\dot{\sigma}_x T}{2\pi\sigma_x}$。如果进一步假定局部极大值是统计独立的,那么 T 内极值($X_{E,T}$)的累积分布函数就可以表示为

$$F_{X_{E,T}}(x_{E,T}) = (F_s(x_{E,T}))^N = \left(1 - \left(\dfrac{v_x^+(x_{E,T})}{v_x^+(0)}\right)\right)^N = \left(1 - \exp\left(-\dfrac{x_{E,T}^2}{2\sigma_x^2}\right)\right)^N$$

(3.8)

通过微分处理很容易就可得到对应的概率密度函数,图3.2 给出了该函数的图像,其中考虑了指数 N 从 50 到 5000 的取值变化,图中的 x 轴代表的是归一化变量 $z = \dfrac{x_{E,T}}{\sigma_x}$。这幅图像清晰地表明了,随着指数 N 的增大,均值也在逐渐增大。

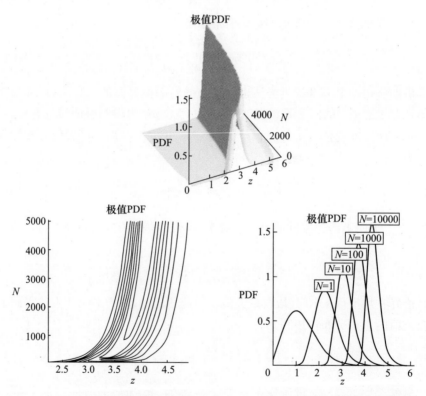

图3.2 N 增大时极值概率密度函数的变化(N 为父高斯过程的局部极大点数量)

还可以注意到,当 N 趋于无穷时,式(3.8)给出的这个分布函数可以改写为

$$\lim_{N\to\infty}(F_{X_{E,T}}(x_{E,T})) = \lim_{N\to\infty}(F_s(x_{E,T}))^N = \lim_{N\to\infty}\left(1-\left(\frac{Tv_x^+(x_{E,T})}{Tv_x^+(0)}\right)\right)^N$$

$$=\lim_{N\to\infty}\left(1-\left(\frac{Tv_x^+(x_{E,T})}{N}\right)\right)^N = \exp(-Tv_x^+(x_{E,T})) = \exp\left(-\left(\frac{\dot{\sigma}_x T}{2\pi\sigma_x}\right)\exp\left(-\frac{x_{E,T}^2}{2\sigma_x^2}\right)\right)$$

(3.9)

对于较高的水准值，式(3.9)还可进一步通过以下形式的 Gumbel 分布函数来近似，即

$$F_{X_{E,T}}(x_{E,T}) = \exp(-(\exp(-\alpha(x_{E,T}-u)))) \tag{3.10}$$

式中：α 和 u 为 Gumbel 分布函数的两个参数(常数)。为了导出这些参数的表达式，只需令上两个式子中的第二个指数项相等即可，也即

$$\exp(-\alpha(x_{E,T}-u)) = \left(\frac{\dot{\sigma}_x T}{2\pi\sigma_x}\right)\exp\left(-\frac{x_{E,T}^2}{2\sigma_x^2}\right) = N\exp\left(-\frac{x_{E,T}^2}{2\sigma_x^2}\right) \tag{3.11}$$

将式(3.11)两端同时取对数，不难得到

$$-\alpha(x_{E,T}-u) \approx \ln N - \frac{x_{E,T}^2}{2\sigma_x^2} \tag{3.12}$$

在 $x_{E,T}=u$ 处 Gumbel 密度函数将会出现峰值，可以在该值附近将二次项做泰勒级数展开，即

$$\frac{x_{E,T}^2}{2\sigma_x^2} \approx \frac{1}{2\sigma_x^2}(u^2+2u(x-u)) = \frac{1}{2\sigma_x^2}(2ux-u^2) \tag{3.13}$$

将式(3.13)代入式(3.12)中，可以得到关于常参数 α 和 u 的两个方程，整理后可得

$$\alpha = \frac{u}{\sigma_x^2}, \alpha u = \left(\frac{u}{\sigma_x^2}\right)u = \frac{u^2}{\sigma_x^2} = \ln N + \frac{1}{2}\left(\frac{u^2}{\sigma_x^2}\right) \tag{3.14}$$

根据式(3.14)中的第二个等式可以解得 $u = \sigma_x\sqrt{2\ln N}$。这个值恰好等于所谓的特征(或最可能的)极大值。与此对应地，只需将上面这两个参数值代入，就能够计算出此时 Gumbel 的极大值分布的期望值，即

$$E[x_{E,T}] = u + \frac{0.5772}{\alpha} = \sigma_x\left(\sqrt{2\ln N} + \frac{0.5772}{\sqrt{2\ln N}}\right) \tag{3.15}$$

式中：$\gamma = 0.5772$ 为欧拉常数。

3. 频域分析

这里假定结构的各个特性矩阵以及水动力载荷都已经经过了线性化处理，

根据随机载荷作用下的多自由度系统相关理论，可以将响应的谱密度矩阵以载荷谱矩阵的形式表示为

$$S_r(\omega) = H(\omega) S_Q H^{*T}(\omega) \tag{3.16}$$

其中：

$$H(\omega) = [K + i\omega C(\omega) - \omega^2 M(\omega)]^{-1} \tag{3.17}$$

式中：$H(\omega)$ 为结构-流体这一体系的虚拟频响函数。

进一步，载荷矩阵可以通过一维海面谱密度来表示，由此可得

$$S_r(\omega) = H(\omega) F(\omega) H^{*T}(\omega) S_\eta(\omega) = B(\omega) S_\eta(\omega) \tag{3.18}$$

式中：$F(\omega)$ 为水动力传递函数；矩阵 $B(\omega)$ 为总系统的传递函数，它把响应谱密度矩阵与标量海浪谱密度联系了起来。

上面这两个矩阵还能够说明或反映与水动力载荷和结构响应相关的方向效应。除了入射波的平均方向外，波浪能还会向其他方向扩散，这也是十分重要的，一般可以借助波浪扩散函数 $\Psi(\theta)$ 来表达，θ 代表波浪的传播方向。载荷幅值（每单位波高）通常也与来浪方向有关，而结构响应对载荷方向还可能表现出很强的敏感性。

若将与方向和频率相关的载荷记为 $Q(\omega,\theta)$，那么针对上述方向的积分式就可以表示为

$$F(\omega) = \int_\theta Q(\omega,\theta) Q^{*T}(\omega,\theta) \Psi(\theta) d\theta \tag{3.19}$$

这个积分既可以用于单元层面，也可以用于系统层面的分析。

对于与方向和频率相关的载荷矢量来说，准确的计算一般需要采用先进的也更耗时的数值计算方法，如源汇法，这一点也同样适用于分析与频率相关的水动力对阻尼矩阵和质量矩阵的贡献。如果所考察的是几何形状比较复杂的海工结构，如带有水面浮筒的结构物，当需要高精度结果时，建模工作就必须非常细致，同时空间离散处理的网格也应精细些。尽管如此，在初步设计阶段为了提高计算效率，还是可以引入一些简化处理的。例如，可以通过一系列二维近似来组装简化的三维水动力模型。此外，对于一些轴对称三维零部件，如浮筒和轴等，还可以采用解析的或半解析的分析手段。

由于动力放大效应的存在，极端海况的峰值周期变化可能会导致结构响应发生显著的改变。因此，更为一致的做法是建立长期统计分布，然后针对大量海况去计算响应极值的概率分布，进而根据散点图（针对相关海域）设定一组有效波高和峰值周期以及对应的相对出现频率。此后，就可以得到响应极值的长期分布了，也即针对所有这些海况下的分布函数进行加权组合的结果。通过设定

不同水平局部极值的超越概率进而求长期分布函数的逆,即可估计出某个给定重现期所对应的响应水平了。这部分内容将在 3.2.6 小节和 3.2.7 小节中进行对此并做进一步介绍。

对于某些类型的海工结构来说,还有一个较特别的特征,即结构响应会对主波向和传播方向的集中度非常敏感。这实际上意味着在计算长期分布时,必须考虑一定范围内的波浪方向的相对出现频率以及对应的传播参数。

4. 时域分析

简化的时域分析主要采用了规则波(给定幅值和周期),并改变这个周期以使结构响应达到最大。这一方法允许把结构的非线性行为考虑进来,不过动力放大效应反映得不够准确。

时域分析是建立在对大量随机载荷过程样本进行仿真基础上的。这些样本可以借助类似于蒙特卡罗仿真方法这样的手段来生成(Borgman,1969;Shinozuka,1972;Hammersley 和 Handscomb,1964)。一般需要针对每个样本函数去计算对应的载荷矢量时间历程,然后再进行确定性的响应分析。

在这种方法中,海面位移的随机过程可以通过以下离散求和形式来近似,即

$$\eta(\boldsymbol{x},t) = \sum_{k=1}^{N_1} \sum_{l=1}^{N_2} A_{kl} \{\cos\omega_k t - \kappa(\omega_k)(x\cos\theta_l + y\sin\theta_l) + \phi_{kl}\} \quad (3.20)$$

式中

$$A_{kl} = \sqrt{2S_\eta(\omega_k,\theta_l)\Delta\omega\Delta\theta} \quad (3.21)$$

式中:ϕ_{kl} 为随机相角(在 $0\sim2\pi$ 之间均匀分布),另外有

$$\Delta\omega = \frac{\omega_{up}}{N_1}, \quad \omega_k = (k-1)\Delta\omega \quad (3.22)$$

$$\Delta\theta = \frac{\theta_{up} - \theta_{low}}{N_2}, \quad \theta_l = \theta_{low} + (l-1)\Delta\theta \quad (3.23)$$

式中:ω_{up} 为频率上限;θ_{up} 和 θ_{low} 分别为求和过程中波浪方向角的上限和下限。

前面这个双重求和可以借助快速傅里叶变换(FFT)技术高效地完成。针对相关结构的载荷向量的计算,也可以根据相同类型的表达式去进行,只需简单地代入与频率和方向相关的复值矢量传递函数(联系的是海面随机过程的每个简谐成分与对应的简谐载荷向量成分)即可,即

$$\boldsymbol{Q}(t) = \sum_{k=1}^{N_1} \sum_{l=1}^{N_2} A_{kl}\boldsymbol{Q}(\omega_k,\theta_l)\{\cos\omega_k t - \kappa(\omega_k)(x\cos\theta_l + y\sin\theta_l) + \phi_{kl}\} \quad (3.24)$$

式中针对载荷矢量的每个成分都进行了一个双重求和处理,与前面是相似的。

对于所生成的每个水动力载荷时间历程样本，只需对运动方程进行逐步时间积分就可以计算出相应的响应时间历程。

5. 时域分析和频域分析的比较

这里将时域分析和频域分析这两种响应分析过程类型的主要特征做一归纳。频域分析的主要优点在于以下几点。

（1）阻尼系数、附加质量和激励力的频率依赖性比较容易纳入进来。

（2）由于有封闭形式的解析表达式，因而设计过程中的极值估计是简洁明了的。

（3）与时域分析相比，其计算量要小得多。

然而，这种类型的分析也有其缺点，较难把结构或水动力模型的非线性考虑进来。

时域分析的优点在于以下几点。

（1）可以直接把非线性效应考虑进来，如与材料、几何刚度、有限表面波效应以及黏性载荷等有关的非线性因素。

（2）时域仿真有助于更深刻地认识结构的物理行为，瞬态变形模式以及响应随时间的变化情况都可以非常轻松地加以观察。

时域分析的不足之处主要体现在，研究极端响应的统计特性的工作量很大，并且很难考察频率依赖的阻尼和质量参数。

一般来说，在分析评估各种（与响应计算结果相关的）建模假设时这两种分析类型都是可以采用的。

3.2.5 概率域中的随机分析

1. 概述

对于与随机载荷有关的结构响应分析来说，还有一些其他工具能够更加直接地考察响应的某些概率特征，协方差分析和矩量方程就是这种"概率域"方法的例子。实际上，通过求解 Fokker–Planch 方程，也可以建立一种以概率密度函数形式描述的完备解法。关于 Fokker–Planch 方程，读者可以去参阅一些经典文献。例如，Risken(1989)。Kumar 和 Narayanan(2006)还对各种求解方法做过相当全面的回顾，Masud 和 Bergman(2005)则对高维方程描述的困难做过讨论。下面主要根据 Chai 等(2015、2016)的工作进行介绍。

2. Fokker–Planch 方程

Fokker–Planch 方程描述了随机系统的演变，本节将首先说明该方程的推导过程。通过求解这个方程，就能够得到随机系统的动力响应矢量过程 $x(t)$ 的概率密度函数，后面会通过一个特定实例来说明。

时刻 t 的过程 $\boldsymbol{x}$ 的概率密度函数 $p(\boldsymbol{x},t)$ 可以根据基本方程得到,也即著名的 Chapman – Kolmogorov 方程,有

$$p(\boldsymbol{x},t) = \int p(\boldsymbol{x},t|\boldsymbol{x}',t')p(\boldsymbol{x}',t')\mathrm{d}\boldsymbol{x}' \tag{3.25}$$

式中:$p(\boldsymbol{x},t|\boldsymbol{x}',t')$ 为从时刻 t 的 $\boldsymbol{x}$ 状态到时刻 t' 的 $\boldsymbol{x}'$ 状态的转移概率密度。

这里引入参量 $\mu_j(\boldsymbol{x}') = E[(\boldsymbol{x}-\boldsymbol{x}')^j]$ $(j=1,2,3,\cdots)$,它代表的是增量 $(\boldsymbol{x}-\boldsymbol{x}')$ 的 j 阶矩。于是,状态 $\boldsymbol{x}$ 在时刻 t 的概率密度函数就可以表示为

$$p(\boldsymbol{x},t) = \sum_{j=0}^{\infty} \frac{1}{j!}\frac{1}{2\pi}\iint \exp(-iu(\boldsymbol{x}-\boldsymbol{x}'))(iu)^j \mathrm{d}u \mu_j(\boldsymbol{x}')p(\boldsymbol{x}',t')\mathrm{d}\boldsymbol{x}'$$

$$\tag{3.26}$$

进而可得

$$p(\boldsymbol{x},t) = p(\boldsymbol{x}',t') + \sum_{j=0}^{\infty}\frac{1}{j!}\left(-\frac{\partial}{\partial \boldsymbol{x}}\right)^j [\mu_j(\boldsymbol{x})p(\boldsymbol{x},t)] \tag{3.27}$$

将式(3.27)除以 Δt 并取极限($\Delta t \to 0$),可得

$$\frac{\partial p(\boldsymbol{x},t)}{\partial t} = \sum_{j=0}^{\infty}\frac{1}{j!}\left(-\frac{\partial}{\partial \boldsymbol{x}}\right)^j [K_j(\boldsymbol{x})p(\boldsymbol{x},t)] \tag{3.28}$$

其中

$$K_j(\boldsymbol{x}) = \lim_{\Delta t \to 0}\frac{\mu_j(\boldsymbol{x})}{\Delta t}, \quad j=1,2,\cdots \tag{3.29}$$

式中:$K_j(\boldsymbol{x})$ 为强度系数。式(3.29)也称为 Kramers – Moyal 展开。

假定马尔可夫过程 $\boldsymbol{x}(t)$ 是连续的,并且 Kramers – Moyal 展开可以做截断处理(令高阶强度系数 K_3、K_4、$\cdots$ 为零),那么该扩散过程的 $p(\boldsymbol{x},t)$ 将遵循 Fokker – Planck 方程,可以表示为(Chai 等,2016)

$$\frac{\partial p(\boldsymbol{x},t)}{\partial t} = -\frac{\partial}{\partial \boldsymbol{x}}[K_1(\boldsymbol{x})p(\boldsymbol{x},t)] + \frac{1}{2}\frac{\partial^2}{\partial \boldsymbol{x}^2}[K_2(\boldsymbol{x})p(\boldsymbol{x},t)] \tag{3.30}$$

进一步,转移概率就可以根据以下方程确定,即

$$\frac{\partial p(\boldsymbol{x},t|\boldsymbol{x}_0,t_0)}{\partial t} = -\frac{\partial}{\partial \boldsymbol{x}}[K_1(\boldsymbol{x})p(\boldsymbol{x},t|\boldsymbol{x}_0,t_0)] + \frac{1}{2}\frac{\partial^2}{\partial \boldsymbol{x}^2}[K_2(\boldsymbol{x})p(\boldsymbol{x},t|\boldsymbol{x}_0,t_0)]$$

$$\tag{3.31}$$

应当注意的是,Fokker – Planck 方程与随机微分方程(SDE)有着紧密联系。对于一维情况,Fokker – Planck 方程可以表示为

$$\frac{\partial p(x,t|x_0,t_0)}{\partial t} = -\frac{\partial}{\partial x}[K_1(x)p(x,t|x_0,t_0)] + \frac{1}{2}\frac{\partial^2}{\partial x^2}[K_2(x)p(x,t|x_0,t_0)]$$

$$= -\frac{\partial}{\partial x}[a(x,t)p(x,t|x_0,t_0)] + \frac{1}{2}\frac{\partial^2}{\partial x^2}[b^2(t)p(x,t|x_0,t_0)]$$

(3.32)

式中:$a(x,t)$ 和 $b^2(t)$ 分别为一维随机微分方程 $\mathrm{d}x = a(x,t)\mathrm{d}t + b(t)\mathrm{d}W(t)$ 的漂移系数和扩散系数的平方。

对于 n 维随机微分方程($n>1$),Fokker–Planck 方程可以表示为

$$\frac{\partial p(\boldsymbol{x},t|\boldsymbol{x}_0,t_0)}{\partial t} = -\frac{\partial}{\partial \boldsymbol{x}}[K_1(\boldsymbol{x})p(\boldsymbol{x},t|\boldsymbol{x}_0,t_0)] + \frac{1}{2}\frac{\partial^2}{\partial \boldsymbol{x}^2}[K_2(\boldsymbol{x})p(\boldsymbol{x},t|\boldsymbol{x}_0,t_0)]$$

$$= \sum_{i=1}^{n} -\frac{\partial}{\partial x_i}[\boldsymbol{a}(\boldsymbol{x})p(\boldsymbol{x},t|\boldsymbol{x}_0,t_0)] +$$

$$\frac{1}{2}\sum_{i=1}^{n}\sum_{j=1}^{n}\frac{\partial^2}{\partial x_i \partial x_j}[(\boldsymbol{b}(t)\cdot \boldsymbol{b}^{\mathrm{T}}(t))_{ij}p(\boldsymbol{x},t|\boldsymbol{x}_0,t_0)] \quad (3.33)$$

上面已经推导得到了一维和多维 SDE 的 Fokker–Planck 方程,另外该方程也可以基于其他方法导出(Ochi,1978)。

3. 应用实例

这里来考察海洋监视船在随机横浪中的横摇运动响应,该模型的 GZ 曲线和相关参数可以参阅 Chai 等(2015)的文献。

此处采用修正的 Pierson–Moskowitz 波浪谱来描述平稳随机海况,对于充分发展的海况而言,它已经得到了十分广泛的应用。该波浪谱可以表示为

$$S_{\xi\xi}(\omega) = \frac{5.058g^2 H_s^2}{T_p^4 \omega^5}\exp\left(-1.25\frac{\omega_p^4}{\omega^4}\right) \quad (3.34)$$

式中:H_s 为有效波高;ω_p 为谱峰频率,在这一频率处波浪谱达到最大值;T_p 为对应的谱峰周期。

不妨假定所考虑的海况的参数为 $H_s = 4.0\mathrm{m}$ 和 $T_p = 11.0\mathrm{s}$,Chai 等(2015)已经给出了所设定的这一波浪谱,同时还给出了单位波高横摇扰动力矩 $|F_{\mathrm{roll}}(\omega)|$。在此基础上,又可导出横摇扰动力矩谱 $S_{\mathrm{MM}}(\omega)$ 和相对横摇扰动力矩谱 $S_{\mathrm{mm}}(\omega)$。

在确定了 $S_{\mathrm{mm}}(\omega)$ 之后(图 3.3),为了构建四维动态系统,还必须确定二阶线性滤波器中的参数 α、β 和 γ。为此,可以利用 Matlab 软件中的曲线拟合算法(最小二乘法)进行拟合,结果如图 3.3 所示,很容易看出,滤波处理后的谱在带宽、峰值频率和峰值等方面都变得更加合理了。

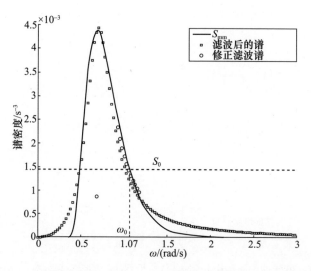

图3.3 相对横摇扰动力矩谱 $S_{mm}(\omega)$、滤波后的谱 S_{2nd}、修正谱(海况参数为 $H_s=4.0m$ 和 $T_p=11.0s$)和等效高斯白噪声谱 S_0(Chai 等,2016)

对于横摇运动来说,在单自由度模型中横摇扰动力矩与横摇响应之间的传递函数是窄带的,并且峰值出现在横摇固有频率附近(由于横摇阻尼较小)。因此在图3.3中,对于所考察的船舶模型,二阶线性滤波器生成的谱与 $S_{mm}(\omega)$ 在低频和高频段所出现的明显差异,并不会对后续得到的横摇响应产生显著的影响。不过,这两个谱在关键频率区域(ω_0 附近)也存在着少量差异,由于横摇响应对该频率范围内的外部激励变化相当敏感,因此这一区域内的拟合精度对于分析横摇响应来说是十分重要的。正因如此,有必要针对滤波后的光谱引入一个修正系数 c 以减小这种差异,由此该光谱将变为

$$S_{2nd}=\frac{1}{2\pi}\frac{(c\cdot\gamma)^2\omega^2}{(\alpha-\omega^2)^2+(\beta\omega)^2} \quad (3.35)$$

针对所考察的海况和船舶模型,通过分析两个光谱在关键频率范围内的平均差异,将该修正系数设定为1.07。图3.3中也绘制出了这个修正后的光谱(在关键频率范围内)。在完成光谱拟合之后即可建立四维动态系统,进而采用四维路径积分(4D PI)法可以直接得到横摇角与横摇速度这两个过程的联合概率密度函数(PDF),如图3.4所示,图中给出了所选择的海况下由四维路径积分法计算得到的这一结果。

图3.5和图3.6分别给出了横摇角和横摇速度的边缘PDF,除了绘出基于四维路径积分法的计算结果外,这些图中还给出了基于蒙特卡罗仿真(MCS)的经验估计。图中的高斯分布曲线是利用直接蒙特卡罗仿真给出的方差得到的,

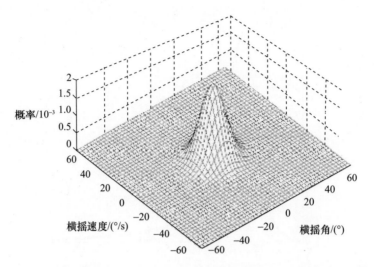

图 3.4 基于四维路径积分(4D PI)法得到的横摇响应联合概率密度函数
(海况参数为 $H_s = 4.0$m 和 $T_p = 11.0$s)(Chai 等,2016)

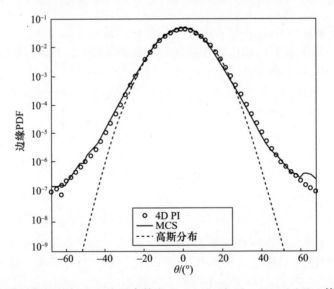

图 3.5 横摇角的边缘 PDF(海况参数为 $H_s = 4.0$m 和 $T_p = 11.0$s)(Chai 等,2016)

实际上它们是四维高斯分布 PDF($p(x^{(0)}, t_0)$ 在四维路径积分过程中就是将其作为初始 PDF)的边缘 PDF。很显然,图 3.5 和图 3.6 中的高斯分布曲线在运动幅度较小时能够给出合理的统计近似,不过当响应较大时,横摇角和速度这两个过程的分布将明显不同于正态分布,后者给出的概率水平偏低。进一步,通过比较图中给出的基于四维路径积分法和基于蒙特卡罗仿真法所得到的边缘 PDF,可

92

以认识到四维路径积分法的精度是很高的。

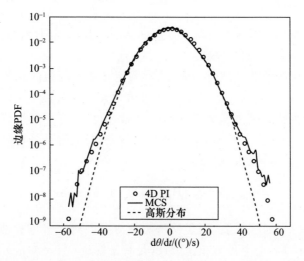

图 3.6 横摇速度的边缘 PDF(海况参数为 $H_s = 4.0$m 和 $T_p = 11.0$s)(Chai 等,2016)

针对选定的海况,利用四维路径积分法和莱斯分布表达式可以计算出向上跨越率。另外,根据四维蒙特卡罗仿真也可得到对应的经验估计和 95% 置信区间,参见图 3.7。对于较高的响应水平,此处的蒙特卡罗仿真需要进行较长时间才能得到向上跨越率。很明显,此处的四维路径积分技术能够给出相当准确和可靠的结果,即便是在横摇响应较大的区域也是如此。

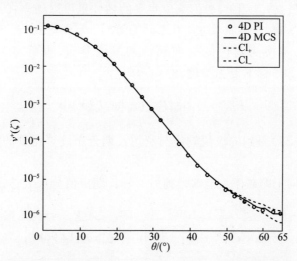

图 3.7 针对选定的海况($H_s = 4.0$m 和 $T_p = 11.0$s)利用四维路径积分法得到的向上跨越率以及根据四维蒙特卡罗仿真得到的经验估计(Chai 等,2016)

3.2.6 长期响应特性

长期响应特性一般是通过对大量短期状态的频域或时域响应分析得到的,通常假定这些短期状态是平稳的。

在分析响应幅值的长期分布时,需要假定在任何随机时刻海况参数(用矢量 x 组装起来)都是随机变量,其联合概率密度函数为 $f_x(x)$。关于有效波高和峰值周期的相关联合密度函数在前面已经做过讨论了,为了得到响应(r)的概率分布,可以对局部极大值的条件分布做加权处理,也就是将其乘以海况参数的联合密度函数,然后再进行积分,即

$$F_{R,L}(r) = \int_x F_R(r|x) f_x(x) w(x) \mathrm{d}x \tag{3.36}$$

式中:$w(x)$ 为一个加权系数,用于反映每种海况中响应峰的相对数量的影响;$F_s(r|x)$ 代表短期响应条件分布,针对的是特定海况(与 x 对应)。局部极大值的条件分布一般可以取莱斯分布、瑞利分布或威布尔分布。

对于互补累积长期分布也有类似的表达式,这种互补分布对应的是超过某个特定响应水平的概率。为得到这一概率,需要把式(3.36)中的响应幅值的短期分布替换成它们的互补分布。另外,借助威布尔模型还可以得到长期分布 $F_{R,L}(r)$ 的近似,这一做法十分方便而且也得到了广泛的应用。

根据长期分布,在设定合适的概率水平后就不难进行极值的估计(如十年或百年一遇的波高)。当然,极值响应水平的估计也可以建立在各个"短期"状态的极值分布基础上,也即考虑所有不同的海况。需要把式(3.36)中的短期和长期分布分别替换为对应的短期和长期极值分布,也就是 $F_{S,E}(r_E|x)$ 和 $F_{L,E}(r_E)$,其中的下标 E 是指极值,即

$$F_{L,E}(r_E) = \int_x F_{S,E}(r_E|x) f_x(x) \mathrm{d}x \tag{3.37}$$

利用式(3.37)得到的极值响应与利用长期分布计算得到的结果一般是相当吻合的。

直接利用向上跨越率也能够得到另一种长期极值分布表达式,其形式可以写为

$$F_{L,E}(r_E) = \exp\left\{-\left(T \int_x v^+(r_E|x) f_x(x) \mathrm{d}x\right)\right\} \tag{3.38}$$

对于绝大多数情况来说,利用上述几种方式所得到的结果一般差异不大,关于高斯过程和非高斯过程的向上跨越率计算,Wen 和 Chen(1989)、Hagen 和

Tvedt(1991)以及 Beck 和 Melchers(2004)等给出过相关的计算方法,感兴趣的读者可以参阅。

基于 SN 曲线的结构元件内的累积疲劳损伤分析,通常是建立在以下关于损伤期望值的方程基础上的,即

$$E[D(T)] = \frac{N(T)}{\bar{a}} E[(\Delta\sigma)^m] = \frac{N(T)}{\bar{a}} \int_0^\infty (\Delta\sigma)^m f_{\Delta\sigma}(\Delta\sigma) \mathrm{d}(\Delta\sigma) \quad (3.39)$$

式中:$f_{\Delta\sigma}(\Delta\sigma)$ 为应力幅的概率密度函数,它对应于所考察的某个特定海况,也对应于长期分布。如果是前者,还需要针对可能的海况进行求和处理。在短期和长期两种情况下,人们都经常把应力幅的概率密度函数取为威布尔形式。

式(3.39)中出现的参量 $\bar{a}$ 和 m 都是常数,用于定义特定的 SN 曲线,而 $N(T)$ 是时间段 T 内应力循环(或局部极大值)次数的期望。对于带有单个和两个斜率的 SN 曲线,人们已经得到了上述疲劳损伤的解析表达式(Almar – Naes 等,1999)。

3.2.7 基于等值线的长期极端响应分析

1. 概述

在分析极端结构响应和疲劳损伤累积时,环境载荷参数如风浪流的特性参数,通常都是用一系列(短期)分段平稳过程段来描述的。这种类型的随机过程常常称为 Borges 过程,有时也称为 FBC 过程(Ferry Borges 和 Castanheta,1971)。在此基础上,针对每个这样的区间段的响应分析就相当方便了,因为它们是平稳的。然后将每个短期状态下的统计响应分布按照每个环境状态的出现概率进行加权处理,即可构建出长期响应分布。

为了尽量减小上述极端响应分析过程的计算量,人们经常采用等值线方法,根据相关的概率分布去确定与给定的重现期相对应的极端环境状态。然后,针对所选定的这些极端状态进行响应分析,进而将这些状态所对应的最高响应水平用于设计工作。显然,等值线就是指与给定重现期(如 100 年)对应的环境状态集。

由于环境参数是指不同类型的随机过程(如风和浪),因此等值线也就解决了所谓的"载荷组合"问题。这里首先介绍用于确定(与连续随机过程相关的)载荷组合的一般性方法,然后说明带有已知幅值概率分布的多重 FBC 过程这种特殊情况。我们先考虑的是所有过程成分都具有相同的时段长度的情形,然后再讨论时段长度不同的情形,并针对这种情形介绍一种能够构建环境等值线的方法。

本节主要致力于阐明等值线的构造方法并加以拓展,这种方法将用于分析需要同时考虑多个响应成分的结构物。我们将介绍将非高斯过程变换成归一化高斯成分的过程,此后就可以获得这些归一化成分的极值分布分位点,并将其反变换到非高斯成分中。进一步,这里还将把所给出的相关表达式应用到一个实例分析中,是关于曲率和张力响应相互作用的柔性立管的,由此也引出了所谓的等值线管这一概念。

2. 环境等值线

我们应当把荷载组合与荷载效应组合区分开来,各种载荷成分以特定的比例组合起来之后,相关的荷载效应之间的比例一般是有所不同的。在规范化的设计中,不同类型载荷的组合一般是以重现期(针对不同的环境过程)的形式指定的。例如,对于海上结构物而言,经常将 100 年重现期的设定为主导载荷成分,而把 10 年重现期的设定为第二载荷成分(当假定这些过程成分彼此无关时)。

进一步,还应当区分两类情况:一类是荷载效应与环境参数之间的关系是已知的;另一类的这种关系是未知的。不仅如此,对于已知和未知给定结构件的机械极限状态函数的情况也要加以区分,如果指定了极限状态函数,那么荷载效应组合也是需要分析的,这常常会涉及动力效应。

这里主要关注的是连续时间过程,如果过程成分是连续型的且极限状态函数已知,则通常借助所谓向上跨越率(对于更一般的多维情形就是跨越率)来分析载荷组合效应,针对线性组合可以导出上边界表达式,其中涉及每个过程成分的向上跨越率(Madsen 等,1986;Melchers,1999)。

人们已经针对相关"时点值"(假定能覆盖最关键的载荷组合)提出了一些简化的定义方法,其中之一就是著名的 Turkstra 组合规则,它选定一种成分的极大值,然后将其与其他成分在对应时点的值组合起来(Turkstra,1970),当然随后需要对一系列这样的组合(数量为载荷成分个数)进行分析,通常是取最大值。

第二种简化方法是"平方和的平方根"(SRSS)规则,它求出所有成分的极值的平方和,然后计算其平方根。

这些简化的载荷组合方法没有明确考虑各个载荷成分所特有的分布函数(除了可能用于计算相关的期望值)。对于过程成分是离散型而非连续型的情形,向上跨越率仍然是适用的,不过利用样本函数的分段特点,此时的分析可以更简单一些,通常是借助前文曾经提及的 FBC 过程描述来完成,进而能够将每个过程成分的分布函数类型和特征时间间隔合理地考虑进来,如图 3.8 所示,其中给出了一个 FBC 过程及其基本时间间隔。

一般而言，不同过程成分的特征时间间隔也是不同的，有些情况下时间尺度的长度差异相当大，如在风载荷和雪载荷参数的联合描述中就是如此（Næss 和 Leira，1999）。

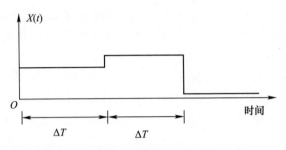

图 3.8　FBC 过程及其特征时间间隔示例

对于未指定极限状态函数的情形，仍然可以确定与分析相关的一系列环境条件，此时需要考虑各个过程成分的多维联合概率密度和对应的分布函数，进而可以计算出与特定超越概率或重现期对应的等概率面。下面先简要回顾在相关设计过程中应用较多的等值线方法，并说明其与 FBC 过程的联系。

环境过程一般都是非平稳的，如风和波浪的特性（有效波高和峰值周期等）就是如此。人们常常采用一种简化形式来加以描述，即根据图 3.8 所示的这种阶梯状曲线形式为此类过程建模。这些基本成分的"阶梯水平"的统计特性往往都是非高斯型的，不过通常仍然可以通过对阶梯水平呈高斯分布的过程进行变换来描述，它们经常被称为"转换过程"。

对于此类过程，可以借助 Rosenblatt 变换将其转换成归一化高斯过程（Madsen 等，1986；Melchers，1999）。针对两个过程成分，这个变换可以表示为

$$\begin{cases} \Phi(u_1(t)) = F_{x_1}(x_1(t)) \\ \Phi(u_2(t)) = F_{x_2|x_1}(x_2(t)|x_1(t)) \end{cases} \quad (3.40)$$

其中的第二式包含了 x_2 的条件分布函数（给定 x_1）。与此相关的偏导数（即雅可比矩阵的元素）可以写为

$$J_{ij}(x_i) = \frac{\partial u_i}{\partial x_j} = \begin{cases} 0 & i < j \\ \dfrac{f_i(x_i|x_1,\cdots,x_{i-1})}{\phi(u_i(x_i))} & i = j \\ \dfrac{\dfrac{\partial F_i}{\partial x_j}(x_i|x_1,\cdots,x_{i-1})}{\phi(u_i(x_i))} & i > j \end{cases} \quad (3.41)$$

当基本成分彼此独立时,只有对角项才是非零的,此时这些表达式将简化成

$$\frac{\partial u_i}{\partial x_i} = J_{ij}(x_i) = \frac{f_i(x_i)}{\varphi(u_i(x_i))} \tag{3.42}$$

也存在其他一些可行的变换,不过一定程度上要依赖于所能获得的统计信息的类型,如仅当边缘分布和两两相关系数已知时才可采用 Nataf 变换(Nataf,1962;Der Kiureghian 和 Liu,1986)。

完成归一化成分变换后,在变换后的空间中从原点到特定点的距离的累积分布与方向是无关的(由于变换后的过程是各向同性的),这就意味着等概率水平是与同心圆相对应的了。在任意方向上,超越给定半径值(R)的概率可以表示为

$$p_f(R) = 1 - \Phi(R) = \Phi(-R) \tag{3.43}$$

这个超越概率也可以从重现期角度来认识,即若假定与给定的重现期相对应的事件数量(也即特征时间间隔的重复次数)为 N,则超越对应的半径值的概率即为

$$p_f(R) = \Phi(-R) = 1 - \left(\frac{1}{N}\right) \tag{3.44}$$

更多细节和实例应用(针对环境过程成分具有相同时间尺度的情形)可以参阅一些学者的文献(Winterstein 等,1993;Haver 等,1998;Johannesen 等,2001;Baarholm 等,2001)。

3. 二维波高—周期等值线

这里进一步介绍二维等值线,它描述了有效波高 H_s 和峰值周期 T_p 的联合特性。假定这两个环境参数都具有相同的特征时间间隔(3h),针对同时观测到的 H_s 和 T_p 进行数据拟合,构建联合概率模型,可以得到条件形式的联合概率密度函数,即

$$p(H_s, T_p) = p(H_s)p(T_p | H_s) \tag{3.45}$$

式(3.45)中的第一个因子代表有效波高的边缘密度函数,一般可由以下对数正态分布和威布尔分布的组合形式给出(Haver 等,1985),即

$$p(H_s) = \begin{cases} \dfrac{1}{\sqrt{2\pi}\kappa H_s} \exp\left[-\dfrac{(\ln H_s - \theta)^2}{2\kappa^2}\right] & H_s \leqslant 3.25\mathrm{m} \\ \beta \dfrac{H_s^{\beta-1}}{\zeta^\beta} \exp\left[-\left(\dfrac{H_s}{\zeta}\right)^\beta\right] & H_s > 3.25\mathrm{m} \end{cases} \tag{3.46}$$

式中:θ 和 κ^2 分别为 $\ln H_s$ 的均值和方差;ζ 和 β 为威布尔分布参数。

对于给定的 H_s 值,峰值周期的条件概率密度可以表示为以下的对数正态模型,即

$$p(T_{\text{char}} | H_s) = \frac{1}{\sqrt{2\pi}\sigma T_{\text{char}}} \exp\left[-\frac{(\ln T_{\text{char}} - \mu)^2}{2\sigma^2}\right] \quad (3.47)$$

式中:$T_{\text{char}} = T_p$;参数 $\mu(H_s)$ 和 $\sigma^2(H_s)$ 分别为 $\ln T_p$ 的条件期望值和条件标准差(作为 H_s 的函数)。值得注意的是,对于有效波高来说也可以考虑伽马分布(Fouques 等,2004)。

图 3.9 示出了有效波高和峰值周期的联合概率密度函数,图 3.10 给出了对应的二维等值线(基于上述的表达式,重现期分别取 1 年、10 年和 100 年),它们描述了某平台所处海域的有效波高和峰值周期情况(Lindstad,2013)。

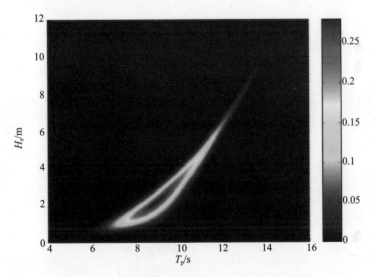

图 3.9 有效波高和峰值周期的联合概率密度函数

4. 等值线响应管

在采用等值线方法去估计极端荷载效应时,一般需要沿着环境等值线针对大量海况进行结构响应计算。对于单个响应成分的情形,可以得到针对每种海况所估计出的单值极端响应,而对于包含多个响应成分的情形,则可构造出一条极端响应曲线(如果超过两个响应成分,则为曲面)。这种响应曲线或曲面的构造可以有多种方法,所需的输入是这些响应过程的联合分布(包括相关性),可以借助时域中的数值仿真和响应分析得到。

一种方法是采用所谓的凸包,它代表的是响应矢量过程的包络(Ottesen 和 Aarstein,2006)。在下面给出的实例研究中将采用这种类型的方法,不过做了修正。

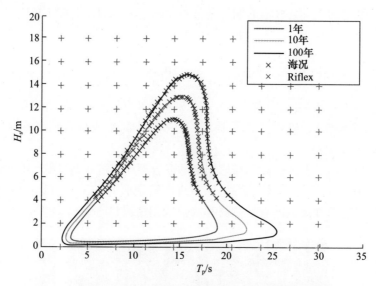

图 3.10 基于图 3.9 的联合 PDF(与 1 年、10 年和 100 年重现期对应的等值线)(见彩图)

图 3.11(a)和图 3.11(b)中分别示出了带有一维和二维横截面的等值线响应管。可以看出,两种情况下响应的变化都得到了很方便的表达。

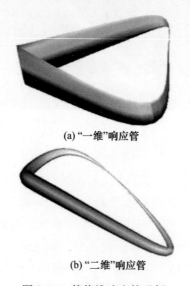

(a) "一维"响应管

(b) "二维"响应管

图 3.11 等值线响应管示例

对于三维横截面来说,每种海况下将会生成一个二维椭球面,而更高维情况的横截面将会产生更高维的椭球(或其他形状),一般是很难可视化的。不过,如果能够确认只有两个响应成分才是最主要的(通常也正是如此),那么只需关注这两个参量即可,由此也就得到了简化。

关于响应管横截面的构造,将在下文中通过一个应用实例来进行更为详尽的介绍。尽管这些横截面是三维的,但可以发现,基于两个主导响应过程成分给出的二维描述已经足够了。这显然极大地方便了等值线响应管的可视化。

5. 多维响应实例

作为一个应用实例,这里考虑一种柔性立管构型的动态响应,主要关心的是与某个关键横截面上的张力和弯矩对应的二维响应。所考察的模型是一根悬挂于某半潜式平台的柔性立管,位于北海北部,水深100m,如图3.12所示。

图3.12 悬挂于某半潜式平台的柔性立管(Statoil 和 Marintek,2013)

针对图3.10所示的矩形网格中的每种海况(红色十字标记),采用立管分析计算软件 Riflex(Sintef,2012)在时域内进行动态响应分析,所关注的响应包括立管上端的张力和曲率。这里采用的是简化模型,其中将实际使用的防弯器模化为无力矩铰链,这种分析一般属于预研工作,立管上端防弯器的详细设计是紧随其后的。

在张力和曲率响应过程样本函数基础上,针对各个响应的局部最大值和极值可以拟合出概率分布。曲率有两个分量:一个在垂直面内;另一个在水平面内。

为得到极值分布,针对每个海况进行了重复的仿真,以获得足够尺寸的样本,然后采用 Gumbel 分布函数对每个极值样本进行拟合处理。进一步,针对这些分布的每个参数(尺度和形状参数)再进行响应面拟合(作为有效波高和峰值周期的函数)。图 3.13 给出了实例,即上端张力的尺度参数的响应面,可以看出,峰值周期的影响是很强的,在 5~10s 区间内会出现最大值。

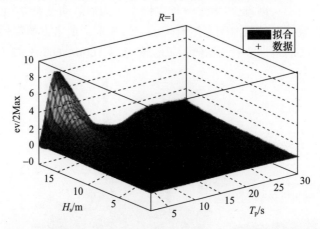

图 3.13 柔性立管上端张力的极值分布(Gumbel 型)尺度参数随海况参数的变化情况

下面再来考虑一对响应过程的联合分布特性。不妨把以均值为原点的坐标系记为 (x_2,y_2),于是一定角度范围内半径矢量的极值就可以根据样本函数来确定,如图 3.14 所示。通过重复进行仿真即可获得极值样本,并且可以拟合出相应的 Gumbel 分布函数。若需拓展到 3 种响应成分的情况,只需引入第二个角度即可,该角度对应的是面外的响应成分。

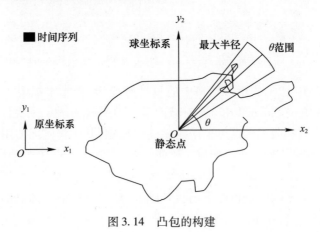

图 3.14 凸包的构建

在响应空间中也可以引入立管横截面的极限状态面,图3.15示出了两种响应成分的情况,水平轴所代表的响应过程可以是张力而垂直轴可以对应曲率的某个分量。图中显示的极限状态面是建立在抗拉极限和临界曲率的线性插值基础上的,且图中的 $\bar{r}$ 所代表的矢量是指静态响应(即均值矢量)。

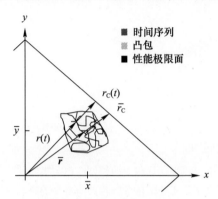

图3.15 极限状态面与凸包

在三维情况下,归一化失效面可以表示为

$$\left| \frac{F}{F_{\text{Critical}}} \right| + \left| \frac{c_y}{c_{y,\text{cr}}} \right| + \left| \frac{c_z}{c_{z,\text{cr}}} \right| \leq 1 \quad F \geq 0(张力) \tag{3.48}$$

式中的3个分母分别代表沿着3根响应轴的张力临界值以及两个曲率分量。

对于每个时间点,都可以计算出一个比例系数,即某个特定方向上的动态半径矢量与原点至极限状态面(在同一方向上)的距离 $r_{\text{Capacitysurface}}$ 之比,即

$$\text{SF}(t) = \text{Scale factor}(t) = \frac{\sqrt{F(t)^2 + c_y(t)^2 + c_z(t)^2}}{r_{\text{Capacitysurface}}} \tag{3.49}$$

实际上,对于图3.14所示的情形,也可以针对静态成分给出类似的比例系数。

根据每个角度范围内的极值半径向量的概率分布(针对每个特定的海况),可以建立起与重现期1年、10年和100年对应的极值分布。在此基础上,针对散点图中的所有海况进行加权处理,不难计算出相同重现期的长期极值分布,图3.16给出了相关结果,其中的黄色对应于100年重现期,绿色对应于10年重现期,而红色对应于1年重现期。很容易看出,轴向力较小(相对于临界值)而曲率则超出了极限状态面,这是因为此处的柔性立管模型有些过于简化了,主要是指上端部位,所建立的数值模型中完全忽略掉了位于该部位的防弯器。这个防弯器能够显著降低曲率分量的幅值,显然这就保证了足够的裕量,也即比例系

数将在允许范围内。

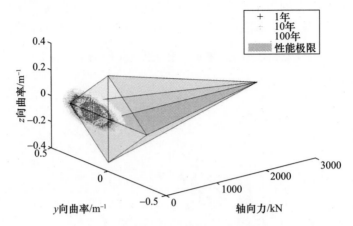

图3.16 针对立管上端横截面的长期凸包与极限状态面(见彩图)
(忽略了位于该部位的防弯器所带来的有利效应)

一个有必须要考虑的问题是,需要多少海况才能使上述长期极值收敛。图3.10所示的网格是10×10的,通过与6×6和8×8的海况网格计算结果对比可知,这一网格是足够准确的,也即对于1年重现期情况来说轴向力极值误差不超过0.5%,当然8×8的网格也能得到较好的结果。

进一步,可以利用等值线响应管来计算极值响应。响应管的"横截面"可以通过三维凸包(针对等值线上的每种海况,参见表3.1)来表示,不难发现,这个实例中的三维凸包基本上就是二维的,原因在于归一化轴向力的变化不大明显。我们还可以确定出所有凸包(即管的横截面,沿着等值线)的最大比例系数 $SF(t)$,并与基于长期分析得到的对应值进行对比。表3.2中给出了针对各个响应成分的分析结果,从中不难看出,对于主导响应来说,沿着等值线在短期分布中采用90%分位值将可给出相当准确的结果(仅会稍微高估)。

表3.1 1年、10年和100年环境等值线上的部分海况

海况编号	1年		10年		100年	
	T_p/s	H_s/m	T_p/s	H_s/m	T_p/s	H_s/m
1	6.2	3.9	6.0	4.2	5.8	4.5
5	7.8	5.4	7.9	6.1	8.0	6.7
10	9.7	7.3	10.0	8.4	10.2	9.4
15	11.3	9.0	11.7	10.5	12.1	11.8
20	12.7	10.3	13.2	12.0	13.7	13.7

续表

海况编号	1年		10年		100年	
	T_p/s	H_s/m	T_p/s	H_s/m	T_p/s	H_s/m
25	13.8	11.0	14.6	12.9	15.2	14.7
30	14.7	11.1	15.7	13.0	16.5	14.8
35	15.4	10.0	16.5	12.3	17.4	14.0
40	15.8	9.3	16.9	10.8	17.9	12.3
45	16.1	7.7	17.1	8.8	18.1	9.9
50	16.6	5.8	17.6	6.5	18.4	7.2
55	17.6	3.9	19.1	4.2	20.5	4.5

表 3.2 长期分析和等值线响应管分析结果的比较

响应类型	长期响应(动态)	等值线	
		海况编号	X_{90}/X_{LT}
轴向力	4.44kN	10	1.15
y 向曲率	0.27m^{-1}	18	1.03
z 向曲率	0.15m^{-1}	18	1.07

注：X_{90}/X_{LT} 代表的是(沿着等值线)在极值分布中采用90%分位值得到的响应与采用长期分析得到的响应之比。

6. 小结

上面考虑的是一根柔性立管构型,分析了横截面处的张力和曲率的联合动态响应。我们将基于完全的长期分析得到的极端响应水平与基于等值线管的分析结果进行对比,研究表明,如果针对等值线上的极端海况选择90%分位值,那么这两种结果是相当吻合的,只是采用等值线管分析所得到的结果要稍微高些(对于所选定的分位值而言)。

在后续工作中,还可以为立管上端建立更加真实的有限元模型,据此计算出新的结果,这显然是令人感兴趣的,可以验证长期分析和等值线分析所给出的结果。

另外,针对"等值线管横截面"的不同构造方法进行对比研究也是非常有必要的。前面是采用时域响应分析和凸包来建立其横截面的,在此基础上还可以考察耗时更少的方法,如不同响应成分具有不同时间尺度情况下的基于响应等值线的方法。

应当指出的是,这里所给出的几何方法的一个优点在于,可以轻松地确定主导响应过程(相对于给定的极限状态面而言),而且当采用不同类型的极限状态面时也很容易直接考察其影响。

3.2.8 结构可靠性分析

1. 概述

结构失效一般是指结构不再满足某些功能需求等事件。显然,这是一个相当宽泛的概念,包含丰富多样的现象,如失稳、位移、速度或加速度响应的超量以及由于过载或疲劳而导致的塑性变形或断裂等。

不同类型的失效往往也会导致明显不同的后果。例如,单个子构件的倒塌不一定代表整个结构系统立即失去承载能力,而另一种极端情况则表现为,整体稳定性的突然消失常常会带来灾难性的结构完全倒塌。另外,失效也可以是由一系列复杂的不希望出现的事件所组成的,这些事件的发生可能是因为小概率的外部作用或人为作用与内部缺陷并发。

工程设计过程中存在着各种不同类型的设计准则,它们之间有着明确的区分,通常也称为极限状态。最为常用的 3 种类型分别是正常使用极限状态(SLS)、最大极限状态(ULS)和疲劳极限状态(FLS)。另外,很多设计文档中还常常引入偶然极限状态(ALS),用于考虑不大可能发生的结构状态(可能导致较大的损失)。

工程设计规范通常属于 I 级可靠性方法,这些设计规程一般会给出各种设计参数许用值,而且还会引入特定的安全系数(也称为分项系数),用于反映相关参数所固有的统计分散性。进一步,如果可能的话,可以把二阶统计信息如方差和相关系数等引入进来,由此得到的可靠性度量与分析方法一般称为 II 级可靠性方法。在 III 级可靠性方法中,一般假定已经获得了完备的概率信息,通常是联合概率密度和分布函数这种形式。

2. 失效函数和失效概率

各个等级的可靠性方法都建立在一个共同的基础上,即引入了失效函数(或极限状态函数、g 函数),它以力学量的形式给出了失效事件的数学定义。为了能够估计出失效概率,有必要了解结构所能够承受的最大载荷 R(常称为抗力)、将要承受的载荷 Q 以及相关的荷载效应 S。后者一般可以借助传统结构分析方法得到,对于这种一般性情形,g 函数就可以表示为

$$g(R,S) = R - S \tag{3.50}$$

当该函数取正值,即 $R > S$ 时,结构将处于安全状态,此时相关的参数区域也就称为安全域。当该函数取负值时,即 $R < S$ 时,结构将处于失效状态,而此时相关的参数区域也就称为失效域了。这两个区域的分界面可称为失效面(即 $R = S$)。采用这些一般性概念的原因在于,绝大多数情况下 R 和 S 这两个标量

往往是大量更基本的设计参数的函数。显然这就意味着,这种简单的二维描述实际上包含了与高维可靠性描述对应的大量相关参数。

这里简要介绍Ⅲ级结构可靠性方法的基础知识,关于此类方法的更多细节内容可以参阅相关文献(Madsen 等,1986;Melchers,1999)。当所考虑的是波浪、风和动力结构响应时,人们经常假定统计参数在某个时间周期(至少 1h)内是不变的,这也常被称为短期统计分析。此外,通常还有一个进一步的假定,即随机动态激励过程(海面或风湍流速度)是高斯型的。

如果强度和荷载效应的联合概率密度函数(或分布函数)是已知的,那么失效概率一般可以表示为

$$p_f = P(Z = R - S \leq 0) = \iint_{R \leq S} f_{R,S}(r,s) \mathrm{d}r\mathrm{d}s \tag{3.51}$$

式中的积分应在整个失效域上进行,也即积分域是强度不大于荷载效应的区域。

图 3.17(a)对此作了展示说明,其中给出了联合概率密度函数和两个边缘密度函数($f_R(r)$ 和 $f_S(s)$),后者是通过联合密度函数的一维积分(针对每个变量从负无穷到正无穷)得到的。图 3.17(a)可以分解成两个部分,即图 3.17(b)和图 3.17(c)。显然,此时的失效概率就可以从几何意义上来理解,即位于失效域内(直线 $R=S$ 右侧平面,或 $S>R$ 的区域)的联合密度函数的体积,参见图 3.17(c)。

对于独立变量情况,联合密度函数仅仅是两个边缘密度函数的乘积,因而此时得到的失效概率的表达式为

$$p_f = P(Z = R - S \leq 0) = \iint_{R \leq S} f_R(r) \cdot f_S(s) \mathrm{d}r\mathrm{d}s \tag{3.52}$$

其中已经假定 R 和 S 是相互独立的。若针对抗力变量进行积分,那么还可以得到

$$p_f = P(Z = R - S \leq 0) = \int_{-\infty}^{+\infty} F_R(s) \cdot f_S(s) \mathrm{d}s \tag{3.53}$$

式中:

$$F_R(s) = P(R \leq s) = \int_{-\infty}^{s} f_R(r) \mathrm{d}r \tag{3.54}$$

这一情形如图 3.18 所示,其中在同一平面内给出了两个边缘密度函数。显然,对失效概率贡献最大的参数区间应当是这两个密度函数都为非零值所对应的区间,在这个特例中也就是 1~3.5 这个范围。

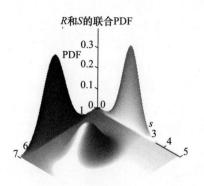

(a) R和S的联合PDF

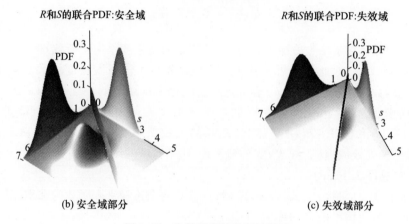

(b) 安全域部分　　　　　　　　　　(c) 失效域部分

图 3.17　失效概率的几何域描述

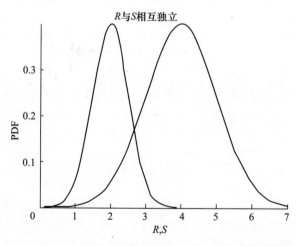

图 3.18　投影到同一平面内的边缘概率密度函数(针对变量相互独立的情况)

式(3.53)中的积分是卷积分,其中 $F_R(r)$ 代表的是抗力变量 R 的累积分布函数。对于特定的分布如高斯分布,不难得到该积分的封闭表达式,下面将会对此加以讨论。式(3.52)中的抗力的概率密度函数 $f_R(r)$ 在大多数情况下都可以描述为高斯型或对数正态变量,荷载效应的密度函数 $f_S(s)$ 一般与极端环境状态(如风和波浪)对应,常常可以假定其能够借助 Gumbel 分布来描述(Gumbel,1958)。

3. 载荷和响应的时域变化

由于海工结构物所受到的载荷主要是由风浪流导致的,因而其统计特性是随时间变化的。结构抗力通常也是随时间而变化的,性能退化过程就是一个原因,如腐蚀过程,当然这可以通过维护、保养或其他形式的强度提升手段来克服。关于腐蚀的影响,比较突出的实例就是管路系统的时变可靠性问题,如可参阅 Mohd 等(2014)和 Leira 等(2016)针对此类影响所给出的概率描述。

对于老化的结构物来说,除了腐蚀以外,往往还会存在大量其他形式的退化过程,有必要考虑的如疲劳裂纹、缺陷、错位、不符合项以及几何变化(如腐蚀导致的变化)带来的应力集中等。

此外,还有一种典型情况也值得注意,即极端荷载效应是随着所考虑的时段长度的增加而增长的。例如,20 年的极值高于 10 年极值;风暴中的 3h 极端荷载效应要高于 1h 的效应。这一情况如图 3.19 所示,其中考虑了一段相当长的时间。这里的 t 代表时间,$t_0 = 0$ 是开始时刻。第二个"时间切片"对应于 10 年,第三个则对应于 20 年。针对这 3 个"时间切片",该图绘出了抗力和荷载效应的概率密度函数。由此可以看出,在所考虑的时间范围内,任意时刻只要满足以下条件,结构就会失效,即

$$Z(t) = r(t) - s(t) < 0 \tag{3.55}$$

式中:$Z(t)$ 为安全裕量,也是随时间而变化的。为了计算出式(3.55)所描述事件的发生概率,只需考察每个时间步处这两个概率密度函数($f_R(r)$ 和 $f_S(s)$)的重叠情况,如图 3.19 所示,在 $t=0$ 和 10 年处,它们几乎没有接触到一起,而在 20 年处它们表现出了相当程度的重叠。因而这后一种情形也就代表了失效概率有了增大。

如果 R 和(或)S 都是时不变的,那么在 $[0,T]$ 区间内应当采用最小值,此处的 T 代表的是设计寿命或者特定运行时间。关于最大荷载效应,一般可以选择类似 Gumbel 分布(也称为 I 型渐近分布形式)这种类型的极值分布。Gumbel 分布可以应用于初始分布逐渐呈指数衰减的情况,高斯型随机过程就是如此。类似地,最小值的概率密度和分布函数也需要分析,对于几天(或更少)这种水平的持续时间,一般还可以引入一些简化处理,因为在这么短的时间尺度上可以忽

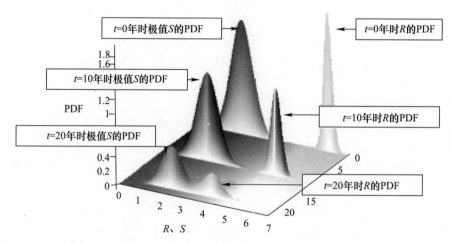

图3.19 抗力 $r(t)$ 和极端荷载效应 $s(t)$ 的时变边缘 PDF

略强度特性的退化。

进一步,就各种不同类型的极限状态来说,上述概率密度函数可以有不同的表现。例如,对于疲劳极限状态,"抗力"可以与允许的累积损伤(由 Miner - Palmgren 求和等于 1.0 给出)相对应,这是一个与时间无关的量,仍然可以描述为一个(时不变的)随机变量,而此时的"荷载效应"则可对应于(随机)累积损伤,可以从循环应力范围的概率分布得到。然而,如果还存在着其他性能退化过程,如腐蚀,那么对于疲劳极限状态而言,此时的"抗力"很明显是随时间不断减小的。

4. 简化情形

作为一种特殊的简化情形,这里考虑 R 和 S 都是高斯随机变量的情况,且均值为 μ_R 和 μ_S、方差为 σ_R^2 和 σ_S^2。进一步,此处还假定这两个变量是不相关的。于是,$Z = R - S$ 这个量也将是高斯型的,其均值和方差分别为

$$\begin{aligned} \mu_Z &= \mu_R - \mu_S \\ \sigma_Z^2 &= \sigma_R^2 + \sigma_S^2 \end{aligned} \tag{3.56}$$

进而失效概率就可以表示为

$$p_f = P(Z = R - S \leqslant 0) = \Phi\left(\frac{0 - \mu_Z}{\sigma_Z}\right) = \Phi\left(-\frac{\mu_Z}{\sigma_Z}\right) \tag{3.57}$$

式中:$\Phi(\cdot)$ 为标准正态分布函数(对应于均值为 0、标准差为 1.0 的高斯变

量)。将式(3.56)代入式(3.57),可得

$$p_f = \Phi\left(-\frac{\mu_R - \mu_S}{\sqrt{\sigma_R^2 + \sigma_S^2}}\right) = \Phi(-\beta) \tag{3.58}$$

其中,

$$\beta = \frac{\mu_R - \mu_S}{\sqrt{\sigma_R^2 + \sigma_S^2}} \tag{3.59}$$

式中:β 为安全指标(Cornell,1969)。通过设定一个可接受的失效概率,即令式(3.58)左端的 $p_f = p_A$,可以确定对应的 β 值,即 β_A,它代表的是可接受的下限(因为 β 减小会导致失效概率增大)。显然,利用这个值就能够在概率意义上确定出抗力 R 是否位于一个可接受的范围内(相对于荷载效应 S)。

值得指出的是,上述这些关于失效概率的表达式是过分简化的。首先,各变量间的相关性效应没有计入;其次,这里只考虑了两个随机变量;最后,这两个随机变量都被设定为高斯型的。当然,此处的主要目的是介绍可靠性指标和失效概率等概念,同时也是为了说明各变量的统计特性是如何对结果产生影响的。在3.2.9小节中还将针对更加准确和精化的失效概率计算方法进行总结。

3.2.9 非高斯随机变量的失效概率计算

上面介绍的指标也可以拓展用于任意维随机矢量的可靠性描述。一般而言,荷载效应 S 和抗力 R 都可表示为大量基本的随机参数的函数,若将这些参数分别组装成对应的两个矢量,即 X_S 和 X_R,那么失效函数将变成矢量 $X = [X_S^T, X_R^T]^T$ 的函数了,相应的失效面也将由式 $g(X) = 0$ 来确定。

可以很容易把安全指标加以拓展,使之覆盖具有相关性的非高斯变量情况。对于一般的概率分布类型来说,式(3.57)和式(3.58)所表示的失效概率是能够借助数值积分方法求解的,不过也存在一些高效的近似方法,其基础是进行变换处理(变换成不相关的标准高斯变量)。

对于不相关的非高斯变量,这个变换主要建立在以下表达式上(若假定不相关,那么与式(3.40)相同),即

$$\begin{cases} \Phi(u_1(t)) = F_{X_1}(x_1(t)) \\ \vdots \\ \Phi(u_n(t)) = F_{X_n}(x_n(t)) \end{cases} \tag{3.60}$$

下面针对两种不同情况来说明这种变换的作用,其中利用了简化形式的可靠性表达式 $g(R,S) = R - S$。在第一种情况下,假定两个基本变量是相互独立

的高斯变量,均值分别为 $\mu_R = 3.0$ 和 $\mu_S = 1.0$,标准差分别为 $\sigma_R = 0.1$ 和 $\sigma_S = 0.2$,于是原变量和变换后的标准高斯变量之间的关系可以表示为 $R = 0.1u_1 + 3$ 和 $S = 0.2u_2 + 1$。图 3.20 示出了变换后的归一化 (u_1, u_2) 平面上所对应的失效函数(参见图中的上曲面)。

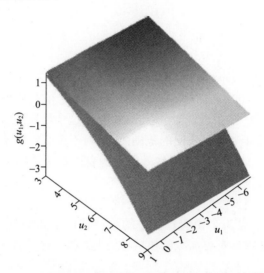

3.20 在变换后的归一化 (u_1, u_2) 平面上表示的失效函数
(上曲面为高斯型随机变量;下曲面为对数正态随机变量)

在第二种情况下,假定随机变量 R 和 S 都是不相关的对数正态变量,其均值和标准差与第一种情况相同。于是,与此对应的基于式(3.60)的两个变换式可以写为

$$\begin{cases} \ln r = \sigma_{z_1} u_1 + \mu_{z_1} \\ \ln s = \sigma_{z_2} u_2 + \mu_{z_2} \end{cases} \tag{3.61}$$

式中

$$\begin{cases} \sigma_{z_1}^2 = \ln\left(1 + \left(\dfrac{\sigma_R^2}{\mu_R}\right)\right) = 0.0011, \quad \sigma_{z_2}^2 = \ln\left(1 + \left(\dfrac{\sigma_S^2}{\mu_S}\right)\right) = 0.039 \\ \mu_{z_1} = \ln(\mu_R) - 0.5\sigma_{z_1}^2 = 1.098, \quad \mu_{z_2} = \ln(\mu_S) - 0.5\sigma_{z_2}^2 = -0.0196 \end{cases} \tag{3.62}$$

图 3.20 中也给出了所对应的失效函数(参见图中的下曲面),即 $g(u_1, u_2) = \exp(\sigma_{z_1} u_1 + \mu_{z_1}) - \exp(\sigma_{z_2} u_2 + \mu_{z_2})$。

对于相关的非高斯变量,变换过程中需要借助边缘分布函数和条件分布函数。当这样的随机变量个数为 n 时,其表达式为(也可参见式(3.40))

$$\begin{cases} \Phi(u_1(t)) = F_{X_1}(x_1(t)) \\ \vdots \\ \Phi(u_n(t)) = F_{X_n \mid X_1, X_2, \cdots, X_{n-1}}(x_n(t) \mid x_1(t), x_2(t), \cdots, x_{n-1}(t)) \end{cases} \quad (3.63)$$

其中涉及阶次不断增大的条件累积分布函数。

在失效概率的计算中,常见的做法是利用失效面上的恰当点处的切平面(或二阶曲面)来近似这个失效面。一般可以通过数值迭代手段来确定这个点,在变换后的空间中(即标准高斯变量构成的空间),该点最接近原点。

关于随机变量的变换和设计点的搜索,更详尽的介绍可以参阅相关文献(Madsen 等,1986;Melchers,1999;Hasofer 和 Lind,1974;Ditlevsen,1981;Hohenbichler 和 Rackwitz,1983;Rosenblatt,1952;Breitung,1984;Tvedt,1989;Der Kiureghian 和 Li,1986)。

3.3 现行规则和行业惯例

3.3.1 概述

目前,已经有了大量关于海工结构物的设计规范和设计标准,其中的绝大多数都以各自的形式阐述了随机动力响应分析这一主题。相关设计规范可能是国家层面的,也有一些是国际层面的。此外,大量船级社往往也发布了自己的规则,这些船级社在它们所组成的联合组织国际船级社协会(IACS)内部有着相互合作,因此这些规则正在变得越来越协调一致。

针对底部固定式和浮式(含顺应式)系统,目前已经有不同的规范可供参考,例如已经应用于挪威大陆架的 NORSOK 和 DNV 的规范,可参见 NORSOK(1997,2007,2012,2013,2015)和 DNVGL(1992,1992a,2010,2015,2015a,2015b,2015c,2015d,2015e,2016,2016a,2016b,2017,2017a,2017b,2017c)。在 ISO 和 API 的规范中也可发现固定式与浮式系统之间的类似差异,可参阅 ISO(2004,2006,2006a,2006b,2009,2010,2012,2013,2013a,2014,2014a,2015,2016,2016a,2016b,2017)和 API(2007,2009,2011,2011a,2014,2014a,2015,2015a,2015b,2015c)。

3.3.2 极限状态和设计方式

虽然已有的设计规范都具有显著不同的特点,不过就所采用的极限状态类型来说它们也存在着一些共同点。正如前面曾经提及的,最大极限状态(ULS)、疲劳极限状态(FLS)、正常使用极限状态(SLS)和偶然极限状态是最常见的。

设计过程中需要防止出现的机械失效模式有很多,最为常见的类型是屈服、屈曲和断裂,而且后两种类型是最关键的。不仅如此,这些失效模式之间还可能存在着相互作用。例如,初始屈服会伴随着横截面的完全塑性化,进而发生屈曲失稳并导致断裂;反之,初始屈曲失效也会导致塑性变形并进一步引发断裂。

关于设计方式,目前存在着两种主要类型,分别称为工作应力设计法(WSD)和荷载抗力系数设计法(LRFD)。在这两种设计方式中,人们需要首先得到特征载荷值和特征材料强度值,然后根据这些值来计算标定荷载效应和结构抗力。对于 WSD,只需通过验证特征抗力与特征荷载效应的比值不小于某个指定的安全系数即可实现标定检查;而对于 LRFD,针对载荷和材料强度分别需要采用不同的分项系数。载荷类型是多种多样的,如有功能载荷和环境载荷等,一般而言分项系数值往往也是不同的。利用这些安全系数,就能够计算得到设计荷载效应和设计抗力。随后的设计检查只需检验设计抗力是否不小于设计荷载效应即可。应当指出的是,较早前 WSD 应用得非常广泛,近年来已经逐步被更为精化的 LRFD 所取代,虽然 WSD 十分容易应用,不过 LRFD 却能够给出更好的设计解,而且还能为不同类型的结构和结构元件提供更加统一的安全水平。

3.3.3 结构元件的类型

应当注意的是,不同类型的海工结构物往往具有明显不同的结构元件。在浮式结构中二维板和壳元件是常见的,当然也包括加筋板壳(由板壳和梁组成);而在固定式结构的主承载系统中梁和杆却最常见。连接接头通常也非常重要,它们属于关键结构元件。另外,缆绳等元件也大量应用于系泊和定位场合。

在 3.2.3 小节所述的设计规范中,一般也阐明了荷载和荷载效应的计算方法。由于某些规范已经发布了新版本,因此一些情况下的相关模型也进行了更新,通常这反映了荷载和抗力模型以及计算方法上的某些进步。从原理上来说,这些更新必须体现在(用于设计过程的与荷载和荷载效应相关的)分项系数的修正上,不过也并不总是如此,设计规范的新版本也可能只是做了较小的修订。

3.3.4 结构完整性管理、再鉴定和寿命延长

当前,人们越来越关注于海工结构物的再评估、再鉴定和寿命延长相关的设计标准与设计指南,这是因为很多(如北海)海上结构物的平均年龄正在不断增长。

在包含结构完整性管理的规范和指南中,一般都给出了结构和结构元件的

分类,这种分类使人们能够建立风险筛查依据,并确定应当采用的检测类型和方法。

在结构元件的分类中一般需要考虑以下问题:①腐蚀的可能性;②过载的可能性;③疲劳裂纹的可能性;④元件失效的后果(即剩余结构承受外部作用的能力,如借助损伤容限或冗余性来继续承载);⑤渐进破坏的可能性;⑥DFI报告中指出的缺陷、不对中和不合格项;⑦检测历史;⑧应力集中和临界载荷传递关系;⑨检测维护保养的便利性;⑩结构元件监测范围;⑪检测方法的适用性(即检测设置、可靠性和准确性)。

人们经常需要对失效的可能性和后果进行全面的分析评估,这实际上就意味着,需要把目光从基于结构形式的分类转移到基于风险的分类上。很多情况下,采用基于第一性原理的概率设计方法是很有价值的,由此关于结构及其所处环境的已知信息就可以通过一种最优方式体现出来,从而使我们能够把各种不确定性和统计分散性的原因恰当地考虑进来,对于结构零部件的制备、运输和安装阶段而言这显然是有用的(NORSOK N-005,1997;N-006,2015)。

3.4 针对进一步工程实践的若干建议

海工结构的设计包括不同的阶段,从初始设计(概念设计)到详细设计再到最终的设计验证。对于前期设计阶段而言,一般希望采用快速、高效的计算方法,这样就能够去对比大量的备选方案。显然,频域分析方法为此提供了非常有用的工具,当然在这一阶段中等值线方法也能非常方便地用于分析极端荷载效应。为了尽量减少计算量,在疲劳损伤的预测分析时也只需考察相对较少一些的海况。

对于详细设计阶段来说,一般需要借助更加精确的计算模型和更为先进的数值仿真。时域分析就是非常常见的手段,往往从规则波分析开始再到非线性随机时域分析,在这一过程中准确的极值估计是相当重要的。这就要求生成若干环境载荷过程样本以及对应的响应时间历程,从而便于定量考察极值的分散性并使之保持在某个可接受的水平。在疲劳损伤评估时,通常还必须进行收敛性分析(与散点图中的海况数量有关)。

为了进行设计验证,可能需要针对一些临界设计问题进行专门分析。基于第一性原理的直接设计方法往往是常用的,涉及详尽的环境数值模型、载荷机制及结构细节。人们进行此类计算的能力一直在不断提升,事实上计算流体动力学(CFD)的应用已经变得越来越普遍,有时它还会与结构有限元模型(FEM)完全集成起来。

正如前面曾经提及的,关于结构的寿命延长和再评估问题,目前正出现一些越来越先进的计算方法。在这方面,对于所采用的结构维修方法和其他形式的维护手段,有必要准确量化其影响,这一点也是很重要的。当然,这也包括了它们对随机荷载效应(出现在结构的不同部位)所产生的影响。

为了最终验证结构的可靠性水平,全概率设计是非常常见的。在根据设计规范选用设计公式时,就需要对模型的不确定性进行量化,利用概率描述并针对现有规范中的可靠性水平进行校准,就能够选择更好、更合适的设计安全系数。由于此类修正公式具有更好的预测性能,因而在各种设计方式中应尽量加以采用。

3.5 本章小结

在海工结构的随机动力分析中,精化的模型和方法得到越来越广泛的应用。尽管目前已经具备了强大的计算设备,然而完全的非线性随机时域分析和概率域分析仍然还需要我们付出极大的努力。当然这并不是指响应时间历程的后处理和统计特性的估计,有经验的设计人员是足以完成此类复杂计算并得到相关结果的。

在未来的研究中,一个难点在于如何针对高动态系统(如浮式风机和带有动力定位系统的船只)把控制力综合进来,现有文献中对这一问题的研究还很有限。此类系统的研究一般需要多个工程学科的合作,实际上为了将来能够获得不断优化的海工结构物,这种合作也是不可或缺的。

值得注意的一个很有趣的发展趋势是,将结构载荷和载荷组合的确定与环境数据记录联系起来。实际上,全尺度测量和结构监控系统正在不断地得到应用,它们对于结构完整性水平评估是十分有用的,不仅如此,这也使我们能够对与海工结构设计相关的模型不确定性进行量化处理。显然,这一发展趋势必将为未来更可靠的海工结构物的设计和运行提供有力的保证。

符 号 表

标量

A_{kl}	对应于第 k 个频率和第 l 个方向的幅值
$a(x,t)$	扩散方程中针对时刻 t 和状态 x 的漂移系数
$\bar{a}, m$	SN 疲劳曲线的参数

$b(x,t)$	扩散方程中针对时刻 t 和状态 x 的扩散系数
$c_x, c_{x,\text{crit}}$	x 方向上柔性立管的曲率及对应的临界值
$c_z, c_{z,\text{crit}}$	z 方向上柔性立管的曲率及对应的临界值
$E[x_{E,T}]$	持续时间为 T 的随机过程 $x(t)$ 的最大期望值
$E[D(T)]$	时间段 T 内的疲劳损伤期望
F, F_{crit}	柔性立管中的轴向力及对应的临界值
$F_X(X), F_X(\boldsymbol{X})$	标量 X 和矢量 $\boldsymbol{X}$ 的概率分布函数
$f_X(X), f_X(\boldsymbol{X})$	标量 X 和矢量 $\boldsymbol{X}$ 的概率密度函数
$F_{R,L}(r)$	响应最大值的长期累积分布
$F_R(r\|x)$	给定环境参数值（包含在矢量 x 中）条件下的响应最大值的短期分布
$F_{L,E}(r_E)$	针对某任意海况的极值响应的长期累积分布
$F_{S,E}(r_E\|x)$	针对具有给定环境参数值（包含在矢量 x 中）海况的极值响应短期分布
$g(\boldsymbol{x})$	失效函数，矢量 x 中包含了各个变量
H_s	有效波高
$K_j(\boldsymbol{x})$	强度系数，即当 Δt 趋于零时 $\mu_j(\boldsymbol{x})/\Delta t$ 的极限
$p(\boldsymbol{x},t)$	时刻 t、状态矢量 x 的概率密度函数
$p(\boldsymbol{x},t\|\boldsymbol{x}',t')$	从时刻 t、状态 x 到时刻 t'、状态 x' 的转移概率密度
$p(H_s, T_p)$	有效波高和峰值周期的联合概率密度函数
$p(T_p\|H_s)$	给定有效波高值条件下峰值周期的条件概率密度函数
$p(H_s)$	有效波高的边缘概率密度函数
R	描述承载能力（强度）的随机变量
S	描述载荷效应的随机变量（例如应力或应变）
$S_{\xi\xi}(\omega)$	波浪谱密度函数（频率的函数）
T_p	峰值周期
$Z(t) = r(t) - s(t)$	时变的安全边际，即时变抗力 $r(t)$ 与时变载荷效应 $s(t)$ 之差

矢量和矩阵

$\boldsymbol{B}(\omega)$	整体结构与水动力系统的与频率相关的传递矩阵
$\boldsymbol{C}(\boldsymbol{r}, \dot{\boldsymbol{r}}, t-\tau)$	与位移和速度相关的阻尼时延矩阵

$F(\omega)$	与频率相关的水动力传递函数矩阵
$H(\omega)$	虚频响函数
$K(r)$	与位移相关的刚度矩阵
$M(t-\tau)$	质量时延矩阵
$Q(t)$	时变载荷矢量
$Q(\omega,\theta)$	与频率和方向相关的载荷矢量
$r_{\text{Capacitysurface}}$	给定矢量方向上原点至极限状态面的距离
$S_X(\omega)$	向量过程 $X(t)$ 的谱密度矩阵(也包括互谱密度)

希腊字符

α, u	Gumbel 分布的参数
β	可靠性指标
ε	带宽参数
$\gamma = 0.5772$	欧拉常数
ω, ω_p	频率(单位为弧度/秒)和峰值频率
$\Delta\omega$	频率增量
θ	方位角或 $\ln(H_s)$ 的均值
$\Delta\theta$	方位角增量
$\Delta\sigma$	应力循环
Δt	时间增量
κ^2	$\ln(H_s)$ 的方差
$\sigma_x^2, \dot\sigma_x^2, \ddot\sigma_x^2$	位移、速度和加速度响应过程的方差
$\sigma^2(H_s)$	$\ln(T_p)$ 的方差(有效波高的函数)
σ_R	抗力的标准差
σ_S	载荷效应的标准差
$\mu_j(x')$	增量 $(x-x')$ 的 j 阶矩
$\mu(H_s)$	$\ln(T_p)$ 的均值(有效波高的函数)
μ_R	抗力均值
μ_S	载荷效应均值
$v_x^+(s)$	针对水准值 s 的向上跨越率

$v_x^+(0)$	零交叉率
$v_{x,\max}^+$	向上跨越率的最大值
ζ, β	有效波高概率分布的威布尔参数
$\eta(\boldsymbol{x},t)$	时刻 t 位置 $\boldsymbol{x}$ 处的海面高度
ω_k	第 k 个离散频率
$\Psi(\theta)$	波浪扩散函数
$\Phi(x)$	标准正态累积分布函数
φ_{kl}	对应于第 k 个频率和第 l 个方向的相位角
θ_k	第 k 个离散方向

数学符号

$\dfrac{\partial}{\partial}$	针对变量 t（例如时间）的偏导数
$J_{ij}(x_i) = \dfrac{\partial u_i}{\partial x_j}$	Rosenblatt 变换中雅可比矩阵的元素 (i,j)

参 考 文 献

Almar-Naess, A. 1999. Fatigue Handbook: Offshore Steel Structure, 3rd revision, Tapir Forlag, Trondheim.
API RP 2FPS (2011) – Recommended Practice for Planning, Designing, and Constructing Floating Production Systems, Second Edition.
API RP 2GEO (2011a) – Geotechnical and Foundation Design Considerations.
API RP 2MET (2014) – Petroleum and natural gas industries - Specific requirements for offshore structures – Part 1: Metocean design and operating considerations, First Edition.
API RP 2MOP (2015)-Marine Operations, Petroleum and natural gas industries-Specific requirements for offshore structures-Part 6: Marine Operations, First Edition, Includes Errata (2015), 07/01/2010.
API RP 2RD (2009)-Design of Risers for Floating Production Systems (FPSs) and Tension-Leg Platforms (TLPs) standard by American Petroleum Institute.
API RP 2SIM (2014a) – Structural Integrity Management of Fixed Offshore Structures, First Edition Standard by American Petroleum Institute.
API RP 2SK (2015a) – Design and Analysis of Stationkeeping Systems for Floating Structures, Third Edition (Includes 2008 Addendum).
API RP 2SM (2007) – Recommended Practice for Design, Manufacture, Installation, and Maintenance of Synthetic Fiber Ropes for Offshore Mooring (Includes 2007 Addendum) standard by American Petroleum Institute.
API RP 2T (2015b)-Recommended Practice for Planning, Designing and Constructing Tension Leg Platforms, Third Edition standard by American Petroleum Institute.
API Spec 2F (2015c) – Mooring Chain, Sixth Edition.
Athanassoulis, G.A., Skarsoulis, E.K. and Belibassakis, K.A. 1994. Bivariate distributions with given marginals with an application to wave climate description. Applied Ocean Research 16: 1–17.
Baarholm, G. Sagli and Moan, T. 2001. Application of contour line method to estimate extreme ship hull loads considering operational restrictions. Journal of Ship Research 45(3): 227–239.

Bathe, K.J. 1996. Finite Element Procedures, Prentice Hall, Englewood Cliffs, NJ.

Beck, A.T. and Melchers, R.E. 2004. On the ensemble crossing rate approach to time variant reliability analysis of uncertain structures. Probabilistic Engineering Mechanics 19: 9–19.

Belytschko, T. and Schoeberle, D.F. 1975.On the unconditional stability of an implicit algorithm for nonlinear structural dynamics. J. Applied Mechs 97: 865–869.

Bitner-Gregersen, E. and Guedes Soares, C. 1997. Overview of probabilistic models of the wave environment for reliability assessment of offshore structures. *In*: Guedes Soares, C. (ed.). Advances in Safety and Reliability. Pergamon 2: 1445–1456.

Bitner-Gregersen, E. and Guedes Soares, C. 2007.Uncertainty of average steepness prediction from global wave databases. Proc. MARSTRUCT, Glasgow, UK, pp. 3–10.

Borgman, L.E. 1969. Ocean wave simulation for engineering design. J. Waterways and Harbours Division, ASCE 95(WW4): 556–583.

Breitung, K. 1984. Asymptotic approximations for multinormal integrals. ASCE, J. Eng. Mech. Div. 110: 357–366.

Cartwright, D.E. and Longuet-Higgins, M.S. 1956. On the statistical distribution of the maxima of a random function. Proc. of the Royal Society of London, Vol. A237, pp. 1706–1711.

Chai, W., Naess, A. and Leira, B.J. 2015. Stochastic dynamic analysis and reliability of a vessel rolling in random beam seas. Journal of Ship Research 59(2): 113–131.

Chai, W., Naess, A. and Leira, B.J. 2016. Stochastic nonlinear ship rolling in random beam seas by the path integration method. Probabilistic Engineering Mechanics.

Clough, R. and Penzien, J. 1975. Dynamics of Structures, McGraw-Hill.

Cornell, C.A. 1969. A probability-based structural code. Journal of the American Concrete Institute 60(12): 974–985.

Der Kiureghian, A. and Liu, P.L. 1986. Structural reliability under incomplete probability information. ASCE, Journal of Engineering Mechanics, 112 (1): 85–104.

Der Kiureghian, A. and Liu, P.L. 1986. Structural reliability under incomplete probability information. ASCE, J. Eng. Mech. Div. 112(1): 85–104.

Ditlevsen, O. 1981. Principle of normal tail approximation. ASCE, J. Eng. Mech. Div. 107: 1191–1208.

DNV (1992): Classification Note 30.4 Foundations.

DNV (1992a): Classification Note 30.6 Structural Reliability Analysis of Marine Structures.

DNV (2010): RP-C201 Buckling strength of plated structures.

DNVG (2016a): RP-C203 Fatigue strength analysis of offshore steel structures.

DNVGL (2015): CG-0128 Buckling.

DNVGL (2015a): CG-0129 Fatigue assessments of ship structures.

DNVGL (2015c): OS-C103 Structural design of column-stabilised units - LRFD method.

DNVGL (2015d): OS-C105 Structural design of TLP - LRFD method.

DNVGL (2015e): OS-C106 Structural design of deep draught floating units - LRFD method.

DNVGL (2016) OS-C101 Edition (April 2016) Design of offshore steel structures, general – LRFD method.

DNVGL (2016b): RP-C208 Determination of structural capacity by Non-linear FE analysis methods.

DNVGL (2017): RP-C202 Buckling Strength of Shells.

DNVGL (2017a): RP-C204 Design against Accidental Loads.

DNVGL (2017b): RP-C205 Environmental Conditions and Environmental Loads.

DNVGL (2017c): OS-C104 Structural design of self-elevating units - LRFD method.

DNVGL(2015b): OS-C102 Structural design of offshore ships.

Faltinsen, O.M. 1990. Sea Loads on Ships and Offshore Structures, Cambridge University Press.

Fergestad, D., Leira, B.J. and Hoen, C. 1994. Troll-GBS: Comparison between Measurements and Numerical Calculations, Proc BOSS, Boston.

Ferreira, J.A. and Guedes Soares, C. 2001. Modelling Bivariate Distributions of Significant Wave Height and Mean Wave Period 24: 31–45.

FerryBorges, J .and Castanheta, M. 1971. Structural Safety, course 101, 2nd edn. Laboratorio National de Engenharia Civil., Lisbon.

Fossen, T.I. 2002. Marine Control Systems. Guidance, Navigation and Control of Ships, Rigs and Underwater Vehicles, Marine Cybernetics, Trondheim, Norway.

Fouques, S., Myrhaug, D. and Nielsen, F.G. 2004. Seasonal modelling of multivariate distributions of metocean parameters with application to marine operations. Journal of Offshore Mechanics and Arctic Engineering 126: 202–212.

Fu, P., Leira, B.J. and Myrhaug, D. 2016. Parametric Study Related to the Collision Between Two Risers, Paper No. 54637, Proc. OMAE 2016, Busan, South Korea.

Gumbel, E.J. 1958. Statistics of Extremes, Columbia University Press, New York, US.

Hagen, Ø. and Tvedt, L. 1991. Vector process out-crossings as parallel system sensitivity measure. Journal of Engineering Mechanics ASCE 117(10): 2201–2220.

Hammersley, F. and Handscomb, P. 1964. Monte Carlo Methods, Methuen, London.

Hasofer, A.M. and Lind, N.C. 1974. Exact and invariant second moment code format. ASCE, J. Eng. Mech. Div. 100: 111–121.

Haver, S. 1985. Wave climate off Northern norway. Applied Ocean Research 7(2): 85–92.

Haver, S., Sagli, G. and Gran, T.M. 1998. Long-term response analysis of fixed and floating structures. Proceedings, Wave'98-Ocean Wave Kinematics. Dynamics and Loads on Structures, International OTRC Symposium, Houston.

Hohenbichler, M. and Rackwitz, R. 1981. Non-normal dependent vectors in structural safety. ASCE, J. Eng. Mech. Div. 107: 1227–1258.

Hohenbichler, M. and Rackwitz, R. 1983. First-order concepts in system reliability. Structural Safety 1: 177–188.

Hughes, T.J.R. 1976. Stability, convergence and decay of energy of the average acceleration method in nonlinear structural dynamics. Computers and Structures 6: 313–324.

Hughes, T.J.R. 1977. Note on the stability of newmarks algorithm in nonlinear structural dynamics. Int. J. Num. Meth. Eng. 11: 383–386.

ISO 19900: (2013): Petroleum and natural gas industries - General requirements for offshore structures.

ISO 19901-1: (2015): Petroleum and natural gas industries - Specific requirements for offshore structures – Part 1: Metocean design and operating considerations.

ISO 19901-2: (2004): Petroleum and natural gas industries - Specific requirements for offshore structures – Part 2: Seismic design procedures and criteria

ISO 19901-3: (2014): Petroleum and natural gas industries - Specific requirements for offshore structures – Part 3: Topsides structure.

ISO 19901-4:(2016): Petroleum and natural gas industries – Specific requirements for offshore structures – Part 4: Geotechnical and foundation design considerations.

ISO 19901-5:(2016a): Petroleum and natural gas industries – Specific requirements for offshore structures – Part 5: Weight control during engineering and construction.

ISO 19901-6:(2009): Petroleum and natural gas industries – Specific requirements for offshore structures – Part 6: Marine operations.

ISO 19901-7:(2013a): Petroleum and natural gas industries – Specific requirements for offshore structures – Part 7: Stationkeeping systems for floating offshore structures and mobile offshore units.

ISO 19901-8:(2014a): Petroleum and natural gas industries – Specific requirements for offshore structures – Part 8: Marine soil investigations.

ISO 19903: (2006) Petroleum and natural gas industries – Fixed concrete offshore structures.

ISO 19903:(2006a): Petroleum and natural gas industries – Fixed concrete offshore structures.

ISO 19904-1:(2006b): Petroleum and natural gas industries – Floating offshore structures – Part 1: Monohulls, semi-submersibles and spars.

ISO 19905-1:(2016b): Petroleum and natural gas industries – Site-specific assessment of mobile offshore units – Part 1: Jack-ups.

ISO 19905-3: (2017): Petroleum and natural gas industries – Site-specific assessment of mobile offshore units – Part 3: Floating unit.
ISO 19906 (2010): Petroleum and natural gas industries – Arctic offshore structures.
ISO/TR 19905-2:(2012): Petroleum and natural gas industries – Site-specific assessment of mobile offshore units – Part 2: Jack-ups commentary and detailed sample calculation.
Jia, J. 2014 .Essentials of Applied Dynamic Analysis, Springer.
Johannesen, K., Meling, T.S. and Haver, S. 2001. Joint distribution for wind and waves in the Northern North Sea. Proc. Int. Offshore and Polar Engineering Conference, ISOPE, Stavanger, Norway.
Johnson, N.L. and Kotz, S. 1972. Distributions in Statistics: Continuous Multivariate Distributions, John Wiley & Sons, New York.
Jonathan, P., Flynn, J. and Ewans, K. 2010. Joint Modelling of Wave Spectral Parameters for Extreme Sea States. Ocean Engineering. doi:10.1016/j.oceaneng.2010.04.004.
Krenk, S. 2008. Extended state-space time integration with high-frequency energy dissipation. International Journal for Numerical Methods in Engineering 73: 1767–1787.
Kumar, P. and Narayanan, S. 2006. Solution of Fokker-Planck Equation by Finite Element and Finite Difference Methods for Nonlinear Systems, Vol. 31, Part 4, pp. 445–461.
Leira B.J., Karunakaran, D. and Hoen, C. 1994. Nonlinear behaviour and extreme dynamic response of the troll gravity platform. Proc. OMAE, Houston.
Leira, B.J., Næss, A. and Næss, O.E. 2016. Reliability analysis of corroding pipelines by enhanced Monte Carlo simulation. International Journal of Pressure Vessels and Piping 144: 11–17.
Lindstad, H.B. 2013. Contour Methods for Estimation of Multi-dimensional Extreme Riser Response, Master thesis. Department of Marine Technology, NTNU, Trondheim, Norway.
Longuet-Higgins, M.S. 1952. On the statistical distribution of the heights of sea waves. Journ. Maritime Research 11(.3).
Madsen, H., Krenk, S. and Lind, N.C. 1986. Methods of Structural Safety. Prentice-Hall, Englewood Cliffs, New Jersey.
Masud, A. and Bergman, L.A. 2005. Solution of the four-dimensional fokker-planck equation: Still a challenge. Proc. ICOSSAR 2005, Millpress, Rotterdam.
Mathiesen, J. and Bitner-Gregersen, E. 1990. Joint distributions for significant wave height and wave zero-upcrossing period. Applied Ocean Research 12(2): 93–103.
Melchers, R.E. 1999. Structural Reliability Analysis and Prediction. John Wiley & Sons, Chichester, England.
Mohd, M.H., Kim, D.K., Kim, D.W. and Paik, J.K. 2014. A time-variant corrosion wastage model for subsea gas pipelines. Ships and Offshore Structures 9:2: 161–176.
N-001 Integrity of offshore structures (Rev. 8, September 2012).
N-003 Actions and action effects (Edition 2, September 2007).
N-004 Design of steel structures (Rev. 3, February 2013).
N-005 Condition monitoring of loadbearing structures (Rev. 1, Dec. 1997).
N-006 Assessment of structural integrity for existing offshore load-bearing structures (Edition 2, April 2015).
Næss, A. and Leira, B.J. 1999. Load Effect Combination for Snow and Wind Action, ICASP'99, Sydney, Australia.
Nataf, A. 1962. Determination des distributions dont les marges sont donnees. Comptes Rendus de l'Academie des Sciences, Paris, 225: 42–43.
Nerzic, R. and Prevosto, M. 2000. Modelling of wind and wave joint occurence probability and persistence duration from satellite observation data. Proceedings of the 10th International Offshore and Polar Engineering Conference, Seattle, USA, pp. 154–158.
Newland, D.E 1993. An Introduction to Random Vibrations (Third Edn.) Longman Scientific & Technical.
Newmark, N.M. 1959. A Method of computation for structural dynamics. J. Eng. Mech. Div., ASCE

85(EM3): 67–94.

Ochi, M.K. 1978. Wave statistics for the design of ships and ocean structures. Trans. Soc. Naval. Architects and Marine Engrs. 60: 47–76.

Ottesen, T. and Aarstein, J. 2006. The statistical boundary polygon of a two-parameter stochastic process. Proc. OMAE 2006, Hamburg, Germany.

Prince-Wright, R. 1995. Maximum likelihood models of joint environmental data for TLP design. pp. 535–445. *In*: Guedes Soares, C. et al. (eds.). Proceedings of the 14th International Conference on Offshore Mechanics and Arctic Engineering. ASME, New York, Vol. II.

Rice, S.O. 1944. Mathematical Analysis of Random Noise. Bell System Technical Journal, Vol. 23, pp. 282–332 and Vol. 24, pp. 46–156.

Risken, H. 1989. The Fokker-Planck Equation (2nd edn). Springer, Berlin.

Rosenblatt, M. 1952. Remarks on a multivariate transformation. Ann. Math. Stat. 23: 470–472.

Shinozuka, M. 1972. Monte carlo solution of structural dynamics. Computers and Structures 2: 855.

SINTEF. 2012. RIFLEX Theory Manual v4, Marintek Report, Trondheim, Norway.

Soares, C.S. and Guedes Soares, C. 2007. Comparison of bivariate models of the distribution of significant wave height and peak wave period. Proc. OMAE 2007, San Diego, USA.

Turkstra, C.J. 1970. Theory of Structural Design Decisions, Study No. 2, Solid Mechanics Division, University of Waterloo, Waterloo, Canada.

Tvedt, L. 1989. Second order reliability by an exact integral. Lecture Notes in Engineering, Vol. 48, Springer Verlag, pp. 377–384.

Wen, Y.K. and Chen, H.C. 1989. System reliability under time varying loads, Part I and II. ASCE Journal of Engineering Mechanics 115(4): 808–839.

Winterstein, S.R., Ude, T.C., Cornell, C.A., Bjerager, P. and Haver, S. 1993. Environmental parameters for extreme response: Inverse FORM with omission factors. pp. 77–84. *In*: Schueller, G.I., Shinozuka, M. and Yao, J.T.P. (eds.). Proc. of ICOSSAR '93 (Innsbruck), Balkema, Rotterdam.

第4章 基于缓波几何的深海钢质立管的应力和振动抑制

Felisita, Airindy, Gudmestad, Ove T. *, Karunakaran, Daniel

4.1 引　言

深水域的开发一般需要组合使用浮式生产平台和水下生产平台,不过也可以采用另一种开发策略,即水下回接到现有海上或岸上设施。尽管浮式平台的形式是多种多样的,但是目前只有4种经受过实际应用考验的一般性深水浮式平台类型,分别是浮式产油、储油及卸油平台,半潜式平台,单柱式平台以及张力腿平台,此外,还有一些属于此4种的变型。Ronalds(2002)曾经指出,浮式平台的选择一般取决于8个关键因素,分别为井网、出油方式、使用年限、地理位置、油气比、上部组块重量、井数和水深。

无论选择何种类型的浮式平台,立管总是必备的。在4.2节中首先介绍立管需要解决的问题,然后再对各种深水立管系统的现状加以讨论。

4.2 立管系统

4.2.1 深水严苛环境下立管系统面临的挑战

在深水严苛的环境下,立管所面临的一些挑战主要包括以下几个方面。

(1) 水深的影响问题。水深增大所带来的最为明显的影响就是立管长度需要随之增加,进而就会导致立管作用于平台的力增大。作用于立管上的力可以通过减小立管顶端角度来降低,不过这也会降低立管触地区的曲率,从而反过来又会导致立管的疲劳载荷增大。水深的增大还会对布局规划产生重要影响,因为随着水深的增加,立管的运动范围也会增大。一般来说,悬链线立管的水平延

---

* 斯塔万格大学,Ulandhaug,4036 挪威;Emails:airindy@gmail.com;daniel.karunakaran@subsea7.com。
通信作者:ove.t.gudmestad@uis.no。

伸范围是水深的 1~1.5 倍,因此对于 3000m 的水深来说,两个径向对置的立管之间将会有 6000~9000m 的延伸范围(Howells 和 Hatton,1997)。

(2) 立管尺寸的确定问题。在浅水区域,立管的壁厚一般是由内部压力决定的,然而在深水区域中很高的外部静水压力也变成了立管壁厚设计所必须考虑的一个重要方面。当处于安装状态时,由于管路中一般是空的,因此其壁厚必须能够承受外部压力,这就可能导致立管壁厚过大。Howells 和 Hatton(1997)曾给出过一些建议,如安装充水管路或者随着深度的变化不断改变立管壁厚(而不再在整个深度方向上采用一致的壁厚)。

(3) 立管与浮式平台之间的相互作用问题。立管的设计过程与平台的运动响应和漂移量是密切相关的。尽管深水可以减小波浪载荷对立管下部的直接作用,不过严苛的环境却会导致恶劣的动态行为,从而增大立管触地区的循环应力载荷。

(4) 涡致振动(VIV)导致的疲劳问题。由于深水立管的长度更大,再加上深水环境中十分常见的强海流,因此它们往往会产生更高水平的涡致振动,这就意味着深水立管的疲劳寿命一般是由涡致振动所主导的。为了降低立管的涡致振动响应,通常需要采用涡致振动抑制装置,不过这些装置又会增大立管的总体成本。另外,在深水立管的涡致振动响应预测分析中,目前仍然存在一些不确定性因素,如对于缓波型钢质立管(SLWR)构型的交错浮力块就是如此。

(5) 与安装有关的问题。深水立管长度的增大不仅会给平台同时也会给安装船带来挑战。顶部张力通常会超出很多现有安装船的承载极限,因此这种海上工作一般要求采用带有更高承载性能的更先进的安装船。此外,对于严苛环境区域来说,立管的安装时间窗口是相当受限的,一般只能在夏季较平静的天气下才可进行安装作业。

为了确保整个安装过程能够高效而顺利地完成,一般应制订详尽的计划和方案。目前深水安装的一个发展趋势是湿式立管,可以将立管的运动与浮体分离开。进一步,还应当仔细斟酌安装方法,使安装过程中可能导致的疲劳损伤达到最小。

4.2.2 各类深水立管系统

浮体的运动对立管的长期性能有着显著的影响,而在浮体和立管界面处,立管也会对浮体的响应产生静态和动态影响。浮体、立管和系泊系统构成一个整体,在环境载荷作用下将表现出十分复杂的响应,这种复杂的相互作用也称为耦合效应。

一般而言,根据这种耦合过程的具体情况可以把立管划分为两种类型。

（1）立管系统与浮体直接连接，于是立管的性能将与浮体的运动密切相关，这种类型称为耦合型立管系统，如柔性立管、顶张力立管、钢悬链线立管（SCR）和缓波型钢质立管（SLWR）等。SLWR 构型的浮力块起到阻尼器的作用，能够将浮体运动与触地区分离开来，由此也使 SLWR 要比 SCR 的性能更好。

（2）非耦合型立管系统，其中的"主"立管与浮体不是直接连接的，而是通过一系列柔性跨接管和水下浮筒转接的。这些柔性跨接管和浮筒能够显著减小"主"立管（通常是一根或一组钢立管）的动态响应，从而能够提高立管性能。这种类型的立管也常被称为混合立管系统，因为它们组合使用了柔性立管和刚性立管。

柔性立管是一些弯曲刚度较低的管道，其设计目的是用于承受反复出现的形变。这种管道类型的一个主要特点是，其管壁是由若干个钢和柔性材料层构成的。柔性立管通常要比钢质管道更好，原因在于它们对疲劳的敏感性更低（由于更加柔顺）。另外，由于柔性管道可以制备得较长并且可以储存在卷筒上，因此它们也很便于运输和安装。不过，在深水应用中因为直径和额定压力等方面受限，所以柔性立管仍然也面临着一些较大的挑战。截至目前，保持最大水深记录的柔性立管是 Technip 的内径 9 英寸（1 英寸 = 2.54cm）管，它能够达到 3000m 深度（Vidigal da Silva 和 Damiens，2016）。

近些年来，钢悬链线立管（SCR）越来越受到广泛的认可，其主要原因在于深水环境一般要求采用能够承受高温高压和强海流作用的大口径立管。SCR 主要安装在良好的环境区域，如非洲西部、墨西哥湾和巴西等。SCR 比较简单而且成本较低，这也是其得以流行的原因。然而，当应用于恶劣气候环境区域时，SCR 也面临着相当多的挑战，它们对浮体主结构的运动非常敏感。不仅如此，海流引起的涡致振动也是需要考虑进来的。在浮体的运动与涡致振动的共同影响下，往往会导致疲劳问题，通常体现在两个最关键的区域，即悬挂区和触地区，因此 SCR 的疲劳损伤问题将会主导立管完整性的所有方面，决定立管结构的材料选择，并对制造过程提出高质量的焊接要求。

由于柔性立管适用性的限制以及非耦合型立管的高成本，目前人们寄希望于提升 SCR 的性能，特别是对于深海严苛环境中的应用。改进 SCR 性能的一个方法是在立管构型中引入浮力块，以构造出缓波型钢质立管（SLWR）构型。关于 SLWR 构型，较早的研究可以参见 Karunakaran 等（1996）的工作，不过直到 2008 年人们才安装了第一套 SLWR（巴西 BC10 油田），自那时起在深水应用中 SLWR 越来越受到关注，并且已经成功应用于墨西哥湾的 Caesar Tonga 油田（2012）和 Stones 油田（于 2016 年结束）。

4.3 SLWR 构型

本节将针对 SLWR 构型介绍与分析模型相关的内容,如管路特性、浮力块特性和环境条件等,这些特性主要是针对严苛环境而言的。

4.3.1 模型概述

如图 4.1 所示,其中给出了一个典型的 SLWR 模型的原理示意。图中的 L_1 符号代表立管从顶端到浮筒段的长度,L_2 代表立管浮筒段的长度,而 L_3 则代表

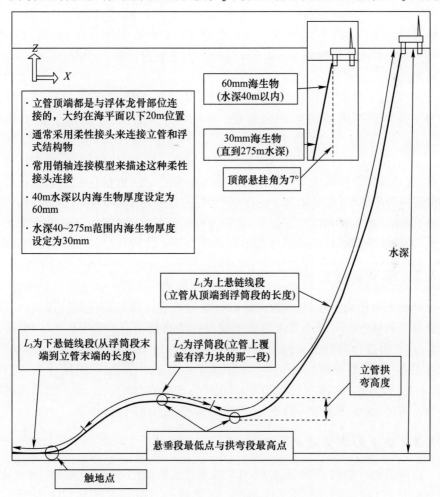

图 4.1 典型 SLWR 模型的示意图

了立管从浮筒段末端到立管末端的长度。此处,立管的"浮筒段"是指立管上覆盖有浮力块的那一段,而图中的"立管拱弯高度"是指悬垂段最低点与拱弯段最高点之间的垂向距离。

SLWR 一般是与半潜式平台或 FPSO 联合使用的,无论哪一种平台,立管顶端都是跟浮体龙骨部位连接的,大约在海平面以下 20m 位置。顶部悬挂角一般为 7°,对于安装在水深 1000~2000m 范围的立管来说,这个角度值的选取是比较普遍的做法。

通常采用柔性接头来连接钢质立管和浮式结构物,在大多数的分析中,人们常用销轴连接模型来描述这种柔性接头连接。在极端载荷条件下,柔性接头的刚度不会影响到响应,不过它的扭转刚度却会影响到相邻立管段的疲劳响应。在悬挂点的连接设计中,立管顶段的疲劳是必须单独考虑并详细分析的,关于柔性接头附近的疲劳问题,Karunakaran 等(2005)进行过讨论,所考虑的是 5~10m 长的锥形接头形式。

另外,海生物附着层也是必须考虑的,从立管顶段到水深 275m 范围内,需要考虑不同厚度的海生物附着层,如表 4.3 所示,其中给出了典型的厚度值。

在运行状态下,一般需要考虑 3 种浮体偏移,分别是标称偏移、远偏移和近偏移,这些偏移是针对全局坐标系的 X 轴方向而言的。远偏移和近偏移距离标称位置一般为 ±8% 倍的水深。对于偶然状态,往往还需要引入两个额外的浮体偏移,即偶然远偏移和偶然近偏移,它们与标称位置的距离为 ±10% 的水深。一般而言,这些距离都是面向深水应用的。

4.3.2 SLWR 的变型

对于 SLWR 构型来说,需要考察各种缓波形态以确定最优几何形式。一般将悬垂段和拱弯段尽可能靠近海床的情况作为基础情况,如海床上方 160m 的情形,这里将这种基础情况称为立管构型 C_0。针对基础情况可以进行改动,方法有很多,如改变浮筒段的长度(即图 4.1 中的 L_2)、采用不同尺寸的浮力块(表 4.2)、改变水深、改变油气类型(油或气)或者在浮力块之间采用不同的间距等。不过,这里只考虑一种变型情况,即改变浮力块间距。

4.3.3 管道和浮力块的特性

这里采用一根内径 10 英寸的钢立管来代表典型的 SLWR,表 4.1 和表 4.2 中分别列出了管道特性和浮力块数据。浮力块的间距之所以为 12m,是因为在海上钢管安装作业中一般认为这一间距是最切实可行的。

表 4.1 典型 SLWR 的管道特性

特性	值	单位
内径(10 英寸管)	254	mm
壁厚	26	mm
包覆层厚度	76	mm
总外径	458	mm
管子材料	碳钢,X65 级	
杨氏模量 E	207000	MPa
规定的最小屈服强度(SMYS)	448	MPa
管材密度	7850	kg/m^3
包覆层密度	700	kg/m^3
含包覆层的管重(空气中)	244	kg/m
设计压力	5000	psi
内部流体密度	油(800),气(180)	kg/m^3

注:1psi = 6.895kPa。

表 4.2 典型的浮力块模块尺寸和特性

类型	外径(OD)/m	长度/m
1	1.81	1.8
2	1.87	1.8
3	1.92	1.8
4	1.96	1.8
5	1.76	1.8
6	1.80	1.3
7	1.875	1.3
8	1.935	1.3
9	1.99	1.3
10	1.74	1.3
11	1.57	1.8
12	1.684	1.684
浮力块材料密度	$500kg/m^3$	
内置卡子质量	50kg	
模块间距	12m	

表 4.3 海生物附着层厚度

水深/m	海生物附着层厚度/mm	参考资料
超过 2	0	Standards Norway(2007)
+2~-40	60	
低于 -40	30	

4.3.4 环境条件

1. 海生物

一般来说,必须把不同厚度的海生物附着层考虑进来,表 4.3 中已经列出了一些典型值。本章在引入海生物附着层时所针对的水深不超过 275m。

2. 波浪和海流

ULS 和 ALS 极限状态条件一般分别是由重现期 100 年和 10000 年的海况来描述的。对于挪威大陆架(NCS)的深水区域,典型的设计海况如表 4.4 所列,而用于极限状态分析的海流形态则如表 4.5 所列。

表 4.4 挪威大陆架(NCS)深水区域的典型设计海况

1 年期海况	有效波高 H_s	12m
	对应的周期 T_p	16.1s
10 年期海况	有效波高 H_s	14.6m
	对应的周期 T_p	17.5s
100 年期海况	有效波高 H_s	17m
	对应的周期 T_p	18.9s
10000 年期海况	有效波高 H_s	21.5m
	对应的周期 T_p	21.3s

表 4.5 NCS 深水区域的典型海流形态

水深/m	1 年期海流速度/(m/s)	10 年期海流速度/(m/s)	100 年期海流速度/(m/s)
-10	1.44	1.65	1.85
-50	1.11	1.26	1.40
-100	1.09	1.25	1.40
-200	0.97	1.09	1.20
-300	0.75	0.83	0.90

续表

水深/m	1年期海流速度/(m/s)	10年期海流速度/(m/s)	100年期海流速度/(m/s)
-400	0.67	0.74	0.80
-500	0.66	0.73	0.80
-600	0.54	0.60	0.65
-800	0.54	0.60	0.65
-1000	0.50	0.55	0.60
-1200	0.50	0.55	0.60
海底上方-3m	0.41	0.46	0.5

在分析波浪导致的疲劳问题时,通常考虑12个波方向和18组海况就足够了,不过对于立管的整个长度都应进行疲劳计算。在疲劳分析中,一般建议采用的应力集中因子(SCF)为1.251,并推荐采用D类SN曲线(DNV,2011)。与涡致振动相关的疲劳分析也是必须进行的,一般可以采用典型的深水NCS海流。针对波浪引发的疲劳计算,表4.6和图4.2分别给出了波浪的方向概率分布和海况组情况。另外,对于涡致振动引发的疲劳计算,典型的海流形态和概率分布可以参见图4.3和表4.7。

表4.6 用于疲劳分析的波浪的方向概率分布

扇区编号	方向角/(°)	扇区概率/%
1	0	11.89
2	30	10.5
3	60	2.72
4	90	1.16
5	120	1.41
6	150	2.64
7	180	4.61
8	210	14
9	240	19.98
10	270	12.61
11	300	8.68
12	330	9.8

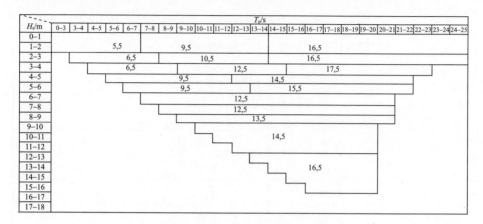

图 4.2 疲劳分析中采用的海况组

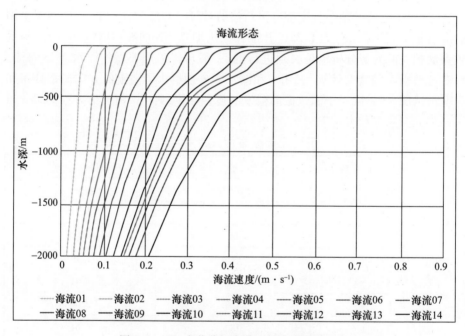

图 4.3 VIV 疲劳分析中典型的海流速度形态

表 4.7 用于涡致振动疲劳分析的典型海流速度形态和概率分布

水深/m	海流速度形态/(m·s⁻¹)													
	1	2	3	4	5	6	7	8	9	10	11	12	13	14
−10	0.067	0.105	0.139	0.174	0.21	0.251	0.297	0.355	0.435	0.51	0.545	0.591	0.658	0.793
−50	0.058	0.092	0.122	0.152	0.182	0.215	0.253	0.3	0.363	0.422	0.449	0.484	0.535	0.636

续表

水深/m	海流速度形态/(m·s⁻¹)													
	1	2	3	4	5	6	7	8	9	10	11	12	13	14
-200	0.044	0.081	0.112	0.141	0.171	0.202	0.238	0.281	0.339	0.391	0.415	0.445	0.49	0.577
-500	0.039	0.069	0.093	0.115	0.137	0.16	0.185	0.215	0.254	0.29	0.306	0.326	0.355	0.412
-1000	0.034	0.06	0.081	0.099	0.116	0.135	0.155	0.178	0.208	0.235	0.247	0.262	0.283	0.325
-1500	0.022	0.042	0.057	0.071	0.085	0.1	0.116	0.135	0.16	0.182	0.192	0.205	0.223	0.259
-2000	0.014	0.029	0.04	0.051	0.062	0.074	0.087	0.102	0.123	0.141	0.149	0.16	0.176	0.206
概率	0.1	0.1	0.1	0.1	0.1	0.1	0.1	0.1	0.1	0.02	0.02	0.02	0.02	0.02

3. 波浪的长期统计特性

长期环境状态可以借助环境等值线方法来给出估计,对于 NCS 深水区域,图 4.4 示出了一幅典型的等值线图。

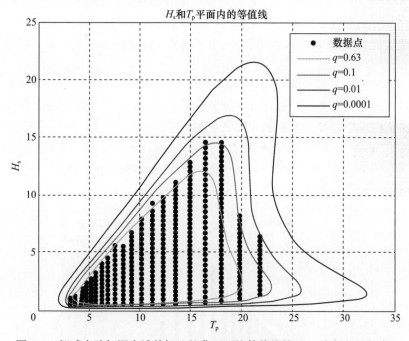

图 4.4 挪威大陆架深水域某场地的典型环境等值线情况(q 为年超越概率)

4.4 长期响应和极限应力分析结果

这里所考虑的情形是一种 SLWR 基础构型,具有最少的浮力块,且比较靠

133

近海床(悬垂段大约在海床上方160m高度),这种形式下的浮力块比较小,因而更加经济有效。

本节将针对这种基础构型及其变型给出相关分析结果,首先是长期响应分析,然后是极限应力分析与疲劳分析,这些分析工作都是借助软件程序 OrcaFlex 9.8e(Orcina,2016)进行的。

4.4.1 长期响应分析结果

为了检验立管构型是否可行,长期响应分析是首先需要进行的工作,原因在于海工结构的设计必须使其能够承受所有预期的载荷,并具有足够的安全裕度(Haver,2007)。

SLWR 是十分复杂的,其响应会受到诸多方面的影响,因此环境等值线方法是相当方便的,借此不难得到与年超越概率 q 对应的响应估计。在应用环境等值线方法时,可以采用 Haver(2007)所建议的步骤来进行分析。

(1)针对所涉及的海洋气象特性(如有效波高和谱峰周期),构建 q 概率等值线或等值面,如图 4.4 所示,其中给出了挪威大陆架深水域的典型的环境等值线分布情况。

(2)根据所考虑的响应问题的极值情况,沿着 q 概率等值线或等值面确定最不利的海洋气象条件。如图 4.5 所示,这里在 $q=10^{-2}$ 等值线的波峰段所代表的各种海况中选择最不利的海洋气象条件。

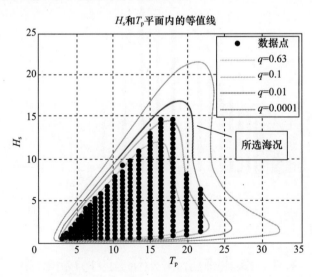

图 4.5 为确定最不利的海洋气象条件而选择的海况(见彩图)

(3) 针对最不利的气象条件建立 3h 极值响应的分布函数。

(4) 根据所建立的极值分布的 α 百分数得到 q 概率响应极值的估计,按照 Norsok 标准 N–003(Standards Norway,2007)给出的建议,这个 α 值可以取 90%(针对 ULS)或 95%(针对 ALS)。

针对所选择的用于识别最不利气象条件的每一种海况,通常需要进行若干次(至少 5 次,采用不同种子数量)观测。

根据上述结果,此处所识别出的最不利海洋气象条件为 $H_s = 17.0\text{m}$、$T_p = 19.5\text{s}$,然后就需要根据这组气象条件建立分布函数。Felisita 等(2015)对 SLWR 进行过研究,他们发现有效张力的变化要比弯矩的变化小些,在悬挂点处(顶张力)有效张力的变化范围在 4% 左右,而在立管其他部分则为 9% ~10%,不过弯矩在悬垂段、拱弯段和触地区都有 21% ~25% 的变化。

4.4.2 极限状态分析结果

1. 有效张力

图 4.6 中给出了有效张力沿着 SLWR 的典型分布趋势,其中的"最大"和"最小"是指在动力分析阶段中立管的最高和最低张力载荷。

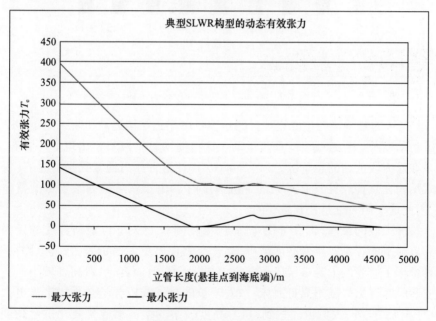

图 4.6 有效张力沿立管长度的典型分布趋势

立管上的最高有效张力出现在顶端,即立管与浮式结构连接的位置,顶张力是立管设计中十分重要的设计指标之一,特别是对于那些涉及可解脱悬挂系统的立管。在 SLWR 构型中,顶张力是立管上悬链线段长度(图 4.1 中的 L_1,即从悬挂点到悬垂段最低点的距离)的函数,另外,悬垂段最低点又会受到浮力大小的影响,于是最高的顶张力应当发生在那些上悬链线段长度最长而浮力最小的立管中,可参见图4.7。

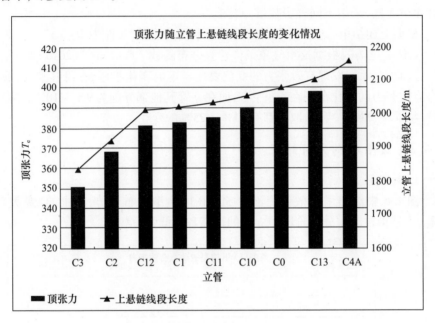

图 4.7　不同立管构型的顶张力比较

SLWR 的悬垂段的主要设计目的是吸收由浮式结构运动所带来的绝大部分下沉运动以及上悬链线段的垂荡运动。这将使得悬垂段易于出现受压状态,特别是在浮力段前面的悬垂区,参见图 4.6。即便这种压力通常只是瞬时的(仅当浮式结构在悬挂点处具有最大的下沉速度时),由于它可能导致管道的整体屈曲,因此这个压力也是特别重要的。

缓波弧段的尺寸(即立管拱弯高度,参见图 4.1)对于立管所经受的压力大小有着显著的影响。拱弯高度越小,立管会表现出更大的负张力,其原因在于,这种情形下立管的上悬链线段长度(L_1)更大。一般而言,拱弯高度较小的立管在安装时其浮力段要更靠近海床一些,较长的悬链线段会给悬垂段带来更大的力(向下)。此外,人们也注意到,拱弯高度较小的缓波型立管要比拱弯高度较大的立管的运动响应更大些,这将导致更大的压力载荷。

尽管一般的立管设计标准,如 DNV OS – F201(DNV,2010))和 PD 8010 – 2:

2004(BSI,2004)等,允许钢质立管出现一定程度的压力状态,不过我们仍然建议立管最好不要承受任何压力载荷。由于缓波型立管的缓波形态在处理浮式结构运动所带来的压力载荷中会起到重要作用,因此此类立管的构型必须进行合理的设计,以最大程度地减小悬垂段可能出现的压应力或避免出现受压状态。

2. 利用率指标

管道的利用率通常可以借助 LRFD 方法按照 DNV OS – F201(DNV,2010)来计算,其中需要有效张力、弯矩和压力等信息,即

$$\{\gamma_{SC} \cdot \gamma_m\}\left\{\left(\frac{|M_d|}{M_k}\right) \cdot \sqrt{1-\left(\frac{p_{ld}-p_e}{p_b(t)}\right)^2}+\left(\frac{T_{ed}}{T_k}\right)^2\right\}+\left(\frac{p_{ld}-p_e}{p_b(t)}\right)^2 \leqslant 1 \quad (4.1)$$

式中:γ_{SC} 为与立管的安全等级相关的抗力系数,此处选用的是 $\gamma_{SC}=1.26$,对应于高安全等级(参见 DNV OS – F201(DNV,2010)中的表 5.3);γ_m 为材料抗力系数,用于计入材料品质的不确定性,此处选用的值为 $\gamma_m=1.15$(参见 DNV OS – F201(DNV,2010)中的表 5.4);M_d 为设计弯矩;T_{ed} 为设计有效张力;p_{ld} 为局部设计内压;p_e 为局部外压;M_k 为塑性弯矩抗力;T_k 为塑性轴力抗力;$p_b(t)$ 为破裂抗力。

图 4.8 中体现了立管长度方向上的利用率的典型变化趋势,图中的"最大"和"最小"是指在动力分析阶段中该立管的最高和最低利用率。根据式(4.1)不

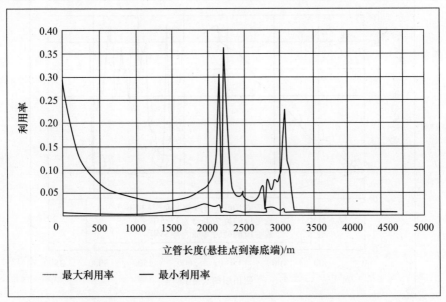

图 4.8 根据 DNV OS – F201 得到的立管长度方向上利用率的典型变化趋势

难看出,立管的利用率情况是根据其张力、弯矩和压力情况计算得到的,通常来说立管是有足够的张力和压力性能储备的,不过弯矩承受能力可能变得比较吃紧,特别是在高曲率部位更是如此,如悬垂段和触地段。这也就解释了为什么这些区域的利用率通常是最高的。

由于利用率是与弯曲应力相关的,因此拱弯高度较大的立管也就具有更大的利用率。实际上,带有较大拱弯高度的缓波型钢质立管通常具有较大的曲率,进而会在悬垂段和拱弯段产生较大的应力,这可能导致悬垂段或拱弯段的利用率成为主导(而不是触地段)。

4.5 波致疲劳的分析结果

针对前面所述的 SLWR 基础构型,图 4.9 给出了计算得到的疲劳寿命情况。可以看出,关键部位一般是出现在顶段、悬垂段及触地段。顶段之所以对疲劳问题很关键,是因为浮式结构的运动与连接刚度的组合作用,柔性接头的扭转刚度会影响立管上该接头邻近部位的疲劳响应。从图中可以观察到,在悬挂点到立管前 10m 的范围内,疲劳寿命是非常低的。不过,柔性接头附近出现的这个较低的疲劳寿命通常是可控的(如可采用 5~10m 长的锥形接头(Karunakaran 等,2005))。

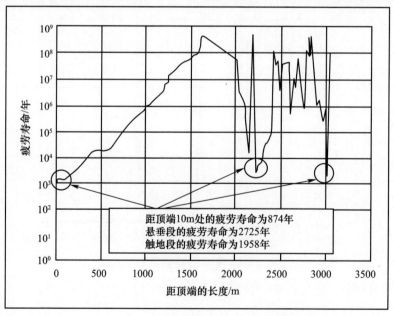

图 4.9 SLWR 构型的疲劳寿命一般分布情况

与疲劳损伤有关的另一个关键部位是触地段,其原因在于该段柔顺性较差(因为海床刚度)。由于悬垂段和拱弯段的曲率较大,因此这些部位的疲劳寿命一般也要低于立管其他部位,不过通常还是要大于触地段的。

值得指出的一个重要现象是,缓波几何对触地段的疲劳寿命是有影响的。人们已经观察到,针对具有较大拱弯高度的 SLWR 构型所计算出的触地段疲劳寿命,要比拱弯高度较小的构型更长些。另外,随着缓波几何的拱弯高度的增大,悬垂段和拱弯段的疲劳寿命也表现出了增长趋势,只是不如触地段显著而已。关于立管的疲劳寿命与缓波几何参数之间的相关性,Felisita 等(2016a)做过进一步讨论,可以参阅之。

4.6 涡致振动引发的疲劳

Felisita 等(2016b)曾针对缓波钢质立管的涡致振动(VIV)进行过研究,这里根据他们的研究结果,介绍一些相关的结论,主要分为以下几个方面。

(1) VIV 所引发的疲劳损伤变化趋势与立管的曲率变化趋势基本一致。

立管的曲率对 VIV 所引发的疲劳损伤变化趋势(沿着立管的长度方向)有着显著的影响,因此立管上的高曲率部分,即悬垂段、拱弯段和触地段会表现出更大的疲劳损伤(与立管的其他部位相比)。实际上,曲率大意味着弯曲应力大,进而会导致较大的疲劳损伤。VIV 导致的最大疲劳损伤发生在触地段,这主要是因为立管在触地段的运动会受到土壤的限制。

(2) 关于水深。

尽管引入了缓波几何形态,不过同一水深的立管一般仍具有类似的疲劳损伤程度,变化很小。不仅如此,浅水域的立管要比深水域立管的疲劳寿命更低些,其原因在于,浅水域中的立管会受到速度更大的海流作用,特别是对于曲率较大的立管部位。

此外,对于等效构型来说,浅水域中的立管要比深水域的立管具有更大的系统刚度,这就会导致浅水域中的立管在相同(被激发出的)模态阶次上将具有更大的响应频率。进一步来说,即使响应幅值几乎相同,较大的系统刚度也会导致浅水域中的立管承受更高的应力幅(对于同一模态阶次)。显然,在较大的海流速度、较高的应力和较高的响应频率这些因素的组合作用下,浅水域中的立管所具有的疲劳寿命一般是更低的。

对于浅水域中的立管来说,一般可以通过引入缓波几何形态(曲率尽可能小些,即较小的拱弯高度)来提升 VIV 疲劳寿命。然而必须注意的是,这种类型的缓波形态只具有有限的运动吸收能力,因而这种立管的波致疲劳寿命可能会比较短。

(3) 关于缓波构型的形态参数。

与波致疲劳现象相反的是,缓波形态的尺寸(高度和长度)对 VIV 疲劳寿命的影响是不大明显的。

(4) 关于油气成分(自重)。

立管的自重主要会影响到上悬链线段的 VIV 疲劳寿命,一般来说,立管这一部位的 VIV 疲劳寿命是相当高的,不过比较而言,输送低密度油气立管的疲劳寿命要更低些。

4.7 本章小结

通过引入缓波几何,能够抑制深水钢质立管的应力和振动水平,当然,必须针对浮力块位置和顶张力进行缓波几何的最优设计。

为了获得经济有效的立管构型,最好是使悬垂段和拱弯段靠近海床,不过它们应该具有足够的尺寸以减小立管的运动响应,从而具备足够的疲劳寿命,特别是对于靠近触地点的部位。

另外,缓波型立管的悬垂段和拱弯段的应力水平也是必须进行优化设计的,这是因为这些区域可能经受较高的压应力和弯曲应力,特别是在弯曲半径很小的情况下。对于拱弯高度较大的缓波型立管而言,最小弯曲半径将成为一个关键的设计指标。

最后,为了确保深水立管具有足够的 VIV 疲劳寿命,也有必要引入能够抑制 VIV 的工具或手段。

致 谢

我们要感谢 DEA E&P Norge 的资助,以及 SubSea7 的许可。

参 考 文 献

BSI. 2004. PD 8010-2:2004 Code of Practice for Pipelines – Part 2: Subsea Pipelines. Standards. British Standards, London, UK.

DNV-GL. 2010. DNV-OS-F201 Dynamic Risers.Standards. Det Norske Veritas, Høvik, Oslo, Norway.

DNV-GL. 2011. DNV-RP-C203 Fatigue Design of Offshore Steel Structures. Standards. Det Norske Veritas, Høvik, Oslo, Norway.

Felisita, A., Gudmestad, O.T., Karunakaran, D. and Martinsen, L.O. 2015. Review of steel lazy wave riser concepts for North Sea. Paper No: OMAE2015-41182. Proceedings of the 34th International Conference on Ocean, Offshore and Arctic Engineering (OMAE). ASME, St. John's, Newfoundland, Canada.

Felisita, A., Gudmestad, O.T., Karunakaran, D. and Martinsen, L.O. 2016a. Review of Steel Lazy Wave Riser Concepts for the North Sea. Paper accepted for publication in Journal of Offshore Mechanics and Arctic Engineering. ASME.

Felisita, A., Gudmestad, O.T., Karunakaran, D. and Martinsen, L.O. 2016b. A review of VIV responses of steel lazy wave riser. Paper No: OMAE2016-54321. Proceedings of the 35th International Conference on Ocean, Offshore and Arctic Engineering (OMAE). ASME, Busan, South Korea.

Felisita, A. 2017. On the Application of Steel Lazy Wave Riser for Deepwater Locations with Harsh Environment. Doctoral Thesis, University of Stavanger, Stavanger, Norway.

Haver, S. 2007. A discussion of long term response versus mean maximum response of the selected design sea state. Paper No: OMAE2007-29552. Proceedings of the 26th International Conference on Offshore Mechanics and Arctic Engineering (OMAE). ASME, San Diego, California, USA.

Howells, H. and Hatton, S. 1997. Challenges for Ultra-Deep Water Riser System. Conference paper presented at Floating Production Systems. IIR, London, UK. Available from: http://2hoffshore.com/technical-papers/challenges-for-ultra-deepwater-riser-systems/.

Karunakaran, D., Nordsve, N.T. and Olufsen, A. 1996. An efficient metal riser configuration for ship and semi based production systems. Paper No: I-96-106. Proceedings of the Sixth International Offshore and Polar Engineering Conference (ISOPE). The International Society of Offshore and Polar Engineers, Los Angeles, USA.

Karunakaran, D., Meling, T.S., Kristoffersen, S. and Lund, K.M. 2005. Weight-optimized SCRs for deepwater harsh environments. Paper No: OTC-17224-MS. Proceedings of Offshore Technology Conference. OTC, Houston, Texas, USA.

Orcina. 2016. OrcaFlex version 9.8e. Computer program. Orcina, Cumbria, UK.

Ronalds, B.F. 2002. Deepwater facility selection. Paper No: OTC-14259-MS. Proceedings of Offshore Technology Conference. OTC, Houston, Texas, USA.

StandardsNorway. 2007. NORSOK Standard N-003 Actions and Action Effects. Standards. Standards Norway, Lysaker, Norway.

Vidigal da Silva, J. and Damiens, A. 2016. 3000 m water depth flexible pipe configuration portfolio. Paper No: OTC-26933-MS. Proceedings of Offshore Technology Conference. OTC, Houston, Texas, USA.

第5章 风致动力响应的计算

Einar N. Strømmen*

5.1 引 言

这里所关心的动力载荷主要是指湍流风载荷和自激气动力,与所谓的抖振理论相关,关于旋涡脱落效应本书将另行单独处理,并且也不考虑风雨激振这类特殊的效应。这样,此处的动力载荷就包括分布阻力、升力和俯仰力矩(分别记为 q_D、q_L、q_M),而在体轴坐标系中对应的就是 q_y、q_z 和 q_θ(注意在风致振动相关领域中通常设定与图5.1和图5.2所示方向相反的俯仰力矩为正)。E. Strømmen 曾对此做过更全面的介绍(Strømmen,2010、2014)。抖振理论的基本假定是,可以基于静态测试得到的载荷系数将瞬时风速压力转换为载荷,并且对任何脉动成分的线性化都能得到足够精确的结果。对于线性化处理来说,一般要求所考虑的结构位移和截面转动是较小的,并且湍流分量(u、v、w)与平均风速 V 相比是小量。另外,通常还认为局部单元 x 轴是水平轴或竖向轴(即平行于 y_f 或 z_f,参见图5.1),如图5.2所示,其中描述了一个水平单元的情况(竖向单元的情况是一样的,只是 w 必须换成 v)。针对任意位置 x 处的截面给予时不变(平均或静态)的位移 $\bar{r}_y(x)$、$\bar{r}_z(x)$ 和 $\bar{r}_\theta(x)$,在该点处风速矢量在水平顺风向上为 $V+u(x,t)$,而在竖向横风向上为 $w(x,t)$,结构正是围绕这一位置进行振动。

根据达朗伯原理,给截面一组任意的动态位移 $r_y(x,t)$、$r_z(x,t)$ 和 $r_\theta(x,t)$,那么风轴坐标系下瞬时截面阻力、升力和扭矩可以表示为

$$\begin{bmatrix} q_D(x,t) \\ q_L(x,t) \\ q_M(x,t) \end{bmatrix} = \frac{1}{2}\rho V_{rel}^2 \begin{bmatrix} D \cdot C_D(\alpha) \\ B \cdot C_L(\alpha) \\ B^2 \cdot C_M(\alpha) \end{bmatrix} \tag{5.1}$$

式中:C_D、C_L 和 C_M 为根据静态测试得到的截面特征载荷系数(图5.3);V_{rel} 为瞬时相对风速;α 为气流攻角。

---

* 挪威科技大学,结构工程系。

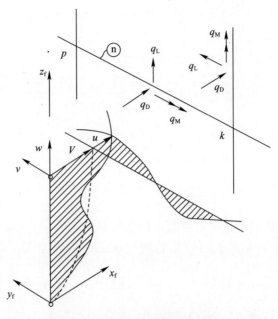

图 5.1 湍流风场中的线状结构

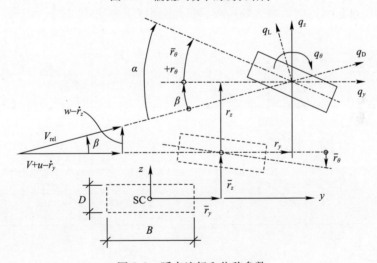

图 5.2 瞬态流场和位移参数

变换到体轴坐标系之后,可得

$$\boldsymbol{q}_{\text{tot}}(x,t) = \begin{bmatrix} q_y \\ q_z \\ q_\theta \end{bmatrix}_{\text{tot}} = \begin{bmatrix} \cos\beta & -\sin\beta & 0 \\ \sin\beta & \cos\beta & 0 \\ 0 & 0 & 1 \end{bmatrix} \begin{bmatrix} q_D \\ q_L \\ q_M \end{bmatrix}, \quad \beta = \arctan\left(\frac{w - \dot{r}_z}{V + u - \dot{r}_y}\right) \quad (5.2)$$

第一次线性化处理假定脉动风分量$(u(x,t),w(x,t))$与V相比是小量,且结构位移也是小量。于是有

$$\cos\beta \approx 1$$

$$\sin\beta \approx \tan\beta \approx \beta \approx \frac{(w-\dot{r}_z)}{(V+u-\dot{r}_y)} \approx \frac{(w-\dot{r}_z)}{V}$$

进而可得

$$V_{\text{rel}}^2 = (V+u-\dot{r}_y)^2 + (w-\dot{r}_z)^2 \approx V^2 + 2Vu - 2V\dot{r}_y,$$

$$\alpha = \overline{r_\theta} + r_\theta + \beta \approx \overline{r_\theta} + r_\theta + \frac{w}{V} - \frac{\dot{r}_z}{V}$$

第二次线性化处理主要涉及与流体攻角相关的载荷系数。如图5.3所示,载荷系数曲线是非线性的,可以将其做线性化近似处理,即$[C_D \quad C_L \quad C_M]^T = [\bar{C}_D \quad \bar{C}_L \quad \bar{C}_M]^T + \alpha_f \cdot [C'_D \quad C'_L \quad C'_M]^T$,这里的$\bar{\alpha}$和$\alpha_f$分别是指攻角的均值和波动部分,$C'_D$、$C'_L$和$C'_M$是载荷系数曲线在$\bar{\alpha}$处的斜率,$\bar{\alpha} = \overline{r_\theta}, \alpha_f = r_\theta + w/V - \dot{r}_z/V$。联立以上各式,并略去高阶项,可以得到以下表达式,即

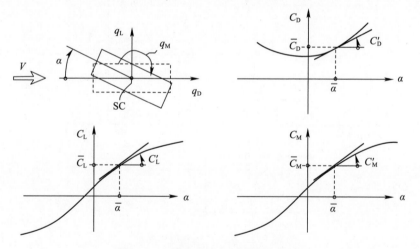

图5.3 从静态测试得到的载荷系数

$$\boldsymbol{q}_{\text{tot}}(x,t) = \bar{\boldsymbol{q}} + \boldsymbol{b}_q \cdot \boldsymbol{v} + \boldsymbol{c}_{q_{ae}} \cdot \dot{\boldsymbol{r}} + \boldsymbol{k}_{q_{ae}} \cdot \boldsymbol{r}, \quad \boldsymbol{v}(x,t) = \begin{bmatrix} u \\ w \end{bmatrix}, \quad \boldsymbol{r}(x,t) = \begin{bmatrix} r_y \\ r_z \\ r_\theta \end{bmatrix} \quad (5.3)$$

式中

$$\bar{\boldsymbol{q}}(x) = \begin{bmatrix} \bar{q}_y \\ \bar{q}_z \\ \bar{q}_\theta \end{bmatrix} = \frac{\rho V^2 B}{2} \begin{bmatrix} \left(\dfrac{D}{B}\right)\bar{C}_D \\ \bar{C}_L \\ B\bar{C}_M \end{bmatrix}$$

$$\frac{\boldsymbol{b}_q(x)}{0.5\rho VB} = \begin{bmatrix} 2\left(\dfrac{D}{B}\right)\bar{C}_D & \left(\dfrac{D}{B}\right)C'_D - \bar{C}_L \\ 2\bar{C}_L & C'_L + \left(\dfrac{D}{B}\right)\bar{C}_D \\ 2B\bar{C}_M & BC'_M \end{bmatrix}$$

$$\frac{\boldsymbol{c}_{q_{ae}}(x)}{0.5\rho VB} = \begin{bmatrix} 2\left(\dfrac{D}{B}\right)\bar{C}_D & \left(\dfrac{D}{B}\right)C'_D - \bar{C}_L & 0 \\ 2\bar{C}_L & C'_L + \left(\dfrac{D}{B}\right)\bar{C}_D & 0 \\ 2B\bar{C}_M & BC'_M & 0 \end{bmatrix}$$

$$\frac{\boldsymbol{k}_{q_{ae}}(x)}{0.5\rho V^2 B} = \begin{bmatrix} 0 & 0 & 2\left(\dfrac{D}{B}\right)C'_D \\ 0 & 0 & 2C'_L \\ 0 & 0 & 2BC'_M \end{bmatrix}$$

可以看出，总载荷向量包括一个静态部分 $\bar{\boldsymbol{q}}(x) = \begin{bmatrix} \bar{q}_y & \bar{q}_z & \bar{q}_\theta \end{bmatrix}^T$ 和一个动态部分 $\boldsymbol{q}(x) = \begin{bmatrix} q_y & q_z & q_\theta \end{bmatrix}^T = \boldsymbol{b}_q \cdot \boldsymbol{v} + \boldsymbol{c}_{q_{ae}} \cdot \dot{\boldsymbol{r}} + \boldsymbol{k}_{q_{ae}} \cdot \boldsymbol{r}$，其中的 $\boldsymbol{b}_q \cdot \boldsymbol{v}$ 反映与来流中的湍流（u 和 w）相关的动力载荷，而 $\boldsymbol{c}_{q_{ae}} \cdot \dot{\boldsymbol{r}}$ 和 $\boldsymbol{k}_{q_{ae}} \cdot \boldsymbol{r}$ 分别反映的是与结构速度和位移相关的自激力（对处于流体中的竖向单元来说，局部坐标系不变，因而上述载荷方程只需简单地将 w 替换成 v 即可）。这一理论对于原始的自由度系统来说是适用的，并且很容易拓展到模态坐标系中。另外，它既可用于时域分析也可用于频域分析。尽管对于平均风速远低于稳定性极限情况下的荷载效应这一理论已经得到了广泛认同，然而当平均风速更高时，它并不足以解释风载荷与自激力效应，也即它不能预测很多非常重要的风致稳定性问题，而人们已经在实验中或全尺度的结构行为中观察到这些现象。抖振理论的主要问题源自于式(5.1)这个基本假定,也就是不断变化的自激力可以借助瞬时相对风速压力和静态载荷系数转换成动力荷载效应(d'Alambert 和 Bernoulli)。

如果需要寻找原始坐标系(即单元的自由度系统)中的解,那么这个理论就需要修正,经常采用的修正假设(参见 Salvatori 和 Borri(2007))如下。

(1)载荷与结构速度、位移之间的比例关系仍然适用,只是变成增量型的(即在较小的时间步长 $\Delta\tau$ 内)。

(2)结构运动所导致的载荷系数依赖于运动历史。

于是有

$$\lim_{\Delta\tau\to 0}\frac{\Delta \boldsymbol{q}_{ae}(x,t)}{\Delta\tau}=\frac{\mathrm{d}\boldsymbol{q}_{ae}(x,t)}{\mathrm{d}\tau}=\boldsymbol{c}_{ae}(s)\cdot\frac{\mathrm{d}}{\mathrm{d}\tau}\begin{bmatrix}\dot{r}_y(x,\tau)\\ \dot{r}_z(x,\tau)\\ \dot{r}_\theta(x,\tau)\end{bmatrix}+\boldsymbol{k}_{ae}(s)\cdot\frac{\mathrm{d}}{\mathrm{d}\tau}\begin{bmatrix}r_y(x,\tau)\\ r_z(x,\tau)\\ r_\theta(x,\tau)\end{bmatrix}$$

(5.4)

其中,

$$\boldsymbol{c}_{ae}(s)=-\frac{\rho VB}{2}\begin{bmatrix}2\frac{D}{B}\bar{C}_D\Phi_{D\dot{y}} & \left(\frac{D}{B}C_D'-\bar{C}_L\right)\Phi_{D\dot{z}} & DC_D'\Phi_{D\dot{\theta}}\\ 2\bar{C}_L\Phi_{L\dot{y}} & \left(C_L'+\frac{D}{B}\bar{C}_D\right)\Phi_{D\dot{z}} & BC_L'\Phi_{L\dot{\theta}}\\ 2B\bar{C}_M\Phi_{M\dot{y}} & BC_M'\Phi_{D\dot{z}} & B^2 C_M'\Phi_{M\dot{\theta}}\end{bmatrix}$$

$$\boldsymbol{k}_{ae}(s)=\frac{\rho V^2}{2}\begin{bmatrix}\bar{C}_D\Phi_{Dy} & \left(\frac{D}{B}C_D'-\bar{C}_L\right)\Phi_{Dz} & -DC_D'\Phi_{D\theta}\\ \bar{C}_L\Phi_{Ly} & \left(C_L'+\frac{D}{B}\bar{C}_D\right)\Phi_{Dz} & -BC_L'\Phi_{L\theta}\\ B\bar{C}_M\Phi_{My} & BC_M'\Phi_{Dz} & B^2 C_M'\Phi_{M\theta}\end{bmatrix}$$

式中:τ 为时间变量;$s=t-\tau$;$\Phi_{ij}(s)$ ($i=$D、L、M;$j=\dot{y}$、$\dot{z}$、θ)总共是 18 个阶跃函数,它们体现了阻力、升力、扭矩与速度、y 向位移或 θ 位移之间的相互作用,描述了一个结构运动增量是怎样产生对应的自激力变化的。

这样,$\boldsymbol{q}_{ae}(x,t)$ 就可以通过时间积分得到,即

$$q_{ae}(x,t) = \int_0^t \left\{ c_{ae}(s) \cdot \frac{d}{d\tau} \begin{bmatrix} \dot{r}_y(x,\tau) \\ \dot{r}_z(x,\tau) \\ \dot{r}_\theta(x,\tau) \end{bmatrix} + k_{ae}(s) \cdot \frac{d}{d\tau} \begin{bmatrix} r_y(x,\tau) \\ r_z(x,\tau) \\ r_\theta(x,\tau) \end{bmatrix} \right\} d\tau \quad (5.5)$$

当时间趋于无穷时,从物理上看由阶跃函数得到的载荷将渐近地趋于准静态载荷,即 $\Phi_{ij}(s) \underset{s\to\infty}{\to} 1$。不仅如此,如果结构运动是在模态坐标系中表达的,那么从阶跃函数得到的载荷就必定与从气动导数得到的结果(参见下文)是完全一致的,这也是物理本质的要求。实际上,根据这一点就能够从已知的气动导数去确定阶跃函数了。

如果是在模态坐标系中求解,那将不再采用从准静态抖振理论得到的气动载荷(参见式(5.3)),而需要借助气动导数(最早是 Scanlan 和 Tomko(1971)提出的),即

$$c_{q_{ae}} = \frac{\rho B^2}{2} \omega_i \hat{c}_{q_{ae}}, \quad k_{q_{ae}} = \frac{\rho B^2}{2} \omega_i^2 \hat{k}_{q_{ae}}$$

$$\hat{c}_{q_{ae}} = \begin{bmatrix} P_1^* & P_5^* & BP_2^* \\ H_5^* & H_1^* & BH_2^* \\ BA_5^* & BA_1^* & B^2 A_2^* \end{bmatrix}, \quad \hat{k}_{q_{ae}} = \begin{bmatrix} P_4^* & P_6^* & BP_3^* \\ H_6^* & H_4^* & BH_3^* \\ BA_6^* & BA_4^* & B^2 A_3^* \end{bmatrix} \quad (5.6)$$

式中:无量纲系数 P_k^*、H_k^* 和 A_k^* ($k=1\sim6$) 为气动导数;B 为截面宽度;ω_i 为与系统相关模态对应的共振频率。这些参量之所以只能用于模态坐标系,是因为它们是根据气动弹性节段模型实验确定的(一般包含系统两个主导模态的模型)。因此,根据模型相似律的要求,对基于此类模型测试所得到的结果,只能将其拓展用于全尺度结构的模态方程中,这一点将在 5.3 节和 5.4 节中作进一步阐述。

5.2 相关理论基础

图 5.4 和图 5.5 给出了位移和力的基本定义,图 5.1 则示出了一个位于湍流风场中的由线状构件构成的结构系统,该风场的风速分量为 $V(z_f) + u(y_f, z_f, t)$、$v(y_f, z_f, t)$ 和 $w(y_f, z_f, t)$。在单元 n(位于节点 p 和 k 之间)上的任意位置处,该风场以及气流与结构运动之间的相互作用将会产生 3 个载荷分量,分别是阻力、横风向升力(竖向或水平向,取决于该单元相对于气流的方位)和扭矩。

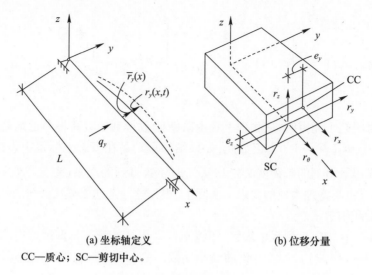

(a) 坐标轴定义　　　　　　　　(b) 位移分量

CC—质心；SC—剪切中心。

图 5.4　结构轴和位移分量

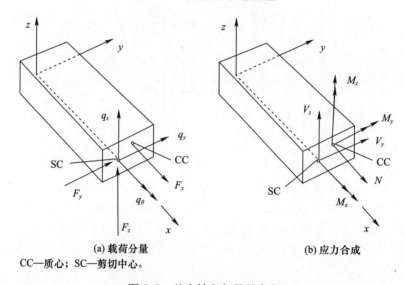

(a) 载荷分量　　　　　　　　(b) 应力合成

CC—质心；SC—剪切中心。

图 5.5　基本轴和矢量的定义

若每个节点具有 6 个自由度，那么每个节点的载荷和位移矢量分别可记为 $[R_1 \ R_2 \ R_3 \ R_4 \ R_5 \ R_6]^T$ 和 $[r_1 \ r_2 \ r_3 \ r_4 \ r_5 \ r_6]^T$（图 5.6）。这里假定全局坐标轴 X、Y 和 Z 是与风轴 $-y_f$、x_f 和 z_f 一致的，并且结构系统是二维且垂直于主导风向的。应当指出的是，此处的二维假定是由于缺乏实验依据而受到的限制。不仅如此，对于结构单元以任意姿态处于气流中时所受到的风载问题，目前也缺少足够的实验支撑，因此以下理论仅得到了特定情况下的实验数据的验证,所谓的特定情况是指系统单元处于水平向或者竖向位置,也即滚转角 γ(图 5.8)为 0°或 90°。

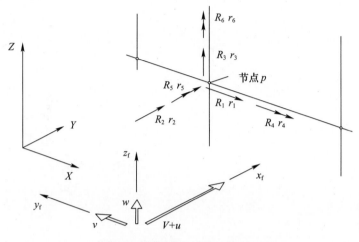

图 5.6 外部载荷导致的节点力

必须注意的是,在气动力学试验数据通常所采用的载荷和位移描述中,俯仰力矩和截面转角是由迎风边(向上为正)定义的,这里也假定该定义适用于所有用于数值计算的气动力学数据,如载荷系数和气动导数等。不过,在有限元理论中严格遵循了传统惯例,即所有外部和内部的力和位移自由度都是全局坐标和局部坐标中的矢量,参见图 5.4 和图 5.5。图 5.7 展示了一个线状梁单元 n 的受力示意图和局部坐标 (x,y,z)。为简单起见,下面的讨论中均假定所有位移和力都只限于定常的脉动(动态)成分,也就是说,不考虑时不变的均值(静态)成分。于是,在任意翼展方向位置 x 处,单元将受到一个分布动载荷,包括抖振和自激力的贡献,即

$$\boldsymbol{q}_{\mathrm{tot}}(x,t) = [q_x \quad q_y \quad q_z \quad q_\theta]_{\mathrm{tot}}^{\mathrm{T}} = \boldsymbol{q}(x,t) + \boldsymbol{q}_{\mathrm{ae}}(x,t) \tag{5.7}$$

式中:抖振载荷为 $\boldsymbol{q}(x,t) = \boldsymbol{B}_{\mathrm{q}}(V)\boldsymbol{\beta}_0\hat{\boldsymbol{v}}_0(x,t)$,且有

$$\boldsymbol{B}_{\mathrm{q}} = \frac{\rho V^2 B}{2} \begin{bmatrix} 0 & 0 & 0 \\ 2\dfrac{D}{B}\bar{C}_D I_u & \left(\dfrac{D}{B}C_D' - \bar{C}_L\right)I_v & \left(\dfrac{D}{B}C_D' - \bar{C}_L\right)I_w \\ 2\bar{C}_L I_u & \left(C_L' + \dfrac{D}{B}\bar{C}_D\right)I_v & \left(C_L' + \dfrac{D}{B}\bar{C}_D\right)I_w \\ -2B\bar{C}_M I_u & -BC_M' I_v & -BC_M' I_w \end{bmatrix} \tag{5.8}$$

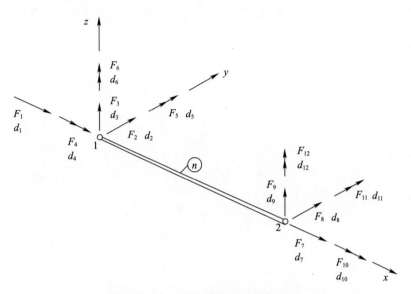

图 5.7 单元自由度和单元端部载荷

式中:I_u、I_v 和 I_w 为湍流强度;$\boldsymbol{\beta}_0$ 为 3×3 矩阵,反映了单元在气流中的方位(滚转角 γ 为 0°或 90°,参见图 5.8);$\hat{\boldsymbol{v}}_0$ 为简约湍流速度矢量,它们分别为

$$\boldsymbol{\beta}_0 = \begin{bmatrix} 1 & 0 & 0 \\ 0 & \sin\gamma & 0 \\ 0 & 0 & \cos\gamma \end{bmatrix}, \quad \hat{\boldsymbol{v}}_0 = \begin{bmatrix} \dfrac{u(x,t)}{\sigma_u} & \dfrac{v(x,t)}{\sigma_v} & \dfrac{w(x,t)}{\sigma_w} \end{bmatrix}^{\mathrm{T}} \quad (5.9)$$

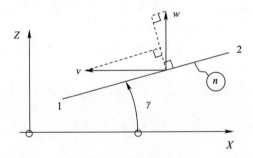

图 5.8 滚转角 γ 的定义

自激力部分为 $\boldsymbol{q}_{\mathrm{ae}}(x,t) = \boldsymbol{c}_{\mathrm{ae}_0}\dot{\boldsymbol{r}}_{\mathrm{el}}(x,t) + \boldsymbol{k}_{\mathrm{ae}_0}\boldsymbol{r}_{\mathrm{el}}(x,t)$,其中的 $\boldsymbol{r}_{\mathrm{el}}(x,t) = [r_x \quad r_y \quad r_z \quad r_\theta]_{\mathrm{el}}^{\mathrm{T}}$ 为单元任意位置 x 处的截面位移和转角(扭转),$\boldsymbol{c}_{\mathrm{ae}_0}$ 和 $\boldsymbol{k}_{\mathrm{ae}_0}$ 则包含与自激力相关的载荷系数,它们是 4×4 矩阵,第一行和第一列的元素为零,其他位置由 $\boldsymbol{c}_{\mathrm{ae}}$ 和 $\boldsymbol{k}_{\mathrm{ae}}$ 填充。在端点 1 和端点 2 处,单元的节点力和位移为

$$F(t) = \begin{bmatrix} F_1 \\ F_2 \end{bmatrix},$$

$$F_1 = \begin{bmatrix} F_1 & F_2 & F_3 & F_4 & F_5 & F_6 \end{bmatrix}^{\mathrm{T}}, \quad F_2 = \begin{bmatrix} F_7 & F_8 & F_9 & F_{10} & F_{11} & F_{12} \end{bmatrix}^{\mathrm{T}}$$

$$d(t) = \begin{bmatrix} d_1 \\ d_2 \end{bmatrix},$$

$$d_1 = \begin{bmatrix} d_1 & d_2 & d_3 & d_4 & d_5 & d_6 \end{bmatrix}^{\mathrm{T}}, \quad d_2 = \begin{bmatrix} d_7 & d_8 & d_9 & d_{10} & d_{11} & d_{12} \end{bmatrix}^{\mathrm{T}} \quad (5.10)$$

假定在足够精度的前提下，截面位移矢量 $r_{el}(x,t)$ 可以通过形函数矩阵 $\boldsymbol{\Psi}(x)$ 与节点位移矢量 $d(t)$ 的乘积来描述，即 $r_{el}(x,t) = \boldsymbol{\Psi}(x) \cdot d(t)$，其中

$$\boldsymbol{\Psi}(x) = \begin{bmatrix} \Psi_1 & 0 & 0 & 0 & 0 & 0 & \Psi_7 & 0 & 0 & 0 & 0 & 0 \\ 0 & \Psi_2 & 0 & 0 & 0 & \Psi_6 & 0 & \Psi_8 & 0 & 0 & 0 & \Psi_{12} \\ 0 & 0 & \Psi_3 & 0 & \Psi_5 & 0 & 0 & 0 & \Psi_9 & 0 & \Psi_{11} & 0 \\ 0 & 0 & 0 & \Psi_4 & 0 & 0 & 0 & 0 & 0 & \Psi_{10} & 0 & 0 \end{bmatrix}$$

$$(5.11)$$

式中：$\Psi_i(i = 1 \sim 12)$ 为结构力学领域中常用的形函数（应当注意，如果单元长度超出了某个极限值，那么常见的多项式形函数就必须替换为简谐函数和指数函数），参见表 5.1。

表 5.1 形函数 $\left(\hat{x} = \dfrac{x}{L}\right)$

$\psi_1 = \psi_4$	$\psi_2 = \psi_3$	$\psi_5 = \psi_6$	$\psi_7 = \psi_{10}$	$\psi_8 = \psi_9$	$\psi_{11} = -\psi_{12}$
$1 - \hat{x}$	$1 - 3\hat{x}^2 + 2\hat{x}^3$	$-\hat{x}(1 - 2\hat{x} + \hat{x}^2)$	$\hat{x}$	$3\hat{x}^2 - 2\hat{x}^3$	$\hat{x}^2(1 - \hat{x})$

利用达朗伯原理，在 $r_{el}(x,t)$ 给出的平衡位置处，给系统施加一个与 $\delta d = \begin{bmatrix} \delta d_1 & \delta d_2 \end{bmatrix}^{\mathrm{T}}$ 相容的虚位移增量 $\delta r_{el} = \begin{bmatrix} \delta r_x & \delta r_y & \delta r_z & \delta r_\theta \end{bmatrix}^{\mathrm{T}}$，此处 $\delta d_1 = \begin{bmatrix} \delta d_1 & \delta d_2 & \delta d_3 & \delta d_4 & \delta d_5 & \delta d_6 \end{bmatrix}^{\mathrm{T}}$，$\delta d_2 = \begin{bmatrix} \delta d_7 & \delta d_8 & \delta d_9 & \delta d_{10} & \delta d_{11} & \delta d_{12} \end{bmatrix}^{\mathrm{T}}$，且 $\delta r_{el} = \boldsymbol{\Psi}(x) \cdot \delta d$，于是在这一运动过程中外力和内力做的功分别可以表示为

$$W_{\text{ext}} = \int_L \delta r_{el}^{\mathrm{T}} q \mathrm{d}x + \int_L \delta r_{el}^{\mathrm{T}} c_{ae0} \dot{r}_{el} \mathrm{d}x + \int_L \delta r_{el}^{\mathrm{T}} k_{ae0} r_{el} \mathrm{d}x + \int_L \delta r_{el}^{\mathrm{T}} \cdot (-m_0 \ddot{r}_{el}) \mathrm{d}x$$

$$W_{\text{int}} = \int_L \delta r_{el}^{\mathrm{T}} c_0 \dot{r}_{el} \mathrm{d}x + \int_L \delta r_{el}''^{\mathrm{T}} k_{b0} r_{el}'' \mathrm{d}x + \int_L \delta r_{el}'^{\mathrm{T}} k_{a0} r_{el}' \mathrm{d}x + \int_L \delta r_{el}'^{\mathrm{T}} k_{t0} r_{el}' \mathrm{d}x + \int_L \delta r_{el}'^{\mathrm{T}} \bar{n}_0 r_{el}' \mathrm{d}x$$

$$(5.12)$$

式中

$$m_0 = \begin{bmatrix} m_x & 0 & 0 & 0 \\ 0 & m_y & 0 & -e_z m_y \\ 0 & 0 & m_z & e_y m_z \\ 0 & -e_z m_y & e_y m_z & m_\theta \end{bmatrix}, \quad \begin{cases} k_{a_0} = \mathrm{diag}[\ EA\ \ 0\ \ 0\ \ 0\ ] \\ k_{b_0} = \mathrm{diag}[\ 0\ \ \mathrm{EI}_z\ \ \mathrm{EI}_y\ \ 0\ ] \\ k_{t_0} = \mathrm{diag}[\ 0\ \ 0\ \ 0\ \ \mathrm{GI}_t\ ] \\ \bar{n} = \mathrm{diag}[\ 0\ \ \bar{N}\ \ \bar{N}\ \ e_0^2 \bar{N}\ ] \end{cases}$$

式中：上撇号代表对 x 的求导运算；EI_z 和 EI_y 分别为关于 y 轴和 z 轴的截面弯曲刚度；GI_t 为扭转刚度；$\bar{N}$ 为单元内时不变的(平均)轴力；$e_0^2 = e_y^2 + e_z^2 + (I_y + I_z)/A$。阻尼矩阵包含截面的结构阻尼系数，此处假定为对角阵，即 $c_0 = \mathrm{diag}[c_x\ \ c_y\ \ c_z\ \ c_\theta]$（注意矩阵的元素是未知的，只有关于总体结构行为的模态阻尼才是已知的）。

令 $W_{\mathrm{ext}} = W_{\mathrm{int}}$，不难发现，单元层面上的平衡方程应为

$$m\ddot{d} + (c - c_{\mathrm{ae}})\dot{d} + (k + k_g - k_{\mathrm{ae}})d = F_q \tag{5.13}$$

式中

$$F_q = \int_L \boldsymbol{\Psi}^T q \mathrm{d}x, \quad m = \int_L \boldsymbol{\Psi}^T m_0 \boldsymbol{\Psi} \mathrm{d}x, \quad c = \int_L \boldsymbol{\Psi}^T c_0 \boldsymbol{\Psi} \mathrm{d}x, \quad c_{\mathrm{ae}} = \int_L \boldsymbol{\Psi}^T c_{\mathrm{ae}_0} \boldsymbol{\Psi} \mathrm{d}x$$

$$k = \int_L \boldsymbol{\Psi}''^T k_{b_0} \boldsymbol{\Psi}''^T \mathrm{d}x + \int_L \boldsymbol{\Psi}'^T k_{a_0} \boldsymbol{\Psi}'^T \mathrm{d}x + \int_L \boldsymbol{\Psi}'^T k_{t_0} \boldsymbol{\Psi}'^T \mathrm{d}x$$

$$k_{\mathrm{ae}} = \int_L \boldsymbol{\Psi}^T k_{\mathrm{ae}_0} \boldsymbol{\Psi} \mathrm{d}x, \quad k_g = \int_L \boldsymbol{\Psi}'^T n_0 \boldsymbol{\Psi}'^T \mathrm{d}x$$

不妨令 d_n 为与任意单元 n 相关的自由度，A_n 为关联矩阵，描述的是 d_n 与全局自由度 r 之间的关系，即

$$d_n = A_n \cdot r \tag{5.14}$$

针对离散后的全局结构系统施加一组虚位移 δr，于是有 $\delta d_n = A_n \cdot \delta r$，由于外力虚功(在全局层面和单元层面上)必须等于内力虚功总和，于是可得

$$\sum_{n=1}^{N} \delta d_n^T F_{q_n} = \sum_{n=1}^{N} \delta d_n^T [m\ddot{d}_n + (c - c_{\mathrm{ae}})\dot{d}_n + (k + k_g - k_{\mathrm{ae}})d_n] \tag{5.15}$$

式中：N 为系统的单元总数。

进一步，结合式(5.14)，略去 δr^T 可得

$$M\ddot{r}(t) + [C - C_{\mathrm{ae}}(V)]\dot{r}(t) + [K + K_g(\bar{N}) - K_{\mathrm{ae}}(V)]r(t) = R_q(V, t)$$

$$\tag{5.16}$$

式中

$$\begin{bmatrix} M \\ C \\ K \end{bmatrix} = \sum_{n=1}^{N} A_n^{\mathrm{T}} \begin{bmatrix} m \\ c \\ k \end{bmatrix}_n A_n, \quad \begin{bmatrix} K_g \\ K_{ae} \\ C_{ae} \end{bmatrix} = \sum_{n=1}^{N} A_n^{\mathrm{T}} \begin{bmatrix} k_g \\ k_{ae} \\ c_{ae} \end{bmatrix}_n A_n, \quad R_q = \sum_{n=1}^{N} A_n^{\mathrm{T}} F_{q_n}$$

这个方程描述了原始坐标系下的动力平衡状态,可以用于时域和频域的动态响应计算。在时域方法中,一般需要进行每个节点 k 处脉动风分量($u(X_k, Z_k, t)$、$v(X_k, Z_k, t)$ 和 $w(X_k, Z_k, t)$)的时域仿真,而在频域方法中,通常需要引入气流的随机特性,并进行翼展方向平均,以得到相关响应量的统计性质。实际上,主要的问题就是在 C、$C_{ae}(V)$ 和 $K_{ae}(V)$ 中填入有意义的量值。一般来说,原始坐标系下的求解是需要借助阶跃函数 Φ_{ij} 的。应当特别注意的是,在非常靠近稳定性极限时响应的计算可能变得很难进行,这不仅是因为阶跃函数的实验识别问题,而且还因为此时的解相当依赖于 C 和 $C_{ae}(V)$ 中的元素差(数值上很小但很重要)的精度。

5.2.1 模态坐标系下的响应计算

原始坐标系下的动力平衡关系式(5.16)可以很容易地变换到模态坐标下,为此需要引入以下关系式,即

$$\begin{cases} r(t) = \Phi \cdot \eta(t) \\ \eta(t) = \begin{bmatrix} \eta_1 & \eta_2 & \cdots & \eta_i & \cdots & \eta_{N_{\mathrm{mod}}} \end{bmatrix}^{\mathrm{T}} \\ \Phi = \begin{bmatrix} \varphi_1 & \varphi_2 & \cdots & \varphi_i & \cdots & \varphi_{N_{\mathrm{mod}}} \end{bmatrix} \end{cases} \quad (5.17)$$

式中:矢量 $\eta(t)$ 包含了 N_{mod} 个模态坐标 η_i;Φ 包含的是模态形状;$\varphi_i(i=1, 2, \cdots, N_{\mathrm{mod}})$ 为模态矢量,$\varphi_i = \begin{bmatrix} \phi_1 & \phi_2 & \cdots & \phi_k & \cdots & \phi_{N_r} \end{bmatrix}^{\mathrm{T}}$。必须注意的是,由于 K_{ae} 依赖于平均风速,系统的总刚度也是如此,因此共振频率及其对应的模态将会随平均风速的增大而发生改变。在靠近稳定性极限时,对于系统的总体行为来说这些改变(特别是共振频率)的影响是不能忽略的,因而通常必须对系统参量做出修正。当距离稳定性极限足够远时,这些影响一般是比较弱的,因而在绝大多数风力工程问题中,模态求解策略可以建立在由无风环境下的特征值问题(即 $[K + K_g(\bar{N}) - \omega_i^2 M]\varphi_i = 0$)所确定的特征频率 ω_i 及对应的模态 φ_i 基础上。

将式(5.17)代入式(5.16)中,并左乘以 Φ^{T},即可得到模态坐标下的动力平衡方程,即

$$\tilde{M}\ddot{\eta}(t) + [\tilde{C} - \tilde{C}_{ae}(V)]\dot{\eta}(t) + [\tilde{K} - \tilde{K}_{ae}(V)]\eta(t) = \tilde{R}_q(V,t) \qquad (5.18)$$

式中

$$\begin{cases} \tilde{M} = \Phi^T M \Phi = \text{diag}[\tilde{M}_i] = \text{diag}[\varphi_i^T M \varphi_i] \\ \tilde{C} = \Phi^T C \Phi = \text{diag}[\tilde{C}_i] = \text{diag}[\varphi_i^T C \varphi_i] \\ \tilde{K} = \Phi^T K \Phi = \text{diag}[\tilde{K}_i] = \text{diag}[\varphi_i^T K \varphi_i] \end{cases}$$

$$\begin{cases} \tilde{C}_{ae}(V) = \Phi^T C_{ae}(V) \Phi \\ \tilde{K}_{ae}(V) = \Phi^T K_{ae}(V) \Phi \\ \tilde{R}_q(V,t) = \Phi^T R_q(V,t) \end{cases}$$

由于模态存在正交性,因此 $\tilde{M}$、$\tilde{C}$ 和 $\tilde{K}$ 中的所有非对角元素均为零($\tilde{K}$ 的元素也可以通过将特征值问题 $(K - \omega_i^2 M)\varphi_i = 0$ 左乘以 φ_i^T 来确定,由此很容易看出 $\tilde{K}_i = \omega_i^2 \tilde{M}_i$)。人们还经常引入 N_{mod} 个模态阻尼比 ζ_i(与对应的模态临界阻尼 $2\tilde{M}_i\omega_i$ 相关),从而可以把 $\tilde{C}$ 的元素表示为 $\tilde{C}_i = 2\tilde{M}_i\omega_i\zeta_i$。在模态坐标系下,气动导数也是适用的,考虑到它们是根据二自由度气动弹性节段模型确定的,因而严格来说它们仅适用于试验测试中所覆盖的那两个特征模态。不过,从某种意义上来说,在模态分析过程中自激力主要体现为系统的特性,类似于模态阻尼比,由于是针对两个最关键模态的组合并作为模态特性而确定的,因此它们有可能对于任何其他的模态组合也是成立的。如果这一假设可以接受,那么以下矩阵,即

$$\tilde{C}_{ae} = \begin{bmatrix} \ddots & & \ddots \\ & \tilde{C}_{ae_{ij}} & \\ \ddots & & \ddots \end{bmatrix}, \quad \tilde{K}_{ae} = \begin{bmatrix} \ddots & & \ddots \\ & \tilde{K}_{ae_{ij}} & \\ \ddots & & \ddots \end{bmatrix} \qquad (5.19)$$

的元素就可以表示为

$$\begin{cases} \tilde{C}_{ae_{ij}}(\hat{V}_i, \hat{V}_j) = \varphi_i^T \cdot \int_L \Psi^T(x) c_{ae_0}(\hat{V}_i, \hat{V}_j) \Psi(x) \mathrm{d}x \cdot \varphi_j \\ \tilde{K}_{ae_{ij}}(\hat{V}_i, \hat{V}_j) = \varphi_i^T \cdot \int_L \Psi^T(x) k_{ae_0}(\hat{V}_i, \hat{V}_j) \Psi(x) \mathrm{d}x \cdot \varphi_j \end{cases} \qquad (5.20)$$

式中:无量纲气动导数 P_k^*、H_k^* 和 A_k^* ($k = 1 \sim 6$)为简约平均风速 $\hat{V}_i = V/(B\omega_i)$ 或

$\hat{V}_j = V/(B\omega_j)$ 的函数(取决于它们属于哪个位移分量),ω_i 和 ω_j 分别为与模态 i 和模态 j 相关的共振频率,它们自身又会受到 $\boldsymbol{K}_{ae}$ 的影响,因此一般需要进行迭代处理。必须注意的是,在上述理论中,如果节段模型实验能够测试,那么是可以计入结构运动所导致的水平向与竖向或扭转之间的耦合效应;否则该理论只能考虑竖向运动与扭转之间的耦合,也就是说 P_k^* 必须根据准静态理论得到。最后需要指出的是,式(5.18)的求解既可以在时域中也可以在频域中完成。

5.2.2 模态坐标下的频域求解

针对式(5.18)进行傅里叶变换,也即令 $\boldsymbol{\eta}(t) = \mathrm{Re} \sum_{\omega} \boldsymbol{a}_\eta(\omega) \mathrm{e}^{\mathrm{i}\omega t}$,$\tilde{\boldsymbol{R}}_q(t) = \mathrm{Re} \sum_{\omega} \boldsymbol{a}_{\tilde{R}_q}(\omega) \mathrm{e}^{\mathrm{i}\omega t}$,其中的 $\boldsymbol{a}_\eta(\omega)$ 和 $\boldsymbol{a}_{\tilde{R}_q}(\omega)$ 都是 $N_{\mathrm{mod}} \times 1$ 的列阵,包含了模态坐标和模态载荷的傅里叶系数,然后左乘以 $\tilde{\boldsymbol{K}}^{-1}$,整理后不难发现,只需式成立,那么模态动力平衡方程都是满足的,即

$$\{\boldsymbol{I} - \tilde{\boldsymbol{K}}^{-1}\tilde{\boldsymbol{K}}_{ae}(V) - \tilde{\boldsymbol{K}}^{-1}\tilde{\boldsymbol{M}}\omega^2 + [\tilde{\boldsymbol{K}}^{-1}\tilde{\boldsymbol{C}} - \tilde{\boldsymbol{K}}^{-1}\tilde{\boldsymbol{C}}_{ae}(V)]\mathrm{i}\omega\} \cdot \boldsymbol{a}_\eta(\omega) = \tilde{\boldsymbol{K}}^{-1}\boldsymbol{a}_{\tilde{R}_q}(V,\omega)$$
(5.21)

前面已经指出 $\tilde{\boldsymbol{M}} = \mathrm{diag}[\tilde{M}_i]$,$\tilde{\boldsymbol{K}} = \mathrm{diag}[\tilde{K}_i]$,$\tilde{\boldsymbol{C}} = \mathrm{diag}[\tilde{C}_i]$,其中 $\tilde{M}_i = \boldsymbol{\varphi}_i^\mathrm{T} \boldsymbol{M} \boldsymbol{\varphi}_i$,$\tilde{K}_i = \omega_i^2 \tilde{M}_i$,$\tilde{C}_i = 2\tilde{M}_i\omega_i\zeta_i$,于是有

$$\boldsymbol{a}_\eta(\omega) = \hat{\boldsymbol{H}}_\eta(\omega) \cdot \tilde{\boldsymbol{K}}^{-1} \boldsymbol{a}_{\tilde{R}_q}(V,\omega) \tag{5.22}$$

式中:频响矩阵为

$$\hat{\boldsymbol{H}}_\eta(V,\omega) = \left\{\boldsymbol{I} - \boldsymbol{k}_{ae}(V) - \left(\omega \cdot \mathrm{diag}\left[\frac{1}{\omega_i}\right]\right)^2 + 2\mathrm{i}\omega \cdot \mathrm{diag}\left[\frac{1}{\omega_i}\right] \cdot [\boldsymbol{\zeta} - \boldsymbol{\zeta}_{ae}(V)]\right\}^{-1}$$
(5.23)

$\boldsymbol{I}$ 为 $N_{\mathrm{mod}} \times N_{\mathrm{mod}}$ 单位阵;$\boldsymbol{\zeta} = \mathrm{diag}[\zeta_i]$,且有

$$\begin{cases} \boldsymbol{k}_{ae} = \begin{bmatrix} \ddots & & \\ & k_{ae_{ij}} & \\ & & \ddots \end{bmatrix} = \tilde{\boldsymbol{K}}^{-1}\tilde{\boldsymbol{K}}_{ae} \\ \boldsymbol{\zeta}_{ae} = \begin{bmatrix} \ddots & & \\ & \zeta_{ae_{ij}} & \\ & & \ddots \end{bmatrix} = \frac{1}{2}\mathrm{diag}[\omega_i](\tilde{\boldsymbol{K}}^{-1}\tilde{\boldsymbol{C}}_{ae}) \end{cases} \tag{5.24}$$

进一步,模态坐标的互谱密度矩阵可由下式给出,即

$$\begin{cases} S_{\eta\eta}(\omega) = \lim_{T\to\infty} \dfrac{a_\eta^* a_\eta^T}{\pi T} = \begin{bmatrix} S_{\eta_1\eta_1} & \cdots & S_{\eta_1\eta_m} & \cdots & S_{\eta_1\eta_{N_{\mathrm{mod}}}} \\ \vdots & \ddots & \vdots & \ddots & \vdots \\ S_{\eta_n\eta_1} & \cdots & S_{\eta_n\eta_m} & \cdots & S_{\eta_n\eta_{N_{\mathrm{mod}}}} \\ \vdots & \ddots & \vdots & \ddots & \vdots \\ S_{\eta_{N_{\mathrm{mod}}}\eta_1} & \cdots & S_{\eta_{N_{\mathrm{mod}}}\eta_m} & \cdots & S_{\eta_{N_{\mathrm{mod}}}\eta_{N_{\mathrm{mod}}}} \end{bmatrix} = \\[4pt] \lim_{T\to\infty} \dfrac{1}{\pi T}\{[\hat{H}_\eta(\omega)\tilde{K}^{-1} a_{\tilde{R}_q}]^*[\hat{H}_\eta(\omega)\tilde{K}^{-1} a_{\tilde{R}_q}]^T\} = \\[4pt] \hat{H}_\eta^* \tilde{K}^{-1}\left\{\lim_{T\to\infty}\dfrac{1}{\pi T}(a_{\tilde{R}_q}^* a_{\tilde{R}_q}^T)\right\}(\tilde{K}^{-1})^T \hat{H}_\eta^T = \\[4pt] \hat{H}_\eta^*(V,\omega)\tilde{K}^{-1} S_{\tilde{R}_q\tilde{R}_q}(V,\omega)(\tilde{K}^{-1})^T \hat{H}_\eta^T(V,\omega) \end{cases} \quad (5.25)$$

式中:$S_{\tilde{R}_q\tilde{R}_q}(V,\omega) = \lim_{T\to\infty}\dfrac{1}{\pi T}(a_{\tilde{R}_q}^* a_{\tilde{R}_q}^T)$ 为模态风载荷的互谱密度矩阵。由于 $r(t) = \boldsymbol{\Phi}\boldsymbol{\eta}(t)$,于是 $a_r = \boldsymbol{\Phi} \cdot a_\eta$,进而有

$$S_{rr}(V,\omega) = \lim_{T\to\infty}\dfrac{1}{\pi T}(a_r^* a_r^T) = \lim_{T\to\infty}\dfrac{1}{\pi T}((\boldsymbol{\Phi} a_\eta)^*(\boldsymbol{\Phi} a_\eta)^T) = \boldsymbol{\Phi}\lim_{T\to\infty}\dfrac{1}{\pi T}(a_\eta^* a_\eta^T)\boldsymbol{\Phi}^T$$

$$= \boldsymbol{\Phi} S_{\eta\eta}(V,\omega)\boldsymbol{\Phi}^T = \boldsymbol{\Phi}\hat{H}_\eta^*(V,\omega)\tilde{K}^{-1}\cdot S_{\tilde{R}_q\tilde{R}_q}(V,\omega)\cdot(\tilde{K}^{-1})^T\hat{H}_\eta^T(V,\omega)\boldsymbol{\Phi}^T$$

(5.26)

另外,考虑到 $\tilde{R}_q(V,t) = \boldsymbol{\Phi}^T R_q(V,t)$,则有 $a_{\tilde{R}}(\omega) = \boldsymbol{\Phi}^T \cdot a_R(\omega)$ 和 $a_{\tilde{R}_q}(V,\omega) = \boldsymbol{\Phi}^T \cdot a_{R_q}(V,\omega)$,于是可得

$$S_{\tilde{R}_q\tilde{R}_q}(V,\omega) = \lim_{T\to\infty}\dfrac{1}{\pi T}(a_{\tilde{R}_q}^* \cdot a_{\tilde{R}_q}^T) = \lim_{T\to\infty}\dfrac{1}{\pi T}((\boldsymbol{\Phi}^T \cdot a_{R_q})^*(\boldsymbol{\Phi}^T \cdot a_{R_q})^T)$$

$$= \boldsymbol{\Phi}^T \cdot \lim_{T\to\infty}\dfrac{1}{\pi T}(a_{R_q}^* \cdot a_{R_q}^T)\cdot\boldsymbol{\Phi} = \boldsymbol{\Phi}^T \cdot S_{R_q R_q}(\omega) \cdot \boldsymbol{\Phi} \quad (5.27)$$

这样就可以得到以下形式的互谱响应矩阵了,即

$$S_{rr}(V,\omega) = \boldsymbol{\Phi}\hat{H}_\eta^*(V,\omega)\tilde{K}^{-1}[\boldsymbol{\Phi}^T S_{R_q R_q}(\omega)\boldsymbol{\Phi}](\tilde{K}^{-1})^T\hat{H}_\eta^T(V,\omega)\boldsymbol{\Phi}^T$$

(5.28)

若考虑到 $R_q = \sum_{n=1}^{N} A_n^T F_{q_n}$ 和 $F_q = \int_L \boldsymbol{\psi}^T q\, \mathrm{d}x$,其中 $q(x,V,t) = B_q(V)\boldsymbol{\beta}_0 \hat{v}_0(t)$,

则有

$$S_{R_qR_q}(V,\omega) = \lim_{T\to\infty}\frac{1}{\pi T}\boldsymbol{a}_{R_q}^*\boldsymbol{a}_{R_q}^{\mathrm{T}} = \lim_{T\to\infty}\frac{1}{\pi T}\left(\sum_{n=1}^{N}\boldsymbol{A}_n^{\mathrm{T}}\boldsymbol{a}_{F_{q_n}}\right)^*\left(\sum_{n=1}^{N}\boldsymbol{A}_n^{\mathrm{T}}\boldsymbol{a}_{F_{q_n}}\right)^{\mathrm{T}}$$

$$= \sum_{n=1}^{N}\sum_{m=1}^{N}\boldsymbol{A}_n^{\mathrm{T}}\lim_{T\to\infty}\frac{1}{\pi T}(\boldsymbol{a}_{F_{q_n}}^*\boldsymbol{a}_{F_{q_m}}^{\mathrm{T}})\boldsymbol{A}_m = \sum_{n=1}^{N}\sum_{m=1}^{N}\boldsymbol{A}_n^{\mathrm{T}}\boldsymbol{S}_{F_{q_n}F_{q_m}}(V,\omega)\boldsymbol{A}_m$$

(5.29)

式中

$$S_{F_{q_n}F_{q_m}}(V,\omega) = \lim_{T\to\infty}\frac{1}{\pi T}\left\{\left[\int_L \boldsymbol{a}_{\hat{v}_0}(x,\omega)\mathrm{d}x\right]_n^*\left[\int_L \boldsymbol{\psi}^{\mathrm{T}}\boldsymbol{B}_q(V)\boldsymbol{\beta}_0\mathrm{d}x\right]_m^{\mathrm{T}}\right\}$$

$$= \iint_{L_nL_m}\boldsymbol{\psi}^{\mathrm{T}}(x_n)\left[\boldsymbol{B}_q(V)\boldsymbol{\beta}_0\right]_n\lim_{T\to\infty}\frac{1}{\pi T}\left[\boldsymbol{a}_{\hat{v}_0}^*(x_n,\omega)\boldsymbol{a}_{\hat{v}_0}^{\mathrm{T}}(x_m,\omega)\right]$$

$$\left[\boldsymbol{B}_q(V)\boldsymbol{\beta}_0\right]_m^{\mathrm{T}}\boldsymbol{\psi}(x_m)\mathrm{d}x_n\mathrm{d}x_m$$

$$= \iint_{L_nL_m}\boldsymbol{\psi}^{\mathrm{T}}(x_n)\left[\boldsymbol{B}_q(V)\boldsymbol{\beta}_0\right]_n\boldsymbol{S}_{\hat{v}_0\hat{v}_0}(\Delta x_{mn},\omega)$$

$$\left[\boldsymbol{B}_q(V)\boldsymbol{\beta}_0\right]_m^{\mathrm{T}}\boldsymbol{\psi}(x_m)\mathrm{d}x_n\mathrm{d}x_m$$

式中：

$$\boldsymbol{S}_{\hat{v}_0\hat{v}_0}(\Delta x_{nm},\omega) = \begin{bmatrix} \dfrac{S_{uu}(\Delta x_{nm},\omega)}{\sigma_u^2} & 0 & 0 \\ 0 & \dfrac{S_{vv}(\Delta x_{nm},\omega)}{\sigma_v^2} & 0 \\ 0 & 0 & \dfrac{S_{ww}(\Delta x_{nm},\omega)}{\sigma_w^2} \end{bmatrix}$$

(5.30)

$$\Delta x_{nm} = |x_n - x_m|$$

在此基础上，通过对式(5.28)进行频域积分，不难得到响应协方差矩阵，即

$$\boldsymbol{\mathrm{Cov}}_{rr}(V) = \begin{bmatrix} \sigma_1^2 & \cdots & \mathrm{Cov}_{1i} & \cdots & \mathrm{Cov}_{1j} & \cdots & \mathrm{Cov}_{1N_r} \\ \vdots & \ddots & \vdots & & \vdots & & \vdots \\ \mathrm{Cov}_{i1} & \cdots & \sigma_i^2 & \cdots & \mathrm{Cov}_{ij} & & \vdots \\ \vdots & & & \ddots & & & \vdots \\ \mathrm{Cov}_{j1} & \cdots & \mathrm{Cov}_{ji} & \cdots & \sigma_j^2 & & \vdots \\ \vdots & & & & & \ddots & \vdots \\ \mathrm{Cov}_{N_r1} & \cdots & \cdots & \cdots & \cdots & \cdots & \sigma_{N_r}^2 \end{bmatrix} = \int_0^\infty \boldsymbol{S}_{rr}(V,\omega)\mathrm{d}\omega$$

(5.31)

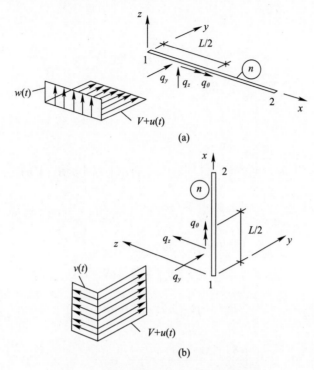

图 5.9 单元水平向和竖向位置的风载效应

其中,

$$S_{rr}(V,\omega) = \boldsymbol{\Phi}\hat{\boldsymbol{H}}_{\eta}^{*}(V,\omega)\tilde{\boldsymbol{K}}^{-1}\left\{\boldsymbol{\Phi}^{\mathrm{T}}\Big[\sum_{n=1}^{N}\sum_{m=1}^{N}\boldsymbol{A}_{n}^{\mathrm{T}}\boldsymbol{S}_{F_{q_n}F_{q_m}}(V,\omega)\boldsymbol{A}_{m}\Big]\boldsymbol{\Phi}\right\}$$

$$(\tilde{\boldsymbol{K}}^{-1})^{\mathrm{T}}\hat{\boldsymbol{H}}_{\eta}^{\mathrm{T}}(V,\omega)\boldsymbol{\Phi}^{\mathrm{T}} \tag{5.32}$$

5.2.3 一些可行的简化处理

如果单元的长度足够小,那么可以将风载效应分配到单元的端点上,如图 5.9 所示,此时湍流所导致的(抖振)载荷矢量(单元层面上)$\boldsymbol{q}(x,t)=[q_1\ \ q_2\ \ q_3\ \ q_4\ \ q_5\ \ q_6]^{\mathrm{T}}=[0\ \ q_y\ \ q_z\ \ q_\theta\ \ 0\ \ 0]^{\mathrm{T}}$ 可由下式给出,即

$$\boldsymbol{R}_{n}(t) = \begin{bmatrix} \boldsymbol{R}_1 \\ \boldsymbol{R}_2 \end{bmatrix}_{n} \tag{5.33}$$

式中:$\boldsymbol{R}_{i_n}(t)=\{\boldsymbol{B}_{q_n}\boldsymbol{\beta}_0\hat{\boldsymbol{v}}_0\}_n$,$i=1$ 或 2 代表的是单元的端点,且有

$$\boldsymbol{B}_{q_n} = \begin{bmatrix} \boldsymbol{B}_{q_0}(Z_1) & 0 \\ 0 & \boldsymbol{B}_{q_0}(Z_2) \end{bmatrix}_n, \quad \boldsymbol{\beta}_n = \begin{bmatrix} \boldsymbol{\beta}_0 & 0 \\ 0 & \boldsymbol{\beta}_0 \end{bmatrix}_n, \quad \hat{\boldsymbol{v}}_n = \begin{bmatrix} \hat{\boldsymbol{v}}_0(Z_1) \\ \hat{\boldsymbol{v}}_0(Z_2) \end{bmatrix},$$

$$\boldsymbol{\beta}_0 = \begin{bmatrix} 1 & 0 & 0 \\ 0 & \sin\gamma & 0 \\ 0 & 0 & \cos\gamma \end{bmatrix}, \quad \hat{\boldsymbol{v}}_0 = \begin{bmatrix} \dfrac{u(x,t)}{\sigma_u} & \dfrac{v(x,t)}{\sigma_v} & \dfrac{w(x,t)}{\sigma_w} \end{bmatrix}^{\mathrm{T}}$$

$$\boldsymbol{B}_{q_0} = \dfrac{\rho\,[V(Z_i)]^2 L}{4} \begin{bmatrix} 0 & 0 & 0 \\ 2D\bar{C}_{\mathrm{D}} I_u(Z_i) & (DC'_{\mathrm{D}} - B\bar{C}_{\mathrm{L}}) I_v(Z_i) & (DC'_{\mathrm{D}} - B\bar{C}_{\mathrm{L}}) I_w(Z_i) \\ 2B\bar{C}_{\mathrm{L}} I_u(Z_i) & (BC'_{\mathrm{L}} + D\bar{C}_{\mathrm{D}}) I_v(Z_i) & (BC'_{\mathrm{L}} + D\bar{C}_{\mathrm{D}}) I_w(Z_i) \\ -2B^2 \bar{C}_{\mathrm{M}} I_u(Z_i) & -B^2 C'_{\mathrm{M}} I_v(Z_i) & -B^2 C'_{\mathrm{M}} I_w(Z_i) \\ 0 & 0 & 0 \\ 0 & 0 & 0 \end{bmatrix}$$

类似地,对于自激力效应,有

$$\boldsymbol{q}_{\mathrm{ae}}(x,t) = \boldsymbol{c}_{\mathrm{ae}_0} \begin{bmatrix} 0 \\ \dot{r}_{y_{\mathrm{el}}} \\ \dot{r}_{z_{\mathrm{el}}} \\ \dot{r}_{\theta_{\mathrm{el}}} \\ 0 \\ 0 \end{bmatrix} + \boldsymbol{k}_{\mathrm{ae}_0} \begin{bmatrix} 0 \\ r_{y_{\mathrm{el}}} \\ r_{z_{\mathrm{el}}} \\ r_{\theta_{\mathrm{el}}} \\ 0 \\ 0 \end{bmatrix}$$

也可做同样处理,于是有

$$\boldsymbol{c}_{\mathrm{ae}_n} = \dfrac{L}{2} \begin{bmatrix} \boldsymbol{c}_{\mathrm{ae}_0}(Z_1) & 0 \\ 0 & \boldsymbol{c}_{\mathrm{ae}_0}(Z_2) \end{bmatrix}_n, \quad \boldsymbol{k}_{\mathrm{ae}_n} = \dfrac{L}{2} \begin{bmatrix} \boldsymbol{k}_{\mathrm{ae}_0}(Z_1) & 0 \\ 0 & \boldsymbol{k}_{\mathrm{ae}_0}(Z_2) \end{bmatrix}_n \quad (5.34)$$

假如采用的是准静态方法,那么 $\boldsymbol{c}_{\mathrm{ae}_0}$ 和 $\boldsymbol{k}_{\mathrm{ae}_0}$ 可由下式给出,即

$$\boldsymbol{c}_{ae_0} = \frac{\rho V}{2} \begin{bmatrix} 0 & 0 & 0 & 0 & 0 & 0 \\ 0 & -2D\bar{C}_D & -(DC'_D - B\bar{C}_L) & 0 & 0 & 0 \\ 0 & -2B\bar{C}_L & -(BC'_L + D\bar{C}_D) & 0 & 0 & 0 \\ 0 & 2B^2\bar{C}_M & B^2 C'_M & 0 & 0 & 0 \\ 0 & 0 & 0 & 0 & 0 & 0 \\ 0 & 0 & 0 & 0 & 0 & 0 \end{bmatrix}$$

$$\boldsymbol{k}_{ae_0} = \frac{\rho V^2}{2} \begin{bmatrix} 0 & 0 & 0 & 0 & 0 & 0 \\ 0 & 0 & 0 & -DC'_D & 0 & 0 \\ 0 & 0 & 0 & -BC'_L & 0 & 0 \\ 0 & 0 & 0 & B^2 C'_M & 0 & 0 \\ 0 & 0 & 0 & 0 & 0 & 0 \\ 0 & 0 & 0 & 0 & 0 & 0 \end{bmatrix}$$ (5.35)

如果采用模态方法,那么 $\boldsymbol{c}_{ae_0}$ 和 $\boldsymbol{k}_{ae_0}$ 的元素可以替换为气动导数。

任何情况下的模态载荷矢量都是由下式给出的,即

$$\tilde{\boldsymbol{R}}(t) = \boldsymbol{\Phi}^T \boldsymbol{R}(t) = \boldsymbol{\Phi}^T \cdot \sum_{n=1}^{N} \boldsymbol{A}_n^T \cdot \boldsymbol{R}_n(t) = \boldsymbol{\Phi}^T \cdot \sum_{n=1}^{N} \boldsymbol{A}_n^T \cdot [\boldsymbol{B}_{q_n} \boldsymbol{\beta}_n \hat{\boldsymbol{v}}_n(t)] \quad (5.36)$$

经过傅里叶变换后可得 $\boldsymbol{a}_{\tilde{R}}(\omega) = \boldsymbol{\Phi}^T \cdot \sum_{n=1}^{N} \boldsymbol{A}_n^T \cdot [\boldsymbol{B}_{q_n} \boldsymbol{\beta}_n \boldsymbol{a}_{\hat{v}_n}(\omega)]$,于是模态抖振载荷的互谱密度矩阵就可以表示为

$$\boldsymbol{S}_{\tilde{R}\tilde{R}}(\omega) = \lim_{T \to \infty} \frac{1}{\pi T} \left\{ \left[\boldsymbol{\Phi}^T \sum_{n=1}^{N} \boldsymbol{A}_n^T (\boldsymbol{B}_{q_n} \boldsymbol{\beta}_n \boldsymbol{a}_{\hat{v}_n}^*) \right] \cdot \left[\boldsymbol{\Phi}^T \sum_{n=1}^{N} \boldsymbol{A}_n^T (\boldsymbol{B}_{q_n} \boldsymbol{\beta}_n \boldsymbol{a}_{\hat{v}_n}) \right]^T \right\}$$

$$= \boldsymbol{\Phi}^T \left\{ \sum_{n=1}^{N} \sum_{m=1}^{N} \boldsymbol{A}_n^T [\boldsymbol{B}_{q_n} \boldsymbol{\beta}_n \cdot \lim_{T \to \infty} \frac{1}{\pi T} (\boldsymbol{a}_{\hat{v}_n}^* \cdot \boldsymbol{a}_{\hat{v}_m}^T) \cdot \boldsymbol{\beta}_m^T \boldsymbol{B}_{q_m}^T] \boldsymbol{A}_m \right\} \boldsymbol{\Phi}$$

$$= \boldsymbol{\Phi}^T \left\{ \sum_{n=1}^{N} \sum_{m=1}^{N} \boldsymbol{A}_n^T [\boldsymbol{B}_{q_n} \boldsymbol{\beta}_n \cdot \hat{\boldsymbol{S}}_{\hat{v}\hat{v}}(\omega) \cdot \boldsymbol{\beta}_m^T \boldsymbol{B}_{q_m}^T] \boldsymbol{A}_m \right\} \boldsymbol{\Phi} \quad (5.37)$$

式中:$\hat{\boldsymbol{S}}_{\hat{v}\hat{v}}(\omega) = \lim_{T \to \infty} \frac{1}{\pi T} (\boldsymbol{a}_{\hat{v}_n}^* \cdot \boldsymbol{a}_{\hat{v}_m}^T) = \sqrt{\hat{S}_n(\omega)} \cdot \hat{Co}_{nm}(\Delta s_{nm}, \omega) \cdot \sqrt{\hat{S}_m(\omega)}$ 为简约

湍流速度矢量 $\boldsymbol{a}_{\hat{v}_j}(\omega) = \begin{bmatrix} a_{\hat{u}_1} & a_{\hat{v}_1} & a_{\hat{w}_1} & a_{\hat{u}_2} & a_{\hat{v}_2} & a_{\hat{w}_2} \end{bmatrix}_j^T$ 的互谱密度矩阵(对角阵),因此有

$$S_{\eta\eta}(\omega) = \tilde{\boldsymbol{H}}_\eta^*(\omega) \cdot \boldsymbol{S}_{\tilde{R}\tilde{R}}(\omega) \cdot \tilde{\boldsymbol{H}}_\eta^T(\omega) = \tilde{\boldsymbol{H}}_\eta^*(\omega) \cdot [\boldsymbol{\Phi}^T \boldsymbol{S}_{RR}(\omega) \boldsymbol{\Phi}] \cdot \tilde{\boldsymbol{H}}_\eta^T(\omega)$$
$$= \tilde{\boldsymbol{H}}_\eta^*(\boldsymbol{\Phi}^T \{\sum_{n=1}^N \sum_{m=1}^N \boldsymbol{A}_n^T [\boldsymbol{B}_{q_n} \boldsymbol{\beta}_n \cdot (\hat{\boldsymbol{S}}_n^{1/2} \hat{\boldsymbol{C}} \boldsymbol{o}_{nm} \hat{\boldsymbol{S}}_m^{1/2}) \cdot \boldsymbol{\beta}_m^T \boldsymbol{B}_{q_m}^T] \boldsymbol{A}_m\} \boldsymbol{\Phi}) \tilde{\boldsymbol{H}}_\eta^T$$
(5.38)

式中: $\hat{\boldsymbol{S}}_n(\omega) = \text{diag}\begin{bmatrix} \hat{S}_{u_{1_n}} & \hat{S}_{v_{1_n}} & \hat{S}_{w_{1_n}} & \hat{S}_{u_{2_n}} & \hat{S}_{v_{2_n}} & \hat{S}_{w_{2_n}} \end{bmatrix}$ 和 $\hat{\boldsymbol{S}}_m(\omega) = \text{diag}\begin{bmatrix} \hat{S}_{u_{1_m}} & \hat{S}_{v_{1_m}} & \hat{S}_{w_{1_m}} & \hat{S}_{u_{2_m}} & \hat{S}_{v_{2_m}} & \hat{S}_{w_{2_m}} \end{bmatrix}$ 分别为与单元 n 和单元 m 相关的简约自谱密度矩阵;矩阵

$$\hat{\boldsymbol{C}}\boldsymbol{o}_{nm}(\Delta s_{nm}, \omega) = \begin{bmatrix} \hat{\boldsymbol{C}}\boldsymbol{o}_{1n1m} & \hat{\boldsymbol{C}}\boldsymbol{o}_{1n2m} \\ \hat{\boldsymbol{C}}\boldsymbol{o}_{1n2m} & \hat{\boldsymbol{C}}\boldsymbol{o}_{2n2m} \end{bmatrix} \quad (5.39)$$

为对应的两个单元端点之间的简约协方差矩阵。

其中,

$$\hat{\boldsymbol{C}}\boldsymbol{o}_{1n1m} = \begin{bmatrix} \hat{Co}_{uu}(\Delta s_{1n1m}, \omega) & 0 & 0 \\ 0 & \hat{Co}_{vv}(\Delta s_{1n1m}, \omega) & 0 \\ 0 & 0 & \hat{Co}_{ww}(\Delta s_{1n1m}, \omega) \end{bmatrix}$$

$$\hat{\boldsymbol{C}}\boldsymbol{o}_{2n2m} = \begin{bmatrix} \hat{Co}_{uu}(\Delta s_{2n2m}, \omega) & 0 & 0 \\ 0 & \hat{Co}_{vv}(\Delta s_{2n2m}, \omega) & 0 \\ 0 & 0 & \hat{Co}_{ww}(\Delta s_{2n2m}, \omega) \end{bmatrix}$$

$$\hat{\boldsymbol{C}}\boldsymbol{o}_{1n2m} = \begin{bmatrix} \hat{Co}_{uu}(\Delta s_{1n2m}, \omega) & 0 & 0 \\ 0 & \hat{Co}_{vv}(\Delta s_{1n2m}, \omega) & 0 \\ 0 & 0 & \hat{Co}_{ww}(\Delta s_{1n2m}, \omega) \end{bmatrix}$$

$$\hat{\boldsymbol{C}}\boldsymbol{o}_{2n1m} = \begin{bmatrix} \hat{Co}_{uu}(\Delta s_{2n1m}, \omega) & 0 & 0 \\ 0 & \hat{Co}_{vv}(\Delta s_{2n1m}, \omega) & 0 \\ 0 & 0 & \hat{Co}_{ww}(\Delta s_{2n1m}, \omega) \end{bmatrix}$$

如果采用 Kaimal 型自谱(Kaimal 等,1972)和简单的指数衰减型协谱,那么进一步还有

$$\begin{cases}
\hat{S}_{p_i}(\omega) = \dfrac{S_{p_i}(\omega)}{\sigma_{p_i}^2} = \dfrac{A_p \cdot {}^{x_f}\dfrac{L_p}{V(Z_i)}}{\left[1 + 1.5 A_p \omega {}^{x_f}\dfrac{L_p}{V(Z_i)}\right]^{5/3}} \\[2ex]
\hat{S}_{p_j}(\omega) = \dfrac{S_{p_j}(\omega)}{\sigma_{p_j}^2} = \dfrac{A_p \cdot {}^{x_f}\dfrac{L_p}{V(Z_j)}}{\left[1 + 1.5 A_p \omega {}^{x_f}\dfrac{L_p}{V(Z_j)}\right]^{5/3}} \\[2ex]
\hat{\text{Co}}_{pp}(\Delta s_{ij}, \omega) = \exp\left\{\dfrac{-\omega\sqrt{[c_{px}(X_i - X_j)]^2 + [c_{pz}(Z_i - Z_j)]^2}}{\overline{V}_{ij}}\right\} \\[2ex]
\overline{V}_{ij} = \dfrac{[V(Z_i) + V(Z_j)]}{2} \\
p = u, v, w \\
i, j = 1_n, 2_n, 1_m, 2_m
\end{cases} \quad (5.40)$$

最后,由于 $r(t) = \boldsymbol{\Phi} \cdot \eta(t)$,于是 $\boldsymbol{a}_r(\omega) = \boldsymbol{\Phi} \cdot \boldsymbol{a}_\eta(\omega)$,因而位移响应参量的互谱密度矩阵就可由下式给出,即

$$\begin{aligned}
S_{rr}(\omega) &= \lim_{T \to \infty} \frac{1}{\pi T}(\boldsymbol{a}_r^* \boldsymbol{a}_r^\mathrm{T}) = \lim_{T \to \infty} \frac{1}{\pi T}((\boldsymbol{\Phi} \boldsymbol{a}_\eta)^* (\boldsymbol{\Phi} \boldsymbol{a}_\eta)^\mathrm{T}) = \boldsymbol{\Phi} \lim_{T \to \infty} \frac{1}{\pi T}(\boldsymbol{a}_\eta^* \boldsymbol{a}_\eta^\mathrm{T}) \boldsymbol{\Phi}^\mathrm{T} \\
&= \boldsymbol{\Phi} S_{\eta\eta} \boldsymbol{\Phi}^\mathrm{T} = \boldsymbol{\Phi}[\hat{H}_\eta^* \{\boldsymbol{\Phi}^\mathrm{T}\{\sum_{n=1}^{N}\sum_{m=1}^{N} A_n^\mathrm{T} [B_{q_n} \boldsymbol{\beta}_n (\hat{S}_n^{1/2} \hat{\text{Co}}_{nm} \hat{S}_m^{1/2}) \boldsymbol{\beta}_m^\mathrm{T} B_{q_m}^\mathrm{T}] A_m\} \boldsymbol{\Phi}\} \hat{H}_\eta^\mathrm{T}] \boldsymbol{\Phi}^\mathrm{T}
\end{aligned}$$

(5.41)

5.3 当前应用实践介绍

5.3.1 基于简化的逐阶模态法计算动力响应

很多情况下,最重要的一些模态仅仅只与水平方向、竖直方向或扭转方向中的单个位移分量(ϕ_y、ϕ_z、ϕ_θ)有关,并且对应的特征频率(ω_y、ω_z、ω_θ)分隔得较开,这种情况下就可以针对感兴趣的模态逐个进行响应计算,而仍能具有足够的精度。在此基础上,不难通过简单的频域求和去获得每个位移响应,并且也很容易将这一计算表示为连续形式,即

$$\begin{bmatrix} S_{r_y}(\omega,x) \\ S_{r_z}(\omega,x) \\ S_{r_\theta}(\omega,x) \end{bmatrix} \approx \sum_{n=1}^{N_{\text{mod}}} \begin{bmatrix} S_{r_{y_n}}(\omega,x) \\ S_{r_{z_n}}(\omega,x) \\ S_{r_{\theta_n}}(\omega,x) \end{bmatrix} \Rightarrow \begin{bmatrix} \sigma_{r_y}^2(x) \\ \sigma_{r_z}^2(x) \\ \sigma_{r_\theta}^2(x) \end{bmatrix} = \int_0^\infty \begin{bmatrix} S_{r_y}(\omega,x) \\ S_{r_z}(\omega,x) \\ S_{r_\theta}(\omega,x) \end{bmatrix} d\omega \quad (5.42)$$

式中：N_{mod} 为需要考虑进来的模态数量，且有

$$\begin{cases} S_{r_{y_n}}(\omega,x) = \left[\phi_{y_n}(x) \cdot \dfrac{\rho B^2 D}{\tilde{m}_{y_n}} \cdot \left(\dfrac{V}{B\omega_{y_n}}\right)^2 \cdot \bar{C}_D I_u \cdot |\hat{H}_{y_n}(\omega)| \cdot \hat{J}_{y_n}(\omega) \right]^2 \cdot \dfrac{S_u(\omega)}{\sigma_u^2} \\[2ex] S_{r_{z_n}}(\omega,x) = \left[\phi_{z_n}(x) \cdot \dfrac{\rho B^3}{2\tilde{m}_{z_n}} \cdot \left(\dfrac{V}{B\omega_{z_n}}\right)^2 \cdot C_L' I_w \cdot |\hat{H}_{z_n}(\omega)| \cdot \hat{J}_{z_n}(\omega) \right]^2 \cdot \dfrac{S_w(\omega)}{\sigma_w^2} \\[2ex] S_{r_{\theta_n}}(\omega,x) = \left[\phi_{\theta_n}(x) \cdot \dfrac{\rho B^4}{2\tilde{m}_{\theta_n}} \cdot \left(\dfrac{V}{B\omega_{\theta_n}}\right)^2 \cdot C_M' I_w \cdot |\hat{H}_{\theta_n}(\omega)| \cdot \hat{J}_{\theta_n}(\omega) \right]^2 \cdot \dfrac{S_w(\omega)}{\sigma_w^2} \end{cases}$$
$$(5.43)$$

式中：ϕ_{y_n}、ϕ_{z_n} 和 ϕ_{θ_n} 为相关的模态形状；ω_{y_n}、ω_{z_n} 和 ω_{θ_n} 为对应的模态频率。频响函数的表达式为

$$\begin{cases} \hat{H}_{y_n}(\omega) = \left[1 - \kappa_{ae_{y_n}} - \left(\dfrac{\omega}{\omega_{y_n}}\right)^2 + 2i(\zeta_{y_n} - \zeta_{ae_{y_n}}) \cdot \dfrac{\omega}{\omega_{y_n}} \right]^{-1} \\[2ex] \hat{H}_{z_n}(\omega) = \left[1 - \kappa_{ae_{z_n}} - \left(\dfrac{\omega}{\omega_{z_n}}\right)^2 + 2i(\zeta_{z_n} - \zeta_{ae_{z_n}}) \cdot \dfrac{\omega}{\omega_{z_n}} \right]^{-1} \\[2ex] \hat{H}_{\theta_n}(\omega) = \left[1 - \kappa_{ae_{\theta_n}} - \left(\dfrac{\omega}{\omega_{\theta_n}}\right)^2 + 2i(\zeta_{\theta_n} - \zeta_{ae_{\theta_n}}) \cdot \dfrac{\omega}{\omega_{\theta_n}} \right]^{-1} \end{cases} \quad (5.44)$$

式中：ζ_{y_n}、ζ_{z_n} 和 ζ_{θ_n} 为与模态 n 相关的阻尼比。联合承载函数（Joint acceptance function）为

$$\begin{cases} \hat{J}_{y_n}(\omega) = \dfrac{\left(\iint_{L_{\text{exp}}} \phi_{y_n}(x_1) \cdot \phi_{y_n}(x_2) \cdot \hat{\text{Co}}_{uu}(\Delta x,\omega) dx_1 dx_2 \right)^{\frac{1}{2}}}{\int_L \phi_{y_n}^2 dx} \\[3ex] \hat{J}_{z_n}(\omega) = \dfrac{\left(\iint_{L_{\text{exp}}} \phi_{z_n}(x_1) \cdot \phi_{z_n}(x_2) \cdot \hat{\text{Co}}_{ww}(\Delta x,\omega) dx_1 dx_2 \right)^{\frac{1}{2}}}{\int_L \phi_{z_n}^2 dx} \\[3ex] \hat{J}_{\theta_n}(\omega) = \dfrac{\left(\iint_{L_{\text{exp}}} \phi_{\theta_n}(x_1) \cdot \phi_{\theta_n}(x_2) \cdot \hat{\text{Co}}_{ww}(\Delta x,\omega) dx_1 dx_2 \right)^{\frac{1}{2}}}{\int_L \phi_{\theta_n}^2 dx} \end{cases} \quad (5.45)$$

其他一些参数(关于自激力和均匀分布的等效模态质量)的表达式为

$$\begin{bmatrix} \kappa_{\mathrm{ae}_{y_n}} \\ \zeta_{\mathrm{ae}_{y_n}} \end{bmatrix} = \begin{bmatrix} \dfrac{\tilde{K}_{\mathrm{ae}_{y_n}}}{\omega_{y_n}^2 \tilde{M}_{y_n}} \\ \\ \dfrac{\tilde{C}_{\mathrm{ae}_{y_n}}}{2\omega_{y_n} \tilde{M}_{y_n}} \end{bmatrix} = \begin{bmatrix} \dfrac{\dfrac{\rho B^2}{2}\omega_{y_n}^2 P_4^* \int\limits_{L_{\exp}} \phi_{y_n}^2 \mathrm{d}x}{\omega_{y_n}^2 \tilde{m}_{y_n} \int\limits_{L} \phi_{y_n}^2 \mathrm{d}x} \\ \\ \dfrac{\dfrac{\rho B^2}{2}\omega_{y_n} P_1^* \int\limits_{L_{\exp}} \phi_{y_n}^2 \mathrm{d}x}{2\omega_{y_n} \tilde{m}_{y_n} \int\limits_{L} \phi_{y_n}^2 \mathrm{d}x} \end{bmatrix} = \dfrac{\rho B^2}{\tilde{m}_{y_n}} \cdot \dfrac{\int\limits_{L_{\exp}} \phi_{y_n}^2 \mathrm{d}x}{\int\limits_{L} \phi_{y_n}^2 \mathrm{d}x} \begin{bmatrix} \dfrac{1}{2} P_4^* \\ \\ \dfrac{1}{4} P_1^* \end{bmatrix}$$

(5.46)

$$\begin{bmatrix} \kappa_{\mathrm{ae}_{z_n}} \\ \zeta_{\mathrm{ae}_{z_n}} \end{bmatrix} = \begin{bmatrix} \dfrac{\tilde{K}_{\mathrm{ae}_{z_n}}}{\omega_{z_n}^2 \tilde{M}_{z_n}} \\ \\ \dfrac{\tilde{C}_{\mathrm{ae}_{z_n}}}{2\omega_{z_n} \tilde{M}_{z_n}} \end{bmatrix} = \begin{bmatrix} \dfrac{\dfrac{\rho B^2}{2}\omega_{z_n}^2 H_4^* \int\limits_{L_{\exp}} \phi_{z_n}^2 \mathrm{d}x}{\omega_{z_n}^2 \tilde{m}_{z_n} \int\limits_{L} \phi_{z_n}^2 \mathrm{d}x} \\ \\ \dfrac{\dfrac{\rho B^2}{2}\omega_{z_n} H_1^* \int\limits_{L_{\exp}} \phi_{z_n}^2 \mathrm{d}x}{2\omega_{z_n} \tilde{m}_{z_n} \int\limits_{L} \phi_{z_n}^2 \mathrm{d}x} \end{bmatrix} = \dfrac{\rho B^2}{\tilde{m}_{z_n}} \cdot \dfrac{\int\limits_{L_{\exp}} \phi_{z_n}^2 \mathrm{d}x}{\int\limits_{L} \phi_{z_n}^2 \mathrm{d}x} \begin{bmatrix} \dfrac{1}{2} H_4^* \\ \\ \dfrac{1}{4} H_1^* \end{bmatrix}$$

(5.47)

$$\begin{bmatrix} \kappa_{\mathrm{ae}_{\theta_n}} \\ \zeta_{\mathrm{ae}_{\theta_n}} \end{bmatrix} = \begin{bmatrix} \dfrac{\tilde{K}_{\mathrm{ae}_{\theta_n}}}{\omega_{\theta_n}^2 \tilde{M}_{\theta_n}} \\ \\ \dfrac{\tilde{C}_{\mathrm{ae}_{\theta_n}}}{2\omega_{\theta_n} \tilde{M}_{\theta_n}} \end{bmatrix} = \begin{bmatrix} \dfrac{\dfrac{\rho B^2}{2}\omega_{\theta_n}^2 A_3^* \int\limits_{L_{\exp}} \phi_{\theta_n}^2 \mathrm{d}x}{\omega_{\theta_n}^2 \tilde{m}_{\theta_n} \int\limits_{L} \phi_{\theta_n}^2 \mathrm{d}x} \\ \\ \dfrac{\dfrac{\rho B^2}{2}\omega_{\theta_n} A_2^* \int\limits_{L_{\exp}} \phi_{\theta_n}^2 \mathrm{d}x}{2\omega_{\theta_n} \tilde{m}_{\theta_n} \int\limits_{L} \phi_{\theta_n}^2 \mathrm{d}x} \end{bmatrix} = \dfrac{\rho B^2}{\tilde{m}_{\theta_n}} \cdot \dfrac{\int\limits_{L_{\exp}} \phi_{\theta_n}^2 \mathrm{d}x}{\int\limits_{L} \phi_{\theta_n}^2 \mathrm{d}x} \begin{bmatrix} \dfrac{1}{2} A_3^* \\ \\ \dfrac{1}{4} A_2^* \end{bmatrix}$$

(5.48)

均匀分布的等效模态质量定义为

$$\begin{cases} \tilde{m}_{y_n} = \dfrac{\tilde{M}_{y_n}}{\int_L \phi_{y_n}^2 \mathrm{d}x} = \dfrac{\int_L m_{y_n}\phi_{y_n}^2 \mathrm{d}x}{\int_L \phi_{y_n}^2 \mathrm{d}x} \\[2ex] \tilde{m}_{z_n} = \dfrac{\tilde{M}_{z_n}}{\int_L \phi_{z_n}^2 \mathrm{d}x} = \dfrac{\int_L m_{z_n}\phi_{z_n}^2 \mathrm{d}x}{\int_L \phi_{z_n}^2 \mathrm{d}x} \\[2ex] \tilde{m}_{\theta_n} = \dfrac{\tilde{M}_{\theta_n}}{\int_L \phi_{\theta_n}^2 \mathrm{d}x} = \dfrac{\int_L m_{\theta_n}\phi_{\theta_n}^2 \mathrm{d}x}{\int_L \phi_{\theta_n}^2 \mathrm{d}x} \end{cases} \quad (5.49)$$

在某些情况下，可能只需要考虑单个模态单个位移成分就足够了，这时上述结果就可以进一步简化为

$$\begin{cases} \sigma_{r_y}(x) = |\phi_y(x)| \cdot \dfrac{\rho B^2 D}{\tilde{m}_y} \cdot \bar{C}_D I_u \cdot \left(\dfrac{V}{B\omega_y}\right)^2 \cdot \left[\int_0^\infty |\hat{H}_y(\omega)|^2 \cdot \dfrac{S_u(\omega)}{\sigma_u^2} \cdot \hat{J}_y^2(\omega)\mathrm{d}\omega\right]^{1/2} \\[2ex] \sigma_{r_z}(x) = |\phi_z(x)| \cdot \dfrac{\rho B^3}{2\tilde{m}_z} \cdot C'_L I_w \cdot \left(\dfrac{V}{B\omega_z}\right)^2 \cdot \left[\int_0^\infty |\hat{H}_z(\omega)|^2 \cdot \dfrac{S_w(\omega)}{\sigma_w^2} \cdot \hat{J}_z^2(\omega)\mathrm{d}\omega\right]^{1/2} \\[2ex] \sigma_{r_\theta}(x) = |\phi_\theta(x)| \cdot \dfrac{\rho B^4}{2\tilde{m}_\theta} \cdot C'_M I_w \cdot \left(\dfrac{V}{B\omega_\theta}\right)^2 \cdot \left[\int_0^\infty |\hat{H}_\theta(\omega)|^2 \cdot \dfrac{S_w(\omega)}{\sigma_w^2} \cdot \hat{J}_\theta^2(\omega)\mathrm{d}\omega\right]^{1/2} \end{cases}$$

$$(5.50)$$

此外，在一些情况下也有可能采用准静态下的气动导数就足够了，此时则有

$$\begin{cases} P_1^* = -2\bar{C}_D \dfrac{D}{B}\dfrac{V}{B\omega_{y_n}} \\[2ex] H_1^* = -\left(C'_L + \bar{C}_D \dfrac{D}{B}\right)\dfrac{V}{B\omega_{z_n}} \\[2ex] A_2^* = 0 \\ P_4^* = 0 \\ H_4^* = 0 \\ A_3^* = C'_M\left(\dfrac{V}{B\omega_{\theta_n}}\right)^2 \end{cases} \quad (5.51)$$

5.3.2 风场描述

平均风速(10min 平均)沿高度的自然对数型变化规律最早是由 Millkan (1938)提出的,即

$$\frac{V(z_f)}{V(10)} = \begin{cases} k_T \cdot \ln\left(\dfrac{z_f}{z_0}\right) & z_f > z_{min} \\ k_T \cdot \ln\left(\dfrac{z_{min}}{z_0}\right) & z_f \leq z_{min} \end{cases} \tag{5.52}$$

式中:参数 k_T、z_0 和 z_{min} 与地表状况有关。引入高度值 z_{min} 是因为在地面附近这一风速变化规律的合理性是有限的(湍流和方向效应占据主导地位)。z_0 通常被称为粗糙长度。对于开阔的海面环境或无障碍物的乡村环境,k_T 和 z_0 的典型值在 0.15 和 0.01 左右,而对于城市环境通常在 0.25 和 1.0 左右,对应的 z_{min} 则为 2~15m。

湍流强度的一般定义为

$$I_n(z_f) = \frac{\sigma_n(z_f)}{V(z_f)} \quad n = u、v、w \tag{5.53}$$

对于顺风分量 u 而言,湍流强度的一般变化规律可由下式来描述,即

$$I_u(z_f) \approx \begin{cases} \dfrac{1}{\ln\left(\dfrac{z_f}{z_0}\right)} & z_f > z_{min} \\ \dfrac{1}{\ln\left(\dfrac{z_{min}}{z_0}\right)} & z_f \leq z_{min} \end{cases} \tag{5.54}$$

在各向同性条件下,$I_u \approx I_v \approx I_w$,而在均匀地形(最高到大约 200m,不过分靠近地面)条件下,一般有以下关系,即

$$\begin{bmatrix} I_v \\ I_w \end{bmatrix} \approx \begin{bmatrix} \dfrac{3}{4} \\ \dfrac{1}{2} \end{bmatrix} \cdot I_u \tag{5.55}$$

关于湍流分量的自谱密度,目前已经有很多不同的表达式,下面这种无量纲形式的是 Kaimal 等(1972)给出的,在各类文献中经常能够遇到,即

$$\frac{f \cdot S_n(f)}{\sigma_n^2} = \frac{A_n \cdot \hat{f}_n}{(1 + 1.5 \cdot A_n \cdot \hat{f}_n)^{5/3}} \quad n = u、v、w \tag{5.56}$$

式中:$\hat{f}_n = f \cdot {}^{x_f}L_n/V$, ${}^{x_f}L_n$ 为相关湍流分量的积分长度尺度。

一般而言,湍流分量空间特性的确定必须建立在全尺度现场记录的基础之上,不过作为首次近似,在(不过分靠近地面的)均匀地形条件下,通常可以采用以下结果,即

$$\begin{bmatrix} {}^{y_f}L_u \\ {}^{z_f}L_u \\ {}^{x_f}L_v \\ {}^{y_f}L_v \\ {}^{z_f}L_v \\ {}^{x_f}L_w \\ {}^{y_f}L_w \\ {}^{z_f}L_w \end{bmatrix} = \begin{bmatrix} 1/3 \\ 1/4 \\ 1/4 \\ 1/4 \\ 1/12 \\ 1/12 \\ 1/16 \\ 1/16 \end{bmatrix} {}^{x_f}L_u \quad \begin{cases} \dfrac{{}^{x_f}L_u(z_f)}{{}^{x_f}L_u(z_{f0})} \approx \left(\dfrac{z_f}{z_{f0}}\right)^{0.3} \\ \\ z_f \geqslant z_{f0} = 10\mathrm{m} \\ {}^{x_f}L_u(z_{f0}) = 100\mathrm{m} \end{cases} \tag{5.57}$$

人们一般假定风场是均匀且垂直于结构跨度方向的,因而相位谱可以忽略,而归一化的协谱可由下式给出,即

$$\begin{cases} \hat{\mathrm{Co}}_{nn}(\Delta s, f) = \dfrac{\mathrm{Re}[S_{nn}(\Delta s, f)]}{S_n(f)} \\ n = u,v,w; \quad \Delta s = \Delta x_f, \Delta y_f, \Delta z_f \end{cases} \tag{5.58}$$

在首次近似中(均匀条件下)可以采用以下结果:

$$\begin{cases} \hat{\mathrm{Co}}_{nn}(\Delta s, f) = \exp\left(-c_{ns} \cdot \dfrac{f \cdot \Delta s}{V(z_f)}\right) \\ c_{ns} = \begin{cases} c_{uy_f} = c_{uz_f} \approx 9 \\ c_{vy_f} = c_{vz_f} = c_{wy_f} \approx 6 \\ c_{wz_f} \approx 3 \end{cases} \end{cases} \tag{5.59}$$

c_{ns} 值的变化可能是显著的,这一点必须注意(Solari 和 Piccardo,2001)。式(5.59)是存在某些缺点的,即当 $f=0$ 时,对于所有的 Δs 归一化协谱都为 1,

而一般情况是在任意 f 值处都会发生衰减。另外,针对各向同性条件的假设,Krenk(1995)还提出了另一种表达式,可以用于顺风向分量(u)。

5.3.3 静态载荷系数

图 5.10 示出了一个节段模型的试验设置情况,一般来说既可以采用静态设置也可以采用动态设置方案。在静态设置中,所有螺旋弹簧(图 5.10 中的件 4)处于紧绷状态或者用杆将其替换。截面静态载荷系数是根据载荷单元 1~6 中的数据记录(攻角 α 作适当的改变)来确定的,可参见图 5.3。对于线状系统来说,$C'_L \to 2\pi$,而 $C'_M \to \pi/2$。

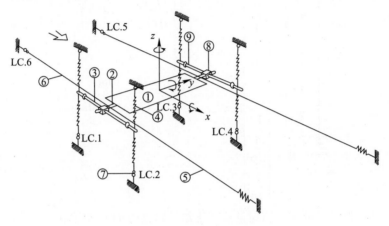

图 5.10 气动弹性节段模型

1—节段模型;2—水平轴(一般穿过风洞壁);3—延伸臂(一般位于风洞壁外);
4—螺旋弹簧;5—背风侧拉索;6—迎风侧拉索;7—单向载荷传感器 LC.1~LC.7;
8—中间件;9—可调附加质量

5.3.4 用于确定气动导数的气动弹性实验

在图 5.10 所示的气动弹性实验设置中,人们要么通过螺旋弹簧将模型悬吊起来,使之可以自由运动,要么移除弹簧并改用作动器去激励模型,使之获得预定的运动。

一般而言,气动弹性节段模型是用来完成多种任务的,其中包括:确定稳定性极限;检测可能的涡旋脱落效应;检测抖振响应行为;确定气动导数。

气动弹性节段模型的出现源于人们对桥梁系统的认识,即带有平板状截面的桥梁具有颤振稳定性极限,并且对该极限的检测是桥梁设计过程中的最重要的问题。众所周知,颤振现象包含最低阶扭转主导的模态与最低阶竖弯主导的模态,因此为了体现扭转和竖弯这两种模态的复杂组合,人们设计了气动弹性节段模型。在选择好几何模型尺度后,通常需要先对这两个模态进行数值识别(图 5.11),它们的模态特性一般是由以下参数来描述的,即

$$\begin{cases} \phi_\theta, \tilde{M}_\theta, \omega_\theta (\Rightarrow \tilde{K}_\theta = \omega_\theta^2 \tilde{M}_\theta) \\ \phi_z, \tilde{M}_z, \omega_z (\Rightarrow \tilde{K}_z = \omega_z^2 \tilde{M}_z) \end{cases}$$

显然我们必须认识到,在气动弹性试验设置中所建立的这两个自由度,并不能代表全尺度结构的任何物理上的自由度,实际上它们代表的是所选择的模态自由度,一个是扭转模态(通常是最低阶对称模态),另一个是最低阶竖弯模态(与扭转模态在形状上有些相似)。

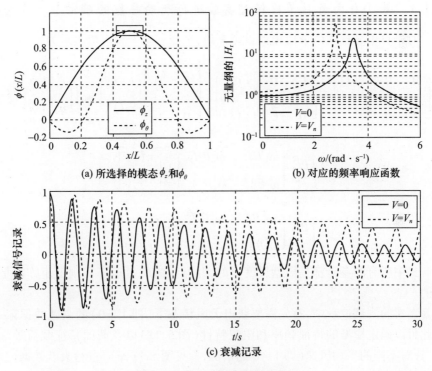

图 5.11 阻尼和刚度特性的变化

因为节段模型设置中的所有参量都是模态参量,所以根据动态气动弹性设置所得到的所有测试结果也就都属于模态量了。实际上,从模型实验的基本思想来看也是很容易理解的,模型代表了全尺度系统,于是在设计模型时就必须满足相似性要求(根据 Buckingham 定理的模型律),并且在应用测试结果(即将测

试结果拓展用于全尺度场景)时也是如此。显然,如果模型设置是模态化的,那么测试结果也将是模态结果,进而它们也只能拓展用于全尺度模态情况中。

对于自激力来说,它们主要通过(风场中的)阻尼和刚度特性的变化来体现(参见图 5.11,该图源于自由悬挂模型的测试),这些变化一般可以通过气动导数来表达。5.4 节将较为详尽地阐述提取这些参数的实验过程。

5.4 面向进一步工程实践的若干建议

根据气动弹性节段模型,气动导数可以通过两种方式来提取,分别是自由悬挂模型测试与强迫振动测试。

5.4.1 基于自由悬挂节段模型实验进行气动导数的确定

对于自由悬挂式的节段模型设置来说,平衡状态方程可以表示为

$$
\begin{bmatrix} \tilde{M}_z & 0 \\ 0 & \tilde{M}_\theta \end{bmatrix} \begin{bmatrix} \ddot{r}_z(t) \\ \ddot{r}_\theta(t) \end{bmatrix} + \begin{bmatrix} \tilde{C}_z & 0 \\ 0 & \tilde{C}_\theta \end{bmatrix} \begin{bmatrix} \dot{r}_z(t) \\ \dot{r}_\theta(t) \end{bmatrix} + \begin{bmatrix} \tilde{K}_z & 0 \\ 0 & \tilde{K}_\theta \end{bmatrix} \begin{bmatrix} r_z(t) \\ r_\theta(t) \end{bmatrix} = \int_L \begin{bmatrix} q_z(V,t) \\ q_\theta(V,t) \end{bmatrix} \mathrm{d}x
$$

$$
+ \int_L \frac{\rho B^2}{2} \begin{bmatrix} \omega_z H_1^* & \omega_\theta B H_2^* \\ \omega_z B A_1^* & \omega_\theta B^2 A_2^* \end{bmatrix} \mathrm{d}x \begin{bmatrix} \dot{r}_z(t) \\ \dot{r}_\theta(t) \end{bmatrix}
$$

$$
+ \int_L \frac{\rho B^2}{2} \begin{bmatrix} \omega_z^2 H_4^* & \omega_\theta^2 B H_3^* \\ \omega_z^2 B A_4^* & \omega_\theta^2 B^2 A_3^* \end{bmatrix} \mathrm{d}x \begin{bmatrix} r_z(t) \\ r_\theta(t) \end{bmatrix} \tag{5.60}
$$

式中所有的参量都是模型尺度上的,并且认为质量矩阵和刚度矩阵都是已知的。

在实验测试过程中,首先需要获得无风状态下(即 $V=0$)的衰减数据记录,据此可以确定模型的特征频率和阻尼特性(图 5.11)以及截面特征载荷等。然后,针对不同的平均风速(即 $V\neq 0$ 的情况,参见图 5.11(c))进行衰减数据记录,一般是先考察纯竖向运动,再考察纯扭转运动,最后再考察竖向和扭转这两者的组合运动,据此可以记录到阻尼特性和特征频率的变化,进而就能够用于提取气动导数了(根据式(5.60))。最常见的做法是进行环境振动测试(针对一系列合适的平均风速 V_n),然后采用系统识别技术对响应(或响应的协方差)进行分析(Jakobsen,1995a、1995b)。还有一种更直接的做法是利用自由模型的衰减运动实验,最早是 Scanlan 和 Sabzevari(1969)给出的。

对于每一个风速 V_n，可以将各个气动导数绘制成简约速度 $\hat{V} = V_n / [B\omega_j (V_n)]$ ($j = z$ 或 θ) 的函数曲线，这里的 $\omega_j(V_n)$ 是指风场中的特征频率（即针对的是气流和结构这一耦合系统），它们与具体的运动自由度（z 或 θ）有关。如图 5.12 所示，其中给出了一个平板状截面的气动导数曲线。

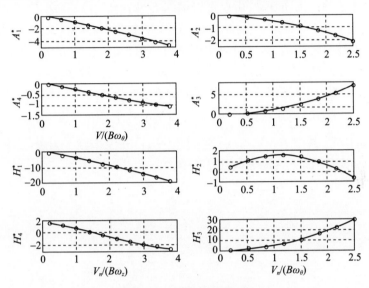

图 5.12 平板的气动导数

5.4.2 基于强迫振动实验进行气动导数的确定

在强迫振动测试中，平衡状态方程可以表示为

$$\boldsymbol{F}(V,\boldsymbol{r},t) = \begin{bmatrix} F_z \\ F_\theta \end{bmatrix} = \begin{bmatrix} \tilde{M}_z & 0 \\ 0 & \tilde{M}_\theta \end{bmatrix} \begin{bmatrix} \ddot{r}_z(\omega,t) \\ \ddot{r}_\theta(\omega,t) \end{bmatrix} + \begin{bmatrix} \tilde{C}_z & 0 \\ 0 & \tilde{C}_\theta \end{bmatrix} \begin{bmatrix} \dot{r}_z(\omega,t) \\ \dot{r}_\theta(\omega,t) \end{bmatrix} - \int_L \begin{bmatrix} q_z(V,t) \\ q_\theta(V,t) \end{bmatrix} \mathrm{d}x -$$

$$\int_L \frac{\rho B^2}{2}\omega \begin{bmatrix} H_1^* & BH_2^* \\ BA_1^* & B^2 A_2^* \end{bmatrix} \mathrm{d}x \begin{bmatrix} \dot{r}_z(\omega,t) \\ \dot{r}_\theta(\omega,t) \end{bmatrix} -$$

$$\int_L \frac{\rho B^2}{2}\omega^2 \begin{bmatrix} H_4^* & BH_3^* \\ BA_4^* & B^2 A_3^* \end{bmatrix} \mathrm{d}x \begin{bmatrix} r_z(\omega,t) \\ r_\theta(\omega,t) \end{bmatrix} \tag{5.61}$$

式中：所有参量也都是模型尺度上的；F_z 和 F_θ 为作用到对应的自由度上的外部

激励力,且认为模态质量是已知的。另外阻尼特性也已经根据$V=0$状态下的衰减数据记录得到了。

此类测试通常是在平稳气流中进行的,不过也没有理由说明为什么不能在湍流中进行。测试过程如下:首先,使结构保持在静止状态,即$r=0$,令平均风速V在所希望的范围内变动,由此可以得到$F(V,r=0,t)$;其次,在无风条件下($V=0$)给定$r=[a_z \quad a_\theta]^T e^{i\omega_j t} \neq 0 (j=z$或$\theta)$并进行一系列测试,先考虑纯竖向运动再考虑纯扭转运动,据此可以得到$F(V=0,r,t)$;最后,针对一定范围内的平均风速进行测试,也是先考虑纯竖向运动再考虑纯扭转运动继而考虑组合运动形式,据此就可以确定出$\Delta F = F(V,r,t) - F(V=0,r,t) - F(V,r=0,t)$了。一般可记$r(\omega_j,t) = a_r(\omega_j) e^{i\omega_j t}$,其中$a_r(\omega_j) = [a_{r_z} \quad a_{r_\theta}]^T$是实矢量,而$\Delta F(V,r,t) = A_F(V,r,\omega_j) e^{i\omega_j t}$,其中$A_F(V,r,\omega_j) = [A_{F_z} \quad A_{F_\theta}]^T$是复矢量。另外,一般还假定在整个模型跨度($L$)上气动导数都是不变的。

若令

$$\hat{A}_F(V,r,\omega_j) = \frac{2}{\rho B^2 L \omega_j^2} \begin{bmatrix} \dfrac{A_{F_z}}{a_{r_z}} \\ \dfrac{A_{F_\theta}}{a_{r_\theta}} \end{bmatrix} \tag{5.62}$$

那么气动导数就可以根据下式得到,即

$$\mathrm{i} \cdot \hat{c}_{ae}(V,\omega_j) + \hat{k}_{ae}(V,\omega_j) = \hat{A}_F(V,r,\omega_j) \tag{5.63}$$

式中:

$$\hat{c}_{ae}(V,\omega_j) = \begin{bmatrix} H_1^* & BH_2^* \\ BA_1^* & B^2 A_2^* \end{bmatrix}, \quad \hat{k}_{ae}(V,\omega_j) = \begin{bmatrix} H_4^* & BH_3^* \\ BA_4^* & B^2 A_3^* \end{bmatrix} \tag{5.64}$$

不难看出,根据这种类型的实验测试所得到的气动导数将是幅值和频率的函数。需要指出的是,尽管不能排除在某些情况下这一过程能够给出足够可靠的结果,但是从原理上来说并不推荐这一做法,原因在于:由于螺旋弹簧已经被移除了,因此模型也就失去了一个动力特性(柔性),进而也就不再能够完全反映所感兴趣的全尺度结构了。正因如此,这种测试过程中的设置违背了模型律中的一个主要相似性要求,即系统应该还具有柔性,能够自行决定(或选择)如何作出运动响应。即使激励频率与零平均风速下的特征频率相等,这种违背仍然存在,因为此时依然没有考虑到模型和气流这一组合系统(在风场中的)共振频率的变化。简言之,在这种设置下模型无法按照自身的"偏好"(由截面形状、质量特性和刚度特性等决定)去做出响应。另外,这一强迫振动测试过程是建立在气动导数仅仅只是截面特性这一思想基础上的,而这一假设是不大正确的。当然,截面的形状确实会起到主导作用,然而仅仅一个截面显然并不可能拥有结构和流体这一组合系统的所有动力特性,也就是说,自激力除了会受到截面形状的影响外,还会受到整个系统的运动"偏好"的影响。

5.4.3 气动导数的全尺度应用

正如上面曾经指出的,气动弹性节段模型所给出的竖向和扭转这两个自由度不能代表全尺度结构任何物理自由度,模型设置相关的参量都是模态域的,它们仅针对这两个模态坐标(这两个自由度对于全尺度结构的稳定性极限是十分重要的),于是从动态测试中得到的所有实验结果(如气动导数)也都是模态参量。显然,这就意味着实验得到的气动导数是不能用于原有限元自由度系统下的全尺度结构响应计算的(无论是时域还是频域都是如此),而若采用的是模态分析方法,那么这些结果是可以用于时域或者频域计算的。如果希望寻求原自由度系统下的解,就需要使用根据准定常理论所得到的自激力(参见式(5.3)和式(5.35)),或者需要确定阶跃函数(参见式(5.4)),目前这还处于研究阶段。

还应注意的是,气动导数是简约风速 $V/[B\omega_i(V)]$($i=z$ 或 θ)的函数。虽然在很多文献中会经常看到它们被表示为 $V/(B\omega)$ 或 $V/(Bf)$(甚至 $K=\omega B/V$)的函数,然而实际上并不是沿着连续的频率轴给出的。在 Buckingham 型建模过程中,一般要求所有无量纲参量都必须是物理量,对于每一种风速 V 来说,B 和 ω_i 都是满足这一要求的,而 ω 和 f 却不是。这样,在采用气动导数进行全尺度响应计算时,如果它们是作为相同的简约风速($\hat{V}_z=V/(B\omega_z)$ 或 $\hat{V}_\theta=V/(B\omega_\theta)$,取决于如何进行归一化处理,$V$ 为平均风速,ω_z 和 ω_θ 为风场下的共振频率(受到了气动刚度的影响))的函数提取出的,那么将只满足相似性要求,因此在任何计算过程中都需要进行迭代处理。

由于二自由度节段模型是通过两个特别挑选出的模态坐标来描述全尺度桥梁结构,所以必须注意在任何全尺度响应计算中,严格来说,气动导数只适用于该系统对应的模态坐标。至于它们是否也能描述其他模态组合情况,目前还是一个开放性问题,希望是但很可能不是。在远低于稳定性极限的平均风速范围内,与抖振载荷相比,自激力所起到的作用很小,因此在这一风速范围内就没有必要对气动导数的使用附加任何限制,不过在稳定性极限附近,自激力将起到主要作用,于是此时的全尺度响应计算只能(至少目前是这样)将上述两个模态考虑进来。

5.5 本章小结

在过去的20年中,风致动力响应计算方面的理论已经有了长足的发展。现在人们已经能够在模态坐标下获得响应历程(平均风速最大可到稳定性极限附近),从而使设计人员能够针对结构倒塌去评估安全系数。不过可惜的是,在原始的有限元自由度系统下,仍然还难以实现类似的计算,其原因在于自激力的实验确定方法还没有获得类似的进展。此外,在增量式时域方法中,在每个很小的时间步内,自激力与运动之间的线性关系仍然是可以采用的,这一点目前已经得到了广泛认可,目前的问题是需要在风洞实验中确定这种关系,这也是后续研究中需要着力解决的问题。

符 号 说 明

矩阵以粗体大写拉丁字母或希腊字母表示,矢量以粗体小写字母表示。

diag[·]表示对角矩阵,其元素位于中括号内。

det(·)表示小括号内的矩阵的行列式。

上标 T 表示对矢量或矩阵的转置运算。

上标 * 表示某个参量的复共轭。

符号上方的原点,如 $\dot{r}$ 和 $\ddot{r}$,表示其时间导数,即 d/dt、d^2/dt^2。

变量上方的单撇号,如 C'_L 或 ϕ',表示其对相关变量的导数,如 $C'_L = dC_L/d\alpha$ 或 $\phi' = d\phi/dx$;双撇号表示二阶导数,依此类推。

变量上方的短直线,如 $\bar{C}_D$,表示其平均值。

变量上方的波浪线,如 $\tilde{M}_i$,表示其模态变量。

变量上方的 $\wedge$,如 $\hat{B}_q$,表示其归一化变量。

拉丁字母

A	面积,横截面积
A_n	风谱系数,$n = u, v, w$
$A_1^* \sim A_6^*$	与扭转运动有关的气动导数
A, A_m, A_n	关联矩阵(与单元 m 或 n 相关)
$a, \boldsymbol{a}$	傅里叶系数,傅里叶系数向量

B	横截面的宽度
B_q	横截面上的抖振动载荷系数矩阵
b_q	准静态载荷系数矩阵
C, C	阻尼系数,阻尼矩阵(由阻尼系数构成)
C_{ae}, C_{ae}	气动阻尼,气动阻尼矩阵
C_D, C_L, C_M	平均入射角处的载荷系数
c, c_0, c_{ae}	横截面上的阻尼矩阵,单元阻尼矩阵,气动阻尼矩阵
Co, Co	协谱密度,协谱密度矩阵
Cov_{rr}	响应参量的协方差构成的矩阵
D	横截面深度
d, d_k	单元位移向量,单元端点的节点位移($k=1,2,\cdots,12$)
F, F	单元载荷向量,载荷
f	频率(单位:Hz)
$H_1^* \sim H_6^*$	与横风垂向运动相关的气动导数
H, H, H_r	频响函数,频响矩阵
$\tilde{H}_\eta, \tilde{H}_\eta$	模态频响函数,模态频响矩阵
I_u, I_v, I_w	气流分量 u、v 和 w 的湍流强度
I	单位矩阵
i	虚数单位($i=\sqrt{-1}$)或索引变量
K, K	刚度,刚度矩阵
K_{ae}, K_{ae}	气动刚度,气动刚度矩阵
k, k_{ae}	单元刚度矩阵,气动刚度矩阵
L	单元长度(假定与风载作用长度相等)
$^m L_n$	积分长度尺度($m=y,z,\theta; n=u,v,w$)
m, M	系统的质量,质量矩阵
m_0, m	截面质量矩阵,单元质量矩阵
$\overline{N}$	时不变法向力
N, N_r	数量,自由度数
$N, N_i(x)$	形函数矩阵,多项式形函数($i=1,2,\cdots,12$)

p, k	节点编号
$P_1^* \sim P_6^*$	与顺风向运动相关的气动导数
q_D, q_L, q_M	风轴坐标系下截面阻力、升力和扭矩
q_x, q_y, q_θ	体轴坐标系下截面阻力、升力和扭矩
q, q_{tot}	风载,抖振风载荷或总风载荷向量(截面上)
$q_{ae}, \boldsymbol{q}_{ae}$	运动导致的截面气动载荷
$R, \boldsymbol{R}, \boldsymbol{R}_n$	外部载荷,系统的外部载荷向量,单元的外部载荷向量
$\tilde{R}, \tilde{\boldsymbol{R}}$	模态载荷,模态载荷向量
$r_x, r_y, r_\theta, \boldsymbol{r}$	截面位移,截面位移向量
$s = t - \tau$	相对时间
$S, \boldsymbol{S}$	自谱密度或互谱密度,互谱密度矩阵
$\boldsymbol{S}_{rr}, \boldsymbol{S}_{RR}$	与响应或载荷相关的互谱密度矩阵
$\boldsymbol{S}_{\eta\eta}, \boldsymbol{S}_{\tilde{R}\tilde{R}}$	与模态响应或模态载荷相关的互谱密度矩阵
$t, \Delta t$	时间,时间增量
u, v, w	顺风向、横风向水平与垂向风速分量
V	平均风速
$\boldsymbol{v}, \hat{\boldsymbol{v}}_0, \hat{\boldsymbol{v}}_n$	风速矢量或简约风速矢量
X, Y, Z	全局笛卡儿坐标系下的体坐标轴
x, y, z	单元坐标轴(原点在剪切中心,x 位于翼展方向,z 为垂直方向)
x_f, y_f, z_f	流体的笛卡儿坐标轴(x_f 为主流动方向,z_f 为其垂直方向)
W_{ext}, W_{int}	外力和内力做的功

希腊字母

α	系数,入射角
β_0	由单元的方位属性构成的矩阵
$\zeta, \boldsymbol{\zeta}$	阻尼比,阻尼比矩阵
$\eta, \boldsymbol{\eta}$	广义坐标,由 $N_{mod}\eta$ 个元素构成的广义坐标向量
θ	表示截面转动量(关于剪切中心)的指标
κ_{ae}	包含气动模态刚度贡献的矩阵
ρ	系数,密度(如空气的密度)

σ, σ^2	标准差,方差
τ	虚拟时间变量
Φ	包含所有模态形状 φ_i 的 $3N_{mod} \times N_{mod}$ 矩阵
$\phi_y, \phi_z, \phi_\theta$	与水平、垂直和扭转运动相关的模态形状
Φ_{mn}	阶跃函数(m 为阻力、升力或扭矩,$n = \dot{y}, \dot{z}, \theta$)
φ, φ_n	模态形状向量,第 n 个模态形状向量
ψ, ψ_n, ψ_0	单元位移形函数矩阵
ω	圆频率(rad/s)
ω_i	与模态形状 i 相关的静止空气本征频率
$\omega_i(V)$	平均风速 V 条件下与模态 i 相关的共振频率

参 考 文 献

Cook, R.D., Malkus, D.S., Plesha, M.E. and Witt, R.J. 2002. Concepts and applications of finite element analysis, 4th edn. John Wiley & Sons Inc.

Davenport, A.G. 1962. The response of slender line-like structures to a gusty wind. Proceedings of the Institution of Civil Engineers 23: 389–408.

Davenport, A.G. 1978. The prediction of the response of structures to gusty wind. Proceedings of the International Research Seminar on Safety of Structures under Dynamic Loading; Norwegian University of Science and Technology, Tapir, pp. 257–284.

Deodatis, G. 1996. Simulation of ergodic multivariate stochastic processes. Journal of Engineering Mechanics, ASCE 122(8): 778–787.

Dyrbye, C. and Hansen, S.O. 1988. Calculation of joint acceptance function for line-like structures. Journal of Wind Engineering and Industrial Aerodynamics 31: 351–353.

Dyrbye, C. and Hansen, S.O. 1999. Wind loads on structures. John Wiley & Sons Inc.

ESDU International, 27 Corsham St., London N1 6UA, UK.

Jakobsen, J.B. 1995a. Estimation of motion induced wind forces by a systems identification method. Proc. of 9th IAWE Int. Conf. on Wind Engineering, Wiley Eastern Ltd., New Delhi.

Jakobsen, J.B. 1995b. Fluctuating wind load and response of a line-like engineering structure with emphasis on motion-induced forces, Ph D thesis. Department of Structural Engineering, Norwegian University of Science and Technology, Trondheim, Norway.

Kaimal, J.C., Wyngaard, J.C, Izumi, Y. and Coté, O.R. 1972. Spectral characteristics of surface-layer turbulence. Journal of the Meteorological Society 98: 563–589.

Krenk, S. 1995. Wind field coherence and dynamic wind forces. Proceedings of Symposium on the Advances in Nonlinear Stochastic Mechanics. Næss, A. and S. Krenk (eds.). Proceedings of the IUTAM Symposium held in Trondheim, Norway, 3–7 July 1995.

Millkan, C.B. 1938. A critical discussion of turbulent flows in channels and circular tubes. Proceedings of the 5th International Congress of Applied Mechanics, Cambridge, MA, USA, pp. 386–393.

Salvatori, L. and Borri, C. 2007. Frequency- and time domain methods for the numerical modelling of full-bridge aeroelasticity. Computers and Structures 85: 675–687.

Scanlan, R.H. and Tomko, A. 1971. Airfoil and bridge deck flutter derivatives. Journal of the Engineering

Mechanics Division, ASCE, (EM6), Dec. Proc. Paper 8609 97: 1717–1737.

Scanlan, R.H. and Sabzevari, A. 1969. Experimental aerodynamic coefficients in the analytical study of suspension bridge flutter. Journal of Mechanical Engineering Science 11(3): June.

Selberg, A. 1961. Oscillation and aerodynamic stability of suspension bridges. Acta Polytechnica Scandinavica, Civil Engineering and Building Construction Series No. 13, Oslo.

Simiu, E. and Scanlan, R.H. 1996. Wind effects on structures, 3rd edn. John Wiley & Sons.

Solari, G. and Piccardo, G. 2001. Probabilistic 3 – D turbulence modelling for gust buffeting of structures. Journal of Probabilistic Engineering Mechanics 16: 73–86.

Strømmen, E. 2010. Theory of bridge aerodynamics. 2nd edn. Springer-Verlag Berlin Heidelberg, 302 pp.

Strømmen, E. 2014. Structural dynamics. Springer Series in Solid and Structural Mechanics. Springer Verlag.

Shinozuka, M. 1972. Monte carlo solution of structural dynamics. Computers and Structures 2: 855–874.

第6章 新的确定性地震加速度时程和频谱
——地震分析中的 NDSHA 方法

Paolo Rugarli[①], Claudio Amadio[②], Antonella Peresan[③], Marco Fasan[②], Franco Vaccari[④], Andrea Magrin[③], Fabio Romanelli[④]*, Giuliano F. Panza[⑤]

——"我曾经",他说,"得出过完全错误的结论,我亲爱的华生,它告诉了我根据不够充分的数据信息去推理总是很危险的"

柯南道尔
斑点带子案,1892

6.1 引　　言

基于性能的抗震设计(PBSD)这一概念最早是在1978年作为设计指南被纳入 ATC3-06 文件(ATC,1978)中的。地震灾害评估是建立在地震危险性图基础上的,通过把建筑物划分为4个不同的抗震性能类别(每一类都有不同的安全水平和抗震具体要求),可以使具有较高风险的建筑物获得更好的性能。地震危险性图是利用概率方法确定的,这是因为 ATC3-06 委员会所给出的决策

[①] CASTALIA 股份有限公司, Pinturicchio, 24, 20133, 米兰, 意大利; Email: paolo. rugarli@ castaliaweb. com。

[②] 得里亚斯特大学,工程与建筑系, Alfonso Valerio 6/1, 34127, 得里亚斯特, 意大利; Emails: amadio@ units. it; marcofasan@ hotmail. it。

[③] 意大利国家海洋与地球物理研究所(OGS), Treviso 55, 33100, 乌迪内, 意大利; Emails: aperesan@ inogs. it; amagrin@ inogs. it。

[④] 得里亚斯特大学,数学与地球科学系, Weiss 4, 34128, 得里亚斯特, 意大利; Email: vaccari@ units. it。

[⑤] 山猫学会,罗马,意大利;中国地震局地球物理研究所,北京,中国;北京建筑大学,北京,中国;国际地震安全组织(ISSO), Arsita, 意大利;2018年美国地球物理联合会(AGU)国际奖获得者; Email: giulianofpanza@ fastwebnet. it。

* 通信作者:romanel@ units. it。

认为"作为目标,全国各地超过设计地震动的概率必须大致相同"。关于这一决策,目前并没有得到一致赞成,事实上他们也指出了"这一决策在本行业领域内还没有获得一致同意,这种情况在某种程度上反映了人们的疑虑,即以当前的知识水平能够在多大程度上给出地震动出现概率的良好估计,同时也反映了对所采用的特定概率估计过程的不同看法。"正因如此,这个决策目前尚未达成一致意见,一些专业人士仍持反对态度。然而,ATC3-06文件指出:"当前还没有其他可行方法可以用来构建能够更好地达成第二决策目标的抗震设计区划图"(ATC,1978),即使人们已经认识到"(地震发生的)泊松模型这一假设的合理性是有限的"。于是,为了与尚未达成普遍共识的决策保持一致,ATC3-06委员会采用了一种建立在错误假设基础上的方法。实际上,当时已经有了确定性地震灾害评估方法了,这些方法建立在"对(有记载的历史时期中所出现过的)最大地震动的估计基础之上,而不考虑其出现频率如何",不过"考虑到针对极端地震动情况的结构设计需要付出极高的成本,因此一般是不希望进行这样的设计的,除非这种极端地震动情况具有显著的发生概率"。换句话说,该委员会决定"削减"地震动水平以节省建造成本,并采用概率方法来给出貌似合理的选择,实际上委员会自己也认为这些方法是"相当粗糙的"。之所以做出这种削减地震动水平的决定,是因为在ATC3-06中纳入了一幅地震危险性图("真正是由某个委员会根据专家评价而绘制的"),而且后来它"看上去跟Algermissen和Perkins所确定的加速度水平(他们的图被用来作为全国其他地方抗震设计的参考)吻合得很好"。实际上,Algermissen和Perkins(1976)所给出的图是建立在初步定义的"平均复发周期(或称为重现期)"为475年基础上的,因此在ATC3-06中采用了50年超越概率为10%的图,随后这些也就变成了全世界通用的标准数据了(这种普及很明显是由于所谓的"起源谬误"带来的,即从权威人士处得来的所谓的完美(Rugarli,2014、2015a))。正因如此,人们也解释称采用50年"平均寿命"是"一种比较随意的方便选择",而且直到现在仍认为经常采用的10%的超越概率是"很有意义的"(Bommer和Pinho,2006)。然而,ATC3-06委员会已经清醒地认识到了这一问题,进而主动宣称"475年的平均重现期并不意味着该地震将会在475年内发生一次或两次等含义,根据目前的知识水平可知,除了假定大地震在任何时候都具有同等发生概率之外不存在任何切实可行的其他选择,重现期这样的参量只能表明此类事件的发生可能性"。不过,可能性这一提法对于建筑安全来说是不够的,过去40年中的地震已经说明了这一点。那为什么还要用它呢?引入"重现期"的目的是使泊松方法变得可行,同时也使我们能够计算没有物理含义或者统计含义的"某些东西"。"能够计算某些东西"无疑是最明显的目的了,而这基本上就是一个代价很高的数学笑话,由此只能得到大量物理上毫无根据的发明以及成百上千篇的论文。必须强调指出的是,采用一套具有误导性的术语,如"概率""重现期""超越"和"避免倒塌"等,以及采用复杂的数学手段去隐藏简单的毫无根据的规则,这些做法已经全面地误导了那些不了解真相的人们,而真相就是:建筑物的设计是针对潜在的不安全的各类作用进行的,以往对建筑物的寿命进行的是"相当粗糙的"论证。

在意大利,这种真相被隐藏的现象更加清晰。意大利具有若干独特特征,这使得它与其他地方有所不同,举例如下。

(1)在关于地震的历史记录方面,意大利具有现有最长的数据库之一。

(2)意大利具有特别大量的古砖石建筑,其价值极高,无法想象损坏和重建情形。现存的不规则的和分层的砖石建筑所带来的问题完全不同于新的(规则的)钢筋混凝土建筑。

(3)意大利具有世界公认的最多的文化遗产,必须防止它们面临任何危险。

即便存在这么多重要且特别的特征,然而在意大利发生每个中等强度的地震都会导致相当大的伤亡和巨大的损失。这并不是因为人们的鲁莽和肤浅,而是由于相关法规所助长的无知,实际上相关法规已经系统地低估了地震风险,并且还在把"概率"和"重现期"等的计算作为有用的解决方案。

一直以来,世界范围内都采用50年10%的超越概率P_{EY}作为参考去设计普通建筑(无任何明确的基于风险的基本原理),并且不考虑与美国在地震活动、建筑实践与经济发展等方面的差异(Bommer和Pinho,2006)。实际上,这些地震动数值(通常被赋予"概率"属性)在实际的数据记录中已经一再地被超越(Kossobokov和Nekrasova,2012),因此基于这些方法的相关标准一定是不安全的。进一步,通过对比不同的"概率性"地震危险性图还可以发现峰值(如50年10%超越概率的峰值地面加速度(PGA))并不是一致的,而是存在着较大的差异(Nekrasova等,2014)。这些现象,再加上其他工程方面的原因,使一些国家(如美国)有意识地将P_{EY}的值从10%改为2%(50年)了。"由于USGS已经绘制了相关的地震危险性图,因而一定范围内已经选择了50年2%的超越概率了"(BSSC,2015)。

PBSD思想的发展主要得益于Vision 2000的报告(SEAOC,1995),其中首次引入了多级性能水准检查。这一文件定义了建筑物在不同强度地震下必须达到的一系列性能水准(以可接受的破坏或损伤的形式)。这些性能水准通常被称为正常运行(OL)、基本运行(IO)、生命安全(LS)和不倒塌(CP)。与它们相对应的"重现期"P_R分别为43年、72年、475年和970年,而对应的"超越概率"分别为69%、50%、10%和5%(50年内),参见图6.1。与4种性能水准对应的"重现期"是针对加利福尼亚随意选择的(Bertero和Bertero,2002),不过从未给出过选择的理由(Bommer 和 Pinho,2006)。其他"重现期"(依赖于预设的"名义寿命"和"超越概率")将对应其他地震动数值,有人也将这种情况称为"地震超级市场"(Rugarli,2015b),意思是可以根据各自的需要去随意选择地震动水平。

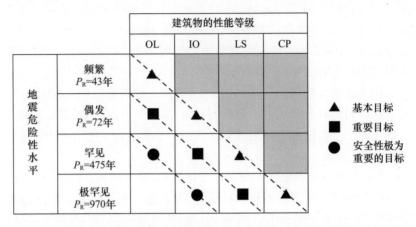

图 6.1　Vision 2000 概念性的性能目标矩阵(SEAOC,1995)

然而,这种危险的做法对于管理者来说是有用的,由此也使意大利法规制定者随意使用了"剩余名义寿命"这一概念,从历史建筑的翻新角度,他们有随意"削减"地震严重性的需要,进而采用这种"技巧"来评估一个建筑物是否在有限年头内(即"剩余名义寿命"内)可能具有跟一个新建筑在 50 年内相同的倒塌"概率",于是无需采取措施即可"获得"若干年的安全,而由此出现的相关问题就等下一代去解决了。

当前,所谓的"最先进的抗震规范"对"参考平均寿命"或"名义寿命"Y 做出了改变,使之与结构的重要程度(风险类别)相匹配,结构失效的(假想)后果越严重,"名义寿命"就越长(NTC08(CSLP,2008))。因此,随着结构重要性的提高,此类规范也将提高期望的结构性能,一般是通过延长"名义寿命"(进而间接的就是"重现期")这种"技巧"来实现的。事实上,最理想的应当是针对那些频发的低烈度地震来提高结构性能,而对于非常罕见的地震则去接受更大的损伤。

然而,由于计算地震动超越概率是毫无根据的,因而对作为地震发生"概率"的函数的"性能水准"进行调整也必定是没有道理的了。"常遇""偶遇"和"罕遇"这些词语目前只是一厢情愿而已,并且还是危险的,因为它们可能向民众传递出错误的含义,如"很可能"或"几乎不可能"等。如果假定明天可能会发生最严重的地震,并且我们没法评估其重现期和发生概率,那么正常推理即可表明没有必要去区分这些性能水准,而作为一种粗糙的手段来说,良好的设计规则和最小水平力就很可能已经够用了。

"超越概率"P_{EY}是与结构性能水准相关联的,可接受的损伤越小,该值越大。不妨考虑以下实例:根据意大利建筑规范 NTC08(CSLP,2008),住宅楼必须按照不倒塌性能水准来设计,且所针对的是 $P_R = 975$ 年的地震(即针对该反应谱所给出的加速度应当设定 $P_{EY} = 5\% / Y = 50$ 年);而对于一些基本建筑如学校来说,其设计也必须达到这个性能水准,不过针对的是 $P_R = 1462$ 年的地震(对应于 $P_{EY} = 5\% / Y = 75$ 年)。从所谓的"不倒塌性能水平"来看,这就意味着如果 $P_R = 1462$ 年的地震发生了,那么从概念上说根据意大利建筑规范所设计的住宅楼将会倒塌,而如果发生的是 $P_R = 2000$ 年的地震,那么即便是学校也会发生倒塌。初看上去,这些出现"概率"似乎是非常低的,不过这一看法是建立在错误的(因而具有误导性的)"重现期"概念上的,并且一个 50 年内 10% 的概率并不是一个很低的概率。正如近期人们所指出的(Bizzarri 和 Crupi,2013),P_R 这一概念完全缺乏物理基础,因此它仅仅反映的是一种相当随意的选择而已(可参阅 6.1.1 节)。实际上,那些以往从来没有发生过的事件每天都在发生(Taleb,2007)。

对于这种毫无物理根据的处理过程,人们往往从地震区建筑物的建造成本评价这一角度去加以解释。在《ATC3-06》(ATC,1978)中就采用了这一思路,尽管在该文件中损失评估是完全建立在专家意见而不是建模基础上的,并且其语气非常倾向于认为所选定的设计依据是合理的,而且至少也是与当时所应用的设计依据同样严格(Bommer 和 Pinho,2006)。

然而,现代建筑物的总成本一般可以分解为以下几个部分:结构构件 8%~18%,非结构构件 48%~62%,内部物品 20%~44%(Miranda 和 Aslani,2003)。在考虑不倒塌性能水准的情况下借助地震动概率来进行成本优化是不大合理的,至少有以下几个方面的原因。

① "重现期"概念和所有地震复发模型是存在谬误的。
② 客观地评估地震概率是不可能实现的。
③ 根据概率地震危险性评估(PSHA)来降低地震动水平,所得到的效益(成本下降)只占到总成本(结构构件和非结构构件)非常小的部分。
④ 没有计入震后恢复成本。

理想的 PBSD 过程应当致力于建造"可恢复的功能系统",这类系统应该具有以下几个特征(Bruneau 等,2003)。

① 系统失效概率更低。
② 系统失效导致的后果严重程度更低,这些后果通常表现在人员伤亡、结构损伤、经济影响和社会影响等方面。
③ 震后恢复(使系统恢复到"正常"性能水平)时间更短。

实际上,近期的地震事件已经表明了,基于 PSHA 的 PBSD 方法既不可靠也没有好的成本效益。2011 年 2 月 22 日新西兰发生了基督城地震($M_w=6.2$),造成了 181 人死亡,在这次地震中新西兰抗震规范所规定的 $P_R=2500$ 年的加速度反应谱已经被超越了。据估计,在这次地震后至少有 900 栋商业区建筑物和超过 10000 户房屋需要拆除重建,维修成本预计在 150 亿~200 亿美元,这也是新西兰迄今为止由地震造成的最大损失(Morgenroth 和 Armstrong,2012;Kaiser 等,2012)。2011 年 3 月 11 日日本发生了 Tohoku 大地震($M_w=9$),并伴随着灾难性的海啸,由此带来的政府损失达到 2600 亿美元(Iuchi 等,2013)。2008 年 5 月 12 日中国四川汶川地震($M_w=7.9$)给生产生活带来了 1240 亿美元的直接损失和至少 1000 亿美元的间接损失(Wu 等,2012)。意大利作为一个地震多发国,虽然历史上有记录以来的最大震级相对较低,不过从 1944 年到 2012 年期间由于地震的影响仅公共资金就已经花费了 1810 亿欧元(CRESME,2012)。2016 年 8—10 月期间,意大利又发生了一系列极具破坏性的地震,与建筑规范所给出的"重现期"2475 年的加速度谱相比,人们已经记录到的数据要大得多。

很明显,为了建造可恢复功能系统,ATC3-06 委员会所作出的以下表述已经不再是可接受的了,即"针对极端地震动水平进行结构设计需要付出巨额成本,有鉴于此,除非这种极端地震动水平具有显著的出现概率,否则我们不希望进行这样的设计"。不仅如此,工程知识和技术的新进展如隔震和耗能装置的提出与应用,也使得这一表述变得不再那么恰当。

自 20 世纪 70 年代末以来,ATC3-06 文件中所体现的基本思想已经普及到全世界范围,并被很多标准或规范基本不加修改地采纳了,尽管这些思想实际上是缺乏物理意义和统计意义的。与很多人员组织体系中的情况一样,彼此间的一些联系信息逐渐会消失(实际上人们也发现在结构工程中以及更一般的场景下也是如此(Rugarli,2014);Catino,2014)),原始的《ATC3-06》中关于概率性方法所给出的注意事项一点也没有保留下来。2008 年发布的意大利技术标准(《NTC08》)绝对是这一记忆删除过程的冠军,它针对 5.5km 网格进行 3~4 位 PGA 这种毫无意义的插值,并要求针对每一种极限状态去评估基岩设计反应谱。直到今天,设计人员还必须确定精确的经度和纬度(误差不超过 100m),然后再对合适的网格的 4 个角点进行插值以"计算"出与"名义寿命"和"超越概率"相关的基岩 PGA,另外在单元的分界线上还需要系统地检测 PGA 第一类不连续性,因而一些相关工程技术人员不无嘲讽地说,不如以反复掷骰子的方式来计算(Rugarli,2008),这实际上反映了人们对概率性地震危险性评估是很不赞成的。

仍然是自 20 世纪 70 年代末以来,很多人从不同的角度对 PSHA 提出了批评,包括统计角度(如 Stark 和 Freedman,2001)、数学角度(如 Wang,2010)、物理角度(如 Bizzarri 和 Crupi, 2013; Panza 和 Peresan, 2016)以及工程角度(如 Klügel,2007a;Rugarli, 2008、2014、2015a、2015b)等。不过应该承认的是,目前 PSHA 仍然还是世界上应用最多的方法(Junbo,2018)。

然而,如果灾害风险管理希望成功地实现其极具价值的目标,就需要一个全新的范式。在大量早期文献(Molchan 等,1997;Kossobokov 和 Nekrasova,2012;Panza 等,2012)中,以及最近的文献(Geller 等,2015;Mulargia 等,2017)中,都给出了一些注意事项和警告,由此可以总结出以下结论:①跟地震安全相关的每一个人都必须认识到上述 PSHA 的缺点;②必须立即停止将 PSHA 视为一种为了公民保护和公共福利的神圣不可侵犯和不容置疑的神秘工具;③需要制定一种全新范式。最近,一些学者(Bergen 等,2017;Cowie 等,2017;Dolan 等,2016;Stockmeyer 等,2017;Zinke 等,2017)已经给出了一些相当有说服力的相关证据,它们是一些非常重要的地方和区域实例,如加州的加洛克断层和彭恩迪山断层、新西兰的阿沃特雷断层以及中国的南准噶尔冲褶皱带等,其断层滑动速率经过很长时间的变化,为 PSHA 中的地震复发模型提供了基本输入信息。这些研究结果都很好地揭示了 PSHA 所存在的不足或隐患,实际上 Panza 等(2012)也曾根据全球范围的情况做出过类似的佐证和阐述。

显然,在 PBSD 框架下,必须采用一种不同的方法来定义地震危险性。本章将解决这一问题并给出可行的方案。

6.1.1 关于术语"概率"的评述

关于"概率"这个术语,实际上并没有一般性且公认的意义或含义,人们更多是从频率角度或主观角度去使用它。对于前者来说,一般需要足够的数据量以便进行概率评估;否则就失去其意义了。这实际上是把频率提高到概率这个层次从而对未来进行外推预测。后者则认为即使没有数据也能够进行概率评估,并且断言最终的每一个概率估计都是主观的,根据这一思想,PSHA 中的概率评估就是可行的,不过这必须看成是一种(非常值得质疑的)观点,并不是客观评估。只是碰巧这些观点已经变成了法规的要求,因而是危险的。

这里并不打算对此做进一步的讨论,但需要指出的是,本章所使用的"概率"一词是不加引号的,不把它作为用于预测未来发生频率的客观结果。基于足够数量的已有经验而提出的概率与 PSHA 支持者们所计算的"概率"也没有任何关系。

然而我们并不否认概率方法的合理性,此处所得到的百分数是利用数值方法生成的大量数据计算得到的,没有采用任何先验分布,实际上本章并没有计算任何"概率"。我们认为,将不确定的数值指标随意上升为"概率"并利用这些术语来颁布法规,是十分危险且具有误导性的,必须避免这种做法。

我们相信,明确指出概率估计的不可行性要比错误地使用它们更好,更多细节可以参阅相关文献,例如 Panza 等(2014)。

6.2 NDSHA 基本原理

新的确定性地震危险性评估方法(NDSHA)(Panza 等,2001、2012)没有采用经验性关系式如地震动预测方程(GMPE)去导出感兴趣的强度指标(IM),如 PGA 或谱加速度(SA)。它是一个基于多场景的处理过程,能够生成真实的地震动时间序列,实际上是作为描述震源的张量与介质的格林函数之间的张量积来计算的。NDSHA 建立在预期的最大震级基础上,而不考虑地震发生的可能性。借助地震发生过程以及地震波在非弹性介质中的传播等方面的知识,可以计算基于物理的合成地震记录。与其他物理模型一样,NDSHA 也存在着不确定性和局限性,主要是因为基础数据(主要是地震目录)所固有的不确定性,以及震源的相关理论还不够完备。NDSHA 所提供的全国范围/区域范围内的危险值可以参见图 6.2,其中给出的是离散的范围(以几何级数形式趋近 2),所覆盖的区间与基础数据所包含的信息是一致的。这样就可以避免过度参数化,因为如果引入过多细节来描述以往的地震,可能会削弱该图的预测性能,近期 Brooks 等(2017)也指出了这一点。对于特定的危险评估来说,可以通过局部范围内的专项研究给出结果(可参见 6.2.2 节)。

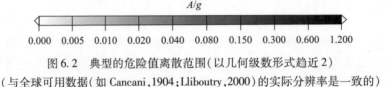

图 6.2 典型的危险值离散范围(以几何级数形式趋近 2)
(与全球可用数据(如 Cancani,1904;Lliboutry,2000)的实际分辨率是一致的)

在原始描述中(Panza 等,2001、2012),NDSHA 大体上是针对充分描述地震发生这一物理过程时所面临的一些基本问题提出解决方案。它选取的是物理上具备可能性的最大地震,通常称为最大可信地震(MCE),在给定场地其震级 M_{design} 可以做尝试性设定,当证实不对时可以将其设定为所观测到的或所预估的最大震级 M_{max} 与(全球范围内的)震级标准差 σ_M 的某个倍数之和。对于缺少断层数据等方面信息的区域,可以利用历史数据和地貌构造数据等信息来估计最大震级。

确切地说,对于任何一种分布,超出离均值 k 个标准差范围值的比例不超过

$1/k^2$,或者说,至少有比例为 $1-1/k^2$ 的值位于均值 k 个标准差范围内。如果 $k=2$,那么至少有75%的值将会落在距离均值 $2\sigma_M$ 范围内,而如果 $k=3$,那么将有至少89%的数据落在距离均值 $3\sigma_M$ 范围内。此处的 k 可以视为一个可调的安全因子,它与结构工程中使用的安全系数的含义是一致的,此处记为 γ_{EM},于是有

$$M_{design} = M_{max} + \gamma_{EM}\sigma_M$$

目前一般取标准差为 $\sigma_M = 0.2 \sim 0.3$(如 Båth,1973,p.111),建议取 $\gamma_{EM} = 1.5 \sim 2.5$。

需要强调的是,设计值 M_{design} 是通过将最大震级估计值 M_{max} 加上一个调整量 ΔM 得到的,因而必须将其视为一个根据当前知识水平而确定的包络(Envelope)值。这一做法实际上与 Chebyshev 定理是一致的,即对于各种各样类型的概率分布来说,超出均值特定距离的值不会超过某个比例。

NDSHA 的目的是提供一个包络值,换言之,就是一个不允许超过的值,因此这一方法是能够直接接受验证的,即如果某个地震发生了,且其震级 M 大于 NDSHA 所指出的 M_{design},那么 $\Delta M = M - M_{max} > \gamma_{EM}\sigma_M$,此时 $\gamma_{EM}\sigma_M$ 就必须增大,对于给定的 M_{design} 定义来说,这可以看成一种罕见情况。类似地,在 NDSHA 编制图件后如果发生了某个地震且记录到的基岩峰值(如 PGA)超过图中给定的峰值(在误差限内),那么这个 $\gamma_{EM}\sigma_M$ 也必须增大。这种情况下一般需要在硬土层上安装地震台,以避免场地效应带来的局部放大影响(意大利地震台网的大部分都是安装在软土层上的)。

从方程角度是难以说明怎样确定 γ_{EM} 的,目前也只能采用启发式的方法,不过这种启发式方法可以通过自然实验来证伪,从而使得这个因子不断地趋于最小安全值。实际上各类工程实际中也是采用各种安全系数来这么做的(例如在尚未建立可靠的统计指标之前,对于材料极限应力采用1.5倍的安全系数,结构工程中所使用的半概率法实际上就是不断调整以验证这些已经被经验所证实的取值)。

利用计算得到的地震记录可以估计相关参数,如峰值地面加速度(PGA)、峰值地面位移(PGD)、峰值地面速度(PGV)以及相关的谱值等,并且还可以直接作为结构非线性时程分析的输入。

在 NDSHA 框架中,根据分析目的的不同,基于物理的合成地震记录的计算也是有不同层次的。对于全国范围内的地震灾害图编制来说,一般是利用很多潜在的震源和描述基岩状态的简化结构模型进行"区域尺度分析(RSA)"。当需要更详尽的分析时,还可以进行"特定场地分析(SSA)",这种分析层次能够考虑结构和地貌的不均匀性,而且还可计入震源破裂过程对地震波场的影响。到

目前为止,NDSHA 方法已经在多个国家得到了不同层次的应用(PAGEOPH Topical Volume 168(2011))。另外,关于 NDSHA 的一些特点还可借助相关网页(http://www.xeris.it/index.html)(Vaccari,2016)来了解。

下面将阐明 RSA 和 SSA 所需的步骤,是从 NDSHA 计算开始的,重点针对意大利。值得指出的是,针对 Panza 等(2001、2012)所给出的过程,为了更好地满足工程需要,这里还将介绍地震记录计算中的一些改进,Fasan 等(2015、2016、2017)、Fasan(2017)及 Magrin 等(2016)对这些改进做过讨论。

6.2.1 区域尺度分析

进行 NDSHA 需要了解震源特性和地球构造模型,一般而言 NDSHA 允许采用所有可获得的信息,包括震源的空间分布、震级和震源机制,而且还包括传播地震波的非弹性介质特性。这一分析过程可以划分为以下3个阶段:

(1) 识别可能的震源;
(2) 地震波传播介质的力学特性描述;
(3) 针对感兴趣的场地计算地震记录。

1. 震源

NDSHA 的目标是把所有可能的震源都考虑进来,这些震源是根据所有可获得的信息来确定的,这些信息包括有关地震活动的历史资料和仪器记录资料(图6.3)、地震构造模型(图6.4)以及地貌构造分析(图6.5)等。就意大利而言,震级情况主要源自于以下几点:

(1) 意大利地震参数目录 CPTI04(CPTI Working Group,2005);
(2) 斯洛文尼亚和克罗地亚的地震目录(Markušić 等,2000;Živčić 等,2000);
(3) ZS9 孕震区(Meletti 等,2008),即能够发生地震的地震构造均匀区(图6.4);
(4) 孕震节点,即通过地貌构造分析识别出的易于发生强震的区域(Gorshkov 等,2002、2004、2009)(图6.5)。

通过地貌构造分析,可以把孕震节点放置在构造线交点上(Gelfand 等,1972)。如图6.5所示,其中的这些节点是用圆圈(半径 $R=25km$)表示的,在结点内地震震级 $M_N \geq 6$ 或 $M_N \geq 6.5$。半径的选择应当考虑到同一震级范围内的震源平均尺寸以及位置的不确定性。采用孕震节点使我们能够把历史上未受强震影响(进而在目录中没有报道)的地震易发区这一因素包括进来(Peresan 等,2009)。

考虑到区域尺度在细节水平上的要求,可以将领土上可能的震中离散成 $0.2°\times0.2°$ 的单元(大约为 $20km \times 20km$ 的网格)。

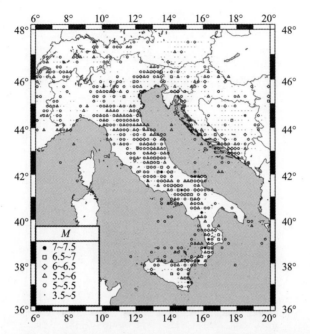

图6.3 来自CPTI04、斯洛文尼亚和克罗地亚的地震目录的有关地震活动
(Markušić等,2000;Živčić等,2000;CPTI Working Group,2005)

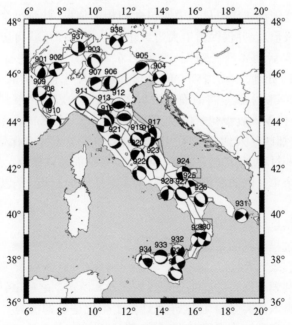

图6.4 ZS9孕震区和相关的震源机制(Meletti等,2008)

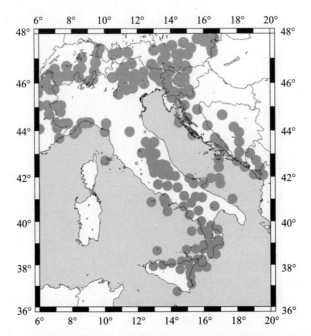

图 6.5 通过地貌构造分析识别出的孕震节点($M_N \geq 6$ 或 $M_N \geq 6.5$)
(Gorshkov 等,2002、2004、2009)

第一步是详细描述历史目录中所包含的相关信息,针对每个单元纳入由目录中导出的震级信息,并仅保留最大震级记录。由此即可获得历史资料和仪器记录给出的地震活动离散分布图,参见图 6.3。第二步是进行一个平滑过程(Panza 等,2001)处理,从而得到空间分布和震源尺寸总体上的大致情况,参见图 6.6。这一步实际上就是将前面离散化之后得到的震级拓展到一个更大的圆圈中,圆圈中心位于该震级初始位置,圆圈半径为单元边长的 3 倍。在经过这一平滑处理,只有那些落入到孕震区内的震源和孕震节点才会保留下来。图 6.7 归纳了上述这一过程,其目的是获得一个可供预估的总体概貌。

分配到每个单元内的震级(地震图计算中采用的震级)是以下震级中的最大者:

(1) 孕震结点的震级 M_N;
(2) 平滑过程得到的震级;
(3) 最小震级为 5。

针对意大利领土得到的震源分布图如图 6.8 所示。之所以针对孕震区中的所有单元均设置最低震级为 5(这样就具备了生成地震的能力),是因为 5 级地震后人们才会观察到结构损伤(D'Amico 等,1999)。

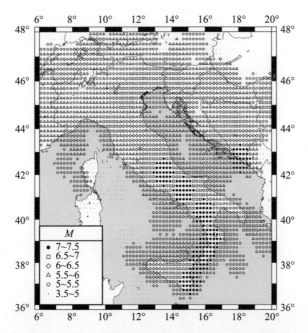

图 6.6 针对历史资料和仪器记录所给出的地震活动进行平滑处理后的结果(Panza 等,2001)

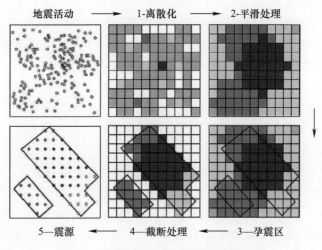

图 6.7 分配到每个单元的震级选择过程

2. 结构模型

在区域尺度上,考虑到计算方法的近似性以及所需的细节水平,一般通过平行平面形式的非弹性层状介质来给出结构模型。对于从震源到场地的传播途径,可以利用一组单元结构(图 6.9)来描述根据表面波非线性色散曲线得到的物

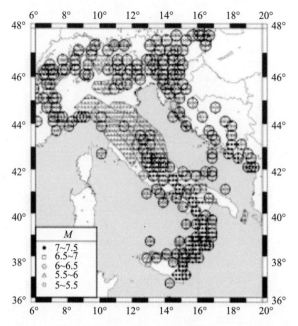

图 6.8　NDSHA 计算中所采用的震源分布（Panza 等，2012）

理特性（Brandmayr 等，2010）。每个单元的尺寸为 $1°×1°$，大约对应于 100km × 100km 网格，它反映了区域尺度上岩石圈的平均结构特性（规则基岩）。在为每个单元分配介质特性时，可以利用过去 20 年内所获得的有关意大利领土的相关知识，大部分来自于项目"意大利地震发生概率与危险性计算（INGV – DPC 2007—2009 协议）"。

3. 基于物理的合成地震图计算

基于 NDSHA 的地震图计算过程包括以下两步：

① 断层破裂过程的模拟；

② 通过定义传递函数（格林函数）模拟地震波的传播过程。

Panza 等针对该方法作了完善，其出发点是"模型 6"（Panza 等，2012），另外也可参阅 Fasan 等（2015、2016、2017）、Fasan（2017）及 Magrin 等（2016）的工作。人们在每个单元中心处放置了一个双力偶，它是一个张量，反映的是孕震区或孕震节点处的地壳构造紊乱特性，其深度是震级的函数（$M≤7$ 时取 10km，$M>7$ 时取 15km），这样可以体现现有的震级 – 深度关系（Caputo 等，1973；Molchan 等，1997；Doglioni，2016）。所选择的矩震级关系是由 Kanamori（1977）给出的。震源模型采用的是大小和持续时间经缩放处理的点源（STSPS），STSPS 模型建立在 PULSYN06 算法（Gusev，2011）给出的扩展震源模型基础之上，考虑了震源

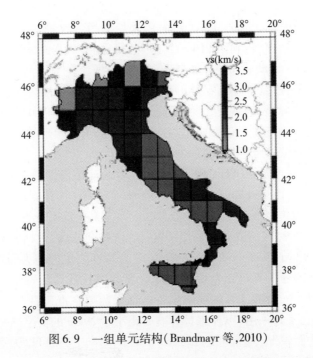

图 6.9 一组单元结构(Brandmayr 等,2010)

谱的标度律(SLSS)。Panza 等(2012)的"模型 6"所采用的 SLSS 是 G83(Gusev, 1983),它合理地反映了全球范围内的震源数据,Boore(1986)曾给出过验证。Magrin 等(2016)还针对意大利领土改进了 SLSS(图 6.10)。

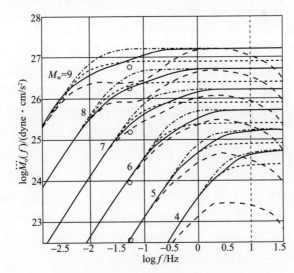

图 6.10 针对意大利领土进行修正的 SLSS
(震级范围为 4~9)(Magrin 等,2016)

Panza 等(2012)在建立"模型 6"时所采用的另一改进在于,针对每一条从震源到场地的传播路径,利用 PULSYN 算法(Gusev,2011)生成了震源模型的不同随机实现(关于滑动分布与破裂速度)。这一做法是为了从统计层面反映场地地震动的变异性(源于不可预测的破裂过程变化),它对地震动的关键特征存在显著影响。实际上,很多破裂参数都是难以给出确定性估计的,不可能预测出下一次破裂的准确形式。正因如此,为了覆盖所有可能出现的场景,一般需要针对这些参数进行蒙特卡罗模拟。

　　进一步,在标准的 NDSHA 中,场地的地面运动是借助模态叠加(MS)技术来计算的(Panza,1985;Florsch 等,1991;Panza 等,2001),计算速度非常快,能够充分模拟远场地震动情况,而离散波数法(DWN)一般用于近场情况(路径较短)。Pavlov(2009)在研究中曾利用 DWN 给出过全波场,包括所有的体波和近场成分。DWN 的计算时间随着震中距与震源深度之比的增大而增大(Magrin,2013),其原因在于为保证级数收敛所需计算的波长数量依赖于与垂直方向的夹角,该夹角越小,所需计算的项就越少。如果需要在准确性与 CPU 时间之间折中考虑,那么最好采用 DWN 来计算震中距小于 20km 的情况,而采用 MS 来计算更大的震中距情况(通常可达 150km)。在此基础上,就可以为意大利领土计算出合成地震图了,针对的是(相对震源网格偏移 0.1°的) 0.2°×0.2°网格中的每个结点,截止频率为 10Hz。

6.2.2　特定场地分析

　　如果场地是基岩土壤,那么区域尺度分析的结果是正确的,不过这种场地条件是相当少见的,一般来说,场地的地面运动会受到震源辐射与横向异质性之间相互作用的显著影响,无论是因为地形地貌还是因为存在沉积软土都是如此。

　　人们经常采用非常简单的方式来评估场地"放大效应",即利用不同的系数对基岩处的反应谱形状进行修正。在抗震规范中,这些系数是表层力学特性及其地貌的函数。比较流行的做法可能是利用水平和竖向反应谱的比值来计算场地放大效应(Nakamura,1989),这个广为采用的系数是根据地震噪声得到的,在竖向地震动分量不受浅层影响这种极少出现的情况下是可行的。然而,人们已经证实了这种方法通常是难以给出正确的场地放大效应的(Panza 等,2012)。实际上,竖向分量会受到场地土壤力学状态的显著影响,这一点可以参阅 Panza 等(1972)早期的开创性工作。竖向和水平分量的"放大效应"不仅依赖于土壤和地貌特征,同时还与辐射波场的入射角息息相关。

　　为了弥补上述不足,人们已经提出了一种基于计算机仿真的方法,其中利用了震源机制、传播路径以及场地条件等方面的知识。该方法将 MS 和有限差分技术(Fäh 和 Panza,1994)结合起来,将借助 MS 生成的波场引入用于定义局部异质区域的网格中,进而根据有限差分过程不断传播,参见图 6.11。

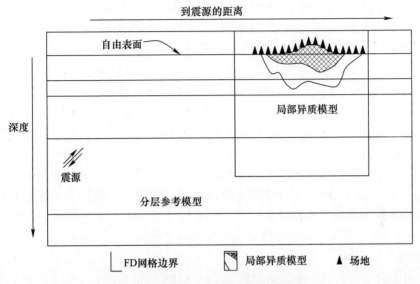

图 6.11 混合式方法的原理(Fasan,2017)

为了减小 CPU 时间成本,上述过程仅针对震源较少的情况进行,也就是仅考虑那些可能导致最大基岩灾害(对于感兴趣的强度指标,如谱加速度 SA)的震源。换言之,SSA 就是一种仅针对最具危害的震源(对于感兴趣的场地而言)而进行的 RSA,不过它考虑了局部土壤条件。

从工程角度来看,除了能够体现实际的场地放大效应外,SSA 还能给出真实的与具体场地相关的合成地震图。当能够获得的地震动记录数量非常少时,特别是大地震,SSA 的这种能力是非常重要的。地震图能够反映感兴趣场地的动力特性,在进行初步的 SSA 之后,就能够借助地震图进行时程结构分析了。

6.2.3 最大可信地震输入

在 6.2.1 节和 6.2.2 节中已经介绍了基于 NDSHA 方法合成地震图的计算,以及相关的改进研究。这里将 NDSHA - MCSI(下文简称为 MCSI)定义为一种反应谱或者一组地震加速度记录。在工程分析中,所有基于 NDSHA 生成的加速度记录都可用于结构的非线性分析,然而由于需要仿真计算成千上万的地震动数据,所以为了减少分析时间,有必要对已有信息加以整理和归纳。

按照 NDSHA 方法,针对给定场地可以在两个层次上来定义 MCSI(Fasan 等,2017)。第一个层次采用的是 RSA 计算结果(参见 6.2.1 节),给出的是"基岩处的最大可信地震输入"($MCSI_{BD}$)，不考虑场地效应。第二个层次将 RSA 作为参考为感兴趣场地和地震动参数选择最危险的震源，随后，针对每条从源到场地的传播路径进行详尽的 SSA 过程(考虑局部结构异质性)，可参见 6.2.2 节。根据这个 SSA 过程，即可确定"特定场地下的最大可信地震输入"($MCSI_{SS}$)。

采用 PULSYN06(Gusev,2011)计算出的震源谱会在 NDSHA 中引入随机成分。为了确定 MCSI，必须评估其重要性以获得对地震风险及其不确定性的正确认识。为此，需要按照 Fasan 等(2015、2017)所给出的过程来进行。

第一步是针对每条路径和地震动参数，确定由破裂过程的不同实现所导致的分布情况。这一步并不采用先验性的分布假设(如对数正态分布)，而是直接根据蒙特卡罗仿真获得百分位数分布，实际上就是将它们视为一种观测结果。

第二步是针对感兴趣的地震动参数，将每个场地的这些分布的中值进行比较，并选择对应于最大中值的路径(即震源)分布。这样，将只有那些能够生成"最坏"场景的震源才会被考虑进来。实际上，如果选择的是所有震源所形成的参数分布，那么与某个百分位数对应的参数值将会因为那些给出较小参数值的震源而减小。

对于所选择的每个地震动参数(如 PGA、PGV 和 SA 等)，可以重复上述步骤。图 6.12 中归纳了这个用于构建 MCSI 反应谱的过程。在每个场地和每个周期下，需要将根据不同场景计算得到的 SA 值进行比较，然后选择最大值。换言之，通常可以利用不同的场景(不同的震级、震中距及震源机制)来确定不同周期条件下的 MCSI。实际上，MCSI 代表的是一类一致危险谱(UHS)(Trifunac,2012)，每个场地处的危险性是由每个震源的最大震级决定的。

实际上应当令 MCSI 反应谱与所有模拟反应谱的包络相等(第 100 个百分位)，不过由于用于反映不同破裂过程的算法带有随机性，所以这种做法一开始会对仿真次数非常敏感。到目前为止，这方面的经验还比较有限，因此为了在计算代价与准确性之间折中，人们往往在至少 100 个破裂过程的实现中取第 95 个百分位。增大仿真次数能够使第 100 个百分位数更稳定，不过计算时间会随之线性增加。如果由于存在特别敏感的建筑物(如电厂)而需要这么做，那么可以将 γ_{EM} 与 σ_M 的乘积增大到能够反映不确定性的值，并运行 100 万次仿真，USGS 认为这一做法能够使其 UCERF3 地震"概率"预报具有"一定的科学性"。然而值得注意的是，选择第 100 个百分位数仍然是武断的，因为它代表的只是仿真上限而不是可能发生在场地处的最大值，当然这也是不可能准确预测的，在相当长的时间内可能都是如此。MCSI 所存在的这种不确定性实际上已经在"可信(Credible)"这个词中体现出来了，在工程中的诸多选择中它都有着重要的影响，对于一个可靠的设计过程而言，这种不确定性仍然是最基本的组成部分。

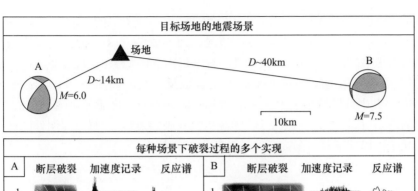

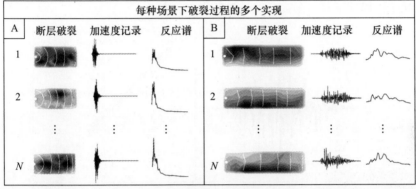

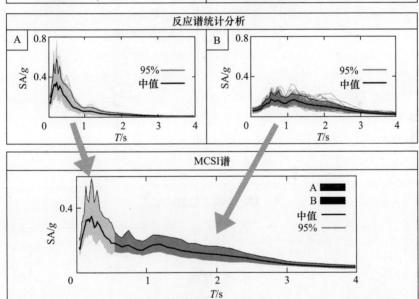

图 6.12 基于 NDSHA 的 MCSI 反应谱构建过程（修改自 Fasan 等，2016）

作为一个案例，这里将上述过程应用到意大利的里雅斯特市。合成反应谱对于结构设计来说是非常有意义的参数（BSSC，2009），因此这里将计算出的 MCSI 反应谱作为合成反应谱（此处记为"Res"，参见图 6.13），而不采用水平面内地震动分量的最大值(此处记为"Max-xy"),后者依赖于参考系统,参见图6.15(a)。

这里计算了"Res"和"Max-xy"情况,由此可以展示出 Max-xy 反应谱对所选择的参考系统的依赖性,不仅如此,这也便于与意大利建筑规范中的反应谱进行比较,后者采用的是 Max-xy 而不是合成反应谱。如图6.14(a)和图6.14(b)所示,其中分别给出了 Max-xy 和 Res 反应谱的变化情况,它们来自于多个方面的影响,如不同的震源、震级、震源机制及破裂过程等,每个周期处的这种变化反映了该周期下具有最高危险性的震源的谱值变化。

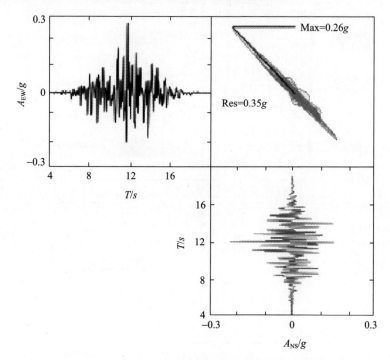

图 6.13 合成反应谱的定义

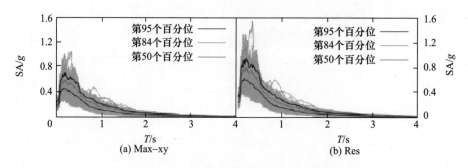

图 6.14 感兴趣场地的反应谱变化情况

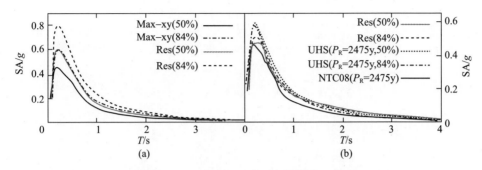

图6.15 (a)Max-xy与Res的对比;(b)根据RSA得到的Max-xy
反应谱与意大利建筑规范给出的反应谱的对比

借助RSA,可以识别出基岩(按照意大利建筑规范也就是土壤类型A)处的地震输入。意大利地震危险图给出的UHS代表的是基岩处的Max-xy反应谱(对于给定的超越概率)。图6.15(b)中将根据RSA得到的Max-xy反应谱(第50个和第84个百分位)与意大利地震危险图的UHS(平均重现期P_R=2475年,第50个和第84个百分位)进行了比较。

重现期2475年是计算意大利地震危险图时所采用的最大值,人们通常认为对于这个超越概率值(50年内2%),所得到的谱加速度仍然是比较实际的,即使可靠的地震目录长度仅比1000年多一点,其中包括地震仪器尚未发展以前的宏观地震烈度。

可以看出,当采用较小的超越概率值时,MCSI给出的谱加速度是最大的,另外,图6.15(b)也绘出了意大利建筑规范提供的反应谱(平均重现期2475年),它代表了符合规范的中值UHS。

进一步,进行了SSA过程。为了考察土壤和地貌特征对地震动竖向和水平分量的影响,此处根据文献资料和实地研究的数据构造了一个能够代表当地条件的横向非均匀剖面(图6.16)。

出于减少计算时间的考虑,SSA所针对的场景是从基于RSA计算出的$MCSI_{BD}$反应谱分解得到的(即在感兴趣的周期下能够给出最大谱加速度的那些震源和距离的组合)。在0~4s这一周期范围内,所发现的主导事件是震中距位于15~20km的6.5级地震(图6.17(a))。

这一场景与Branik-Ilirska Bistrica断层的地震潜势(SICS004)(DISS工作组,2015)是一致的,并且恰好位于一个孕震结点内,参见图6.17(a)。与当地主导构造特征(DISS工作组,2015)相吻合的是,其震源机制参数为深度10km,走向、倾角和滑移方向分别为281°、79°和16°。

整个分析中选择了两处场地作为代表,场地A作为土壤类型A的代表

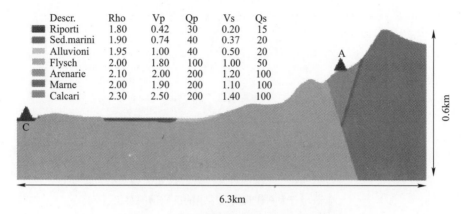

图 6.16 SSA 中采用的感兴趣地貌和场地

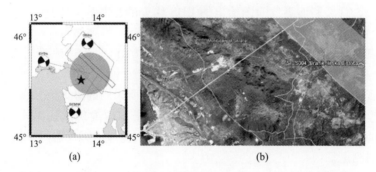

图 6.17 (a)由 RSA 得到的主导震源;(b)SSA 中采用的传播途径。

($V_{S,30}$≥800m/s),场地 C 作为土壤类型 C 的代表(180m/s < $V_{S,30}$ ≤360m/s),这些是在意大利建筑规范中定义的。针对这些场地,图 6.18 将根据 SSA 得到的 Max-xy 反应谱与合成反应谱(第 50 个和第 84 个百分位)作了比较,而根据 RSA 得到的反应谱对比,可以参见图 6.15(a)。从图中不难观察到,这两个反应谱之比在 RSA 中大约为 1.4,而在 SSA 中大约为 1.0,Res 和 Max-xy 几乎重合。这一对比证实了 Max-xy 反应谱依赖于参考系统的方位,因而对于地震危险性定义而言不是很合适,进而也是不适合于抗震设计的。换言之,对于同样的地震来说,由于依赖于所用记录仪器的方位,因而会表现出不同的 Max-xy 反应谱,于是如果采用 Max-xy 反应谱来进行结构设计,就可能导致地震载荷的低估。

图 6.19 将意大利建筑规范所给出的最大反应谱(P_R=2475 年),与该规范相关的针对标准居住建筑物防止倒塌水平的反应谱(P_R=975 年),以及标准设计过程中针对生命安全水平所采用的反应谱(P_R=475 年)进行了对比。从图中可以看出,对于场地 A 和场地 C 来说,横向结构异质性会显著影响反应谱的

形状和大小。特别地,采用规范提供的标准土壤系数还会严重低估局部放大效应。实际上,中值 UHS 非常接近于 RSA 给出的中值 Max – xy 反应谱(即不考虑局部土壤和地形条件的基岩反应谱,参见图 6.19(b)),而当采用 SSA 时这种差异会变大。

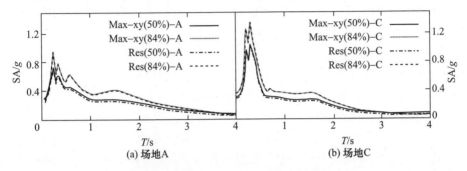

图 6.18　Res 与 Max – xy(SSA)的对比

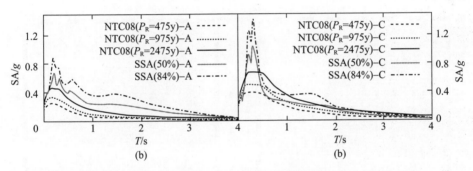

图 6.19　基于 SSA 得到的 Max – xy 和意大利建筑规范中的反应谱的比较

图 6.19 所给出的是一个典型实例,它体现出了基于标量修正系数(如针对场地条件的系数)的简化方法的不足,通过 MCSI 表明了局部效应能够使不同周期下的谱值,明显高于或低于根据意大利建筑规范(2017 年实施)针对场地条件所给出的弹性设计谱。因此,震源过程、地震波的传播及其与局部效应的组合作用都应当以恰当的方式考虑进来,这样才能体现出地震动的张量本性。

6.2.4　NDSHA 和地震活动的长期特性

NDSHA 一般会给出与时间无关的地震图,它不依赖于地震活动的时间信息。不过,NDSHA 是灵活的,它能够很自然地把地震发生特性考虑进来,最终为我们提供所期望的地震动的发生率,并针对指定的长期平均发生次数生成地震图,可参见 Magrin 等(2017)的工作。特别值得注意的是,所得到的地震图不随时间改变,也不包含有关地震发生概率模型方面的任何假定(如未经验证的泊松模型假设),因为这里的信息仅仅是以平均发生率形式提供的,并没有采用将平均发生率转换成"概率"这一粗略的做法。显然,如果把一些具有很强的不确定性的时间信息包含进来,就会使最终的预测结果包含更大的不确定性,因而只有当非常必要的时候才应考虑这些信息。我们认为,在实际工程中使用这些平均发生率信息是有问题的,因此不建议这么做。

针对意大利国内的地震活动,可以根据多尺度地震活动模型(Molchan 等,1997)来描述其震级频度关系,并针对所构建的每个震源关联上一个平均长期发生率。由于震源的长期发生率与相关的地震图是联系在一起的,因而就可以获得一幅标准地震动图和对应的平均发生次数图(图 6.20)。如果希望与已有方法进行比较,那么可以借助 NDSHA 中所引入的发生率估计来生成地震动图,它们能够与指定重现期下的 PSHA 图进行直接比较(图 6.21),当然,"重现期"这一概念对于地震来说完全是无根据的。

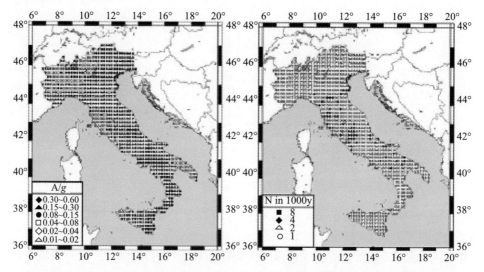

图 6.20 偏于保守的最大设计地面加速度(左图)及其出现情况(右图),在 1000 年内可能观测到数倍于此的地面运动。对于问号所代表的(预测结果表明将出现最大地面运动的)场地,由于缺乏足够的数据,因而预报是不可靠的(修改自 Magrin 等,2017)

人们已经针对意大利国土将基于 NDSHA 与基于"概率"方法(PSHA)所得到的地震危险性预测结果进行了对比(Zuccolo 等,2011)。结果表明,PSHA 给出的预期地震动水平(50 年 10% 超越概率,对应于 475 年重现期)要低估一些,大约为 NDSHA 给出的估计值的 1/2,特别是在 PGA 最大值上更是如此。当选择 50 年 2% 超越概率(即重现期 2475 年)时,在强震区中,PSHA 估计值变得与

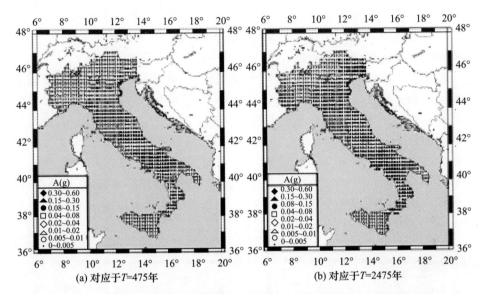

图 6.21 针对 PSHA 典型的重现期基于 NDSHA 确定的最大设计地面加速度图
(对于问号所代表的(预测结果表明将出现最大地面运动的)场地,由于缺乏足够的数据,因而预报是不可靠的)(修改自 Magrin 等,2017)

NDSHA 的结果相当,不过基于"概率"的方法会高估弱震区内的危险性。

正如 Nekrasova 等(2015)所指出的,PSHA 图的预测性能是难以令人满意的。另外,如同 Magrin 等(2017)所指出的,根据 NDSHA 方法得到的图像却能够相当满意地描述地震动情况,甚至包括特定场地的发生率。

6.2.5 全国范围内的时变 NDSHA 场景

除了上述与时间无关的 NDSHA 图外,当能够获得有关地震发生的确切信息时,也可以生成时变图。虽然地震是难以准确预测的,不过目前已有一些算法可以基于地震活动图实现针对超过预定阈值的主震的中期中尺度预报(Keilis-Borok 和 Soloviev,2003)。在 NDSHA 方法的基础上,一些学者已经提出了一种面向地震危险性评估的一体化处理过程(Peresan 等,2011),主要是通过对地震预报的例行更新来确定时变的地震动场景,其借助了 CN 和 M8S 算法(Peresan 等,2005)。用于地震输入定义的 NDSHA 过程综合了不同的模式识别技术(针对强震识别设计)和各种地震动建模算法(Peresan,2018),目前已经应用于意大利国内。与此相应地,在与警戒区可能发生强震事件对应的时间段内,可以通过全波形建模来定义一组确定性的基岩地震动场景,无论是在区域尺度上还是在局地尺度上均是如此。如图 6.22 所示,其中给出了意大利中部区域的基岩处

203

NDSHA地震动场景(PGV)。值得指出的是,意大利民防部强震观测网络(RAN-DPC)所观测到的 PGV 数据(Amatrice(最高31cm/s),Norcia(最高56cm/s)),与 NDSHA 地震动场景预报的数值(30~60cm/s)吻合得非常好。

将地震信息和大地测量信息恰当地集成起来,对于缩小地震预报的空间范围来说是非常有益的(Panza 等,2017)。GPS 数据一般不是用于预报标准二维速度和应变场,而是用来沿着横断面重构速度和应变模式的,是根据已知的地质构造方面的先验信息进行正确的定位的。实际上,针对 2016—2017 年意大利中部的地震危机和 2012 年 Emilia 地震事件,根据大地测量数据分析表明,我们是能够确定 CN 所预警区域内的速度变化以及相关的应变累积情况的,并且在 CN 预警和未预警的区域中所出现的一些反例并不会改变所预测出的变化模式(Panza 等,2017)。

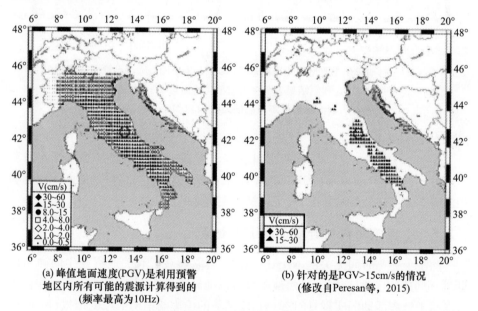

(a) 峰值地面速度(PGV)是利用预警地区内所有可能的震源计算得到的(频率最高为10Hz)

(b) 针对的是PGV>15cm/s的情况(修改自Peresan等,2015)

图 6.22 与 CN 预警的中部地区相关的时变地震动场景
(图中的圆圈代表的是距离意大利中部地震(2016 年的 6.2 级地震)震中 30km 范围)

由于采用低成本的 GNSS 接收机可以建立密集而永久性的 GNSS 网络,因而在不久的将来,CN 和 GPS 的综合监测措施应该能够应用得越来越广泛。图 6.23 示出了一个实例,表明通过 CN 和 GPS 的综合监测是能够显著缩小 CN 预警区域范围的。该图中的矩形界定了 GPS 站所覆盖的范围,它表现出了速度和应变模式上存在较大的异常,并且还包含了 CN 和 GPS 数据同时确定的(预警的)地震危险性场景,其范围仅约 5000km^2。

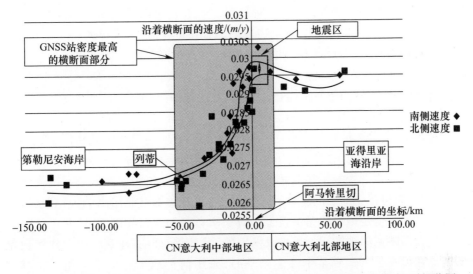

图 6.23 沿着意大利中部 Amatrice 横断面(穿过亚平宁山脉)的速度分布模式(时间范围:2005 年 1 月至 2016 年 8 月中)。横断面上的速度梯度在 Amatrice 地震(2016 年 8 月 24 日)区域存在着一个稳定的峰(大地测量特征)。非常明显,横断面南侧的速度梯度要比北侧更大一些(Panza 等,2017)

6.3 基本方法和建议

6.3.1 基于 NDSHA 的推荐做法

在结构设计中,选择何种地震动水平是关系到公众安全的一件大事,由此也提出了应该采取何种 SHA 方法这一重要问题。就强震而言,"罕见"这一提法往往使人们认为由于成本过于昂贵而不去针对此类强震进行设计,从公众安全角度来看,这一点是不可接受的,因为罕见的事件也是会偶尔发生的,它们可能出现在任意时刻,要想准确预报它们是不可能的(Taleb,2007)。为了降低地震导致的可能损失,最好的措施是提高抗震性能,这就要求设计或改进建筑物,使之能够承受较强的地震。

在评估所谓的"防止倒塌水平"时,一般需要考察那些可能导致结构损伤的情况。虽然工程技术人员无法准确预知地震行为(迄今为止没有人能够准确说出何时何地将发生地震),但是他们能够通过设计过程来决定建筑物的性能,至少可以利用地震动上限值来设计或改进建筑物,使之不出现倒塌。一般地,对于所关心的建筑物来说,应当将这种上限值用于评估与所适用的最高损伤水平有关的所有结构性能。例如,对于普通建筑物来说,这种最高损伤水平就是"防止倒塌水平"(CP),而对于危险建筑物来说,则是"可立即使用"(IO)。

从对地震行为的分析中可以看出,前面所提出的抗震设计过程主要反映了以下一些事实。

① 给定位置处的任何结构物,无论其重要性如何,都会承受相同的(给定地震所导致的)基岩震动。

② 何时会发生具有某个烈度或震级的地震,这一点是无法准确预知的。

③ 目前能够获得的数据尚不足以揭示天然地震的可靠的统计特性。

结构性能水平依赖于建筑物在承受一定地震动水平时各部分可接受的损伤,通常是以可接受的层间位移、应变或塑性铰转角等概念给出的,所有这些性能所体现的完全是传统的损伤状态。对于所考察的建筑物来说,这些可计算的损伤能否反映实际结构行为是难以确定的,尤其是对既有建筑和历史建筑更是如此。在检查是否达到某个性能水平时,采用何种地震动水平是相当关键的一步。

不妨想象我们需要构建一座具有战略意义的建筑物,如医院,目的是在发生地震时必须能够接收和治疗伤员,那么是否可以认为在地震之后这一工作就变成不切实际的呢? 显然不是。从常识角度出发,根据结构物的重要性程度,对于此类建筑物来说应当将可接受的最高损伤水平设定为目标性能水平(TPL)。是否达到这一性能水平,应利用 MCSI 来进行检查,于是用于检查 TPL 的地震输入也就与所选择的"名义寿命"和"超越概率"无关了,这些都是比较随意的阈值。在利用 MCSI 检查不同的 TPL 时,一般需要进行工程判断并对 TPL 进行评估。

MCSI 会受到不确定性的影响,利用 NDSHA 仿真的百分位数是无法消除的。实际上,不确定性从根本上就是不可能消除的,有时必须承认我们无法以合适的数值来表征它们。MCSI 也属于这种情形,当发生 MCE 水平的地震动时,它代表了场地处所有可能出现的反应谱的包络,并且如果出现了超出预估的强震,那么它可能就变成错误的了。不过,由于这种方法更接近问题的本质,因而出现上述错误或失效现象的可能性要远低于基于 PSHA 的试验观察结果,这也是土木工程应当追求的目标之一。

工程设计过程对于实现可靠的抗震设计也是非常重要的。在选择了 TPL 之后,从可能带来的不利后果来看,那些对应于较小损伤比例的性能水平就是次要的了。这些性能水平一般可称为较低性能水平(LPL),在结构使用年限范围内它们是有可能被超越的,因为它们所对应的损伤程度要低于 TPL。正因如此,与此相关的加速度反应谱必定是小于 MCSI(应视为一个合理的上限)的,按照惯例来说,它们的选择完全是随意的,因而也是不唯一的。实际上,这些性能水平可以从概念上作为一部分纳入 $MCSI_{SS}$ 反应谱中。例如,对于中等地震输入水平为 $MCSI_{SS}$ 的 2/3,对于较低地震输入水平为 $MCSI_{SS}$ 的 2/5。这一建议的实质就是拒绝使用相当复杂的数学手段来处理不可计算的问题,而由此带来的一个非常好的作用则是显著简化了设计过程,这也是我们非常需要和希望的。图 6.24 归纳了这一过程,其中作为示例给出了两个建议值。该过程如下。

第一步:确定建筑物的风险类型,如普通建筑、重要建筑或危险建筑。

第二步:根据第一步的结果,选择与 $MCSI_{SS}$ 反应谱相关的 TPL。

第三步:根据第二步的结果,选择 LPL 和相关的地震动信息。

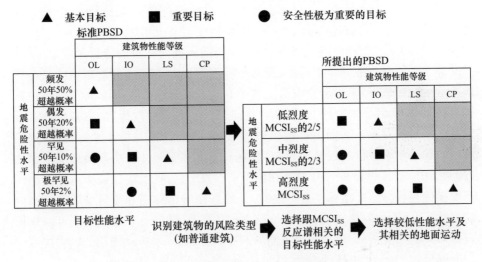

图 6.24 所给出的考虑 MCSI 的 PBSD 过程

值得注意的是,无论是结构上的还是与地震输入相关的不确定性,都会使我们不可能准确预测结构的地震反应。简单地说,由于结构特性和地震输入的详细特征等方面均存在着较大的不确定性,同时也为了摒弃那些容易迷惑人的所谓的以最优成本从"概率"上减少地震的想法,我们相信更可靠的方法应当建立在 MCSI 反应谱的使用上,它根据当前的知识水平针对可能出现的最坏情况给出了合理的、安全的估计。正因如此,在建筑物设计阶段,应当将图 6.24 所给出的过程作为最低性能要求用于建筑物的评估。很明显,所给出的过程在一定程度上反映了设计准则上的进步,鉴于重建带来的伤亡和费用,并考虑到成本,这一过程显然是我们非常欢迎也是非常需要的。

上面所进行的讨论主要关注的是新建筑的设计,不过对于既有建筑来说,也应当作类似的考虑。因此,针对既有建筑的改造工程,至少应当根据基于 MCSI 的分析去评估已有的和预期的性能水平之间的差距,所谓的"剩余名义寿命"这种危险而幼稚的概念必须从所有标准中剔除,它只是帮助我们认清本质的一个手段而已。

6.4 时程选择

非线性时程分析(NLTHA)是当前最优秀的结构动力抗震性能评估工具(ATC,2012;FIB,2012)。由于 NLTHA 属于"无用输入、无用输出(GIGO)"型过程,因此其结果的可靠性取决于所建立的数学模型能够在多大程度上反映结构的真实行为,以及地震输入的可靠程度。在三维结构物的时程分析过程中,无论是线性的还是非线性的,其输入都是一组加速度记录,其中包含了两个水平分量和一个竖向分量(转动分量一般不用)。在当前人们所认可的分析过程中,所选择的地震动信息一般对应于震级、震源距和震源机制等能够显著影响感兴趣场地的危险性参数,通常不会考虑从源到场地的岩层的独特性,而实际上这种独特性是很重要的,其影响一般通过衰减"规律"计入。这种"规律"的有效性通常可以在很平坦的对数正态面上体现出来,不过实际上这些关系并没有物理基础。恰当的场地土壤条件和近断层效应(方向性和滑冲效应)也是必须加以考虑的(NIST,2011;Haselton 等,2017)。在地震动参数的选择上,应保证所选地震动的烈度指标与目标烈度指标具有一致性,一般是在所选周期处或某个周期范围内的弹性 SA(5% 的阻尼水平)(Katsanos 等,2010)。更复杂一些的准则可以采用向量形式的烈度指标,也即一组不同的烈度指标,如一阶振动周期处的谱加速度与能够反映谱形状的其他参数(Baker 和 Cornell,2008;Bojórquez 和 Iervolino,2011;Theophilou 等,2017)。

6.2 节中所介绍的用于确定 MCSI 的方法是植根于 NDSHA 方法的,NDSHA 方法通过计算宽带的基于物理的合成加速度记录来预报地震危险,其中已经运用了从震源到感兴趣场地的诸多已知信息,包括地震、地球物理和地质等方面的特性。由此不难理解,进一步将这些加速度记录用于建筑物的动力分析中是一个很自然的做法,这为地震学分析与结构分析之间搭建了直接的桥梁。

本节首先针对如何利用 MCSI 谱来正确选择加速度记录,根据现有文献的最新研究结果给出若干建议,然后再阐明直接从(用于确定 MCSI 的)NDSHA 仿真结果来选择加速度记录的过程。

6.4.1 加速度记录的选择:问题和建议

为正确预报结构的中值反应,需要选择和使用若干组地面运动数据。如果采用不同的地面运动数据(跟目标反应谱一致)进行了合适次数的分析,那么所选择的工程需求参数(EDP,如层间位移角)值就可以设定为每次分析中的最大值的均值(ATC,2012)。

这种反应谱方法是不精确的,并且也不能视为最佳的结构行为评估方法,这主要是因为它不能考虑相关信号的相位和持时。不过,由于相对比较简单,同时也由于它能够给出一些重要信息(关于弹性范畴内结构各部的最大反应),因此直到今天仍然是使用最为频繁的方法。从工程角度来看,人们目前仍然是通过反应谱来确定地震危险性,其中间接地计入了信号的变异性。然而,各种规范所采用的反应谱都使用的是理想形状,与所考察的场地之间并无直接而真实的关联性。一般来说,针对感兴趣的场地,如果所选择的 n 个加速度记录的平均谱与目标谱是相容的,那么就可以认为这组加速度记录能够代表地震危险性(CEN,2004;CSLP,2008;BSSC,2015)。在实际使用时,这个相容性准则经常可以理解为:针对感兴趣的场地,要求所选加速度记录的平均谱值落在参考谱的 90%~130% 范围内,如可参阅 EC8(CEN,2004)或意大利建筑规范 NTC08(CSLP,2008)。这些选择都是合理的估计是根据经验得出的。

即使所选的一组加速度记录在谱上是相容的,这些记录的持时也可能与那些决定了感兴趣场地的地震危险性的场景是不一致的(Bommer 和 Acevedo,2004)。因此,除了谱上的相容性外,还应当从那些能够反映感兴趣场地的地震学条件(如震源和场地效应)的加速度记录中选取。于是,在非线性动力分析的输入选择上,至少应该考虑以下一些方面:目标反应谱;用于谱相容性检查的结构周期预估值;需要执行的最小分析次数;震源和场地效应;加速度记录的可获得性。

在选择好加速度记录之后,另一个问题就是选择将它们施加到结构数学模型上的方位(相对于建筑图的主方向)(Beyer 和 Bommer,2007)。

6.4.2 目标反应谱

目标反应谱采用何种谱加速度是重要的,这会影响到结构分析的结果(Baker 和 Cornell,2006a;Beyer 和 Bommer,2007)。例如,ASCE 7-10 规范(ASCE,2013)给出的目标谱代表的是任何可能方位上的最大方向谱加速度(RotD100),而意大利建筑规范 NTC08 提供的目标谱则代表的是两个正交方向上的最大谱加速度(Max_{NS-EW})。对于三维结构物的分析,在选择加速度记录时,一般建议采用最大方向谱,因为它能自动计入地面运动的双向作用(Huang 等,2008;NIST,2011)。于是,就应当计算每一组正交方向加速度记录中的最大方向谱,然后将所选择的 n 个最大方向谱的均值与目标谱进行比较。

最大方向谱不考虑地面运动的竖向分量,实际历史上就很少关注竖向分量,因为人们错误地认为只有很少的结构才会对它敏感,如超长跨度结构。很明显,这是不对的。例如,对于南欧非常普遍而美国很少的砌体结构旧建筑就是如此,近年来意大利的地震也再次说明了这一点。靠近震中区的场地会呈现出很强的竖向加速度。例如,在2016年10月30日意大利中部的地震中,人们记录到在很宽的周期范围内存在着超过$1g$的谱加速度,同时还发现了一些典型的竖向振动模式。正因如此,在选定了一组正交方向地面运动后,还应当评估它们与竖向目标反应谱的相容性,并且应该将所有3个运动分量同时施加到模型上。当然,这可能会带来一些实际问题,在6.4.7小节中将推荐一种利用MCSI目标谱的可行过程。

6.4.3 周期范围

用于定义相容性准则的周期范围应当能够覆盖那些对结构动力反应产生显著影响的自由振动周期(Haselton等,2017)。必须强调的是,分析结构的自由振动周期本身就是一项相当困难的工作,特别是对既有建筑物更是如此。在需要改造既有建筑物时,却发现原始设计图纸找不到了,这种情况并不少见。不仅如此,采用弹性分析方法来求解周期也是有问题的,对于古代砌体结构建筑和高度不规则的建筑物来说很可能就是错误的,这方面的研究还较少。

传统的抗震规范大多很粗略地建议在$0.2T$到$1.5T$这个周期范围内评估相容性,其中的T代表的是结构的基本平动周期,如可参见ASCE 7-10(ASCE,2013)、EC8(CEN,2004)或者意大利建筑规范NTC08(CSLP,2008)。这个周期范围必须保证能够把高阶模式的影响包含进来,并且还应当能够考虑到由强度和刚度的非弹性退化所导致的自然周期增大现象。虽然上述周期范围是针对规则框架结构的二维平面分析(一阶模式主导)而设定的,不过人们认为在三维分析中它也是适合的(NIST,2011)。一些最新研究针对这一拓展还提出了一些建议(Haselton和Baker,2006;BSSC,2015),其中包括以下两点。

(1) 上限值应当不小于$2T$,T为建筑物在平动方向和扭转方向上的最大基本周期。

(2) 下限值应不大于两个正交水平反应方向上的最小一阶模式周期的20%,这样该周期范围就能够包括一定数量的弹性模式,使得在每个正交水平方向上都能达到90%的质量参与度。

6.4.4 分析次数

关于所需进行的分析次数,不同的规范有不同的规定,由此所需选择的加速度记录的数量也往往各不相同。一般而言,最少的分析次数不应少于3次,不过

3次肯定是不够用的。如果只进行3次分析,那么感兴趣的EDP值就必须等于这3次分析中所达到的最大值,如果超过7次(如EC8(CEN,2004))或者11次(如FEMA P-58(ATC,2012)或FEMA P-1050(BSSC,2015)),那么感兴趣的EDP值可以取所有分析中达到的最大值的平均值。

我们认为,上述这些分析次数的不同只体现了在大批量数据管理方面具有不同的复杂程度。在未来的研究中,时程数据量一定会有显著的增长,并且这也一定是唯一可靠的结构行为评估工具,有望覆盖所有可能场景。线性时程的分析是非常迅速的,能够提供大量信息来帮助我们选择所需的信号。

6.4.5 地球物理和地质参数

对于感兴趣的场地来说,所选择的加速度记录应当是它可能经受的典型的地震动情况,为此应当将以下一些方面考虑进来(Bommer和Acevedo,2004;Molchan等,2011;NIST,2011;BSSC,2015)。

(1) 震源机制。构造体系和破裂机制应当与能够决定该场地的地震危险性的地震场景保持一致。

(2) 震级和距离。由于强震持时和频率成分会受到震级和震源距的显著影响,因此这些加速度记录的震级和震源距应当能够基本决定感兴趣的结构周期处的反应谱。

(3) 震源到场地的传播路径和场地土壤条件。场地条件对于地面运动特性有着重要影响,为此一般会选择具有相同场地土壤类型的记录。这种场地类型的划分主要建立在表层30m平均剪切波速($V_{s,30}$)基础上(Panza和Nunziata,2018),该参数相当简单,没有考虑从震源到场地传播路径的影响。不同的地质特征和地壳力学特性往往会产生不同的频率成分和衰减特性,另外在沉积盆地处,局部场地效应(往往是放大效应)还会受到震源相对于场地位置的显著影响(Molchan等,2011;NIST,2011)。

(4) 近震源效应。对于靠近活跃地质断层的场地来说,它们会经受脉冲型地面运动,断层破裂所释放的大部分能量会集中到地震记录开始段的一两个脉冲上(Archuleta和Hartzell,1981)。这一效应一方面可归因于破裂的传播方向,如果破裂向着场地传播,则称为向前方向性效应,反之则称为向后方向性效应;另一方面是因为滑冲效应,即由于断层两侧的相对运动而导致地表出现静态位移。这些效应能否出现主要取决于从震源到场地的距离以及两者的相对方位情况(Molchan等,2011;NIST,2011)。如果某个场地到震源的距离小于10~20km,那么一般可以将其归类为近断层场地,不过这也与震级有关(Shahi和Baker,2011;Haselton等,2017)。当破裂传播朝向场地时,通常可以观察到双侧速度脉冲,运动持时往往要比向后方向性效应中的持时短些。不仅如此,在距离震源较近处(最远可达5km)常常还会发现垂直于断层的地面运动分量变得更为显著(Watson-Lamprey和Boore,2007)。与此不同的是,滑冲效应会导致地面发生相互错动,因而会出现单侧速度脉冲。这种脉冲型地面运动对结构动力反应的影响主要取决于脉冲周期和结构基本周期的比率,当这一比率趋近于1时影响更大(Kalkan和Kunnath,2006)。脉冲的周期主要受震级的影响,较小的震级对应的脉冲周期也较小,因此中等震级的近断层地震在中等周期处可以产生比高震级更大的谱加速度(NIST,2011)。

人们已经提出了一些比较简单的模型,用于计算给定土壤条件、震级和震源距离条件下的脉冲周期、峰值地面速度或者谱加速度放大率以及滑冲效应等(Bray和Bodriguez-Marek,2004;Baker,2007;Bray等,2009;Shahi和Baker,2011;Burks和Baker,2016)。如果感兴趣的场地会形成近断层效应,那么所选择的加速度记录就应当包含方向性和滑冲效应导致的脉冲成分,这样才能反映出它们所携带的能量(Mollaioli等,2003)。

6.4.6　加速度记录的获取

一般来说,加速度记录可以从相关自然地震记录的网络数据库中选择,如美国的NGA-West 2数据库(Ancheta等,2014)和欧洲的工程强震数据库(Luzi等,2016)。由于可以获得的自然地震记录是非常有限的,特别是对于欧洲更是如此,我们很难找到非常符合场地的地质和地球物理特征的具有谱相容性的一组加速度记录。不仅如此,从概念上来看,选择一组来自于世界其他地区的信号记录也完全没有考虑到感兴趣场地所特有的从震源到场地的传播路径。

因此,在实际工作中人们常常放宽所允许的震级范围、距离以及场地土壤条件等,并且也允许采用同一事件的不同数据记录(通常仅限于3个记录中的最大者)(Zimmerman等,2017)。另外,为了获得与目标谱加速度类似的SA,人们还会对这些加速度记录的幅值进行线性缩放处理。

关于幅值缩放处理这一做法,也有不少质疑的声音,部分人认为这会导致失真的频率成分,进而出现失真的结构反应(Bazzurro和Luco,2006;Luco和Bazzurro,2007;Grigoriu,2011)。另外一部分学者则认为,如果具有谱相容性,那么该缩放处理就是可接受的(Iervolino和Cornell,2005;Baker和Cornell,2005、2006b;Hancock等,2008)。尽管这一缩放过程对于解决数据匮乏问题是有用的,不过改变幅值而不考虑频率、持时以及能量成分方面的改变,这一做法肯定是有些随意的,缺乏物理内涵。

获取加速度记录的另一途径是借助某些程序,如SIMQKE(Gasparini和Vanmarke,1976),它们能够生成人工加速度记录,通常是将带有随机相位角和幅值的一系列正弦型函数叠加起来,从而构造出能够跟目标反应谱相匹配的反应谱。不过,应当尽量避免使用人工地震记录,因为它们往往会对结构反应给出高估结果,同时也就会低估最大延性需求(Bommer 和 Acevedo,2004;Schwab 和 Lestuzzi,2007;Iervolino 等,2010)。

"反应谱匹配技术"与此比较相似,该技术通过引入调整函数在时域内对真实加速度记录(种子)进行修改,使记录反应谱与目标反应谱相匹配,这样能够保留该种子运动的非平稳特征(Al Atik 和 Abrahamson,2010;Grant 和 Diaferia,2013)。这一技术能够生成一定程度上较"真实"的加速度记录,不过也有人认为采用这一技术可能会低估结构反应的变化(Reyes 等,2014),进而导致非保守的性能需求(Bazzurro 和 Luco,2006;Iervolino 等,2010)。另外,这一技术也是缺乏物理内涵的。

比较好的选择是利用基于物理的宽带合成地震记录,这一做法的本质优点在于能够同时反映局部场地条件、传播路径以及包括方向性和滑冲效应在内的震源特性等方面的影响(Molchan 等,2011;NIST,2011)。NDSHA 方法(Panza 等,2001、2012;Fasan 等,2015、2017;Magrin 等,2016)就是能够将此类信息综合进来的仿真技术之一,近年来一些学者也提出了其他一些与此相似的技术(如 Graves 等,2011;Graves 和 Pitarka,2010)。

6.4.7 基于 NDSHA 的选择

1. 基于 MCSI 谱的选择

MCSI 反应谱是直接根据 NDSHA 对地震过程基于物理的宽带仿真来计算的,这意味着一组谱相容的加速度记录可以直接根据仿真(用于确定目标 MCSI 反应谱,5% 阻尼水平)得到。6.2.1 小节中所描述的用于确定基岩地震危险性的过程,显然没有考虑具体场地的特征,其目的只是给出全国范围内地震危险性的下限,最终可据此与"基于概率的"相关图像加以比较(Zuccolo 等,2011;Nekrasova 等,2014)。

如果有必要,NDSHA 也能把地震发生率纳入进来(Peresan 等,2013 以及其中的参考文献;Peresan 等,2014;Magrin 等,2017)。Peresan 等(2013)针对意大利的地震活动,根据多尺度地震活动模型(Molchan 等,1997),分析了频率-震级关系,进而为所建立的每个震源模型关联了一个健壮的发生率预估值。显然,分配给每个震源的发生率也就可以与合适的合成地震记录关联起来了,这与问题的物理本质是完全一致的。相应地,可以获得两个彼此独立的图像,一个是针对地震动的,另一个则是针对发生率的。事实上,当我们考虑两个地震(同一震

级 M）易发场地，并假定所有其他条件都相同时，这两个场地的抗震设计参数就必须相等，原因在于我们所需防护的震级是相同的，与地震的发生率没有关系。基于 NDSHA 得到的图像及其相关的发生率（不是"概率"）很显然都是时不变的。Magrin 等（2017）也适时地证实了，对于一个给定地区来说，如果需要，在得到 NDSHA 危险性图的同时是能够给出地震发生率方面信息的，不过会带有不可避免的比较显著的不确定性，参见图 6.4 和图 6.5。

区域尺度分析对于识别最危险的震源是有用的，不过此处的加速度记录应当从 SSA 中选取（参见 6.2.2 小节），并且目标谱必须是 $MCSI_{SS}$。在 SSA 中能够把近断层效应纳入进来，并且如果必要的话，还可以将断层建模成扩展震源（ES），如可参阅 Magrin（2013）的工作。在双向分析中选择加速度记录时，$MCSI_{SS}$ 的计算应当考虑最大方向谱加速度（RotD100），而 n 个最大方向谱（选自仿真数据库）的均值必须是谱相容的。

我们没有必要按照震级、距离或场地类型来做过滤处理（对于自然记录就是这么做的），因为这些加速度记录都反映的是同一个场地（即场地相关的），不仅如此，也没有必要对它们作线性缩放以匹配目标谱。这一过程与针对自然记录所进行的过程是一样的，只不过将自然地震记录换成了合成地震记录，而将规范中指定的 UHS 换成了 $MCSI_{SS}$ 反应谱（参见 6.3 节）。

如果需要考虑经常被忽视的地面运动的竖向分量，那么一般建议至少应建立两组谱相容的加速度记录。第一组选择的是最大方向 MCSI 加速度反应谱上的加速度记录（考虑了 NS 和 EW 分量），并且在结构分析中也应使用所选加速度记录的竖向分量。第二组可以选择竖向 MCSI 加速度反应谱上的加速度记录，然后在结构分析中使用地面运动的 NS 和 EW 分量。因为这些加速度记录是针对感兴趣的特定场地计算得到的，所以基于这一过程是不会高估地震需求的（即这些加速度记录是根据基于物理分析得到的，因而其特性与所生成的场景是具有内在一致性的），并且所有 3 个运动分量的影响都能够有效地计入进来。当然，这些建议都只是为了能够尽量减少所需的结构分析次数。

当利用 MCSI 作为目标谱，寻找具有谱相容性的若干组加速度记录时，虽然仿真数据库包含了相同的加速度记录，然而有时却较难找到能够匹配的记录，尤其是当需要更多数量的加速度记录时更是如此。这似乎令人感到奇怪，不过它实际上正是 MCSI 谱构造过程所导致的直接结果。如同 6.2.3 小节所阐述的，MCSI 谱是一种 UHS，构造时首先基于（每个震源仿真的）中值谱加速度选择每个周期下最危险的震源，然后针对每个周期值，选择仿真谱加速度的第 95 个百分位数（针对能够控制该特定周期的震源，并且不假定任何分布）作为 MCSI 谱的参考值，现有研究中这也是最小的建议值。

显然，MCSI 代表的是不同场景的包络，一般不能通过单一信号来匹配，这就导致如果使用了标准的 MCSI 谱，那么寻找若干组谱相容的加速度记录（在一个较宽的周期范围内）是比较困难的。类似的问题也出现在 UHS 的使用中（Bommer 等,2000；Beyer 和 Bommer,2007；Katsanos 等,2010；NIST,2011）。

另一种选择加速度记录的方法是仅在感兴趣结构周期处选取，如建筑物基本自振周期，进而定义了所谓的"条件"最大可信地震输入（C – MCSI）。这一概念类似于 Baker(2011) 所提出的条件均值谱（CMS），后者可替代 UHS，并且更符合实际。为确定 C – MCSI 反应谱，只需针对感兴趣周期和最危险震源去确定谱加速度，并且仅选择能够给出最大谱加速度值（在该特定周期处）的有限区间。这也意味着使与单一模式相关的弹性变形能达到最大化。

图 6.25 给出了一个实例，所展示的是针对 1.5s 和 0.83s 这两个周期处的 C – MCSI$_{BD}$（里雅斯特的场地）。由于 MCSI 是设定为第 95 个百分位的值，在计算 C – MCSI 时选择的是（在感兴趣周期处）谱加速度位于第 100 到第 90 个百分位的那些仿真数据，进而针对每个周期选取它们的中值。

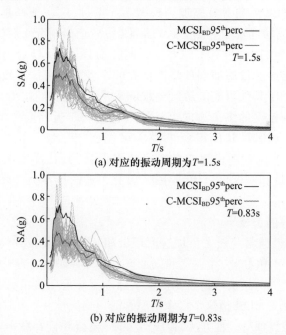

(a) 对应的振动周期为 T=1.5s

(b) 对应的振动周期为 T=0.83s

图 6.25　意大利的里雅斯特某场地基岩处的条件 MCSI(C – MCSI)(Fasan,2017)

C – MCSI 最适合于具有主导振动模式的规则建筑,不过如果多个模式的质量参与系数都较大,那么建议针对每个模式都定义一个 C – MCSI,并分别利用它们去进行动力分析,进一步分别考察所得到的结果以避免出现低估。这一做法显然意味着去寻找那些能够分别使(与结构单个模式相关的)弹性变形能最大化的信号。

在选择好加速度记录后,应当将它们施加到建筑物数学模型上。这会涉及地面运动坐标轴的选择(如 EW 和 NS 分量或者垂直断层和平行断层方向),以及这些加速度记录的方位设置(相对于建筑物的水平轴)(Beyer 和 Bommer,2007)。这一方面的指南(NIST,2011)还比较少,已有建议指出这些选择主要应根据所采用的选择加速度记录的方法来进行(BSSC,2015)。

(1) 如果采用的是最大方向反应谱,因为它考虑了任意方向上的最大谱加速度,所以这些加速度记录可以施加到模型的任意方向上。

(2) 如果所分析的场地属于近断层这一类型,那么这些反映了近震源效应的加速度记录就必须施加在垂直断层方向和平行断层方向上(与记录时的方向一致)。

引入 MCSI 的目的是为了给出能够包含所有不确定性的保守的地震输入,由于 MCSI 加速度记录是局地分析得到的与场地相关的结果,因此它们可以按照记录时的方向(EW 和 NS)施加到模型上。不过,这一选择是非保守的。例如,如果某个场地的危险性主要受单个震源(位置已经确定)主导,那么其他震源(处于不同位置,进而带有不同方位的地震动分量)所导致的较弱地震也可能会影响到该场地。仅施加到危险性最大的震源方位可能导致其他方位上的地震作用强度低于其他可能震源所要求的水平,因此我们认为,同一组加速度记录应当施加到模型的多个方向上。如果场地属于近断层类型,那么也应采取这一做法,因为相对其他震源来说它可能属于远断层的类型(Kalkan 和 Kwong,2013)。考虑到现代建筑是经过抗震设计的,在高度上和平面内都是规则的,并且质量和刚度也呈均匀分布,因此上述选择不会过分影响到最终的设计。

2. 基于信号的选择

由于 MCSI 谱通常与极大量加速度记录相关,因此要找到与它匹配的信号是比较困难的。不仅如此,在很宽的周期区间内要求其位于 MCSI 谱的 90%~130% 范围内(常见的做法就是如此),这实际上意味着引入了另一种变异性,会在一定程度上改变 MCSI 谱这个概念所隐含的包络属性。

于是就应该找到另一种方法,它应当方便、快捷并且有意义,然后就可以深入分析所选择的加速度记录,以获得丰富而细致的结果了。

这里不再选择与 $MCSI_{SS}$ 相容的那些信号,而是将用于确定 $MCSI_{SS}$ 的整个信号集进行预处理,通过快速线性时程分析以提取出一个子集。

尽管在地震中结构物可能会超出弹性范畴,不过分析与每个信号相关的

最大弹性变形能 E_{max} 仍然是非常重要的,它能反映输入信号下的结构动力特性。

必须强调的是,结构自振频率的分析是建立在系统弹性特性基础上的,一旦弹性范畴不再成立,那么这些频率也就无效了。因此,当结构超出弹性范围时,这些弹性行为作为一种指示器仍然是有意义的,这一点已经得到了广泛的认可。

对于给定的信号,在弹性范围内进行模态时程分析(MTHA)是非常迅速的(几秒)。不妨假设 Ψ_i 为某系统(具有 n 个模态)的第 i 个非时变的模态形状,K 为非时变的刚度矩阵,那么对于每个模态来说,都存在一个标量时间函数 $f(t)$,在给定信号、第 i 个模态的周期及其阻尼(模态阻尼一般可以设定为5%)之后,这些函数是容易计算的。在此基础上,就可以把节点位移向量的时程反应 $u(t)$ 表示为

$$u(t) = \sum_{i=1}^{n} f_i(t) \Psi_i$$

进而可得任意时刻的弹性能 E 为

$$E(t) = \frac{1}{2} u^T K u = \frac{1}{2} \Big[\sum_{i=1}^{n} f_i(t) \Psi_i^T \Big] K \Big[\sum_{j=1}^{n} f_j(t) \Psi_j \Big]$$

由模态的正交性,即如果 $i \neq j$,则有 $\Psi_i^T K \Psi_j = 0$,并令 ω_i 为第 i 个模态的角频率,于是有

$$E(t) = \frac{1}{2} \Big[\sum_{i=1}^{n} f_i^2(t) \Psi_i^T K \Psi_i \Big] = \frac{1}{2} \Big[\sum_{i=1}^{n} f_i^2(t) \omega_i^2 \Psi_i^T M \Psi_i \Big] = \frac{1}{2} \Big[\sum_{i=1}^{n} f_i^2(t) H_i \Big]$$

式中:M 为质量矩阵;H_i 为标量,与时间或加速度记录无关,可以在所有分析之前一次性计算出来,对于每一个模态来说,即为

$$H_i = \omega_i^2 \Psi_i^T M \Psi_i = \Psi_i^T K \Psi_i$$

这就意味着,我们能够在非常短的时间内针对大量加速度记录计算出函数 $E(t)$。如果矩阵 K 是针对一部分结构构件的,那么由此也就得到了与它们相关的弹性能了。最终就可以轻松地得到结构(或者所选定的某个部分)的最大变形能。

MTHA 每次可以计算 3 个能量参数,它们都是时间的函数:①总弹性能 $E(t)$;②与结构首次屈服有关的等效弹性能 $E_E(t)$,一般先通过力的线性变化,然后再通过位移的线性变化来计算,如果记 α 为应用到力和位移上的总折减系数($0 < \alpha \leq 1$),就有 $E_E(t) = \alpha^2 E(t)$;③"逾量"能量输入 $E_P(t) = E(t) - E_E(t) = [1 - \alpha^2(t)] E(t)$,如果系统仍然是弹性的,那么 $\alpha = 1$。显然,这个系数 α 可以

视为全局性能系数的倒数,即 $R=1/\alpha$。

由此可以给出一个信号选择的原则,即选择对应于 N 个能量 E_P 极值(进而使得 R 最大)的那些信号,N 为 20～40。为了避免忽视变形能较小但是却对防止倒塌很重要的子结构,可以针对每个结构元件的变形能引入重要性系数来进行加权处理,如对于一些次要的元件就可以在加权中剔除。

这种方法也称为弹性变形能最大化(EDEM),其中包含了 C-MCSI,实际上只需简单地考察与单个模式相关的弹性变形能就可以得到 C-MCSI。然而,由于变形能是一个标量,因此很自然地会涉及相位问题和模态叠加问题。只需考察弹性范畴内系统无法吸收的逾量能量,就能确定耗能需求指标,这与当前抗震工程中所采用的方法是十分类似的。还有一些更精细的方法,它们会针对每个构件引入一个局部折减系数 α_m(而不是一个全局的 α)。这实际上就意味着(逐个构件地)考察那些发生屈服的构件,以计算出 $E_P(t)$。目前 EDEM 方法还在测试验证过程中。

6.5 实例分析

通过对传统的 PSHA 方法做详尽的回顾可以发现,这种方法是不足以刻画地震发生的物理过程的,因为采用了无记忆的随机过程——泊松过程。很明显,应变和应力数据的更新是需要时间的,因而针对下一次地震的状态重建过程也是依赖于时间的。不仅如此,地震发生地点(即使是在同一断层处)也是随时间而变化的。断层的力学特性也是在不断变化的,特别是在每次地震之后更是如此,每一次大地震都会改变边界状态,从而又对下一次产生影响。显然,这就意味着概率性数学模型至少也应该是二元的,由于缺乏足够的数据(与地质年代相比人类观测时间还很短),因此这已经超出了人们的知识范畴。

NDSHA 较好地刻画了地震发生的物理过程,因而可以解决所遇到的绝大多数问题。这一方法考虑的是具有实际可能性的最大地震事件,通常称为最大可信地震(MCE),其震级设定为所观测到的最大震级再加上若干个标准差(σ_M),当然这是尝试性的,直到被证明是不合适的为止。对于缺乏断层信息的地区,可以采用历史上和地表形态结构上的相关数据,利用这些数据能够丰富现有的地震目录(Zuccolo 等,2011;Parvez 等,2017)。

NDSHA 是能够加以检验的,实际上它的目的是给出包络值,也就是不会被超越的值,正因如此它是可以立刻证伪的。如果所发生的某个地震的震级大于 NDSHA 所预报的值,就需要检查所出现的偏差,如果该偏差比用于定义 MCE 的标准差 σ_M 大 γ_{EM} 倍(如 Dominique 和 Andre,2000)(所发生的震级等于最大观测

到的震级再加上 $2\sigma_M = 0.5$,于是 $\gamma_{EM} = 2$),那么 NDSHA 给出的图就是错误的。类似地,如果在得到 NDSHA 图之后发生了某个地震,且在基岩处记录到的峰值(如 PGA)超过所预报的值(在误差范围内),那么也可证明该图是错误的。与此相反的是,最终可能出现的 PSHA 图的证伪仅考虑了非常大的孕震区和时间范围(Molchan 等,1997;Panza 等,2014),由于概念上和做法上的模糊性,因而它不会为我们提供任何有用的信息(Stein 等,2012)。

为了从实用角度更好地阐明 NDSHA 的能力和不足,下面就来介绍若干实际案例。

6.5.1 印度

人们已经针对整个印度进行了新的确定性地震危险性评估(NDSHA),是以最大位移(PGD)、最大速度(PGV)以及设计地面加速度(DGA)的形式给出的,分析中采用的是合成地震记录,并绘制到 $0.2° \times 0.2°$ 的网格上(Parvez 等,2017)。以 DGA 形式($0.6g \sim 1.2g$)表示的最高地震危险主要分布在以下地区:①沿着 2015 年尼泊尔 - 比哈尔地震震中带的西喜马拉雅山脉和中喜马拉雅山脉;②印度东北部的部分地区;③古吉拉特邦(喀奇地区)。对于峰值速度和峰值位移,情况也与此相似。针对同一地震事件,通过把加速度转换成 EMS(欧洲地震烈度表)烈度(Lliboutry,2000),人们将 NDSHA 结果与 Martin 和 Szeliga(2010)所报道的最大观测烈度值进行了对比,对于可获得观测值的地区来说,最大观测烈度很少超出预报烈度值(当 $\gamma_{EM} = 0$ 时约为 2% 的比例)。

6.5.2 意大利北部——2012 年艾米莉亚地震

目前,作为意大利官方参考的地震危险性图采用的是地震危险性图绘制工作组 2004 年最终报告(http://zonesismiche.mi.ingv.it/mappa_ps_apr04/italia.html)中的 PSHA 图,它给出的是 50 年超越概率 10%(即重现期 475 年)的基岩 PGA 值。2012 年 5 月 20 日的艾米莉亚地震震级为 $M = 5.9$,5 月 29 日为 5.8 级,这些都发生在基于 PSHA 所指出的低危险性区域:PGA 图("重现期"475 年)是小于 $0.175g$ 的,而观测到的 PGA 却超过了 $0.25g$。与此对应的是,2001 年编制的 NDSHA 图(Panza 等,2001)所预报的值却在 $0.20g \sim 0.35g$ 范围内,与所观测到的超过 $0.25g$ 的运动相当吻合。该 NDSHA 图是以设计地面加速度 DGA 的形式给出的,等价于峰值地面加速度 PGA(Zuccolo 等,2011)。

地震危险性图是为了能够预报可能实际出现的地震,因而可以说意大利北部所发生的地震极大地支持了 NDSHA 或类似的确定性方法的应用,同时也告诉我们应尽可能避免隔一段时间就去修正地震危险性图的做法。从这一角度来看,公共建筑和其他一些重要建筑在设计时就应当具备抵抗未来地震的性能。与 PSHA 的内涵不同的是,当某个震级的地震发生时,它所导致的地震动水平是不依赖于这种地震事件的发生概率的。因此,抗震设计中的地面运动参数就应当与地震的发生概率无关,而基于 NDSHA 的方法就是这么做的(Peresan 和 Panza,2012 及其中的参考文献)。

6.5.3 意大利中部

1. 2009 年拉奎拉地震

2009 年 4 月 6 日的 6.3 级地震发生在高危险性地区,不过观测到的加速度值超出了基于 PSHA 所预报的值:PGA 图(重现期 475 年)上为 $0.250g$ ~ $0.275g$,而观测到的 PGA 却大于 $0.35g$。与此不同的是,NDSHA 图所预报的范围在 $0.3g$ ~ $0.6g$,它意味着未来的地震事件所导致的峰值地面运动量可能会超过 2009 年的地震记录。从目前正在进行中的重建工作来看,人们对这一警示的认识还是不够的。

2. 2016 年开始的地震危机

2016 年 8 月 24 日的 6.0 级地震和 10 月 30 日的 6.5 级地震均发生在高危险性地区,不过所观测到的加速度值超过了基于 PSHA 的标准规范预报值:PGA 图(重现期 475 年)给出的是 $0.250g$ ~ $0.275g$,而观测到的 PGA 则大于 $0.4g$(比拉奎拉地震记录到数值还要大)。与 PSHA 不同的是,NDSHA 图预报的范围在 $0.3g$ ~ $0.6g$。开始于 2016 年 8 月 24 日的这次地震危机是一个很好的例子,它从一个侧面佐证了常用的英语谚语"一分钱一分货",甚至还解释了"一知半解,害己误人"这句谚语,相关经验和教训值得我们深思。

3. 经验和教训

在经过了上述地震之后,很多土木工程师、设计人员以及相关的从业人员都抱怨,认为基于 PSHA 的规范中所给出的危险性图低估了加速度值。不过,应有的修订工作却遇到了很强的阻力,特别是关于 PSHA 这种方法的使用。不仅如此,除了方法层面的因素外,还必须充分考虑到降低风险带来的真实收益与建筑成本增加(如果考虑更可靠、更健壮的风险系数,与可能出现的地震的震级保持一致,就像近期发生的那些地震那样)这两者之间是针锋相对的。如果不考虑不计其数的死亡人数,与新建时采用升级修订的抗震设计标准(这里是指基于 NDSHA 所给出的更实用更严格的抗震措施)这一做法相比而言,仅后期改造成本就会高出 30 多倍。

这不禁令人想起 2500 年前古希腊希波克拉底的教义："充分的预防胜于治疗"，以及当今一句常用的英语谚语"一分钱一分货"，这些都蕴含着高深的智慧。意大利诺尔恰正好给出了一个很好的例子。

在 1997 年 9 月 26 日开始的 Umbria – Marche 地震危机之后，诺尔恰就进行了翻新改造，所有的重建工作都是将 PSHA 图（重现期 475 年）作为基准的，抗震规范也是建立在该图基础上的。在 2016 年 10 月 30 日发生的 6.5 级地震中，该 PSHA 图已经被证实是错误的，诺尔恰的地面运动要远大于 PSHA 的预报值，所造成的损伤也是相当巨大的，对应于 I_{MCS} 为 Ⅸ 级（http://www.6aprile.it/wp-content/uploads/2016/12/QUEST_rapporto_15nov.pdf 报道称 I_{MCS} 为 Ⅷ~Ⅸ 级，不过要注意的是任何烈度表都是以单位增量这种离散形式给出的）。在 NDSHA 图上，所指示的危险性值要稍微高于 2016 年 10 月 30 日地震导致的实际地面运动水平。由此可知，如果 1997 年 Umbria – Marche 地震后的重建和改造工作能够把 NDSHA 的预报结果考虑进来，那么在 2016 年 10 月 30 日的地震中所出现的损伤极有可能会比实际情况小得多，甚至可以忽略不计。

如果遵从基于 PSHA 所指定的设计强度和详细要求（针对新建筑），而忽略意大利抗震规范所进一步指出的："L'uso di accelerogrammi generati mediante simulazione del meccanismo disorgente e della propagazioneè ammesso a condizione che siano adeguatamente giustificate le ipotesi relative alle caratteristiche sismogenetiche della sorgente e del mezzo di propagazione"（NTC08，第 3.2.3.6 节）（即"如果震源的孕震特性和传播路径特征已经得到了恰当的验证，那么允许采用模拟震源机制和波传播过程而生成的加速度记录"），那么在 1997 年的地震事件后，重建和改造工作一定会节省一些成本，这是与基于 NDSHA 所给出的更高抗震性能需求相比而言的。然而，这种明面上的"节省成本"的成果最终却在 2016 年 10 月的地震面前被击得粉碎，目前很有必要在重建和改造工作中仔细考虑 NDSHA 给出的结果，它们在 1997 年的地震事件后已经被轻率地忽视了。

最后（但并非最不重要）要指出的是，对于导致诺尔恰几乎被彻底摧毁的 10 月 30 日的这场 6.5 级地震来说，有以下几点说明。

（1）Fasan 等（2016）明确指出，2016 年 10 月的 6.5 级地震（震级接近于该地区历史上观测到的最大值）的谱加速度与早先基于 NDSHA 的地面运动仿真所得到的预报结果非常吻合。

（2）Panza 和 Peresan（2016）已经发布了相关警报，指出 2016 年 8 月 24 日所发生的 6.0 级地震并不一定会在该地区产生最大的地面运动，因为早在 1703 年 1 月 14 日所发生的 6.9 级 Valnerina 地震已经袭击了该地区。他们进一步警告称,在随后的重建和改造工作中,工程技术人员必须认识到,将来的震源和局部土壤效应可能导致生成超出 NDSHA 所给出的 0.6g(基岩处的预报值)这个地面运动量。

正因如此,很多人现在都已经意识到,作为一个可靠而实用的工具,NDSHA 已经可以取代当前广泛应用的 PSHA,这一点已经得到了很好的验证。事实上,在专业期刊和书籍中,人们已经广泛证实了 PSHA 的使用确实是完全不合理的,也是不可靠的(Klügel,2007a、2007b;PAGEOPH Topical Volume 168,2011;Mulargia 等,2017;Fasan,2017)。

对于 NDSHA 是一个有效的预防性工具这一点,NTC18(CSLP,2018)中也含蓄地给予了重要肯定,其中拓展和深化了 NTC08 的 3.2.3.6 节所给出的概念,即"L'uso di storie temporali del moto del terreno generate mediante simulazione del meccanismo di sorgente e di propagazione è ammesso a condizione che siano adeguatamente giustificate le ipotesi relative alle caratteristiche sismo genetiche della sorgente e del mezzo di propagazione e che, negli intervalli di periodo sopraindicati, l'ordinata spettrale media non presenti uno scarto in difetto superiore al 20% rispetto alla corrispondente componente dello spettro elastico."(即"如果震源的孕震特性和传播路径特征已经得到了恰当的验证,并且在所考察的周期范围内均值谱坐标不小于弹性谱对应分量的 20%,那么允许采用模拟震源机制和波传播过程而生成的加速度记录")。

6.6 本章小结

近 20 年来,NDSHA 已经提供了可靠而有效的地震危险性评估工具,对于认识、交流和降低地震风险来说是十分有益的(Panza 等,2001)。在网址 http://www.xeris.it/Hazard/index.html 上还提供了区域尺度上绘制地震危险性图的 NDSHA 过程。另外,在那些已经具有 NDSHA 图的地区,所发生的所有地震事件都很好地验证了基于 NDSHA 的地震危险性评估结果,其中包括近期 4 个颇具破坏性的地震观测结果:2012 年意大利艾米莉亚的 6 级地震、2009 年意大利拉奎拉的 6.3 级地震、2016—2017 年意大利中部 5.5~6.6 级地震危机,以及 2015 年尼泊尔的 7.8 级地震。这种优良的性能表明了,广泛地使用 NDSHA 能够更好地帮助土木工程领域去防护所有能发生和将要发生的地震事件,特别是对于相当长时间内保持平静的地质活动活跃区(即历史上只发生过很少的重大地震事件)。我们已经承受了太多的地震灾难,很多活跃的地质构造区域正在基于 PSHA 的地震危险性图中所标注的"低危险性"地区活动!对于 PSHA 来说,我们认为它应该退出舞台,它更多的只是一种概念,而不是一条通向地震安全的经过验证的有效途径(Molchan 等,1997;Kagan 等,2012)。

应当认识到,PSHA 与 NDSHA 的不同在于:①它从未被客观检验所验证过;②它已经在实际中被证明是不可靠的地震发生率(常被称为发生概率)预测方法(Panza 等,2014);③它实际上是以其宣传力度和主流地位作赌注,要求抗震设计标准和社会防震规划都应建立在"工程地震风险分析"模型基础之上,而此类模型却引入了一些类似寓言般(或"魔幻现实主义")的假设,与我们在 PSHA 发展的时间框架内(大约为 50 年,包括狂热的发展初期、接受期以及经过 40 年的发展最终达到目前的主导期),在地震地质与物理科学上的现有认识是矛盾的。正是由于 PSHA 已经造成了太多错误以及致命的结果(Wyss 等,2012;Panza 等,2014;Bela,2014),因此多年以来它已经受到了相当广泛的质疑,《PAGEOPH Topical Volume 168》(2011)及其中的参考文献给出了一些实例可供参阅。对 PSHA 不利的事实有很多。例如,很多极具破坏性的地震都发生在 PSHA 给出的地震危险性图中的"低风险"地区,如 1988 年亚美尼亚斯皮塔克 6.8 级地震,2011 年日本东北 9 级大地震,以及 2012 年意大利艾米莉亚 6 级地震等。

因此,我们应当深刻地认识到,继续采用 PSHA 来确定抗震设计标准,对于保护人民生命财产安全、保护历史遗产和既有建筑,以及增进社会经济福祉及其适应性来说,已经处于全面危机状态。我们应当将一些可行且现成的有效替代方法应用到全世界范围,如 NDSHA,由此不仅能够更广泛地验证这些替代方法的正确性,而且还可以证实它们从总体上确实比 PSHA 更加可靠和更加安全。

缩 略 语

C – MCSI	条件最大可信地震输入
CMS	条件均值谱
CN	用于中期中尺度地震预报的 California – Nevada 算法
CP	防止倒塌
DGA	设计地面加速度
DWN	离散波数法
EDEM	弹性变形能最大化

EDP	工程需求参数
EMS	欧洲地震烈度表
ES	扩展震源
GMPE	地震动预测方程
IM	强度指标
IO	可立即使用
LPL	较低性能水平
LS	生命安全
M8S	用于中期中尺度地震预报的算法
MCE	最大可信地震
MCE_R	针对风险所考虑的最大地震
MCSI	最大可信地震输入
$MCSI_{BD}$	基岩处的最大可信地震输入
$MCSI_{SS}$	特定场地的最大可信地震输入
MS	模态求和
MTHA	模态时间历程分析
NDSHA	新的确定性地震危险性评估方法
NLTHA	非线性时间历程分析
OL	正常运行极限
PBSD	基于性能的抗震设计
PGA	峰值地面加速度
PGD	峰值地面位移
PGV	峰值地面速度
PL	性能水平
PO	性能目标
PSHA	概率性地震灾害评估方法
R. I. P.	愿他安息
RSA	区域尺度分析
SA	谱加速度

SHA	地震灾害评估
SLSS	震源谱的标度律
STSPS	大小和持续时间经缩放处理的点源
SSA	特定场地分析
TPL	目标性能水平
UHS	一致危险谱

参 考 文 献

Al Atik, L. and Abrahamson, N. 2010. An improved method for nonstationary spectral matching. Earthquake Spectra 26: 601–617.

Algermissen, S. and Perkins, D. 1976. A Probabilistic Estimate of Maximum Accelerations in Rock in the Contiguous United States. US Geological Survey (Report 76–416).

Ancheta, T.D., Darragh, R.B., Stewart, J.P., Seyhan, E., Silva, W.J., Chiou, B.S.-J., Wooddell, K.E., Graves, R.W., Kottke, A.R., Boore, D.M., Kishida, T. and Donahue, J.L. 2014. NGA-West2 database. Earthquake Spectra 30: 989–1005.

Archuleta, R.J. and Hartzell, S.H. 1981. Effects of fault finiteness on near-source ground motion. Bulletin of the Seismological Society of America 71: 939–957.

ASCE. 2013. Minimum Design Loads for Buildings and Other Structures (ASCE/SEI 7–10). American Society of Civil Engineers, Reston, Virginia.

ATC. 1978. Tentative Provisions for the Development of Seismic Regulations for Buildings, ATC 3-06 (NBS SP-510). Applied Technology Council.

ATC. 2012. Seismic performance assessment of buildings: Volume I—Methodology (FEMA P-58-1). Federal Emergengy Management Agency, Washington, D.C.

Baker, J.W. and Cornell, A.C. 2005. A vector-valued ground motion intensity measure consisting of spectral acceleration and epsilon. Earthquake Engineering & Structural Dynamics 34: 1193–1217.

Baker, J.W. and Cornell, C.A. 2006a. Which spectral acceleration are you using? Earthquake Spectra 22: 293–312.

Baker, J.W. and Cornell, A.C. 2006b. Spectral shape, epsilon and record selection. Earthquake Engineering & Structural Dynamics 35: 1077–1095.

Baker, J.W. 2007. Quantitative classification of near-fault ground motions using wavelet analysis. Bulletin of the Seismological Society of America 97: 1486–1501.

Baker, J.W. and Cornell, C.A. 2008. Vector-valued intensity measures incorporating spectral shape for prediction of structural response. Journal of Earthquake Engineering 12: 534–554.

Baker, J.W. 2011. Conditional mean spectrum: tool for ground motion selection. Journal of Structural Engineering 137: 322–331.

Bazzurro, P. and Luco, N. 2006. Do scaled and spectrum-matched near-source records produce biased nonlinear structural responses? Proceedings, 8th National Conference on Earthquake Engineering, San Francisco, California.

Bela, J. 2014. Too generous to a fault? Is reliable earthquake safety a lost art? Errors in expected human losses due to incorrect seismic hazard estimates. Earth's Future 2: 569–578.

Bergen, K.J., Shaw, J.H., Leon, L.A., Dolan, J.F., Pratt, T.L., Ponti, D.J., Morrow, E., Barrera, W., Rhodes, E.J., Murariand, M.K. and Owen, L.A. 2017. Accelerating slip rates on the Puente Hills blind thrust fault system beneath metropolitan Los Angeles, California, USA. Geology 45(3): 227–230.

Bertero, R.D. and Bertero, V.V. 2002. Performance-based seismic engineering: The need for a reliable conceptual comprehensive approach. Earthquake Engineering and Structural Dynamics 31: 627–652.

Beyer, K. and Bommer, J.J. 2007. Selection and scaling of real accelerograms for bi-directional loading: a review of current practice and code provisions. Journal of Earthquake Engineering 11: 13–45.

Bizzarri, A. and Crupi, P. 2013. Linking the recurrence time of earthquakes to source parameters: a dream or a real possibility? Pure and Applied Geophysics 171: 2537–2553.

Bojórquez, E. and Iervolino, I. 2011. Spectral shape proxies and nonlinear structural response. Soil Dynamics and Earthquake Engineering 31: 996–1008.

Bommer, J.J., Scott, S.G. and Sarma, S.K. 2000. Hazard-consistent earthquake scenarios. Soil Dynamics and Earthquake Engineering 19: 219–231.

Bommer, J.J. and Acevedo, A.B. 2004. The use of real earthquake accelerograms as input to dynamic analysis. Journal of Earthquake Engineering 8: 43–91.

Bommer, J.J. and Pinho, R. 2006. Adapting earthquake actions in Eurocode 8 for performance-based seismic design. Earthquake Engineering and Structural Dynamics 35: 39–55.

Boore, D.M. 1986. The effect of finite bandwidth on seismic scaling relationships. pp. 275–283. In: Das, S., Boatwright, J. and Scholz, C. (eds.). Earthquake Source Mechanics. Geophys. Monograph 37, American Geophysical Union, Washington, D.C.

Brandmayr, E., Raykova, R.B., Zuri, M., Romanelli, F., Doglioni, C. and Panza, G.F. 2010. The lithosphere in Italy: structure and seismicity. Journal of the Virtual Explorer 36.

Bray, J.D. and Rodriguez-Marek, A. 2004. Characterization of forward-directivity ground motions in the near-fault region. Soil Dynamics and Earthquake Engineering 24: 815–828.

Bray, J.D., Rodriguez-Marek, A. and Gillie, J.L. 2009. Design ground motions near active faults. Bulletin of the New Zealand Society for Earthquake Engineering 42: 1–8.

Brooks, E.M., Stein, S. and Spencer, B.D. 2017. Investigating the effects of smoothing on the performance of earthquake hazard maps. International Journal of Earthquake and Impact Engineering 2: 121–134.

Bruneau, M., Chang, S.E., Eguchi, R.T., Lee, G.C., O'Rourke, T.D., Reinhorn, A.M., Shinozuka, M., Tierney, K., Wallace, W.A. and von Winterfeldt, D. 2003. A framework to quantitatively assess and enhance the seismic resilience of communities. Earthquake Spectra 19: 733–752.

BSSC. 2009. NEHRP recommended seismic provisions for new buildings and other structures (FEMA P-750). Federal Emergengy Management Agency, Washington, D.C.

BSSC. 2015. NEHRP recommended seismic provisions for new buildings and other structures (FEMA P-1050-2). Federal Emergency Management Agency, Washington, D.C.

Burks, L.S. and Baker, J.W. 2016. A predictive model for fling-step in near-fault ground motions based on recordings and simulations. Soil Dynamics and Earthquake Engineering 80: 119–126.

Båth, M. 1973. Introduction to Seismology. Birkhäuser Verlag, Basel.

Cancani, A. 1904. Sur l'emploi d'une double échelle sismique des intensités, empirique et absolue. Gerlands Beitrage Geophysik 2: 281–283.

Caputo, M., Keilis-Borok, V., Kronrod, T., Molchan, G., Panza, G.F., Piva, A., Podgaezkaya, V. and Postpischl, D. 1973. Models of earthquake occurrence and isoseismals in Italy. Ann. Geofis. 26: 421–444.

Catino, M. 2014. Organizational Myopia. Problems of Rationality and Foresight in Organizations. Cambridge University Press.

CEN. 2004. Eurocode 8: Design of structures for earthquake resistance. Part 1: General rules, seismic actions and rules for building (EC8-1). European Committee for Standardization.

Cowie, P.A., Phillips, R.J., Roberts, G.P., McCaffrey, K., Zijerveld, L.J.J., Gregory, L.C., Faure Walker, J., Wedmore, L.N.J., Dunai, T.J., Binnie, S.A., Freeman, S.P.H.T., Wilcken, K., Shanks, R.P., Huismans, R.S., Papanikolaou, I., Michetti, A.M. and Wilkinson, M. 2017. Orogen-scale uplift in the central Italian Apennines drives episodic behaviour of earthquake faults. Sci. Rep. 7: 44858.

doi:10.1038/srep44858.
CPTI Working Group. 2004. Catalogo Parametrico dei Terremoti Italiani, versione 2004 (CPTI04). Bologna, Italy.
CRESME. 2012. Primo Rapporto ANCE/CRESME – Lo stato del territorio italiano 2012 (in Italian).
CSLP. 2008. Italian Building Code (NTC08). Consiglio Superiore dei Lavori Pubblici.D.M. 14 gennaio 2008 – Norme tecniche per le costruzioni (in Italian), Ministero delle Infrastrutture [online] <http://www.gazzettaufficiale.it/eli/id/2008/02/04/08A00368/sg>.
CSLP. 2018. Italian Building Code (NTC18). Consiglio Superiore dei Lavori Pubblici. D.M. 17 gennaio 2018—Aggiornamento delle «Norme tecniche per le costruzioni» (in Italian), Ministero delle Infrastrutture [online] <http://www.gazzettaufficiale.it/eli/id/2018/2/20/18A00716/sg>.
D'Amico, V., Albarello, D. and Mantovani, E. 1999. A distribution-free analysis of magnitude-intensity relationships: an application to the Mediterranean region. Physics and Chemistry of the Earth, Part A: Solid Earth and Geodesy 24: 517–521.
DISS Working Group. 2015. Database of Individual Seismogenic Sources (DISS), Version 3.2.0: A compilation of potential sources for earthquakes larger than M 5.5 in Italy and surrounding areas.
Doglioni, C. 2016. Plate tectonics, earthquakes and seismic hazard. *In*: Atti dei Convegni Lincei 306. Accademia Nazionale dei Lincei. Rome, Italy.
Dolan, J.F., McAuliffe, L.J., Rhodes, E.J., McGill, S.F. and Zinke, R. 2016. Extreme multi-millennial slip rate variations on the Garlock fault, California: Strain super-cycles, potentially time-variable fault strength, and implications for system-level earthquake occurrence. Earth and Planetary Science Letters 446: 123–136.
Dominique, P. and Andre, E. 2000. Probabilistic seismic hazard map on the french national territory. Contribution n. 0632. *In*: Proceedings of the 12th World Conference on Earthquake Engineering, 2000.
Fäh, D. and Panza, G.F. 1994. Realistic modelling of observed seismic motion in complex sedimentary basins. Annals of Geophysics 37: 1771–1797.
Fasan, M., Amadio, C., Noè, S., Panza, G.F., Magrin, A., Romanelli, F. and Vaccari, F. 2015. A new design strategy based on a deterministic definition of the seismic input to overcome the limits of design procedures based on probabilistic approaches. *In*: Convegno ANIDIS 2015. L'Aquila, Italy.
Fasan, M., Magrin, A., Amadio, C., Romanelli, F., Vaccari, F. and Panza, G.F. 2016. A seismological and engineering perspective on the 2016 Central Italy earthquakes. International Journal of Earthquake and Impact Engineering 1: 395–420.
Fasan, M. 2017. Advanced Seismological and Engineering Analysis for Structural Seismic Design. University of Trieste, Italy.
Fasan, M., Magrin, A., Amadio, C., Panza, G.F., Romanelli, F. and Vaccari, F. 2017. A possible revision of the current seismic design process. *In*: World Conference on Earthquake Engineering. Santiago, Chile.
FIB. 2012. Probabilistic performance-based seismic design. Lausanne, Switzerland.
Florsch, N., Fäh, D., Suhadolc, P. and Panza, G.F. 1991. Complete synthetic seismograms for high-frequency multimode SH-waves. Pure and Applied Geophysics 136: 529–560.
Gasparini, D. and Vanmarke, E.H. 1976. Simulated earthquake motions compatible with prescribed response spectra. Cambridge, Massachusetts.
Gelfand, I.M., Guberman, S.I., Izvekova, M.L., Keilis-Borok, V.I. and Ranzman, E.J. 1972. Criteria of high seismicity, determined by pattern recognition. Tectonophysics 13: 415–422.
Geller, R.J., Mulargia, F. and Stark, P.B. 2015. Why we need a new paradigm of earthquake occurrence. pp. 183–191. *In*: Morra, G. et al. (eds.). Subduction Dynamics: From Mantle Flow to Mega Disasters, Geophysical Monograph 211. American Geophysical Union, Washington, DC, USA.
Gorshkov, A., Panza, G.F., Soloviev, A.A. and Aoudia, A. 2002. Morphostructural Zonation and preliminary recognition of seismogenic nodes around the Adria margin in Peninsular Italy and Sicily. Journal of Seismology and Earthquake Engineering 4: 1–24.

Gorshkov, A.I., Panza, G.F., Soloviev, A. and Aoudia, A. 2004. Identification of seismogenic nodes in the Alps and Dinarides. Italian Journal of Geoscience 123: 3–18.

Gorshkov, A.I., Panza, G.F., Soloviev, A.A., Aoudia, A. and Peresan, A. 2009. Delineation of the geometry of nodes in the Alps-Dinarides hinge zone and recognition of seismogenic nodes (M ⩾6). Terra Nova 21: 257–264.

Grant, D.N. and Diaferia, R. 2013. Assessing adequacy of spectrum-matched ground motions for response history analysis. Earthquake Engineering & Structural Dynamics: 1265–1280.

Graves, R.W. and Pitarka, A. 2010. Broadband ground-motion simulation using a hybrid approach. Bulletin of the Seismological Society of America 100: 2095–2123.

Graves, R., Jordan, T.H., Callaghan, S., Deelman, E., Field, E., Juve, G., Kesselman, C., Maechling, P., Mehta, G., Milner, K., Okaya, D., Small, P. and Vahi, K. 2011. CyberShake: a physics-based seismic hazard model for Southern California. Pure and Applied Geophysics 168: 367–381.

Grigoriu, M. 2011. To scale or not to scale seismic ground-acceleration records. Journal of Engineering Mechanics 137: 284–293.

Gusev, A.A. 1983. Descriptive statistical model of earthquake source radiation and its application to an estimation of short-period strong motion. Journal of International Geophysics 74: 787–808.

Gusev, A.A. 2011. Broadband kinematic stochastic simulation of an earthquake source: a refined procedure for application in seismic hazard studies. Pure and Applied Geophysics 168: 155–200.

Hancock, J., Bommer, J.J. and Stafford, P.J. 2008. Numbers of scaled and matched accelerograms required for inelastic dynamic analyses. Earthquake Engineering and Structural Dynamics 37(14): 1585–1607.

Haselton, C.B. and Baker, J.W. 2006. Ground motion intensity measures for collapse capacity prediction: Choice of optimal spectral period and effect of spectral shape. pp. 1–10. *In*: 8th National Conference on Earthquake Engineering. San Francisco, California.

Haselton, C.B., Baker, J.W., Stewart, J.P., Whittaker, A.S., Luco, N., Fry, A., Hamburger, R.O., Zimmerman, R.B., Hooper, J.D., Charney, F.A. and Pekelnicky, R.G. 2017. Response history analysis for the design of new buildings in the NEHRP provisions and ASCE/SEI 7 Standard: Part I—Overview and specification of ground motions. Earthquake Spectra 33: 373–395.

Huang, Y.-N., Whittaker, A.S. and Luco, N. 2008. Maximum spectral demands in the near-fault region. Earthquake Spectra 24: 319–341.

Iervolino, I. and C.A. Cornell. 2005. Record selection for nonlinear seismic analysis of structures. Earthquake Spectra 21: 685–713.

Iervolino, I., De Luca, F. and Cosenza, E. 2010. Spectral shape-based assessment of SDOF nonlinear response to real, adjusted and artificial accelerograms. Engineering Structures 32: 2776–2792.

Iuchi, K., Johnson, L.A. and Olshansky, R.B. 2013. Securing Tohoku's future: planning for rebuilding in the first year following the Tohoku-Oki earthquake and tsunami. Earthquake Spectra 29: S479–S499.

Kagan, Y.Y., Jackson, D.D. and Geller, R.J. 2012. Characteristic earthquake model, 1884–2011, R.I.P. Seismol. Res. Lett. 83: 951–953.

Kaiser, A., Holden, C., Beavan, J., Beetham, D., Benites, R., Celentano, A., Collett, D., Cousins, J., Cubrinovski, M., Dellow, G., Denys, P., Fielding, E., Fry, B., Gerstenberger, M., Langridge, R., Massey, C., Motagh, M., Pondard, N., McVerry, G., Ristau, J., Stirling, M., Thomas, J., Uma, S. and Zhao, J. 2012. The Mw 6.2 Christchurch earthquake of February 2011: preliminary report. New Zealand Journal of Geology and Geophysics 55: 67–90.

Kalkan, E. and Kunnath, S.K. 2006. Effects of fling step and forward directivity on seismic response of buildings. Earthquake Spectra 22: 367–390.

Kalkan, E. and Kwong, N.S. 2013. Pros and cons of rotating ground motion records to fault-normal/parallel directions for response history analysis of buildings. Journal of Structural Engineering 140(3): 04013062.

Kanamori, H. 1977. The energy release in great earthquakes. Journal of Geophysical Research 82:

2981–2987.
Katsanos, E.I., Sextos, A.G. and Manolis, G.D. 2010. Selection of earthquake ground motion records: A state-of-the-art review from a structural engineering perspective. Soil Dynamics and Earthquake Engineering 30: 157–169.
Keilis-Borok, V.I. and Soloviev, A.A. 2003. Nonlinear dynamics of the lithosphere and earthquake prediction. Keilis-Borok, V.I. and Soloviev, A.A. (eds.). Springer, Berlin Heidelberg, Berlin, Germany.
Klügel, J.U. 2007a. Error inflation in probabilistic seismic hazard anaysis. Engineering Geology 90(3): 186–192.
Klügel, J.U. 2007b. Comment on "Why do modern probabilistic seismic-hazard analyses often lead to increased hazard estimates" by Bommer, J.J. and Abrahamson, N.A. Bulletin of the Seismological Society of America 97: 2198–2207.
Kossobokov, V.G. and Nekrasova, A.K. 2012. Global seismic hazard assessment program maps are erroneous. Seismic Instruments 48: 162–170.
Junbo, J. 2018. Soil Dynamics and Foundation Modeling. Springer International Publishing.
Lliboutry, L. 2000. Quantitative Geophysics and Geology. Springer-Verlag London, London, UK.
Luco, N. and Bazzurro, P. 2007. Does amplitude scaling of ground motion records result in biased nonlinear structural drift responses? Earthquake Engineering and Structural Dynamics 36(13): 1813–1835.
Luzi, L., Puglia, R., Russo, E. and ORFEUS WG5. 2016. Engineering Strong Motion Database, version 1.0. http://esm.mi.ingv.it.
Magrin, A. 2013. Multi-Scale Seismic Hazard Scenarios. PhD Thesis. University of Trieste, Italy.
Magrin, A., Gusev, A.A., Romanelli, F., Vaccari, F. and Panza, G.F. 2016. Broadband NDSHA computations and earthquake ground motion observations for the Italian territory. International Journal of Earthquake and Impact Engineering 1(4): 395–420.
Magrin, A., Peresan, A., Kronrod, T., Vaccari, F. and Panza, G.F. 2017. Neo-deterministic seismic hazard assessment and earthquake occurrence rate. Engineering Geology 229: 95–109.
Markušić, S., Suhadolc, P., Herak, M. and Vaccari, F. 2000. A contribution to seismic hazard assessment in Croatia from deterministic modeling. pp. 185–204. *In*: Seismic Hazard of the Circum-Pannonian Region. Birkhäuser Basel, Basel.
Martin, S.S. and Szeliga, W. 2010. A catalog of felt intensity data for 570 earthquakes in India from 1636 to 2009. Bull. Seismol. Soc. Am. 100: 6 2–569.
Meletti, C., Galadini, F., Valensise, G., Stucchi, M., Basili, R., Barba, S., Vannucci, G. and Boschi, E. 2008. A seismic source zone model for the seismic hazard assessment of the Italian territory. Tectonophysics 450: 85–108.
Miranda, E. and Aslani, H. 2003. Probabilistic Response Assessment for Building-Specific Loss Estimation. PEER report 2003/03.berkeley, California.
Molchan, G., Kronrod, T. and Panza, G.F. 1997. Multi-scale seismicity model for seismic risk. Bulletin of the Seismological Society of America 87: 1220–1229.
Molchan, G., Kronrod, T. and Panza, G.F. 2011. Hot/cold spots in Italian macroseismic data. Pure and Applied Geophysics 168(3-4): 739–752.
Mollaioli, F., Decanini, L., Bruno, S. and Panza, G.F. 2003. Analysis of the response behaviour of structures subjected to damaging pulse-type ground motions. pp. 109–119. *In*: NEA/CSNI/R 18.OECD/NEAWorkshop on the Relations between Seismological DATA and Seismic Engineering, Istanbul, 16–18 October 2002.
Morgenroth, J. and Armstrong, T. 2012. The impact of significant earthquakes on Christchurch, New Zealand's urban forest. Urban Forestry & Urban Greening 11: 383–389.
Mulargia F., Stark, P.B. and Geller, R.J. 2017. Why is probabilistic seismic hazard analysis (PSHA) still used? Physics of the Earth and Planetary Interiors 264: 63–75.
Nakamura, Y. 1989. A method for dynamic characteristics estimation of subsurface using microtremor

on the ground surface. Railway Technical Research Institute (RTRI) 30: 25–33.

Nekrasova, A., Kossobokov, V., Peresan, A. and Magrin, A. 2014. The comparison of the NDSHA, PSHA seismic hazard maps and real seismicity for the Italian territory. Hazards 70 Natural: 629–641.

Nekrasova, A., Kossobokov, V.G., Parvez, I.A. and Tao, X. 2015. Seismic hazard and risk assessment based on the unified scaling law for earthquakes. Acta Geodaetica et Geophysica 50: 21–37.

NIST. 2011. Selecting and Scaling Earthquake Ground Motions for Performing Response-History Analyses. Washington, D.C.

PAGEOPH Topical Volume 168. 2011. Advanced Seismic Hazard Assessment, Vol. 1 and Vol. 2, Editors: Panza, G.F., Irikura, K., Kouteva-Guentcheva, M., Peresan, A., Wang, Z. and Saragoni, R., Pure Appl. Geophys., Birkhäuser, Basel, Switzerland.

Panza, G.F., Schwab, F.A. and Knopoff, L. 1972. Channel and crustal Rayleigh waves. Geophys. J. R. Astr. Soc. 30: 273–280.

Panza, G.F. 1985. Synthetic seismograms: the Rayleigh modal summation technique. Journal of Geophysics 58: 125–145.

Panza, G.F., Romanelli, F. and Vaccari, F. 2001. Seismic wave propagation in laterally heterogeneous anelastic media: Theory and applications to seismic zonation. Advances in Geophysics 43: 1–95.

Panza, G.F., La Mura, C., Peresan, A., Romanelli, F. and Vaccari, F. 2012. Seismic hazard scenarios as preventive tools for a disaster resilient society. Advances in Geophysics 53: 93–165.

Panza, G.F., Kossobovok, V., Peresan, A. and Nekrasova, A. 2014. Why are the standard probabilistic methods of estimating seismic hazard and risks too often wrong. pp. 309–357. In: Wyss, M. (ed.). Earthquake Hazard, Risk, and Disasters. Academic Press.

Panza, G.F., Peresan, A., Sansò, F., Crespi, M., Mazzoni, A. and Nascetti, A. 2017. How geodesy can contribute to the understanding and prediction of earthquakes. Rendiconti Lincei. DOI:10.1007/s12210-017-0626-y.

Panza, G.F. and Nunziata, C. 2018. Ground shaking. pp. 149. In: Bobrowsky, P.T. and Marker, B. (eds.). Encyclopedia of Engineering Geology. Springer International Publishing.

Parvez, I.A., Magrin, A., Vaccari, F., Ashish, Mir, R.R., Peresan, A. and Panza, G.F. 2017. Neo-deterministic seismic hazard scenarios for India—a preventive tool for disaster mitigation. J. Seismol. doi:10.1007/s10950-017-9682-0.

Pavlov, V.M. 2009. Matrix impedance in the problem of the calculation of synthetic seismograms for a layered-homogeneous isotropic elastic medium. Izvestiya, Physics of the Solid Earth 45: 850–860.

Peresan, A., Kossobokov, V.G., Romashkova, L. and Panza, G.F. 2005. Intermediate-term middle-range earthquake predictions in Italy: a review. Earth-Science Reviews 69: 97–132.

Peresan, A., Zuccolo, E., Vaccari, F. and Panza, G.F. 2009. Neo-deterministic seismic hazard scenarios for North-Eastern Italy. Italian Journal of Geoscience 128: 229–238.

Peresan A., Zuccolo, E., Vaccari, F., Gorshkov, A. and Panza, G.F. 2011. Neo-deterministic seismic hazard and pattern recognition techniques: time dependent scenarios for North-Eastern Italy. Pure and Applied Geophysics 168(3-4): 583–607.

Peresan, A. and Panza, G.F. 2012. Improving earthquake hazard assessment in Italy: An alternative to "Texas sharpshooting". EOS Transaction, American Geophysical Union. 93: 51, 18 December 2012.

Peresan, A., Magrin, A., Nekrasova, A., Kossobokov, V.G. and Panza, G.F. 2013. Earthquake recurrence and seismic hazard assessment: a comparative analysis over the Italian territory. In: ERES 2013, Transactions of Wessex Institute, http://dx.doi.org/10.2495/ERES130031.

Peresan, A., Magrin, A., Vaccari, F., Romanelli, F. and Panza, G.F. 2014. Neo-deterministic seismic hazard assessment: an operational scenario-based approach from national to local scale. In: Proceedings of the 5th National Conference on Earthquake Engineering and 1st National Conference on Earthquake Engineering and Seismology. Bucharest, Romania, June 19–20, 2014.

Peresan, A., Gorshkov, A., Soloviev, A. and Panza, G.F. 2015. The contribution of pattern recognition of seismic and morphostructural data to seismic hazard assessment. Boll. Geofis. Teor. Appl.

56(2): 295–328.
Peresan, A., Kossobokov, V., Romashkova, L., Magrin, A., Soloviev, A. and Panza, G.F. 2016. Time-dependent neo-deterministic seismic hazard scenarios: preliminary report on the M6.2 Central Italy earthquake, 24th August 2016. N. Concepts Glob. Tectonics J. 4(3): 487–493.
Peresan, A. 2018. Recent developments in the detection of seismicity patterns for the Italian region. pp. 149–172. In: Ouzounov, D., Pulinets, S., Hattori, K., Taylor, P. (eds.). Pre-Earthquake Processes: A Multi-disciplinary Approach to Earthquake Prediction Studies. Chapter 9, Volume 234, AGU Geophysical Monograph Series. Wiley and Sons. DOI: 10.1002/9781119156949.ch9.
Reyes, J.C., Riaño, A.C., Kalkan, E., Quintero, O.A. and Arango, C.M. 2014. Assessment of spectrum matching procedure for nonlinear analysis of symmetric- and asymmetric-plan buildings. Engineering Structures 72: 171–181.
Rugarli, P. 2008. Zone Griglie o…Stanze? Ingegneria Sismica. 1-2008.
Rugarli, P. 2014. Validazione Strutturale. EPC Libri, Rome, Italy.
Rugarli, P. 2015a. The role of the standards in the invention of the truth. Acta, Convegno La. Resilienza delle Città d'Arte ai Terremoti, 3–4 Novembre 2015, Accademia Nazionale deiLincei, Rome.
Rugarli, P. 2015b. Primum: non nocere. Acta, Convegno La Resilienza delle Città d'Arte aiTerremoti, 3–4 Novembre 2015, Accademia Nazionale dei Lincei, Rome.
Schwab, P. and Lestuzzi, P. 2007. Assessment of the seismic non-linear behavior of ductile wall structures due to synthetic earthquakes. Bulletin of Earthquake Engineering 5: 67–84.
SEAOC. 1995. Vision 2000: Performance Based Seismic Engineering of Buildings. Structural Engineers Association of California, Sacramento, California.
Shahi, S.K. and Baker, J.W. 2011. An empirically calibrated framework for including the effects of near-fault directivity in probabilistic seismic hazard analysis. Bulletin of the Seismological Society of America 101: 742–755.
Stark, P.B. and Freedman, D.A. 2001. What is the chance of an earthquake? pp. 201–213. In: Mulargia, F. and Geller, R.J. (eds.). Earthquake Science and Seismic Risk Reduction, NATO Science Series IV: Earth and Environmental Sciences, v. 32, Kluwer, Dordrecht, The Netherlands.
Stein, S., Geller, R. and Liu, M. 2012. Bad assumptions or bad luck: why earthquake hazard maps need objective testing. Seismol. Res. Lett. 82: 623–626.
Stockmeyer, J.M., Shaw, J.H., Brown, N.D., Rhodes, E.J., Richardson, P.W., Wang, M., Lavin, L.C. and Guan, S. 2017. Active thrust sheet deformation over multiple rupture cycles: A quantitative basis for relating terrace folds to fault slip rates. G.S.A. Bulletin 129(9-10): 1337–1356.
Taleb, N. 2007. The Black Swan: The Impact of the Highly Improbable. Random House, New York.
Theophilou, A.I., Chryssanthopoulos, M.K. and Kappos, A.J. 2017. A vector-valued ground motion intensity measure incorporating normalized spectral area. Bulletin of Earthquake Engineering 15: 249–270.
Trifunac, M.D. 2012. Earthquake response spectra for performance based design—A critical review. Soil Dynamics and Earthquake Engineering 37: 73–83.
Vaccari, F. 2016. A web application prototype for the multiscale modelling of seismic input. pp. 563–584. In: Earthquakes and Their Impact on Society. Springer International Publishing, Cham.
Wang, Z. 2010. Seismic hazard assessment: issues and alternatives. Pure and Applied Geophysics 168: 11–25.
Watson-Lamprey, J.A. and Boore, D.M. 2007. Beyond SaGMRotI: conversion to SaArb, SaSN, and SaMaxRot. Bulletin of the Seismological Society of America 97: 1511–1524.
Wells, D.L. and Coppersmith, K.J. 1994. New empirical relationships among magnitude, rupture length, rupture width, rupture area, and surface displacement. Bulletin of the Seismological Society of America 84: 974–1002.
Wyss, M., Nekrasova, A. and Kossobokov, V. 2012. Errors in expected human losses due to incorrect seismic hazard estimates. Nat. Haz. 62: 927–935.
Wu, J., Li, N., Hallegatte, S., Shi, P., Hu, A. and Liu, X. 2012. Regional indirect economic impact

evaluation of the 2008 Wenchuan Earthquake. Environmental Earth Sciences 65: 161–172.

Zimmerman, R.B., Baker, J.W., Hooper, J.D., Bono, S., Haselton, C.B., Engel, A., Hamburger, R.O., Celikbas, A. and Jalalian, A. 2017. Response history analysis for the design of new buildings in the NEHRP provisions and ASCE/SEI 7 standard: Part III—example applications illustrating the recommended methodology. Earthquake Spectra 33(2): 397–417.

Zinke, R., Dolan, J.F., Rhodes, E.J., Van Dissen, R. and McGuire, C.P. 2017. Highly variable latest Pleistocene-Holocene incremental slip rates on the Awatere fault at Saxton River, South Island, New Zealand, revealed by lidar mapping and luminescence dating. Geophysical Research Letters 44: 11301–11310.

Živčić, M., Suhadolc, P. and Vaccari, F. 2000. Seismic zoning of Slovenia based on deterministic hazard computations. pp. 171–184. *In*: Seismic Hazard of the Circum-Pannonian Region. Birkhäuser Basel, Basel.

Zuccolo, E., Vaccari, F., Peresan, A. and Panza, G.F. 2011. Neo-deterministic and probabilistic seismic hazard assessments: a comparison over the Italian territory. Pure and Applied Geophysics 168: 69–83.

第7章 基于能量的地震动参数预测方程
——在土耳其西北部的区域应用

Ali Sari[①]*, Lance Manuel[②]

7.1 引　　言

地震动的严重程度一般是借助一些强度指标来描述的,如地面峰值加速度和谱加速度,这些是建立在载荷或强度基础上的评价参数。现代抗震规范采用了此类基于强度的设计过程,其中地震需求是以弹性响应谱的形式描述的。于是,设计过程就隐含地通过折减因子考虑了结构可能具有的延性承载力,不过这种做法却未能以直接的方式把结构响应的循环特征以及由此产生的累积损伤考虑进来。与这种基于强度的参数(下文简称强度参数)相比,基于能量的参数(下文简称能量参数)也同样容易定义,不过它们能把结构所经受的响应幅值和循环次数这两个方面的效应都包含进来,因而更为有用。一般认为,在反映结构损伤这方面,这种能量参数可以与传统的强度参数相媲美,甚至还要好一些(Sari,2003)。

本章将建立基于能量的地震动参数预测方程,其中采用了随机效应模型,它能够考虑单个地震事件中所记录的数据相关性(Abrahamson 和 Youngs,1992)。我们将针对土耳其西北部这一特定区域进行这一工作,之所以如此,主要是考虑两方面的原因,首先是对土耳其西北部来说,1999 年地震之后数据库中的强震数据更为丰富了;其次是到目前为止在世界范围内,基于能量参数的地震动预测方程还十分有限。正因如此,我们希望针对这一区域构建出一个全新的基于能量参数的地震动参数预测关系式。为了实现这一目的,采用了由 17 次地震事件的 195 个记录所构成的数据库,它与 Özbey 等(2004)所使用的是完

---

① 伊斯坦布尔科技大学,土木工程系,土耳其,伊斯坦布尔。
② 得克萨斯大学奥斯汀分校,土木、建筑与环境工程系,美国,奥斯汀,TX78712,Email:lmanuel@mail.utexas.edu。
* 通讯作者:asari@itu.edu.tr。

全一样的。

这里将要建立的经验关系式是针对两个能量参数水平分量(5%阻尼)的几何平均的,将给出弹性能量需求和非弹性能量需求水平(与延展值范围有关)的相关结果,并针对一些比较令人感兴趣的实例,在随机效应模型基础上以表格形式给出依赖于周期的模型系数,从而便于后续的使用。

我们还将考察震级、土壤类别和距离等因素对能量谱估计的影响,同时也会分析延性水平的影响情况。针对能量参数的模型预测,本章将细致地进行研究,并将其与不同土壤条件下的观测数据进行对比。这里也会把所建立的基于能量的地震动预测关系式与美国西部模型加以对比,后者也是基于能量参数的,目前这一类型的模型比较少见。另外,关于场地条件所导致的能量参数放大问题,以往的研究工作是相当少的,只有 Chou 和 Uang(2000)曾经给出过一份简要的研究报告。本章将从能量角度出发,针对不同的场地/土壤类别,借助类似的方法来考察短周期和长周期运动的经验预测结果,进而为此处基于能量的地震动参数预测提供场地放大系数。

7.2 模型参数和强震数据库

在此处所构建的经验地震动预测模型中,所采用的模型参数与 Özbey 等(2004)所使用的完全一样,包括地震矩震级 M_w、Joyner-Boore 距离 R(地面观测点到断层在地面投影的最短距离)以及场地条件(由不同场地类别来描述,参见下文)。必须注意的是,此处并没有把断层类型作为模型参数显式地包含进来。我们所建立的经验关系式是面向正断层和走滑断层所引发的地震的,不能用于逆断层和逆斜断层等情形,这是因为北安纳托利亚活动断裂带出现的地震(包括大部分 Kocaeli 余震)的断层机制主要是走滑型的,另外还有一部分是正断层情况(Orgulu 和 Aktar,2001)。

这里所使用的数据库包括 17 次地震的 195 个地震动记录(主震和余震,震级大于 5.0),这些记录实际上来源于一个更大的包含各种震级的地震数据库,该数据库中的信息主要是从 Boğaziçi 大学的坎迪利天文台与地震研究所(KOERI)、伊斯坦布尔科技大学(ITU)、灾害事务管理总局地震研究部(ERD)等所管理的观测台得到的。

表 7.1 中列出了所选择的强震数据库中包含的记录情况,与 Sari(2003)和 Özbey 等(2004)所使用的是完全一样的,其中的场地类别 ABCD 的定义参见表 7.2,是根据地面以下 30m 的平均剪切波速来区分的。

表7.1 回归分析中所使用的强震记录数据库

事件编号	事件名称	事件日期	发震时间	经度/(°)	纬度/(°)	M	H/km	记录数量			
								A	B	C	D
1	Izmit	17.08.1999	12:01:38AM	40.76	29.97	7.4	19.6	3	5	7	7
2	Düzce–Bol	12.11.1999	4:57:21PM	40.74	31.21	7.2	25.0	1	3	5	18
3	Izmit	13.09.1999	11:55:29AM	40.77	30.10	5.8	19.6	0	2	5	18
4	Hendek–Akyazi	23.08.2000	1:41:28PM	40.68	30.71	5.8	15.3	0	1	3	8
5	Sapanca–Adapazar	11.11.1999	2:41:26PM	40.74	30.27	5.7	22.0	0	1	4	11
6	Izmit	17.08.1999	3:14:01AM	40.64	30.65	5.5	15.3	0	0	0	3
7	Düzce–Bolu	12.11.1999	5:18:00PM	40.74	31.05	5.4	10.0	0	1	1	12
8	Izmit	31.08.1999	8:10:51AM	40.75	29.92	5.2	17.7	0	1	3	13
9	Düzce–Bolu	12.11.1999	5:17:00PM	40.75	31.10	5.2	10.0	0	2	1	11
10	Marmara Sea	20.09.1999	9:28:00PM	40.69	27.58	5.0	16.4	0	1	4	10
11	Northeast of Bolu	14.02.2000	6:56:36AM	40.90	31.75	5.0	15.7	0	0	0	5
12	Cinarcik–Yalova	19.08.1999	3:17:45PM	40.59	29.08	5.0	11.5	0	0	1	5
13	Kaynasli–Bolu	12.11.1999	6:14:00PM	40.75	31.36	5.0	10.0	0	0	0	1
14	Hendek–Adapazari	07.11.1999	4:54:42PM	40.71	30.70	5.0	10.0	0	0	0	4
15	Izmit	19.08.1999	3:17:45PM	40.36	29.56	5.0	9.8	0	1	1	2
16	Düzce–Bolu	19.11.1999	7:59:08PM	40.78	30.97	5.0	9.2	0	2	0	3
17	Hendek–Adapazari	22.08.1999	2:30:59PM	40.74	30.68	5.0	5.4	0	0	0	5
记录总数								4	20	35	136

表7.2 经验模型中的场地类型定义

场地类型	剪切波速/(m·s^{-1})
A	>750
B	360~750
C	180~360
D	<180

针对不同的场地类型,强震数据的分布随矩震级和距离的变化情况如图7.1所示。需要注意的是,在该图中,场地类型A和B这两种情形是放到一起的。

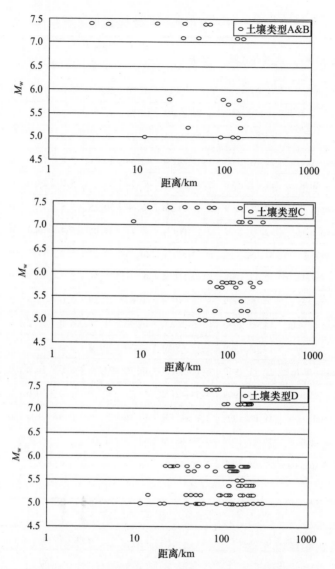

图 7.1 土壤类型 A&B、C 和 D 的数据分布情况

7.3 基于能量的地震动参数的相关背景介绍

为了研究地震动对具有不同自然周期和阻尼水平的结构物的影响,通常可以采用不同的方式来定量描述这些地震动。较为传统的做法是选用基于强度的参数,如谱加速度(S_a)或速度(S_v)甚至地面峰值加速度等。针对世界范围内的

各个区域,人们已经开发了很多基于回归分析的模型,它们能够描述这些参数随震级和距离的变化情况(针对特定场地条件,有时也可能是特定的断层类型)。然而,对基于能量的地震动参数以及用于描述其随震级和距离变化的模型来说,目前还研究得相当有限。

虽然多年以前在很多研究中,人们已经提出了可以从能量角度来衡量地震动情况(如 Akiyama,1985),然而只是到了近期才引起少量研究人员的兴趣。考虑到以往的研究中已经使用过若干不同的能量描述方式,为明确起见,有必要给出此处所采用的能量参数的定义,下面从一个单自由度结构系统的运动方程开始,其形式可以表示为

$$m\ddot{u}_t + c\dot{u} + f_s = 0 \tag{7.1}$$

式中:m、c 和 f_s 分别为质量、黏性阻尼系数和恢复力;u_t 为绝对位移;$u = u_t - u_g$ 为相对于地面的位移;u_g 为地面位移。

只需把这个运动方程针对 u 进行积分(从输入地震动的开始时刻到任意感兴趣的时刻 t(Uang 和 Bertero,1998)),就可以得到能量平衡方程了,其形式为

$$\frac{m\dot{u}_t^2}{2} + \int_0^t c\dot{u}du + \int_0^t f_s du = \int_0^t m\ddot{u}_t du_g \tag{7.2}$$

由于惯性力 $m\ddot{u}_t$ 等于阻尼力与恢复力之和,因而它也等于作用在结构基础上的合力,于是方程式(7.2)的右端就是在任意时刻 t 已经输入到系统中的能量。在此处和下文中,按照 Uang 和 Bertero(1988)的做法,把输入能 E_i 定义为地震动过程中输入到系统中的能量最大值。当然,这也可以视为在地震动过程中总的基础剪切力在基础/地面位移上所做功的最大值。于是有以下表达式,即

$$E_i = \max\left\{\int_0^t m\ddot{u}_t du_g\right\} \tag{7.3}$$

在方程式(7.2)中,左端的第一项代表的是动能 $E_k(t)$,第二项代表的是阻尼耗能 $E_d(t)$,最后一项是可恢复的弹性应变能 $E_s(t)$ 与不可恢复的滞回耗能 $E_h(t)$ 之和。因此,输入能 E_i 也可以表示为

$$E_i = \max\left\{\frac{m\dot{u}_t^2}{2} + \int_0^t c\dot{u}du + \int_0^t f_s du\right\} = \max\{E_k(t) + E_d(t) + [E_s(t) + E_h(t)]\} \tag{7.4}$$

为了便于阐述所得到的研究结果,同时也为了方便与其他研究进行比较,这里也仿照 Uang 和 Bertero(1988)的做法定义了吸收能 E_a,即可恢复的应变能与不可恢复的滞回耗能之和的最大值,其表达式可以写为

$$E_a = \max\left\{\int_0^t f_s du\right\} = \max\{E_s(t) + E_h(t)\} \tag{7.5}$$

在输入能的基础上再定义一个速度参数 V_i 是比较方便的,将其称为"输入能等效速度",即

$$V_i = \sqrt{\frac{2E_i}{m}} \tag{7.6}$$

类似地,还可以根据吸收能来定义另一个速度参数 V_a,此处称为"吸收能等效速度",即

$$V_a = \sqrt{\frac{2E_a}{m}} = \sqrt{\frac{2(E_s + E_h)}{m}} \tag{7.7}$$

式(7.6)和式(7.7)所给出的定义与 Akiyama(1985)、Uang 和 Bertero (1988)的做法是类似的。

为便于与那些采用传统设计参数(如谱加速度 S_a)的研究相比较,这里也定义了一个"输入能等效加速度" A_i 和"吸收能等效加速度" A_a,即

$$A_i = \omega V_i, \quad A_a = \omega V_a \tag{7.8}$$

在上述参数中,Lawson(1996)和 Chapman(1999)曾经针对美国西部将输入能等效速度 V_i 作为地震动参数进行过研究,后者还曾把基于弹性输入能的参数用于概率性地震灾害分析中。此外,Chou 和 Uang(2000)还曾将非弹性吸收能等效速度作为能量需求参数进行过研究。

值得指出的是,对于线弹性系统来说,吸收能等效速度 V_a 与谱速度 S_v 是相同的,而吸收能等效加速度 A_a 与谱加速度 S_a 是相同的。由此不难看出,从某种意义上说,弹性吸收能等效速度和加速度这两个参数既可以从强度角度也可以从能量角度来定义。

7.4 回归模型

在构建经验性地震动预测关系式时采用了一个非线性混合效应模型,这一模型能够解释事件间的和事件内的变异性,而绝大多数常用模型是无法区分出这两种不同变异性的。Özbey 等(2004)和 Sari(2003)实际上已经对这一混合效应模型做过广泛的讨论,该模型描述了响应变量、地面运动参数以及一些协变量之间的关系。

对于选定的地面运动参数,预测值和观测值之间的残差包含事件间的变化

和事件内的变化,前者代表"组间"变异性,来自不同地震事件的数据记录的差异,后者代表的是"组内"变异性,源于同一地震情况下不同观测台记录到的数据差异。

在针对基于弹性能和非弹性能的地震动参数,利用混合效应模型来构造预测关系式时,选择了以下函数形式,即

$$\log(Y_{ij}) = a + b(M_i - 6) + c(M_i - 6)^2 + d\log\sqrt{R_{ij}^2 + h^2} + eG_1 + fG_2 \quad (7.9)$$

式中:Y_{ij} 为能量参数(如 A_i 或 A_a,单位为 cm/s^2)的两个水平分量的几何平均,针对的是第 i 个地震事件的第 j 个记录;M_i 为第 i 个事件的矩震级;R_{ij} 为第 i 个地震事件到第 j 个记录场地的最短水平距离(即地面观测点到断层在地面投影的最短距离);系数 G_1 和 G_2 取值情况如下:当场地类型为 A 和 B 时,$G_1 = 0$、$G_2 = 0$;当场地类型为 C 时,$G_1 = 1$、$G_2 = 0$;当场地类型为 D 时,$G_1 = 0$、$G_2 = 1$。显然,需要估计的系数就是 a、b、c、d、e、f 和 h 了。

7.5 回归结果

为了便于与谱加速度进行比较,下面将给出针对能量参数的回归结果并加以讨论,此处是以式(7.8)给出的吸收能等效加速度 A_a 和输入能等效加速度 A_i 的形式来进行的。我们主要感兴趣的是弹性能和非弹性能指标预测,不过已有研究表明,与输入能相比,吸收能在衡量结构损伤方面是更好的指标(Chou 和 Uang,2000)。与此相应地,在考虑非弹性能量需求时,将主要关注吸收能等效加速度 A_a,而对于弹性能需求,将考察输入能等效加速度 A_i。之所以没有必要去考虑弹性能情况下的 A_a,是因为此时它与谱加速度 S_a 是完全相同的,而 Özbey 等(2004)已经给出过相应的经验关系式了。总之,下面将讨论的是与非弹性情况下的 A_a 和弹性情况下的 A_i 相对应的预测关系式。

需要注意的是,这里针对吸收能等效加速度 A_a 和输入能等效加速度 A_i 的分析只限于单自由度系统(阻尼比设定为5%),另外在考虑非弹性结构响应时,都假定了双线性载荷 - 变形特性,且应变硬化率为0%(或者说理想弹塑性行为)。Chou 和 Uang(2000)以及 Seneviratna 和 Krawinkler(1997)已经通过研究指出,应变硬化程度对吸收能需求的影响是微不足道的,Sari 和 Manuel(2002)也曾对此做过讨论,因此在这里的研究中不考虑其他应变硬化率情况。

7.5.1 吸收能

根据混合效应模型,针对5%阻尼的非弹性吸收能等效加速度,表7.3中给

出了模型系数 a、b、c、d、e、f、h 和对数标准差,考虑的最长周期为4s,延性系数为4。这里的延性系数为4,意味着这个单自由度系统所经受的最大位移是屈服位移的4倍。

表7.3 地震动预测经验模型系数和对数标准差
(针对5%阻尼的吸收能等效加速度 A_a (cm/s^2),延性系数为4)

周期/s	a	b	c	d	h	e	f	$\sigma_{\log(Y)}$
0.10	3.742	0.510	-0.085	-1.0526	13.01	0.133	0.284	0.246
0.15	3.643	0.523	-0.083	-0.9856	12.66	0.112	0.278	0.236
0.20	3.517	0.556	-0.106	-0.9176	11.92	0.078	0.304	0.228
0.25	3.320	0.582	-0.111	-0.8343	8.80	0.071	0.325	0.232
0.30	3.219	0.602	-0.116	-0.8039	8.71	0.077	0.349	0.235
0.35	3.132	0.616	-0.119	-0.7789	8.15	0.076	0.360	0.239
0.40	3.071	0.628	-0.126	-0.7681	8.26	0.078	0.377	0.245
0.45	2.996	0.639	-0.127	-0.7457	7.74	0.073	0.383	0.251
0.50	2.943	0.648	-0.129	-0.7372	7.47	0.074	0.393	0.255
0.55	2.887	0.655	-0.128	-0.7257	7.51	0.074	0.400	0.258
0.60	2.839	0.660	-0.128	-0.7178	7.57	0.076	0.404	0.258
0.65	2.810	0.665	-0.130	-0.7180	7.75	0.077	0.408	0.261
0.70	2.782	0.669	-0.131	-0.7187	7.67	0.079	0.411	0.262
0.75	2.761	0.675	-0.132	-0.7194	7.80	0.081	0.414	0.263
0.80	2.740	0.677	-0.134	-0.7212	7.85	0.083	0.415	0.264
0.85	2.715	0.683	-0.136	-0.7194	8.00	0.085	0.420	0.266
0.90	2.693	0.687	-0.137	-0.7198	8.05	0.088	0.425	0.267
0.95	2.672	0.690	-0.139	-0.7202	8.12	0.089	0.427	0.268
1.00	2.660	0.693	-0.142	-0.7231	8.30	0.090	0.429	0.268
1.10	2.630	0.696	-0.145	-0.7266	8.41	0.090	0.431	0.267
1.20	2.605	0.700	-0.148	-0.7309	8.46	0.091	0.433	0.267
1.30	2.588	0.703	-0.151	-0.7373	8.61	0.091	0.433	0.267
1.40	2.566	0.706	-0.153	-0.7403	8.70	0.091	0.433	0.268
1.50	2.548	0.708	-0.154	-0.7452	8.88	0.092	0.434	0.268
1.75	2.512	0.713	-0.159	-0.7574	9.11	0.092	0.436	0.268
2.00	2.469	0.715	-0.161	-0.7629	9.25	0.091	0.436	0.268
2.25	2.431	0.717	-0.161	-0.7670	9.33	0.085	0.432	0.267

续表

周期/s	a	b	c	d	h	e	f	$\sigma_{\log(Y)}$
2.75	2.356	0.720	-0.158	-0.7697	9.57	0.077	0.425	0.266
3.00	2.326	0.722	-0.157	-0.7725	9.53	0.075	0.423	0.266
3.50	2.275	0.726	-0.156	-0.7792	9.31	0.075	0.421	0.265
4.00	2.232	0.728	-0.154	-0.7846	9.44	0.072	0.417	0.265

图 7.2 给出了基于模型预测的吸收能等效加速度谱，考虑了 4 种不同的延性水平和土壤类型 A&B，且 $M_w=7.5$、$R=10\text{km}$。可以发现，在延性系数从 2 到 8 这个非弹性范围内，除了非常短的周期情况外，吸收能等效加速度没有明显的差异。正是因为认识到了吸收能需求对延性水平的不敏感性，因此下面在讨论非弹性情况下 A_a 的变化时，只考虑延性系数为 4 这一情形。

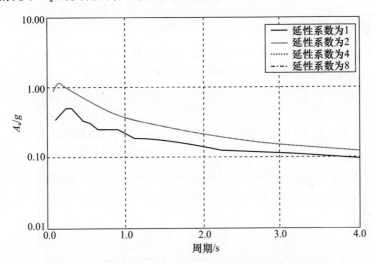

图 7.2 延性水平对非弹性吸收能等效加速度谱的影响
（土壤类型为 A&B，$R=10\text{km}$，$M_w=7.5$）

震级对所预测的非弹性吸收能等效加速度谱的影响如图 7.3 所示，针对的土壤类型为 A&B，且 $R=20\text{km}$，延性系数为 4。正如所预期的，可以看出在所有频率处，随着震级的降低，该谱的幅值都在减小。在所给出的模型预测基础上，针对 $M_w=7.5$、$R=10\text{km}$ 且延性系数为 4 的情形，图 7.4 展示了土壤类型对非弹性吸收能等效加速度谱的影响。很明显，对于所有土壤类型而言，A_a 的峰值出现在周期小于 0.25s 的位置，这要比 Özbey 等人（2004）所给出的弹性情况下的 A_a（或谱加速度）峰值位置 0.3s 小一些。距离对所预测的非弹性吸收能等效加速度谱的影响如图 7.5 所示，其中考虑了土壤类型 A&B、$M_w=7.5$、延性系数为

4。从中不难观察到,在较长周期情况下,随着距离的增大,地面运动衰减也下降了,这也是可以预期的一个趋势。

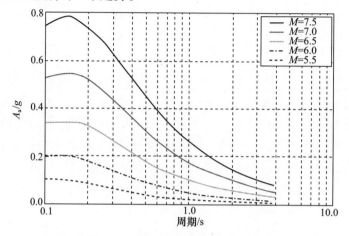

图 7.3 震级对非弹性吸收能等效加速度谱的影响
（土壤类型为 A&B,延性系数为 4,$R=20{\rm km}$）

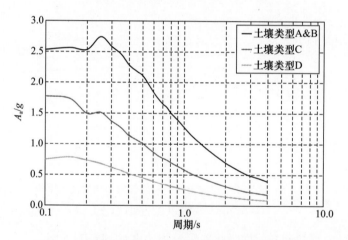

图 7.4 土壤类型对非弹性吸收能等效加速度谱的影响
（延性系数为 4,$R=10{\rm km}$,$M_w=7.5$）

图 7.6 中给出的是延性系数为 4、周期为 1.0s 情况下的非弹性吸收能等效加速度模型预测结果,针对均值及其正负一个标准差范围与 Kocaeli 地震数据进行了比较。为了突出不同土壤类型下预测结果的差异,图中分别考察了 A&B、C、D 这 3 组不同情形。根据图 7.6 不难发现,该模型是能够合理地拟合 Kocaeli 地震数据的。

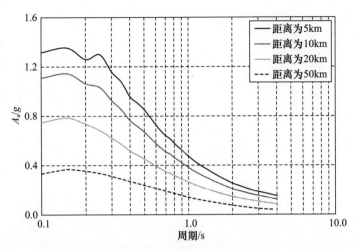

图 7.5 距离对非弹性吸收能等效加速度谱的影响(土壤类型 A&B,延性系数为 4,M_w =7.5)

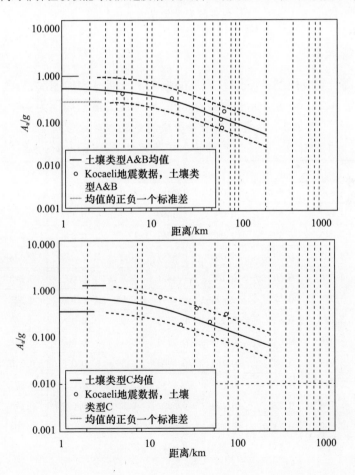

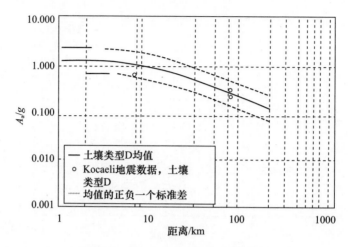

图 7.6 针对土壤类型 A&B、C 和 D 并根据模型预测出的非弹性 A_a 谱
（延性系数为 4、周期为 1.0s）

7.5.2 输入能

基于混合效应模型，针对 5% 阻尼的弹性输入能等效加速度，表 7.4 中给出了模型系数 a、b、c、d、f、h 和对数标准差，所考虑的最长周期为 4s。

表 7.4 地震动预测经验模型系数和对数标准差
（针对 5% 阻尼的弹性输入能等效加速度 A_i（cm/s²））

周期/s	a	b	c	d	h	e	f	$\sigma_{\log(Y)}$
0.10	3.877	0.614	-0.084	-1.0480	9.95	0.115	0.267	0.250
0.15	4.042	0.588	-0.096	-1.1460	16.61	0.171	0.271	0.243
0.20	3.745	0.582	-0.085	-1.0063	13.87	0.094	0.273	0.227
0.25	3.497	0.595	-0.090	-0.8887	10.21	0.039	0.278	0.231
0.30	3.376	0.602	-0.102	-0.8421	7.99	0.035	0.288	0.237
0.35	3.278	0.623	-0.124	-0.8092	6.88	0.033	0.323	0.240
0.40	3.127	0.632	-0.115	-0.7716	5.99	0.055	0.367	0.260
0.45	3.028	0.649	-0.133	-0.7335	5.43	0.062	0.388	0.268
0.50	2.943	0.687	-0.168	-0.6906	4.59	0.036	0.390	0.286
0.55	2.844	0.718	-0.186	-0.6534	3.56	0.023	0.397	0.301
0.60	2.706	0.730	-0.184	-0.6037	2.80	0.022	0.396	0.305
0.65	2.609	0.737	-0.179	-0.5784	2.30	0.024	0.405	0.300
0.70	2.563	0.744	-0.180	-0.5711	2.09	0.020	0.405	0.299

续表

周期/s	a	b	c	d	h	e	f	$\sigma_{\log(Y)}$
0.75	2.554	0.769	-0.187	-0.5909	2.62	0.029	0.411	0.305
0.80	2.548	0.775	-0.185	-0.6072	3.08	0.045	0.407	0.308
0.85	2.565	0.800	-0.184	-0.6374	4.71	0.066	0.416	0.318
0.90	2.586	0.813	-0.190	-0.6627	6.33	0.071	0.425	0.326
0.95	2.583	0.828	-0.203	-0.6696	6.96	0.071	0.431	0.334
1.00	2.592	0.842	-0.221	-0.6807	6.69	0.069	0.433	0.334
1.10	2.585	0.857	-0.247	-0.6914	6.23	0.071	0.435	0.335
1.20	2.590	0.873	-0.273	-0.7117	6.13	0.086	0.444	0.336
1.30	2.626	0.893	-0.285	-0.7452	6.58	0.070	0.416	0.332
1.40	2.665	0.917	-0.294	-0.7821	7.94	0.050	0.404	0.339
1.50	2.670	0.933	-0.297	-0.7992	9.23	0.032	0.376	0.350
1.75	2.746	0.952	-0.320	-0.8832	10.04	0.031	0.343	0.351
2.00	2.710	0.956	-0.322	-0.9258	9.43	0.050	0.350	0.337
2.25	2.782	0.962	-0.320	-1.0119	12.42	0.049	0.355	0.329
2.75	2.663	0.956	-0.268	-1.0467	12.89	0.032	0.331	0.314
3.00	2.623	0.968	-0.260	-1.0540	13.01	0.034	0.324	0.316
3.50	2.545	0.972	-0.256	-1.0674	10.36	0.023	0.311	0.318
4.00	2.438	0.986	-0.244	-1.0699	10.41	0.014	0.315	0.309

如前所述,我们不去详细研究非弹性输入能需求,不过这里也有必要简要分析延性水平对输入能等效加速度谱的影响。如图 7.7 所示,其中给出了基于模型预测得到的 A_i 谱,考虑了 4 种不同的延性水平和两种土壤类型 A&B,$M_w = 7.5$,$R = 10 km$。类似于前面对 A_a 的分析,再次发现所有的延性水平(从 1(弹性情况)到 8)对 A_i 的影响基本上没有什么差异。

震级对所预测的弹性输入能等效加速度谱的影响如图 7.8 所示,其中考虑了土壤类型 A&B、$R = 20 km$。如同所预期的,在所有频率处随着震级的下降幅值都在减小。A_i 的峰值出现在最短周期处,这一点与谱加速度情况是不同的,后者峰值一般出现在中等长度周期处。图 7.9 示出了土壤类型对 A_i 谱的影响,$M_w = 7.5$,$R = 10 km$。可以再次发现 A_i 的最大值出现在非常短的周期处(对于所有土壤类型而言)。距离的影响可以参见图 7.10,其中考虑了土壤类型 A&B,$M_w = 7.5$。在较长周期情况下,随着距离的增大,地面运动衰减也变弱了,这一点跟前面也是类似的。

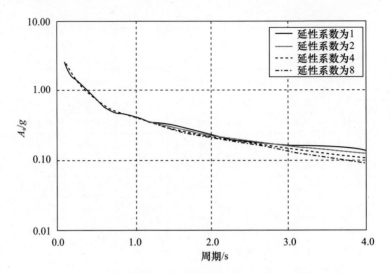

图 7.7 延性水平对弹性输入能等效加速度谱的影响
（土壤类型 A&B、$M_w=7.5$、$R=10$km）

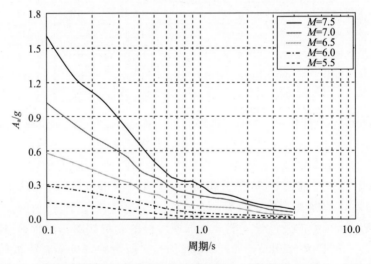

图 7.8 震级对弹性输入能等效加速度谱的影响（土壤类型 A&B、$R=20$km）

图 7.11 中给出的是周期为 1.0s 情况下的弹性输入能等效加速度模型预测结果,针对均值及其正负一个标准差范围与 Kocaeli 地震数据进行了比较,并考虑了 A&B、C、D 等土壤类型情况。不难发现,该模型是能够合理地拟合 Kocaeli 地震数据的。不同土壤类型所对应的 A_i 处于差不多的水平（类型 D 最高）,并且要比图 7.6 所示的非弹性情况下的 A_a（延性系数为 4）大些。

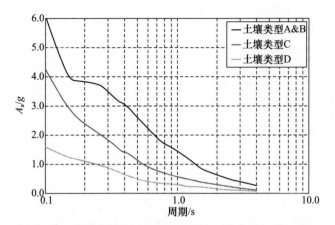

图7.9 土壤类型对弹性输入能等效加速度谱的影响($M_w = 7.5$、$R = 10\text{km}$)

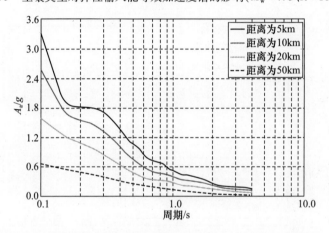

图7.10 距离对弹性输入能等效加速度谱的影响(土壤类型 A&B、$M_w = 7.5$)

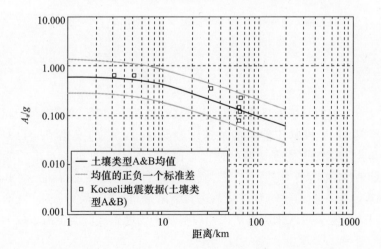

247

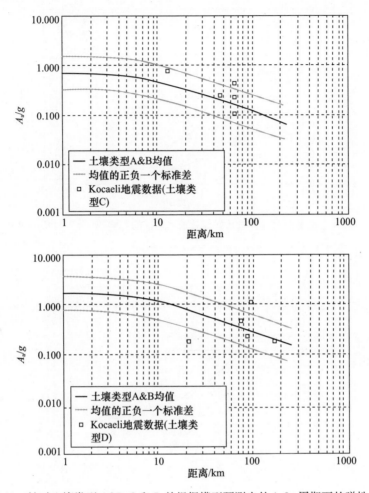

图 7.11 针对土壤类型 A&B、C 和 D 并根据模型预测出的 1.0s 周期下的弹性 A_i 谱

7.6 讨 论

针对所考察的基于能量的参数,这里来讨论 3 个问题。首先,在相同的地震动数据库基础上,将基于能量的加速度参数 A_a 和 A_i 的变化情况与 Özbey 等(2004)给出的谱加速度变化情况进行对比;其次,针对此处所给出的能量参数的预测结果(根据为土耳其西北部区域所构建的经验关系式得到),将其与基于 U.S. 强震数据库所构建的类似关系式的结果进行比较;最后,还将讨论怎样借助所构建的经验关系式来深入认识和理解基于场地条件的能量需求放大效应。

7.6.1 强度参数和能量参数的预测结果比较

这里将 Özbey 等(2004)所预测出的土耳其西北部的谱加速度变化情况,以及根据此处所构建的模型得到的吸收能等效加速度 A_a(延性系数为4)和弹性输入能等效加速度 A_i 进行了对比,如图 7.12 和图 7.13 所示,分别对应于自然周期为 0.1s 和 1.0s 这两种情形。这些比较所针对的地震事件的矩震级为 7.4,土壤类型为 A&B。图中展示了地面运动随距离增大而不断衰减的情况。

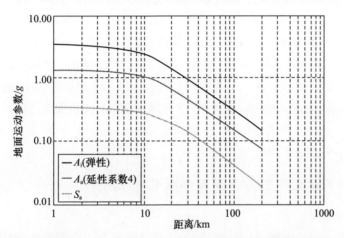

图 7.12 基于所给模型得到的 0.1s 周期下弹性输入能等效加速度和非弹性吸收能等效加速度(延性系数为4)以及 0.1s 周期下谱加速度的预测结果(土壤类型为 A&B、M_w=7.4)

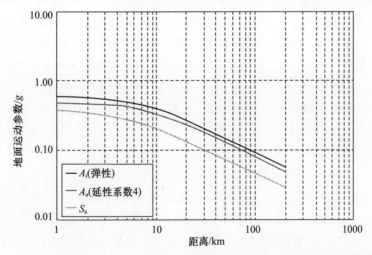

图 7.13 基于所给模型得到的 1.0s 周期下弹性输入能等效加速度和非弹性吸收能等效加速度(延性系数为4)以及 1.0s 周期下谱加速度的预测结果(土壤类型为 A&B、M_w=7.4)

我们可以观察到，A_a（延性系数为4）与S_a的比值在较短周期下（图7.12对应的周期为0.1s）要更大些。当结构反应是弹性的（延性系数为1）时，A_a和S_a是相同的，因而这个比值为1，而当延性系数增大时，这个比值也不断增大。当延性系数为4时，对于0.1s的自然周期，距离10km处该比值大约为3.3，而对于1.0s的自然周期来说，同一距离处该比值仅约1.5。很明显，所预测出的A_a应当是随着延性系数的增大而不断增大的，这是因为当延性系数增大时，滞回耗能（E_h）在总的吸收能中的比例将越来越大（而在弹性情形下，E_h为0）。在两种自然周期下，所预测出的A_i要比A_a和S_a都大，不过与0.1s周期情况相比来说，在1.0s周期下所预测出的A_a和A_i的水平更加接近。

在对比各种参数随距离增加而发生衰减的情况时，根据Chou和Uang(2000)的研究结果可知，A_a/S_a的比值是随着距离的增加而增大的，然而此处的研究结果表明，在超过10km之后的所有距离处，该比值是相当一致的，参见图7.12和图7.13。另外，在所有距离处所预测出的A_i要比A_a和S_a都大，不过A_i与A_a之差在较长周期下会减小一些。

7.6.2 所构建的模型与美国西部模型的对比

1. 吸收能

针对美国西部区域，Chou和Uang(2000)曾利用一个两阶段回归分析过程建立过关于吸收能等效速度（V_a）的经验关系式。他们在研究中使用了每个地震动记录的两个水平分量的几何平均，预测模型的函数形式与此处是相似的。这里针对矩震级为7.4、土壤类型为A&B的情况，将所给出的模型预测结果（延性系数为4）与Chou和Uang(2000)的结果进行比较，如图7.14和图7.15所示。可以看出，在0.1s和1.0s这两种自然周期情况下，两种模型所给出的吸收能等效加速度A_a是大体相似的。不过在较短的距离处（如$R<10$km），对于自然周期为1.0s的情况，Chou和Uang(2000)的模型所预测出的A_a均值水平要比本书给出的模型结果稍微大一些。总体而言，美国西部模型的预测结果是位于此处模型所预测均值的一个标准差范围内的。

在图7.16中，把所预测的A_a谱与美国西部模型结果做了比较，针对的是20km、60km和150km等距离。不难发现，这两个模型所给出的A_a均值谱是非常相似的，只是在60km以上距离处稍微有点偏离。另外再次观察到，美国西部模型所给出的A_a均值谱预测结果是位于此处模型所预测均值的一个标准差范围内的。

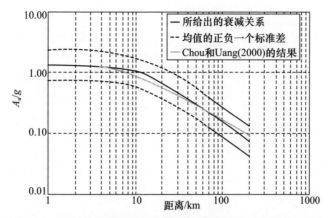

图 7.14 基于所给模型以及美国西部模型得到的非弹性 A_a 谱
（周期为 0.1s，延性系数为 4，土壤类型为 A&B，M_w =7.4）

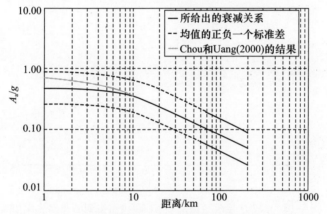

图 7.15 基于所给模型以及美国西部模型得到的非弹性 A_a 谱
（周期为 1.0s，延性系数为 4，土壤类型为 A&B，M_w =7.4）

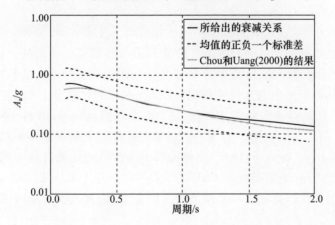

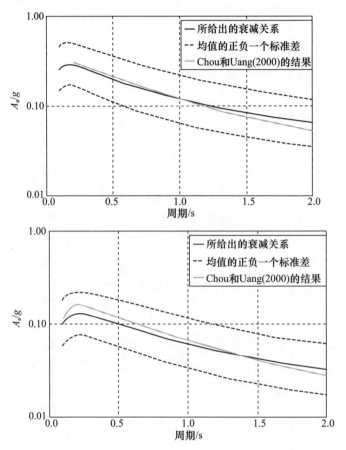

图 7.16 基于所给模型以及美国西部模型得到的非弹性 A_a 谱
(延性系数为 4,距离为 20km、60km 和 150km,土壤类型为 A&B,M_w = 7.4)

2. 输入能

Lawson(1996)曾针对美国西部地区建立过关于输入能等效速度(V_i)的经验关系式,其中所利用的回归模型与此处所采用的模型是类似的。该研究主要依据 126 个地震动记录,所使用的 V_i 值建立在两个水平分量中的较大者基础之上,而不是此处所使用的几何平均值。Chapman(1999)也曾针对美国西部地区提出过关于 V_i 的经验关系式,依据的是 303 个地震动记录,并且采用了两个水平分量的几何平均。如图 7.17 和图 7.18 所示,将此处的模型预测结果(针对弹性情况下的 A_i)与 Lawson(1996)及 Chapman(1999)的结果进行对比,针对的是矩震级 M_w 为 7.4、土壤类型为 A&B 的地震事件。对于 1.0s 周期的预测结果来说,基于美国西部数据的这两个模型所预测的 A_i(输入能等效加速度)总体上要比此处的模型预测结果高些(对于所有距离),而对于较短的周期(0.1s)情况来说,美国西部模型所给出的 A_i 仅在非常大的距离处才比较高。

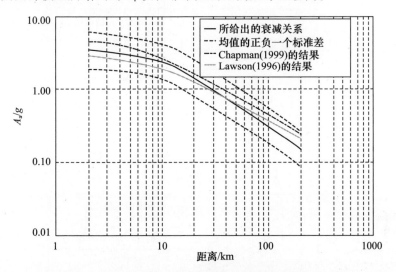

图 7.17　基于所给模型以及美国西部模型得到的弹性 A_i 谱
(周期为 0.1s,土壤类型为 A&B,M_w =7.4)

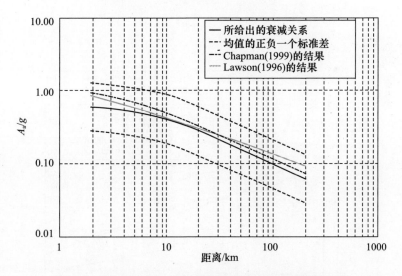

图 7.18　基于所给模型以及美国西部模型得到的弹性 A_i 谱
(周期为 1.0s,土壤类型为 A&B,M_w =7.4)

图 7.19 针对距离为 20km、60km 和 150km 的情形,将此处的模型结果(A_i 谱)与上述两个美国西部模型的预测结果进行比较。不难发现,根据这 3 个模型

253

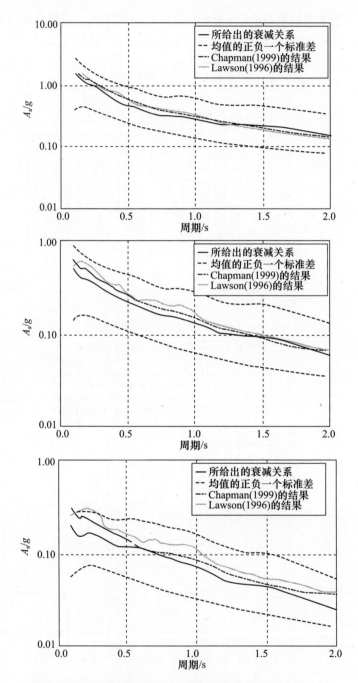

图 7.19 基于所给模型以及美国西部模型得到的弹性 A_i 谱
（距离为 20km、60km 和 150km，土壤类型为 A&B，M_w =7.4）

得到的输入能等效加速度(A_i)均值谱基本上是相似的,只是当距离为150km时才有比较大的差异。美国西部模型给出的A_i均值谱是位于此处模型所给出的均值谱的一个标准差范围内的,不过在150km的距离情况下,特别是在很短的周期处,美国西部模型的预测结果会超出这一范围。

7.6.3 场地条件导致的能量参数的放大

除了Chou和Uang(2000)外,似乎还没有人研究过由场地/土壤条件导致的能量参数的放大问题。在NEHRP规范(2009)中,针对不同的场地类型(相对于参考场地类型),为考虑谱加速度的放大,采用了放大系数(F_a和F_v),这里也仿照这一做法,定义了两个系数,即F'_a和F'_v,它们分别代表的是短周期和中周期情况下基于能量的加速度的放大系数。实际上,此处是针对场地类型C和D,将场地类型A和B一起作为参考场地类型来考虑A_a的放大系数。F'_a对应的是0.2s周期,F'_v对应的是1.0s周期。根据这一基于能量的加速度参数的预测结果,可以按照下式来计算这两个土壤放大系数,即

$$F'_a = \frac{A_{a,\text{soil}}(0.2\text{s 周期})}{A_{a,(A\&B)}(0.2\text{s 周期})}, \quad F'_v = \frac{A_{a,\text{soil}}(1.0\text{s 周期})}{A_{a,(A\&B)}(1.0\text{s 周期})} \quad (7.10)$$

式中:分子为针对场地类型C或D所预测出的A_a(延性系数为4)。类似地,也可以定义弹性输入能等效加速度A_i的放大系数。

针对场地类型C和D以及0.2s和1.0s的两种周期情况,这两个能量参数的放大系数如表7.5所列。必须注意的是,此处所使用的土壤分类与NEHRP规范(2009)中的是不同的,此处的土壤分类如表7.2所列,其中的场地类型A与NEHRP中的基岩场地A&B类似。

表7.5 能量参数的放大系数F'_a和F'_v(针对场地类型C和D以及0.2s和1.0s两种周期)

场地类型	A_a 的放大系数		A_i 的放大系数	
	F'_a	F'_v	F'_a	F'_v
C	1.2	1.3	1.3	1.2
D	2.0	2.7	2.1	2.8

尽管在此处的分析中所采用的场地类型定义是有所不同的,不过所观察到的放大效应与NEHRP(2009)中是相似的。在更长的周期情况下以及更松软的土壤类型中,A_a和A_i的放大水平通常都更为显著。

借助此处所构建的放大系数,就能在一些涉及能量参数的研究中更轻松地把场地效应纳入进来,如在基于能量的概率地震灾害分析中就是如此。不过,也

有必要进一步分析能量需求的放大,其中应考虑各种不同的输入运动水平,并检查其他自然周期情形。

7.7 本章小结

地震动的严重程度可以借助基于能量的强度指标来描述,如吸收能和输入能,从而能够替换传统的基于强度的参数,如谱加速度等。本章建立了新的地震动预测模型关系式,针对的是吸收能等效加速度 A_a 和输入能等效加速度 A_i(周期最大为 4s,5% 阻尼水平)。在建立这些关系式时,采用了混合效应模型,它能够计入事件间的和事件内的变异性。另外,本章还针对非弹性情形下的 A_a 预测(延性系数为 4)与弹性情形下的 A_i 预测,给出了与所提出的模型相关的一些系数。

本章的研究是针对特定区域进行的,在构建预测关系式时所使用的地震记录仅来自于土耳其西北部。通过将基于能量的加速度参数预测结果与基于强度的参数(谱加速度 S_a)进行对比,可以发现能量需求参数一般要更大一些,并且弹性情形下的 A_i 需求最大。另外,非弹性情形下的 A_a 需求要高于 S_a,部分原因在于非弹性吸收能中包含了滞回耗能。与 Chou 和 Uang(2000)的结论不同的是,这里没有发现 A_a/S_a 的比值随着距离的增大而增大,在所有距离处该比值几乎保持不变。

针对与土耳其西北部差不多的浅层地壳区,将所给出的模型预测结果与基于美国西部经验模型的结果进行比较,结果表明,美国西部模型所给出的能量需求预测结果大体上与此处的模型结果相似。我们所给出的模型对非弹性吸收能等效加速度(A_a)的预测,无论是在 0.1s 还是在 1.0s 的周期条件下,都与美国西部模型的结果基本相同。对于输入能等效加速度(A_i)来说,美国西部模型的结果一般要比此处的模型结果稍微高一点。

进一步,本章还针对所考察的两个基于能量的参数,定义了场地类型 C 和 D 下的放大系数 F'_a 和 F'_v,从而把场地条件导致的运动放大效应考虑了进来。这两个放大系数 F'_a 和 F'_v 分别对应于 0.2s 和 1.0s 的周期情形。如同所预期的,在较长的周期和较软的土壤类型(类型 D)条件下,A_a 和 A_i 的放大效应通常要更为显著。另外,对于所考察的每种周期情况,这两个基于能量的加速度参数 A_a 和 A_i 所体现出的土壤放大水平是相似的。

致 谢

我们要向国家科学基金的资助表示衷心的感谢。

参 考 文 献

Abrahamson, N.A. and Youngs, R.R. 1992. A stable algorithm for regression analyses using the random effect on the use of the elastic input energy for seismic hazard analysis. Earthquake Spectra 15: 607–637.

Chou, C.C. and Uang, C.M. 2000. An Evaluation of Seismic Energy Demand: An Attenuation Approach Pacific Earthquake Engineering Research Center Report 2000/04, College of Engineering University of California, Berkeley, USA.

Lawson, R.S. 1996. Site-dependent Inelastic Seismic Demands. Ph.D. Dissertation, Stanford University, Stanford, USA.

NEHRP. 2009. NEHRP Recommended Seismic Provisions for New Buildings and Other Structures, Federal Emergency Management Agency, FEMA P-750.

Orgulu, G. and Aktar, M. 2001. Regional moment tensor inversion for strong aftershocks of the august 17, 1999 Izmit earthquake (M_w = 7.4). Geophysical Research Letters 28(2): 371–374.

Özbey, C., Sari, A., Manuel, L., Erdik, M. and Fahjan, Y. 2004. An empirical attenuation relationship for Northwestern Turkey ground motion using a random effects approach. Soil Dynamics and Earthquake Engineering 24(2): 115–12.

Sari, A. 2003. Energy Considerations in Ground Motion Attenuation and Probabilistic Seismic Hazard Studies Site. Ph.D. Dissertation, University of Texas, Austin, TX.

Sari, A. and Manuel, L. 2002. Strength and Energy Demands from the August 1999 Kocaeli earthquake ground motions, Paper 661, proceedings of the 7th U.S. National Conference on Earthquake Engineering, Boston, USA.

Seneviratna, G.D.P.K. and Krawinkler, H. 1997. Evaluation of Inelastic MDOF Effects for Seismic Design. Department of Civil Engineering, Stanford University, USA.

Uang, C.M. and Bertero, V.V. 1988. Use of Energy as a Design Criterion in Earthquake-Resistant Design, Report No: UCB/EERC-88/18, Earthquake Engineering Research Center. College of Engineering, University of California at Berkeley.

第8章 框架结构的非线性抗震分析

Stelios Antoniou[①]*, Rui Pinho[②]

8.1 引　言

在早期的结构分析中,人们大多采用的是线弹性分析方法,实际上隐含地假定了结构件的变形是微小的、损伤是有限的,而且它们都处于近似的弹性工作范围内。即便是在当前的工程实际中,这种线弹性分析方法依然被人们广泛应用于新结构的设计工作中。这实际上也是合理的,因为在新结构的设计中,工程技术人员能够选择结构件的强度和刚度特性,从而使非弹性形变可以合理地分配到不同的结构件上去,而不至于出现集中到某处的过大的非弹性形变,特别是建筑物的易受损伤的部位。显然,采用这种线弹性分析方法,同时对结构件进行细致的延性设计(如根据需要对 RC 构件进行加密箍筋或者配斜筋等),也就为我们提供了一个高效、合理、准确的新结构设计框架,其可靠性是比较高的。

然而,在抗震规范实施前已经设计和建造完毕的建筑物仍然占据了较大比例,这些结构物的设计主要针对的是重力载荷,没有像当前工程实践中那样去专门考虑如何承受地震作用。正因如此,此类建筑物中的结构件经常呈现出不规则的布置形态,往往存在着强度、刚度和质量上的分布不均现象(如软基层、短柱、大型剪力墙之间的连梁、间接支承梁等),进而对地震载荷作用下的反应产生不利的影响。由于这一原因,在分析已有建筑物时采用弹性分析过程可能会带来不可忽视的误差,无论是在结构件的载荷还是形变需求方面都是如此。不仅如此,在绝大多数情况下这种近似分析还会低估那些非弹性形变较为集中的构件的位移需求,进而使这些构件变成地震载荷下最脆弱的部位。

---

① Seismosoft Ltd.,21 Perikleous Stavrou str.,34132 Chalkida,Greece.
② Seismosoft Ltd.,Piazza Castello 19,27100 Pavia,Italy. Email:rui. pinho@ seismosoft. com.
* 通信作者:s. antoniou@ seismosoft. com。

8.2 非线性结构分析的应用现状

如同上面所讨论的那样,到目前为止,地震载荷下的建筑物的设计主要还是采用线弹性分析过程,尽管人们已经普遍认识到这一做法明显缺乏准确性,并且还会导致载荷和形变需求上的明显低估(相对于非弹性分析而言)。线性分析所需的计算代价与资源要比非弹性分析少得多,实际上直到 20 世纪 90 年代中期,计算机的计算能力都是不足以完成结构设计和评估中一般性的非弹性分析任务的。另外,当前人们所采用的所有设计方法都是很多年前就已经建立起来的,而非线性分析过程还没有普及,主要原因是缺少计算资源,同时也是因为相关工程技术人员缺乏必要的相关知识和经验。

真实的结构行为本质上一定是非线性的,一般可以借助位移和载荷之间的非比例变化关系来描述,特别是当存在着大变形需求和(或)材料非线性时更是如此。在地震反应分析中这种非线性尤为突出,这主要是因为大多数结构物并不是针对设计地震进行弹性反应设计的(考虑到经济性和抗震需求预测的不确定性),因此这些结构物在大地震中将会发生显著的非弹性形变。由此不难理解,我们必须将所有的分析视为非线性的过程,这意味着需要采用增量 - 迭代式求解过程来求解,其中应当以预定义的增量形式来施加载荷,并通过迭代过程进行平衡处理。这种分析的目的是合理地利用延性和弹性后效强度,使得我们可以在代价最小的前提下满足所给定的性能指标。

这种分析方法能够预测超出弹性范围的结构反应,包括与非弹性材料行为和大位移相关的强度与刚度的退化,显然这也就为我们提供了一种非常高效而准确的分析框架,据此可以确定真实的结构行为,所需的简化假设更少,而且可以引入更直接的高水平设计标准。

近年来,随着计算技术的长足发展以及模型校验所需试验数据的不断积累,非线性结构分析变得越来越广泛,在已有建筑物的评估中以及新建筑物的设计中,这类非线性分析已经扮演了非常重要的角色,其实施方式要么是直接的,如基于性能的设计方法,要么是间接的,如针对基于线弹性分析方法设计出的结构进行完整性评估。

正如 NIST(2010)所指出的,关于非线性分析方法的应用指南最早是在 20 世纪 90 年代中期发布的,即 FEMA - 273《NEHRP 建筑物抗震加固指南》(FEMA,1997)和 ATC - 40——《混凝土建筑抗震评估与修复》(ATC,1996)。自那时起,人们又陆续做了一些完善,例如 FEMA - 440——《静力非线性抗震分析流程的改进》(FEMA,2005),FEMA - PEEOA——《强度和刚度退化对地震反应的影响》(FEMA,2009)。目前,在所有现代评估方法和规范中都可以看到非线性分析的身影,如 ASCE-41——《现有建筑物的抗震修复》(ASCE,2014)、Eurocode 8、Part-3(EN 1998-3,2004)以及意大利、希腊和土耳其等其他一些国家的新规范。另外,在地震风险评估方法中人们也已经引入了非线性分析思想(如 HAZUS(Kircher 等,1997a;Kircher 等,1997b)和 OpenQuake(Silva 等,2014))。

在地震工程实践中,非线性分析方法可以应用于以下较典型的场景中(NIST,2013)。

(1)现有建筑物的评估和改造。大多数现有建筑物都达不到针对新建筑物所规定的构造要求,不满足与此相关的标准与规范,这就使采用弹性分析方法进行评估和改造工作变得十分困难。正因如此,对于现有建筑物的抗震评估与改造就变成引入非线性分析的主要驱动力,这种分析更加准确,使我们不至于采用过分保守的加固措施,同时也可降低成本。

(2)新建筑设计的验证。近年来,非线性分析的应用已经不再局限于对现有结构的分析,而是拓展到了对建筑性能进行更为透彻的量化分析。人们已经利用非线性分析来验证基于弹性方法得到的结构设计方案,从而更好地预测建筑物的真实反应。例如,ATC 58——《建筑物抗震性能评估准则》(ATC,2009)采用了非线性动力分析方法,为新建筑和已有建筑进行类似的抗震性能评估,其中包括将结构需求参数与损伤和损失等指标联系起来的易损性模型。

(3)某些引入不符合当前建筑规范要求的结构装置、材料或其他特性的新建筑设计。虽然大多数新建筑是根据弹性分析方法和规范法规设计的,不过非线性分析正逐渐变得越来越常见。近几十年来工程技术出现了显著进步,引入了一些新材料,如纤维增强聚合物(FRP)和形状记忆合金(SMA),还引入了一些新装置,如阻尼装置和基座隔震装置,这些都为工程技术人员提供了大量的实用技术手段,使他们能够在维持甚至降低原有成本的前提下不断提升结构的安全性。然而,传统的分析方法往往不太适合于上述场景,因而大多需要采用更为先进的分析技术。在这些场景中,人们一般需要借助静力或动力非线性分析方法,这样才能更好地反映这些新材料或新装置的滞回特性。

(4)高烈度区的高层建筑设计。人们经常需要去预测和评估某个建筑性能是否达到或者超过标准设计规范所要求的水平,对于带有当前规范尚未纳入的抗震系统的高层建筑来说,在设计中就应当采用非线性分析方法。有鉴于此,目前已经有一些相关文件明确要求借助非线性动力分析方法去评估高层建筑性能了,如太平洋地震工程研究中心的《高层建筑基于性能抗震设计指南》(PEER,2010)、《高层建筑抗震设计建议》(Willford 等,2008)以及 PEER/ATC

72-1——《高层建筑抗震设计和分析的建模与验收规范》(PEER/ATC,2000)。

(5) 针对带有某些特殊要求的新建筑进行的基于性能的设计。通过引入基于性能的设计方式,可以使业主能够按照自身特定需求选择一些特定的性能等级和设计目标。这些目标是可以量化的,性能水平也是可以分析预测的,并且还可以对用于提升性能的开支进行评估,通常是基于全寿命周期角度来实现合理的折中,而不仅仅是建造成本。在这一框架下,采用非线性分析过程能够给出更精确和更优秀的性能预测,对于很多方面来说这无疑是非常有益的,并且也很容易把业主的特定需求考虑进来。

(6) 地震风险评估。自从引入地震风险评估方法后,如20世纪90年代末期的HAZUS以及近年来出现的OpenQuake,人们就不断地改进这些分析过程,其中包括通过特定建筑分析去改进建筑物脆弱性模型的方法。

尽管从结构反应预测的准确性角度来看,非线性分析无疑是非常优秀的,不过它也带来了其他一些要求,如非线性分析所需的计算资源是相当多的,特别是对于受动力载荷作用(如在模型基础部位施加了加速度时间历程形式的激励)的大型模型更是如此。

应当指出的是,线性分析只考虑了结构件的质量和刚度分布,而非线性分析则把这些元件的刚度和强度都考虑进来,甚至还包括取决于形变和载荷情况的非弹性行为和极限状态。显然,这就需要对元件模型进行定义,使之能够根据预期的强度和刚度特性来准确描述元件和系统的载荷-变形反应,并且还应当把大变形考虑进来。为了获得这些数据,需要对结构构型和分析过程中的建模过程有深入的了解,相关分析人员应当具有良好的基础和丰富的经验,为了更好地认识和理解所考察的结构,时间和精力等方面的大量投入是毋庸置疑的。

进一步,非线性分析结果对于输入参数和所采用的模型是非常敏感的,如果没有分析和评估等方面的良好经验,就很容易得出一些显著偏离真实情况的结构性能方面的结果。一般来说,比较明智的做法是,针对所考察的结构物,预期某些部位会产生非弹性变形,从而事先对这些部位有一个比较清晰的认识,然后再利用非线性分析过程来确认这些非弹性变形的位置。

最后值得注意的是,线弹性分析和设计方法已经相当成熟,并且在近几十年中得到了广泛的应用和验证,与此不同的是,非线性的非弹性分析技术及其在设计和评估方面的应用是相对较新的一个领域,目前仍处于不断发展的过程中。为此,相关工程技术人员需要不断地跟踪和获取这方面的最新进展,通过不断的训练来提升自身的分析技能,并通过正在持续发展中的相关分析工具的应用来增强自身的信心。

8.3 相关理论背景

8.3.1 非线性源

结构件力学特性的建模是一项较为复杂且涵盖面较广的主题,在线性分析方法中,一般只需假定材料始终为线弹性就足够了,也就是说,变形过程完全是可逆的,应力只是应变的函数。然而,这一简化假设只是在相当有限的范围内才是合理的,目前已经逐渐被更为实际的方法所取代。

对于较低的和中等高度的建筑结构来说,非线性源主要表现为材料的非弹性行为和塑性屈服,特别是在损伤区域内。对于大型高层建筑,虽然材料的非弹性行为仍然是一个重要方面,不过与框架弦杆构件有关的大变形(也称为 P-Delta 效应)和几何非线性也将变得同等重要,一般必须考虑进来。

下面将针对材料非弹性行为和几何非线性问题进行分析,分析过程中主要采用的是一维有限单元(如梁和杆单元),这是因为在建筑物地震评估中一般很少使用二维和三维的单元,这些单元会带来非常大的计算负担,并且目前也缺乏可靠的数值稳定的二维或三维非线性材料本构模型。

1. 材料的非弹性

当应力-应变关系或载荷-位移关系不是线性时,或者当材料特性随着所受到的载荷发生变化时,称材料具有非线性。在线性分析过程中材料应力总是正比于对应的应变,并且假定了完全弹性的行为特性。与此不同的是,在非线性分析过程中,材料的行为依赖于当前的变形状态,并且还可能与变形历史有关。为了确定结构某个特定位置处由应变导致的应力,一般必须提供该材料单轴应力-应变关系的完整表达式,其中包括卸载和重新加载条件下的滞回特性。

为了更好地阐明这一概念,这里以应用于钢筋混凝土梁的纤维建模方法为例来加以介绍。当然,在本章后面还会给出另一种建模过程来描述材料的非弹性行为。借助这一实例,就可以通过构建纤维截面模型来确定材料的非弹性来源。纤维截面被划分为 n 个较小的区域,每个区域都赋予了一种单轴材料应力-应变关系,也即钢筋和混凝土(有约束或无约束)。在定义了截面模型中每种材料的本构关系并计算了纤维处的应力以后,就能够通过对每根纤维的非线性单轴应力-应变响应的积分得到梁柱构件的截面弯矩曲率关系。如图 8.1 所示,其中给出了一个典型的钢筋混凝土横截面的离散示意。

为了得到结构构件的非弹性反应,一般需要针对该构件选择若干合适的积

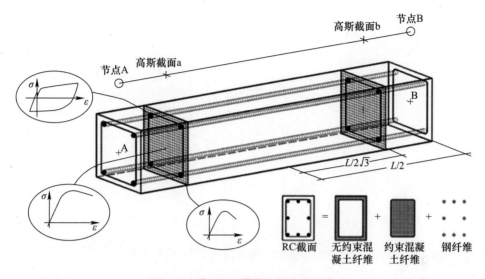

图 8.1 典型 RC 横截面的离散示意

分截面(如图8.1中的高斯截面 a 和 b),在计算出应力之后进行积分处理。进一步,通过对各结构构件的刚度和强度的贡献进行组合,就能最终获得框架的整体材料非线性。

2. 几何非线性

$\sigma\varepsilon$ 几何非线性主要与运动学参量的非线性有关,一般是由于大位移、大转角或框架弦杆构件的 P-Delta 效应所导致的。

几何非线性对结构反应的影响可以是微乎其微的,如在不会出现大变形的场合中就是如此;也可以是非常显著的,如在巨大的细长结构中就这样。一般情况下,由于几何非线性最终可能导致丧失侧向抗力、Ratcheting 效应(循环加载下残余变形的不断累积)和动力失稳(NIST,2010、2013),因而必须对其进行建模。较大的侧向变形会使内力和内力矩需求增大,进而导致等效侧向刚度下降。随着内力的增大,能够承受侧向载荷的结构承载力将变得越来越小,从而使等效侧向强度不断下降。

在对几何非线性进行数值仿真或者将其纳入分析过程中时,目前最有效的方法是 CR 列式法(Correia 和 Virtuoso,2006),它建立在与梁柱构件的大位移和三维转动相关的运动学变换的精确描述基础上,由此可以正确定义单元的独立变形和力,并且可以很自然地确定几何非线性对刚度矩阵的影响。尽管存在着较大的节点位移和转动,但这种方法考虑的是单元弦杆的小变形情况,这并不失一般性。如图8.2所示,其中针对梁柱单元的局部弦杆系统定义了6个基本位移自由度($\theta_{2(A)}$、$\theta_{3(A)}$、$\theta_{2(B)}$、$\theta_{3(B)}$、Δ、θ_T)和对应的单元内力($M_{2(A)}$、$M_{3(A)}$、$M_{2(B)}$、$M_{3(B)}$、F、M_T)。

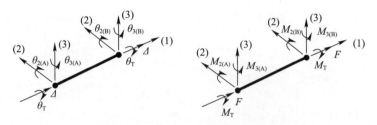

图 8.2　梁柱单元的局部弦杆系统

8.3.2　结构构件的建模

自从引入非线性分析后,人们已经提出了各种类型结构元件模型来模拟梁柱构件的行为。这些元件模型在非线性响应分析中所表现出的有效性、准确性都不尽相同,并且所需的计算资源也是不一样的。如图 8.3 所示,其中给出了若干可用于结构件非线性响应分析的主要模型类型(NIST,2010)。

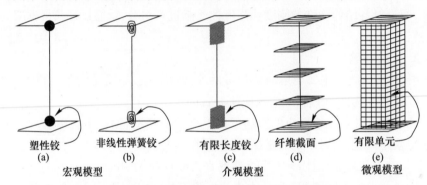

图 8.3　结构元件模型的类型(NIST,2010)

正如 NIST(2013)中所指出的,最基本的模型是所谓的塑性铰模型,即图 8.3 中左侧所给出的模型。这类模型属于集中塑性铰模型,所有的非线性效应都集中体现在非弹性弹簧上,而其他单元则仍然保持为线弹性。图 8.3 中的右侧给出的是连续介质有限元模型,将非线性特征以显式方式纳入单元的响应行为描述中。其他各种模型类型处于上述这两种情况之间,即分布塑性纤维元件模型,它们可为结构行为提供混合式描述。

NIST(2013)还指出,"在一定程度上,所有这些模型都属于唯象层面,这是因为它们最终都要依赖于经过标定(以模拟实验观测到的非线性现象)的数学模型。不过,集中塑性铰模型几乎完全依赖于元件行为的唯象描述,而连续有限元模型则包含很多比较基本的响应描述,其中只有那些最根本的信息(如材料本构关系)才依赖于经验数据"。

需要注意的是,除了给简单构件或非常小的建筑建模以外,采用更加精细的和复杂的有限元模型并不合理,原因在于此时通常会导致相当大的计算资源需求。一般而言,在复现结构的非弹性响应时,人们大多会选择两类主要策略,分别是"集中塑性铰模型"和"分布非弹性模型"。

在集中塑性铰模型中,塑性变形"集中"到线弹性单元的端部,对于给定的轴向载荷,它是通过端部截面的弯矩转角关系得到的。分布塑性梁柱单元模型允许在构件长度方向上的任何位置设置塑性铰,非弹性是以积分截面上的纤维应力和应变形式来描述的,因而也就可以解释轴向与弯矩的相互作用。实际上,上述这两种建模思想都可以有不同的变化与实现方式,而将它们的特征组合起来又可以得到所谓的混合式建模方法。另外,每一种有限元软件包还会有自身独特的描述方式,尽管在框架构件的建模工作中涉及的主要原理是一致的。

1. 集中塑性单元

集中塑性单元是最早出现的模型,主要用于将非线性引入梁柱构件中。在这种思想中,人们假定非线性行为体现在结构单元的端点处,而其他部分仍然保持为弹性体,另外,非线性行为是通过非线性扭簧或塑性铰来描述的。首个集中塑性单元是 Clough 和 Johnston(1966)提出的,该模型由两个并联单元构成,后来Giberson(1967)又给出了一种由两个单元串联构成的模型。

基于集中塑性建模假设,可以获得比较简单的模型,其计算代价较小,但需要注意的是,这种集中塑性的简化做法可能会难以正确反映一些钢筋混凝土构件的滞回特性,因而变得不再适用。此外,使用集中塑性单元这种类型还需要对其非弹性参数的标定有充分的认识,这样才能获得准确的分析结果,如结构中的塑性铰位置就是一个重要参数,不过在进行分析之前却很难明确,再如塑性铰的长度或者非线性部分的应力与应变关系所涉及的滞回特性参数等。

关于集中塑性铰模型的优、缺点,下面做进一步的讨论。

集中塑性铰模型的主要优点在于显著降低了三维有限元模型的计算成本和数据存储需求。尽管此类模型是比较简单的,不过对于钢制或钢筋混凝土抗弯框架中的梁或柱类构件,利用它们一般是能够描述其大多数重要行为效应的(从屈服开始直到高度非弹性阶段)。不仅如此,针对与混凝土剥落和碎裂、钢材屈服、钢筋屈曲(混凝土构件)以及局部翼缘和腹板屈曲强度(钢构件)相关的强度和刚度的退化行为,此类模型也是能够有效加以刻画的。在某些情况下,利用简单的集中塑性铰模型来考察上述这些非线性效应,与采用其他的有限元模型或者分布塑性铰模型的效果是类似的,甚至更加可靠。

然而,对于混凝土构件的轴向和弯曲破坏之间的相互作用,以及钢构件的局部屈曲和弯扭屈曲相互作用,利用集中塑性铰模型是难以反映此类效应的。进一步,对于某些构件来说,所存在的大弯矩可能并不是集中在两个端部,这种情况下的行为特性也无法通过集中塑性铰模型给出足够合理的近似描述。在某些特定场合中,这一点更为突出,如建筑物底层的大型剪力墙(整个高度方向上存在着较大弯矩)就是如此。由于这些大尺度构件常常决定了总体结构反应,因而集中塑性建模策略的这些不足往往就会导致很不准确的分析结果。

此外,由于一般都需要进行弯矩-转角曲线的修正,所以相关技术人员往往必须具备足够深入的高级非线性建模方面的知识。如果他们仅具有较为有限的相关知识,如与非弹性单元参数修正方面的知识,就很难得到准确的结构反应分析结果。正因如此,在结构建模过程中必须特别关注塑性铰的长度和非弹性截面参数的设定。

2. 分布塑性单元——纤维模型

与集中塑性铰模型不同的是,分布非弹性单元允许构件内任意位置出现非弹性变形,后来这类模型逐渐得到了人们的认可,在地震工程问题中得到了广泛的应用(无论是科学研究还是工程应用方面)。人们借助纤维模型来描述横截面的行为,其中的截面应力-应变状态是通过对各个纤维的非线性单轴应力-应变响应的积分得到的,而结构构件的非弹性反应则是通过对构件上各个积分截面处力的积分计算出来的,如图8.4所示,该图所示的纤维建模描述不同于图8.1,它采用了大量的积分截面。

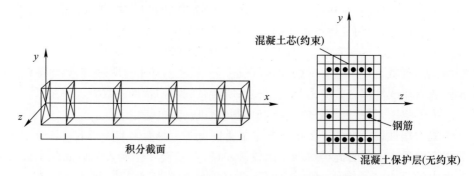

图8.4 分布塑性建模中的纤维建模和积分截面

在纤维模型的构建过程中,需要确定所使用的截面纤维数量,能够充分复现单元横截面上的应力-应变分布情况的数量是比较理想的,这与横截面的形状和材料特性有关,另外也依赖于该单元在受载后所达到的非弹性程度。

相对于集中塑性铰模型而言,分布塑性铰模型的主要优点之一在于,不需要预定义非弹性的出现位置或长度,从而能够给出更加接近于结构构件实际反应的近似结果。不过,分布塑性建模所需的分析时间会更长一些,并且对内存和CPU的要求也更高。

1) 分布塑性单元的类型

分布式非弹性框架单元存在两种不同的模型描述方式,分别是经典的DB描述(基于位移的)(如Hellesland和Scordelis,1971;Mari和Scordelis,1984)和FB描述(基于力的)(如Spacone等,1996;Neuenhofer和Filippou,1997)。

DB描述方式是基于标准的有限元方法,单元的变形情况是通过近似位移场插值给出的。为了给出非线性单元响应的近似,一般需要使单元全长上的轴向变形为常值且为线性曲率分布形式,而只有棱柱形线弹性单元才能精确满足这一要求。因此,只能针对较短的构件采用DB描述方式,对于变形的高阶分布来说,为了获得更好的精度通常需要精细的网格处理。

FB描述方式是最精确的,这是因为它能够反映结构构件全长上的非弹性行为,即使每个构件只划分成一个单元。采用FB描述显然可以获得高精度的分析结果,并且还可使用户能够很方便地给出单元弦转角来进行抗震规范检查。

对于线弹性材料行为来说,如果只有节点力作用于单元上,那么这两种方法所给出的结果显然是相同的。与此不同的是,当出现材料非弹性行为且曲率场非线性度较高时,引入近似位移场是难以反映实际变形情况的。在DB描述方式下,一般需要对结构单元(每个结构构件通常包括4~5个单元)做精细离散,即精细的网格划分,进而去计算节点力或位移,这样才能满足每个子域内的线性曲率场假设。然而,FB描述总是精确的,因为它不依赖于所假设的本构行为。事实上,它并不对单元的位移场做出任何限制,从这个意义上来说这种描述可以认为总是"精确"的,唯一的近似是单元上的用于数值积分的控制截面数量所引入的。一般而言,需要最少3个Gauss - Lobatto积分截面,不过这一数量通常不足以有效反映非弹性变形的扩散。因此,建议积分点的最小个数取4,不过人们经常选择5~7个积分截面。这一特点使我们可以利用单个有限单元来为每个结构构件建模,令构件(梁和柱等)与模型单元一一对应,相对于采用DB单元来说,这一做法能够得到非常小的模型。另外,尽管单元平衡的计算任务量需要更多些,但其分析速度却会快得多。局部化问题是一个特例,这种情形下需要特别谨慎的处理,Calabrese等(2010)对此做过讨论。

正如上面所指出的,每个构件单元能够使用户很方便地给出单元弦转角来进行抗震规范检查。如果构件必须离散成两个或者多个框架单元(在DB单元情形中是必需的),那么用户就需要对节点位移和转角进行后处理,从而得到构件的弦转角估计(Mpampatsikos 等,2008)。

2)分布塑性模型的优、缺点

分布式非弹性单元的主要优点是,它们不需要对非弹性响应参数做任何校正,而在集中塑性唯象模型中却是必需的。因此,使用此类单元就不需要分析人员具备复杂的建模知识,所需进行的全部工作只是引入结构构件的几何和材料特性而已,不仅如此,也无需对构件的弯矩-曲率关系进行事先分析,不必引入任何单元滞回响应特性,它已经在结构分析工具所构建的材料本构模型中隐含地给出。

此外,由于分布塑性模型支持构件长度方向上任意位置处的非线性行为,因而它们允许单元的任意位置出现屈服现象,这一点对于大型剪力墙情况或者带有分布式单元载荷情况(如重力载荷很大的大梁)来说是特别重要的。此类模型能够跟踪构件横截面和长度方向上渐近的非弹性行为(如钢材的屈服和混凝土的开裂),为轴向载荷和弯矩的相互作用直接建模,还可直接描述双向加载以及正交方向上弯曲强度之间的相互影响。

正是因为分布塑性模型具有上述突出的优点,所以它们一般能够给出比集中塑性模型更准确、更接近于实际情形的预测结果。不过需要注意的是,它们对计算资源的需求也要高些。另外,也要注意,在反映与混凝土黏结滑移有关的性能退化、钢筋和钢制构件的局部屈曲或断裂等方面,这些模型的能力是有限的,虽然近期人们已经提出了一些特殊的材料模型来描述这些现象。

最后,在沿着构件长度方向计算曲率、应力和应变时,其结果对以下因素是比较敏感的,如所指定的材料硬化或软化模量、所假定的构件长度方向上的位移(或力)插值函数、数值积分类型和积分点的离散情况等,进而可能导致出现显著的误差或者所计算出的曲率与应变需求不一致,以及合成应力与构件刚度等方面的矛盾(Calabrese 等,2010)。

3. 混合式集中塑性纤维单元

Scott 和 Fenves(2006)指出,可以把分布式非弹性模型与集中塑性单元组合起来使用,即采用类似分布式非弹性描述方式,不过要将这种非弹性纤维集中在单元的给定长度之内。这一做法的好处在于,不仅减少了分析时间(由于纤维积分只针对构件的两个端部截面进行),而且还能够完全控制或修正塑性铰长度(或非弹性的范围),从而解决了局部化问题(Calabrese 等,2010)。

8.3.3 结构分析中的非线性问题求解

在建立了几何非线性结构分析的控制方程并通过有限元方法对它们进行离散处理之后,需要执行一个求解这些方程的计算过程。结构力学中的非线性问题一般是借助增量式算法来求解的,其过程要比常见的线弹性分析求解复杂得多。

所有实际的求解过程都是"连续不断地"去进行迭代计算,也就是通过给控制参数和状态参数较小的变动,然后去计算出结构的平衡响应。处理此类问题的算法有很多种,共同的特征是这种连续迭代计算是一种多层次的过程,其中需要将整个加载阶段做层次分解以给出包含迭代过程的增量步。实际上,增量式求解方法可以分为两大类型:一类是纯增量式方法,也称为预测方法;另一类是修正式方法,也称为预测-校正方法或增量迭代方法。

在纯增量式方法中没有迭代层次,而在修正式方法中,每个预测步后面都会进行一个或多个迭代步,这些迭代称为校正阶段,其目的是消除或减小所谓的漂移误差,该误差也存在于纯增量式方法中。因此,在所有现代有限元软件包中,修正式方法已经成为非线性方程求解的标准方法了。

我们感兴趣的是每次增量处理和校正之后所得到的解,它们代表了近似平衡态,这些中间结果将被保存起来,直至达到最终的加载状态。与此不同的是,我们对那些迭代过程的中间结果是不感兴趣的,因为它们对应于非平衡态,只是在达到下一平衡态解之前的中间值,大多数的非线性结构分析程序都不会保存这些数据。

如果只对最终解感兴趣,那么这种增量方式看上去似乎没有必要,不过将一个阶段分解成多个增量步的做法是有理由的,表现在以下几个方面。

(1) 非线性分析中存在的路径相关效应,会严重制约增量的大小(由于历史跟踪约束),如在塑性分析中应力状态不能偏离屈服面太远。

(2) 通过考察达到最终解这一过程中的响应图,技术人员能够更深入地认识结构行为,与仅给出最终结构状态相比,大多数情况下这都能给出更多有用的信息,并且还应注意的是,某些情况下可能在达到最终状态之前就会出现破坏或者临界点。

(3) 将整个加载过程进行分解能够获得更稳定的数值解,从而可以避免收敛性问题。

1. 增量迭代算法

在绝大多数有限元软件中,求解非线性方程的基本方法是载荷控制式的牛顿-拉弗森(NR)算法。牛顿-拉弗森算法最简单的形式就是用于函数$f(x)$求根的数值算法,由于这种方法是迭代型的,因而需要给定一个猜测值,不妨设为$x = x_n$,通过计算该点处的函数值可以发现$f(x_n) \neq 0$,或者说该猜测值不是函数的根,若$f'(x_n)$为$x = x_n$点的斜率,那么过该点的切线方程可以表示为

$$f(x_{n+1}) - f(x_n) = f'(x_n)(x_{n+1} - x_n) \tag{8.1}$$

利用式(8.1)就可以给出下一个近似解,即

$$x_{n+1} = x_n - \frac{f(x_n)}{f'(x_n)} \qquad (8.2)$$

式中:x_{n+1}为切线与x轴的交点。如果$f(x_{n+1}) \approx 0$,也就确定了这个根的位置了;否则将进一步去寻找新的近似根x_{n+2},直到以指定的精度收敛。这一方法的基本原理可以通过图8.5来认识。

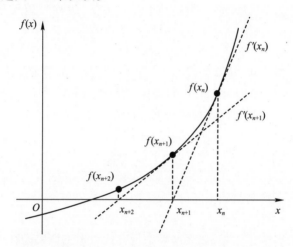

图8.5 用于函数$f(x)$求根的牛顿-拉弗森(NR)方法

在结构力学领域中,人们对牛顿-拉弗森方法做了拓展,使之能够用于一系列非线性方程的求解,这些方程来自于非线性结构平衡方程,可以表示为

$$\boldsymbol{P} = \boldsymbol{K}\boldsymbol{u} \qquad (8.3)$$

由于所考察的问题是非线性的,因而刚度矩阵$\boldsymbol{K}$将是形变向量$\boldsymbol{u}$的函数,在每次迭代中都会更新,于是式(8.3)也就不能进行直接求解,而必须借助一种增量式求解过程,比如牛顿-拉弗森方法。

图8.6中体现了增量迭代式牛顿-拉弗森方法的基本原理。这一迭代过程采用的是常规方案,即计算与位移增量对应的内力并进行收敛性检查。如果尚未收敛,那么将未平衡力(所施加的载荷向量与对应的内力之差)作用到结构上,进而计算新的位移增量。这一循环过程一直进行到满足收敛条件或达到最大迭代次数为止。对于单自由度系统来说,所得到的载荷-位移图(图8.6)是准确的,而对于多自由度系统而言,这些图只能示意性地描述结构响应以及渐进的收敛过程(收敛到方程组的根)。

牛顿-拉弗森方法是二次收敛的,这就意味着该方法只需要很少的迭代次数就能够收敛到精确解。然而,在每一步迭代过程中所需完成的刚度矩阵的重

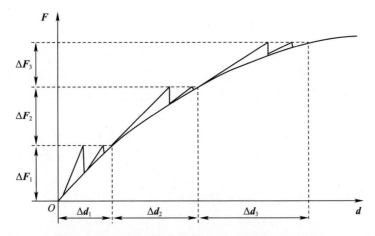

图 8.6 非线性结构分析中的牛顿-拉弗森(NR)方法

新计算和求逆工作却要耗费大量的计算资源,因此人们通常只在第一步迭代中重新计算刚度矩阵和求逆,然后将其用于所有修正过程中,这一方法也称为修正的牛顿-拉弗森(mNR)方法,如图 8.7 所示。

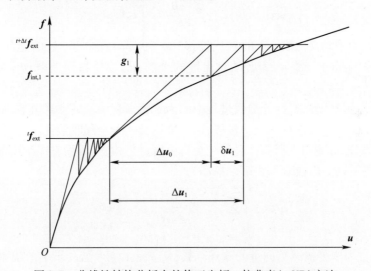

图 8.7 非线性结构分析中的修正牛顿-拉弗森(mNR)方法

借助 NR、mNR 或者 NR-mNR 混合式求解过程,可以得到相当灵活的求解算法。很明显,如果采用 mNR 而不是 NR,那么在迭代过程中刚度矩阵的构建和组装等方面的计算量会减小很多,不过此时往往也需要进行更多次的迭代,进而导致某些情况下计算任务量反倒变大。考虑到这一点,所谓的混合式方法(刚度矩阵仅在载荷增量的前若干次迭代中进行更新)往往能够获得更优的效果。

271

关于上述算法的进一步内容,读者可以参阅一些相关文献(Cook 等,1988; Crisfield,1991;Zienkiewicz 和 Taylor,1991;Bathe,1996;Felippa,2002)。

2. 收敛准则

如同上面所介绍的,在增量迭代型求解算法中,每一步的迭代过程都要持续到"收敛"为止,也就是说,未平衡的力范数或者未平衡的形变范数应小于用户事先指定的收敛指标。

在非线性分析中,一般采用两种不同类型的收敛准则,分别是基于位移/转角的准则和基于力/力矩的准则。上述准则可以是组合使用的,由此又可以得到两种附加的收敛检查方案,一种是基于位移/转角与力/力矩的方案,它认为当基于变形和基于载荷的准则都满足时才获得最终解;另一种是基于位移/转角或基于力/力矩的方案,它认为基于变形的或者基于载荷的准则得到满足时就达到收敛要求。

一般而言,位移/转角准则需要针对结构的每个自由度去检验当前迭代的位移/转角是否不大于用户指定的误差限。换言之,如果由施加未平衡的载荷向量而得到的位移或转角都是不大于预先指定的误差限的,就认为这个求解过程已经达到收敛。这一思路可以从数学上表示为

$$\max\left[\left|\frac{\delta d_i}{d_{\text{tol}}}\right|_{i=1}^{n_d}, \left|\frac{\delta \theta_j}{\theta_{\text{tol}}}\right|_{j=1}^{n_\theta}\right] \leq 1 \rightarrow 收敛 \tag{8.4}$$

式中:δd_i 为平动自由度 i 上的迭代位移;$\delta \theta_j$ 为转动自由度 j 处的迭代转角;n_d 为平动自由度的个数;n_θ 为转动自由度的个数;d_{tol} 为位移误差限;θ_{tol} 为转角误差限(rad)。

力/力矩准则需要计算迭代过程中的未平衡载荷向量的欧式范数,进而将其与用户定义的容差进行比较。显然,这一准则是一种全局收敛性检查方案,而不是像位移/转角准则中那样针对每一个自由度进行检查,因而它能给出解的总体收敛状态图景。以数学方式可以描述为

$$G_{\text{norm}} = \sqrt{\frac{\sum_{i=1\cdots n}\left(\frac{G_i}{V_{\text{REF}}}\right)^2}{n}} \leq 1 \rightarrow 收敛 \tag{8.5}$$

式中:G_{norm} 为未平衡载荷向量的欧式范数;G_i 为自由度 i 处的未平衡载荷;V_{REF} 为力(针对平动自由度)和力矩(针对转动自由度)的参考"容差"值,通常对平动和转动自由度设定不同的值;n 为自由度的个数。

3. 数值失稳、发散和迭代预报

在线性分析中总能给出最终解,无论它们是合理的还是不合理的,与此不同的是,非线性分析中并不总能保证获得收敛解。其原因可能来自于纯粹的结构平衡问题,如由于梁不能承受所施加的垂向载荷而导致无法得到最终解;也可能

来自于数值方面,如求解过程不能适应较大的载荷增量,或者在某个承载构件破坏后载荷突然重新分布。

由于上述原因,在非线性分析中一般总是需要指定最大的迭代次数,以避免无休止地寻找不可达的解。如果已经达到最大迭代次数,且还没有收敛,那么这一分析将被终止,或者在一些更加先进的软件包中会将载荷步进一步细分为更小的增量,以尝试能否达到更好的收敛状态。

除了前面介绍的收敛性检查以外,在每个迭代步的末尾还可以进行另外3种检验,即数值失稳、解的发散及迭代预报,其目的是避免不必要的平衡迭代计算以减少分析时间,如在不可能收敛已经非常明显时就是如此。

数值失稳是指在每一次迭代中可能会出现解变得数值不稳定的现象,一般是通过将未平衡载荷的欧式范数 G_{norm} 与一个预定义的最大容差(比所施加的载荷向量大若干个数量级,如 1.0×10^{20})进行比较来检测的。如果 G_{norm} 超过这一容差,就认为该解已经变成数值不稳定的,当前增量步中的迭代将会被中断。

解的发散是通过将当前迭代中得到的 G_{norm} 值与上一次的值进行比较来检查的,如果 G_{norm} 增加,就认为这个解正在发散,当前增量步中的迭代也需要中断。

迭代预报是指可以进行对数收敛速度检验以预测需要多少次迭代才能达到收敛。如果所给出的迭代次数大于用户指定的最大次数,就认为问题的解是不会达到收敛要求的,当前增量步中的迭代将会被终止。

应当指出的是,在非线性分析适用的范围内,上述3种附加的检验或检查通常是可靠和有效的。由于在一个增量步中的前几次迭代中解可能还不够稳定,因而不宜进行发散检查和迭代预报,最好是在经过若干次迭代之后再进行。

8.3.4 非线性分析的类型

在现代抗震设计与评估规程中,一般会给出两种比较典型的非线性分析过程:一种是非线性静力方法(NSP),采用了所谓的推覆(Pushover)分析;另一种是非线性动力方法(NDP),其中包括人们经常提到的非线性时程分析或非线性反应分析。

1. 非线性静力方法(NSP)

正如 ASCE 41-13 和其他规范、指南以及研究文献中已经介绍过的,在非线性静力方法中,将建筑各构件的非线性载荷变形行为特性直接通过数学模型来描述,然后对该模型施加单调递增的代表地震中惯性力的侧向载荷并进行计算,直到结果超出目标位移。这一方法的主要目的是评估结构性能,它同时考虑了所有结构构件的变形和强度。

侧向载荷是逐渐施加上去的,直到所选定的"控制节点"(一般位于建筑物顶层的质心处)的位移达到"目标位移",这个目标位移是地震动条件下位移需求的近似。随后,就可以针对期望的性能水平将目标位移处结构构件的需求参数与各自的接受准则进行比较了,系统层面的需求参数(如层间位移和基底剪力)也可做类似的检查。

虽然在刻画结构性能方面非线性静力方法一般要比线性方法可靠得多,不过它仍然是不精确的,当结构存在刚度退化时不能准确地反映动力反应的变化情况,另外,这种方法也难以考虑多自由度(MDOF)系统中的高阶模态效应,当然,利用基于位移的自适应推覆分析(Antoniou 和 Pinho,2004)以及此类非传统的推覆算法是可以显著改善这些不足的。

2. 非线性动力方法(NDP)

如同 ASCE 41-13 和其他规范、指南以及研究文献中所指出的,在非线性动力方法中,也是将建筑各构件的非线性载荷变形行为特性直接通过数学模型来描述,然后对该模型施加地面运动加速度时程形式的地震激励,以获得载荷和位移。该方法的目的在于评估结构性能,它考虑了所有结构构件的变形、强度及滞回行为(ASCE 2014)。

利用合适的积分算法可以对运动方程进行直接积分,如带数值耗散的 α 积分算法(Hilber 等,1977)或其特例——著名的纽马克算法(Newmark,1959)。在为地震作用建模时,这一方法引入了结构基础部位的加速度时程(也即加速度记录)。另外,对于脉冲加载情况(如爆炸和冲击等)下的建模,非线性动力方法也是适用的,不过这时不是在基础部位施加加速度时程,而是可以采用任何给定形态(矩形、三角形、抛物线形等)的力脉冲函数来描述瞬态载荷,并将其作用到合适的节点上。

非线性动力方法是一种先进的方法,能够用于分析和检查结构由于特定的地震动加速度时程激励所导致的非弹性需求。与非线性静力方法一样,非线性动力方法的分析结果也可以直接与代表性结构构件的测试数据进行比较,从而帮助我们认识该结构在特定的震动条件下的性能表现。

由于非线性动力分析方法所涉及的假设要比非线性静力方法少些,因此它的不足之处也要少一点。该方法能够自动将高阶模态效应以及结构出现软化时的惯性载荷模式的变动考虑进来,不仅如此,对于给定的地震记录来说,这一方法还可以直接求解最大整体位移需求,而无需根据一般性关系去进行估计。

尽管具备了上述这些优点,但是在进行非线性动力方法的分析中需要我们具备一定的经验和判断力,只有当完全熟悉了非线性动力分析技术及其不足之后才能正确地使用它。需要注意的是,无论是对所采用的地震动记录,还是构件的非线性刚度特性,这种分析对它们的一些较小变化都可能是高度敏感的。例如,同一个反应谱所对应的两个地震动记录就能够导致完全不同的结构非弹性分布及其程度方面的分析结果。实际上,由于地震动所固有的变化特点,在考察给定的地震场景时,往往有必要对多个地震动输入进行动力分析,以计算出各需求参数的上限。

8.4 基于非线性分析方法进行数值预报的可靠性

通过对底层力学特性进行恰当的建模,非线性静力分析,特别是非线性动力分析减小了需求预测中的不确定性(与线性分析方法相比而言)。然而,即使采用非线性动力分析方法,也并不总是能够准确计算出各种不同构件的需求参数。因此,在分析预测出的反应参数与地震事件中的实际值之间,总是存在着一定的偏差。对于结构变形和加速度来说,这些偏差通常是最大的,而对基于性能设计的结构的那些载荷受控构件(载荷由屈服构件的强度所限制)来说则要小一些。

由于构件反应的数值描述不可能是完全理想的,因而所选择的软件包在分析能力方面的不足将成为误差源之一。很明显,任何描述材料、截面或构件的滞回行为特性的解析表达也都是有缺陷的,这也使其难以非常准确地刻画结构反应,特别是在高度非弹性范畴内更是如此,在该范畴内侧向刚度会显著下降,进而变形量就会对较小的载荷变化非常敏感。分析人员在进行相关分析之前必须清醒地认识到这些问题,这样才能更好地回避那些可能导致误差放大进而对分析结果产生显著影响的建模策略。

随着一些全新的改进结构行为描述模型的不断涌现,与软件自身及其特性表达能力有关的误差正在逐渐变得越来越小,对于由行为特性较易预测的构件所组成的普通结构物来说,在分析中这一点更为突出。实际上在这种情况下,主要的误差源表现在两个方面,它们大多与人有关,一方面是来自结构物理特性测试结果的不确定性,如材料特性、几何特性及结构细节数据等;另一方面是指分析人员针对实际结构行为所做出的不够完备的数学模型描述。上述这些问题,再加上地震动强度、频率成分和持续时间等方面的不确定性,都可能导致分析结果明显偏离地震事件中的真实结构反应。

根据上述所进行的讨论不难认识到,分析人员应当始终牢记结构分析过程中不确定性的各种来源,以及它们会如何影响分析结果。一般来说,必须将这些不确定性考虑进来,并且如果可能还应当根据接受准则(选择一些合适的安全系数)以量化的方式对其进行检查。显然,所选择的安全系数值必须能够体现出我们对结构的认知方面的不确定性水平以及所采用的分析模型的不确定性水平。例如,根据对某结构的认知水平,可以指定不同的知识因子(ASCE 41-13)或置信因子(EC8,Part-3),当对结构配置情况缺乏很好的认识时应当设置更加保守的值。

8.4.1 盲测研究

盲测可以用来评估各种分析过程的准确性,参加盲测实验的研究人员并不知道需要检测结构的真实反应,他们必须采用最先进的分析工具给出结构反应的预测结果。正是由于所有参加人员都无法事先知道结构反应的真实情况并将其用于改进分析结果,因而可以说这种盲测过程能够针对各种方法的预测能力给出公正的评估。

近年来,人们已经组织进行了大量盲测工作,从单个构件到组件再到大型全尺度结构系统都有涉及。很多研究团队,针对给定的建筑设计和地震动数据,对振动台试验结果进行分析和预测。

人们发现盲测中的这些预测结果是相当分散的,与实测的反应和观测到的行为(如非线性机制和破坏模式)匹配得并不总是那么令人满意,这也表明了实际上很多预测结果是不切实际的,其可靠度很低。不仅如此,从盲测所给出的有限分析预测结果中也很难归纳出有意义的结论,原因在于它们之间存在着诸多的差异,这种差异可能来自多个方面,包括输入参数是否一致、材料模型存在误差、网格过于粗糙以及非线性模型不足以体现特定的行为等。

不过,盲测工作可以帮助我们发现和评估分析预测结果与真实数据之间所产生的偏差来源,并识别出哪些分析方法更为优异。另外,通过全面而细致地梳理以往的盲测工作,还能够获得一些关于非线性分析方法的准确性和可靠性方面的重要信息,从而有利于加深认识。从这一角度来说,盲测竞赛也是一个有助于改善分析手段可靠性的有益方式。

8.4.2 实例验证

利用非盲测研究给出的实验测试数据,也可以检验给定的建模方法、软件工具或者分析人员在复现结构地震反应方面的性能或能力。为了说明前述非线性动力分析方法的良好性能,这里给出了一些验证实例。

在所有实例中,都采用了 SeismoStruct 2016 软件包(Seismosoft,2016)来进行非线性分析,不仅是因为这一非线性结构分析工具是非商业化的免费资源,而且也因为在近期盲测竞赛中获胜者采用的也是这个工具。例如,在加州大学圣地亚哥分校 Englekirk 结构工程中心的地震工程网络模拟系统(NEES)的大型高性能户外振动台上所进行的盲测竞赛,再如在葡萄牙里斯本的土木工程国家实验室(LNEC)的三维振动台上所进行的竞赛(作为第 15 届世界地震工程大会(15WCEE)所组织的盲测竞赛的一个部分)等。

另外,这些实例中所采用的所有结构模型都存在着非线性特征,因此它们都能够正确地展现出高非弹性范畴内的结构行为和破坏机制。材料的非弹性是通过纤维建模(分布塑性方式)来描述的,并采用了不同类型的框架单元,如基于力的塑性铰或基于位移的单元类型。此外,几何非线性是由程序自动引入模型中的。

由于上述模型的所有细节和模型输入文件都可方便地在 Seismosoft 网页上获得,因而这里仅对这些测试结构以及部分分析结果做非常简单的介绍。

1. 4 层二维 RC 框架

这是一个完整的 4 层二维纯框架结构,设计主要考虑承受重力载荷和占结构重量8% 的名义侧向载荷(图8.8),其加固措施主要体现20 世纪50—60 年代欧洲南部国家常见的建筑实践情况。该框架是在 ELSA 实验室(意大利伊斯普拉,联合研究中心)中以伪动力试验方式进行测试的,考虑了两种人工地震记录,分别针对的是475 年和975 年的重现期。关于该框架(ICONS 框架)的进一步信息以及在 ELSA 中的试验细节,读者可以在 Pinto 等(1999)、Carvalho 等(1999)、Pinho 和 Elnashai(2000)以及 Varum(2003)等人的工作中找到。

在图8.9 中,针对一种人工地震记录将试验结果与分析结果进行了比较,考虑的是顶部位移的时间历程,从中不难观察到,这一分析结果很好地复现了实验中得到的结构反应。

图8.8 意大利伊斯普拉的 ELSA 实验室测试的 ICONS 框架(Pinto 等,1999)

2. 7 层 RC 剪力墙建筑

这是一个7 层的完整 RC 剪力墙建筑的一部分,参见图8.10,它是在加州大学圣地亚哥分校 Englekirk 结构工程中心的 NEES 大型高性能户外振动台上进行动态测试的(Panagiotou 等,2006),试验时施加了4 个相继的单轴地震动激励。该结构是面向洛杉矶某个场地,依据基于位移的性能设计方法而设计的,设计侧向载荷要小于美国建筑规范针对高地震风险区所规定的数值。

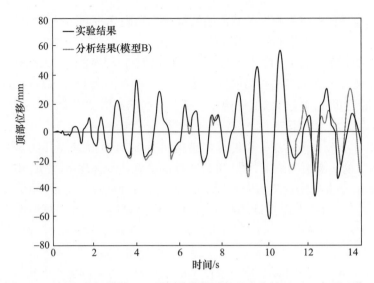

图 8.9 实验与分析结果——顶部位移随时间的变化情况（475 年重现期）

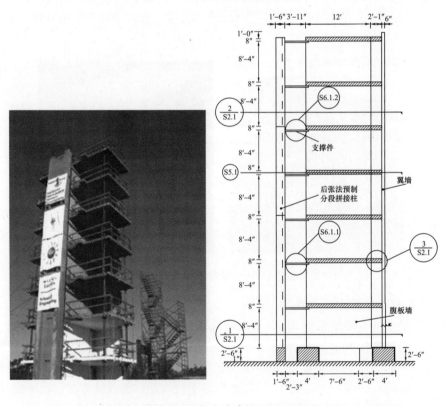

图 8.10 在 UCSD 测试的 RC 剪力墙建筑（Martinelli 和 Filippou,2009）

图 8.11 中针对顶部位移的时间历程,将试验结果和分析结果进行对比。很显然,所给出的分析结果在整个时程内都能很好地复现出结构反应,即使存在很大的漂移和很强的非弹性行为。

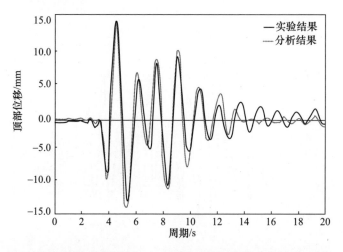

图 8.11　试验与分析结果——顶部位移随时间的变化情况(EQ4)

3.3 层三维 RC 框架

本实例是一个完整的 3 层三维 RC 建筑,是仅基于重力载荷设计的,依据的是 1954—1995 年希腊规范。这一建筑原型反映了 20 世纪 70 年代早期希腊的建筑实践(不考虑抗震性),高度方向上是规则的,但具有很强的平面不规则性,参见图 8.12。关于结构构件尺寸和配筋的具体细节可以参阅 Fardis 和 Negro (2006)的文献。人们在 ELSA(意大利伊斯普拉,联合研究中心)以伪动力试验

图 8.12　全尺度 3 层建筑原型(Fardis 和 Negro,2006)

方式对这一建筑进行了测试,采用的是 1979 年黑山地震中记录到的 Herceg - Novi 双向加速度记录。

图 8.13 将试验结果与分析结果进行了比较,从中可以看出所考察的总位移是相当一致的。

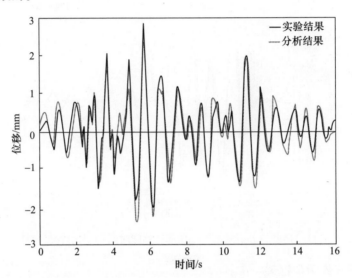

图 8.13　实验与分析结果——位移随时间的变化情况

4.4 层三维钢框架

图 8.14 给出的是一个完整的三维抗弯钢框架结构,人们在日本三木市兵库县的三维 E - Defense 振动台上对这一结构进行了动态测试,所施加的激励是 1995 年阪神大地震中在 Takatori 记录到的近断层地震动(做了缩放处理)。关于这一原型建筑具体的几何和材料特性,可以参阅 Pavan(2008)的工作。

图 8.14　4 层三维钢制抗弯框架结构(NRIESDP,2007)

图 8.15 所给出的是分析模型,其中已经高亮显示了输入运动的三向性(基础部位的箭头),并将试验结果和数值分析结果进行了比较,针对的是某个平动方向上记录的最大楼层位移。另外,在该图中还给出了两种不同模型的分析结果,分别是基于力的(模型 A)和基于位移的(模型 B)分布塑性单元模型。

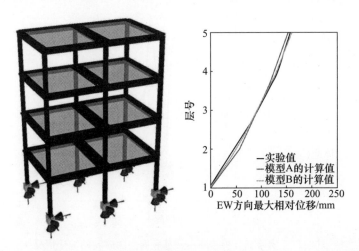

图 8.15 SeismoStruct 中的 4 层三维钢制框架模型以及实验与分析结果的比较

5. 4 层三维填充墙钢筋混凝土框架

本实例是一个完整的 4 层建筑,设计时依据的是 Eurocode 8(CEN,1995)和 Eurocode 2(CEN,1991)的初始版本。人们在 ELSA(意大利伊斯普拉,联合研究中心)以伪动力试验方式对这一建筑进行了测试,采用的是根据 1976 年意大利 Friui 地震记录资料所得到的人工合成加速度记录。该建筑物和对应的 SeismoStruct 模型如图 8.16 所示,从中可以很清晰地看到填充板。

图 8.16 Negro 等(1996)测试过的 4 层三维填充墙钢筋混凝土框架

图 8.17 给出了测试得到的和分析计算出的基底剪力时程情况,从中不难发现两者是比较吻合的。

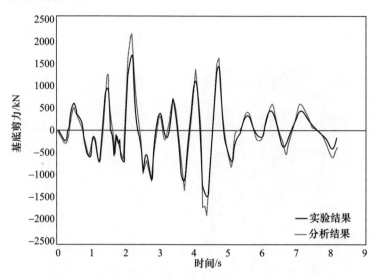

图 8.17　实验和分析结果——基底剪力随时间的变化情况

8.5　进一步的工程实践建议

8.5.1　结构构件建模方面

前面几节已经指出,现有文献中已经提供了非常多的可用模型,在有限元软件中借助它们可以描述梁柱构件的非弹性行为。这些非线性结构分析模型的区别往往比较大,在不同的建模假设下往往也会导致显著不同的预测结果。虽然人们非常希望能够在基于力学的分析层面上直接仿真模拟分析出结构反应,不过最终这些预测结果都必须针对构件和整体层面的(经验性)测试数据进行验证。究竟选择唯象模型(更偏于经验性)还是机理模型(更偏于解析性),往往并不是很确定的,而是依赖于多方面因素,通常是为了在实际设计需要与现有建模能力和计算资源之间寻求一种平衡。

在针对每种情况去确定最合适的模型时,应当仔细考虑以下一些值得注意的方面。

(1) 采用更先进的模型并不一定会降低总的不确定性(如缺乏建筑物的几何或材料特性方面的可靠数据),因此在所期望的分析模型的准确性与不确定性之间应加以折中考虑。

(2) 工程技术人员使用和标定滞回曲线以及塑性铰长度(对于集中塑性铰模型)的能力。

(3) 资源(时间和精力)和计算工具(分析软件和计算性能)的可行性。

(4) 是否需要基于所期望的结构反应和所采用的性能设计方法,要求结构的所有行为模式都得到精确或不精确的模拟。

(5) 是否需要可靠地模拟出建筑物的完整反应历程(直到倒塌)。

(6) 分析目标和需求参数,是否需要提高分析精度以及变形水平情况(弹性范畴还是非弹性范畴)。

8.5.2 需求性能水平和验收标准

正如 NIST(2010,2013)中所讨论的,由于非线性分析是一种先进的研究方法,要比线性分析付出多得多的精力才能完成,因此相关工程技术人员必须对自己的分析目标有非常清晰的认识。例如,针对新建筑物的设计来说,面向规范中的最低需求的非线性分析显然就与针对已有建筑物的灾害评估非线性分析是不同的。为此,应当根据非线性分析的目的来明确设计依据,以规范的形式给出所有重要的性能水平,并达成共识。

当确定非线性分析的目标和设计依据之后,就是明确特定的需求参数和合适的验收标准,从而定量地评估性能水平。在基于性能的设计过程中,除了需要考虑结构建模和分析方面的相关建议和准则以外,同时也要注意其他方面的建议和准则,主要涉及怎样借助分析结果来确定结构是否满足指定的验收标准。需求参数一般包括结构和非结构构件的峰值载荷和变形、最大或残余层间位移、楼板加速度等,这些已经在评估和改造相关规范中进行过描述。还有其他一些需求参数,如累积变形或耗能,也可以通过检查这些参数来确定分析的准确性和(或)评估累积损伤效应情况。当然,其他一些性能极限(如结构损伤触发)也可以用于检查,它们可能会显著影响到建筑物的寿命周期成本和功能性(NIST,2013)。

对于给定的一个建筑物和一组需求参数来说,必须对该结构进行分析,才能获得具有足够精度的需求参数值。通过将这些需求参数值与验收标准(对应于所期望的性能水平)进行比较,即可实现性能的检查。这个验收标准和对应的安全系数(关于抗震性能)可以是不同的,这取决于所采用的非线性分析是静力的还是动力的,以及与需求参数和验收标准有关的不确定性是如何处理的。

进一步,结构构件的验收标准一般可以区分为"变形控制型"和"载荷控制型",前者针对那些能够承受非弹性变形的构件,而后者针对的是那些性能由强度决定的无延性构件。比较典型的载荷控制型标准就是作用于任何构件上的剪力,或者作用于柱上的轴力,而典型的变形控制型标准是梁上的弯矩或端部弦转角。在非线性分析中,载荷控制型验收标准的需求参数一般与所考察的构件强度相关,通常是利用构件的标称强度来确定的。与此不同的是,位移控制型验收标准的需求参数一般是与变形极限(对应于所选定的性能水平)相关的。

8.6 本章小结

利用非线性分析方法来评估已有建筑和新建筑物(或其他类型的框架结构)的地震反应,现在已经变得越来越广泛了,其主要原因在于人们已经认识到这类方法能够尽可能地忠实反映出这些结构物的真实地震反应。

实际上,现代抗震设计规范已经明确要求,在针对已有建筑物进行抗震评估时必须采用非线性分析方法。不仅如此,在核电工业和其他能源领域中,这一要求也已经被列入相关准则和法规之中,也就是说,为了保证相关生产装置和设施(包括大量框架结构)在地震或其他动力作用下的安全性,借助先进的非线性结构建模技术来进行分析和评估,正在变成一项强制性要求。

尽管过去非线性建模是一项比较困难的工作,而且也是一个非常局限于学术研究范畴的领域,不过现在的结构工程师们已经发现他们能够很好地应对和处理了,这主要应归功于计算能力的不断提高和实用软件工具的不断发展。这些软件工具现在已经能够在非线性非弹性范畴内很好地复现出框架结构物的反应,这一点已被实验测试结果所验证。

致 谢

在本章的撰写过程中,Zoi Gronti、Fanis Moschas 和 Dimitra Gerostamoulou 给予了大力帮助,这里要向他们表示衷心的感谢!另外,作者也要感谢 NEHRP Consultants Joint Venture(面向地震工程研究的应用技术理事会和大学研究联合会的合作伙伴)为美国国家标准与技术研究院所准备的两份报告(NIST,2010、2013),本章从中受到了很大启发,并多处引用了该报告。

参 考 文 献

Antoniou, S. and Pinho, R. 2004. Development and verification of a displacement-based adaptive pushover procedure. Journal of Earthquake Engineering 8(5): 643–661.

[ASCE] American Society of Civil Engineers. 2014. Seismic Evaluation and Retrofit of Existing Buildings (ASCE/SEI 41-13), 2014, Reston, USA.

[ATC] Applied Technology Council. 1996. Seismic Evaluation and Retrofit of Concrete Buildings, ATC-40 Report, Applied Technology Council, Redwood City, USA.

[ATC] Applied Technology Council. 2009. Guidelines for seismic performance assessment of buildings, ATC 58, 50% Draft Report, Applied Technology Council, Redwood City, USA.

Bathe, K.J. 1996. Finite Element Procedures in Engineering Analysis, 2nd Edition, Prentice Hall.

Bianchi, F., Sousa, R. and Pinho, R. 2011. Blind prediction of a full-scale RC bridge column tested under dynamic conditions. Proceedings of 3rd International Conference on Computational Methods in Structural Dynamics and Earthquake Engineering (COMPDYN 2011). Paper no. 294, Corfu, Greece.

Calabrese, A., Almeida, J.P. and Pinho, R. 2010. Numerical issues in distributed inelasticity modelling of RC frame elements for seismic analysis. Journal of Earthquake Engineering 14(1): 38–68.

Carvalho, E.C., Coelho, E. and Campos-Costa, A. 1999. Preparation of the Full-Scale Tests on Reinforced Concrete Frames. Characteristics of the Test Specimens, Materials and Testing Conditions. ICONS Report, Innovative Seismic Design Concepts for New and Existing Structures. European TMR Network, LNEC.

Clough, R.W. and Johnston, S.B. 1966. Effect of stiffness degradation on earthquake ductility requirements. Proceedings, Second Japan National Conference on Earthquake Engineering 1966: 227–232.

Cook, R.D., Malkus, D.S. and Plesha, M.E. 1989. Concepts and Applications of Finite Elements Analysis. John Wiley & Sons.

Correia, A.A. and Virtuoso, F.B.E. 2006. Nonlinear analysis of space frames. Mota Soares et al. (eds.). Proceedings of the Third European Conference on Computational Mechanics: Solids, Structures and Coupled Problems in Engineering. Lisbon, Portugal.

Crisfield, M.A. 1991. Non-linear Finite Element Analysis of Solids and Structures, John Wiley & Sons.

EN 1998-3. 2004. Eurocode 8: Design of structures for earthquake resistance. Part 3: Assessment and retrofitting of buildings.

Fardis, M.N. and Negro, P. 2006. SPEAR—Seismic performance assessment and rehabilitation of existing buildings. Proceedings of the International Workshop on the SPEAR Project, Ispra, Italy.

Felippa, C.A. 2001. Nonlinear Finite Element Methods, Lecture Notes, Centre for Aerospace Structure, College of Engineering, University of Colorado, USA. Available from URL: http://www.colorado.edu/engineering/CAS/courses.d/NFEM.d/Home.html.

[FEMA] Federal Emergency Management Agency. 1997. NEHRP Guidelines for the Seismic Rehabilitation of Buildings, FEMA 273 Report prepared by the Applied Technology Council and the Building Seismic Safety Council for the Federal Emergency Management Agency, Washington, D.C.

[FEMA] Federal Emergency Management Agency. 2005. Improvement of Nonlinear Static Seismic Analysis Procedures, FEMA 440. Report prepared by the Applied Technology Council for the Federal Emergency Management Agency, Washington, D.C.

[FEMA] Federal Emergency Management Agency. 2009a. Effects of Strength and Stiffness Degradation on Seismic Response, FEMA P-440A Report, prepared by the Applied Technology Council for the Federal Emergency Management Agency, Washington, D.C.

Giberson, M.F. 1967. The Response of Nonlinear Multi-Story Structures subjected to Earthquake Excitation, Doctoral Dissertation, California Institute of Technology, Pasadena, CA., May 1967: 232.

Hellesland, J. and Scordelis, A. 1981. Analysis of RC bridge columns under imposed deformations. IABSE Colloquium, Delft 545–559.

Hilber, H.M., Hughes, T.J.R. and Taylor, R.L. 1977. Improved numerical dissipation for time integration algorithms in structural dynamics. Earthquake Engineering and Structural Dynamics 5(3): 283–292.

Kircher, C.A., Nassar, A.A., Kustu, O. and Holmes, W.T. 1997a. Development of building damage functions for earthquake loss estimation. Earthquake Spectra 13(4): 663–682.

Kircher, C.A., Reitherman, R.K., Whitman, R.V. and Arnold, C. 1997b. Estimation of earthquake losses to buildings. Earthquake Spectra 13(4): 703–720.

Lanese, I., Nascimbene, R., Pavese, A. and Pinho, R. 2008. Numerical simulations of an infilled 3D frame in support of a shaking-table testing campaign. Proceedings of the RELUIS Conference on Assessment and Mitigation of Seismic Vulnerability of Existing Reinforced Concrete Structures, Rome, Italy.

Mari, A. and Scordelis, A. 1984. Nonlinear geometric material and time dependent analysis of three dimensional reinforced and prestressed concrete frames, SESM Report 82-12. Department of Civil Engineering, University of California, Berkeley, USA.

Martinelli, P. and Filippou, F.C. 2009. Simulation of the shaking table test of a seven-storey shear wall building, Earthquake Engineering and Structural Dynamics 38(5): 587–607.

Mpampatsikos, V., Nascimbene, R. and Petrini, L. 2008. A critical review of the R.C. frame existing building assessment procedure according to Eurocode 8 and Italian Seismic Code. Journal of Earthquake Engineering 12(SP1): 52–58.

Negro, P., Pinto, A.V., Verzeletti, G. and Magonette, G.E. 1996. PsD test on a four-storey R/C building designed according to eurocodes. Journal of Structural Engineering—ASCE 122(11): 1409–1417.

Neuenhofer, A. and Filippou, F.C. 1997. Evaluation of nonlinear frame finite-element models. Journal of Structural Engineering 123(7): 958–966.

Newmark, N.M. 1959. A method of computation for structural dynamics. Journal of the Engineering Mechanics Division, ASCE 85(EM3): 67–94.

[NIST] National Institute of Standards and Technology. 2010. Nonlinear Structural Analysis for Seismic Design, A Guide for Practicing Engineers, GCR 10-917-5, Gaithersburg, USA.

[NIST] National Institute of Standards and Technology. 2013. Nonlinear Analysis Research and Development Program for Performance-Based Seismic Engineering, GCR 14-917-27, Gaithersburg, Maryland.

Panagiotou, M., Restrepo, J.I. and Englekirk, R.E. 2006. Experimental seismic response of a full scale reinforced concrete wall building. Proceedings of the First European Conference on Earthquake Engineering and Seismology, Geneva, Switzerland, Paper no. 201.

Pavan, A. 2008. Blind Prediction of a Full-Scale 3D Steel Frame Tested under Dynamic Conditions, MSc Dissertation, ROSE School, Pavia, Italy.

[PEER] Pacific Earthquake Engineering Research Centre. 2010. Tall Buildings Initiative: Guidelines for Performance-Based Seismic Design of Tall Buildings. PEER Report 2010/05, Pacific Earthquake Engineering Research Center, Berkeley, USA.

PEER/ATC. 2010. Modeling and acceptance criteria for seismic design and analysis of tall buildings, PEER/ATC 72-1 Report. Applied Technology Council, Redwood City, USA.

Pinho, R. and Elnashai, A.S. 2000. Dynamic collapse testing of a full-scale four storey RC frame. ISET Journal of Earthquake Technology 37(4): 143–164.

Pinto, A., Verzeletti, G., Molina, F.J., Varum, H., Pinho, R. and Coelho, E. 1999. Pseudo-Dynamic Tests on Non-Seismic Resisting RC Frames (Bare and Selective Retrofit Frames). EUR Report, Joint Research Centre, Ispra, Italy.

Scott, M.H. and Fenves, G.L. 2006. Plastic hinge integration methods for force-based beam–column elements. ASCE Journal of Structural Engineering 132(2): 244–252.

Seismosoft. 2016. SeismoStruct—A computer program for static and dynamic nonlinear analysis of framed structures. Available from URL: www.seismosoft.com.

Silva, S., Crowley, H., Pagani, M., Monelli, D. and Pinho, R. 2014. Development of the OpenQuake engine, the Global Earthquake Model's open-source software for seismic risk assessment. Natural Hazards 72(3): 1409–1427.

Spacone, E., Ciampi, V. and Filippou, F.C. 1996. Mixed formulation of nonlinear beam finite element. Computers & Structures 58(1): 71–83.

Varum, H. 2003. Seismic Assessment, Strengthening and Repair of Existing Buildings, PhD Thesis, Department of Civil Engineering, University of Aveiro.

Willford, M., Whittaker, A. and Klemencic, R. 2008. Recommendations for the seismic design of high-rise buildings. Council on Tall Buildings and Urban Habitat, Illinois Institute of Technology, Chicago, IL.
Zienkiewicz, O.C. and Taylor, R.L. 1991. The Finite Element Method, 4th Edition, McGraw Hill.

第9章 独塔斜拉桥的减震技术

Qiang Han, Jianian Wen*, Xiuli Du

9.1 引　　言

在过去的几十年中,独塔斜拉桥已经演变成最流行的桥梁类型之一,这主要是因为它们具有艺术感染力强、跨越能力大、施工快捷方便以及结构材料的高效利用等诸多方面的优势(Evangelista 等,2003;Casciati 等,2008;Abdel – Ghaffar 等,1995)。在现代交通运输系统中,斜拉桥扮演了非常重要的角色,正因如此,在设计地震动条件下其主要结构构件必须能够保持在弹性范畴内(《公路斜拉桥设计细则》(JTG/T D65 -01—2007))。

对于跨度不是特别大的独塔斜拉桥来说,当前的工程设计中一般是将塔柱、桥面和桥墩集成到一起进行建造,目的是减小桥梁上部结构在常规载荷和风载荷作用下的变形量(Li,2006)。不过,在台湾集集地震中,人们发现集鹿大桥也受到了严重的损伤,这座桥梁正是一座典型的独塔斜拉桥。相关报道称,桥面上塔柱处形成了横向上的弯曲塑性铰,混凝土塔柱中的垂向裂缝向上延伸到最低的斜拉索高度。另外,还有一根斜拉索从顶部和底部锚固区中被拔出(Chang 等,2004)。根据震后灾害调查和数值分析发现,虽然塔柱、桥面和桥墩的刚性连接能够降低桥面位移,然而它也会使地震载荷下塔柱的剪力和弯矩出现显著增大,进而导致强震发生时的桥梁损伤。

在桥梁结构的抗震设计中,引入能量耗散装置和基础隔离系统是解决这一问题的一种可行方案,能够减小桥梁的地震反应。近30年来,在很多地震活跃地区人们已经广泛使用隔震措施来保护结构物,这一思路在实现结构物抗震的有效性和经济性方面已经得到了证实。就斜拉桥而言,隔震装置能够使桥面 – 塔柱的动力反应与下部结构的动力反应解耦,从而降低传递到下部结构的地震惯性力,这样也就有效抑制了上部结构的非弹性变形。由此不难理解,

---

* 北京工业大学城市与工程安全减灾教育部重点实验室,中国,北京100124。
通信作者:wjn@ emails. bjut. edu. cn。

在改善独塔斜拉桥的抗震性能方面,隔震将是一项非常有前景的技术措施。不过,目前在斜拉桥的基础隔离技术领域,相关的研究工作和工程分析工作还都比较有限。

在过去的 20 年间,人们针对不同类型的隔震器进行了大量的研究,考察了它们位于各种不同安装位置处的隔震性能,如安装在桥面与桥墩顶部之间以及安装在塔柱底部与基础的连接位置等。Chadwell(2003)针对集鹿大桥(独塔斜拉桥),研究了隔震系统的有效性,进行了一系列的数值分析。Atmaca 等(2014)利用非线性时程分析考察了安装有摩擦摆隔震支座(FPB)的 Manavgat 斜拉桥的抗震性能,该 FPB 安装在塔柱底部与基础之间。Javanmardi 等(2017)针对现有塔柱底部安装有铅芯橡胶隔震支座(LRB)的钢斜拉桥分析了双向地震反应,他们利用弹性的三维梁单元为箱梁和塔柱建模,并且在其数值研究中还考虑了索单元的非线性。Soneji 等(2008、2010)在塔柱与桥面之间引入不同类型的隔震装置以保护上部结构少受地震损害,考察了对应的隔震性能情况,在他们的数值分析中还将土壤与结构的相互作用考虑了进来。Wesolowsky 等(2010)研究了 3 座带有 LRB 的斜拉桥在近场地震动下的反应。上面这些研究工作都已经证实了,在独塔斜拉桥中引入隔震措施是能够明显减小塔柱内的弯矩和剪力的,不过也会稍微增大上部结构的位移量。

上述的数值研究主要针对的是带有弹性隔震支座和 FPB 的斜拉桥的抗震性能,然而当采用双凹摩擦摆(DCFP)支座和三重摩擦摆隔震支座(TFPB)时,斜拉桥的动力行为还没有得到深入的研究。一般而言,DCFP 和 TFPB 所允许出现的位移量更大,并且适应性更好,因而在斜拉桥的隔震方面也会更加有效。另外,以往的大多数有限元模型是采用集中参数弹簧元件或线弹性土壤模型来体现桩-土相互作用(SPI)的,而这不一定能够确保准确预测出 SPI 对桥梁动力反应的影响。Soneji 等(2008)曾经指出,在桥梁的动力分析中正确考虑非线性 SPI 是十分必要的,它会显著影响到桥梁结构的地震反应。Priestley 等(1994)也曾阐述过,对于地震场景下受到典型剪切破坏的含矮墩桥梁来说,其数值建模必须进行特别处理,原因在于传统的纤维梁单元不能反映出这些矮墩的剪切机制或弯曲-剪切机制(Lu 等,2015)。虽然在结构物的地震反应分析中非线性时程分析已经是一种应用相当广泛的技术手段,然而在工程实际中人们需要的仍然是简化的抗震设计过程。在前述的这些研究中,关于此类简化设计过程的分析是比较有限的。Wesolowsky 等(2010)提出了可用于斜拉桥隔震(纵向上)的一种设计过程,它首先指定设计位移值和预估的设计周期,然后确定隔震支座的纵向刚度。Chadwell(2003)曾建立了桥面端部和塔柱底部之间的刚度关系,用于实现隔震系统性能的优化。

本章的主要内容是对 Han 等(2018a、2018b)工作的总结,以下几节针对独塔斜拉桥研究了安装各种减震装置前后的抗震性能。9.2 节介绍了斜拉桥详尽的物理模型和数值模型,9.3 节讨论了当前最为流行的一些减震装置,9.4 节针对摩擦滑移支座和黏性阻尼器在典型独塔斜拉桥抗震性能上的影响进行了分析,9.5 节为斜拉桥的隔震应用建立了一个抗震设计过程。

9.2 斜拉桥的建模

在分析之前先给出建模假设和某些可行的简化,这是一项十分重要的工作。本节将针对斜拉桥的桥面、塔柱和斜拉索等结构建立物理模型和数值模型。

9.2.1 桥面

对于斜拉索侧边布置的斜拉桥,其桥面一般是通过分离式的梁(纵梁和横梁)和板来建模的。纵梁和横梁一般都需要借助三维弹性梁单元进行离散,而板则通过壳单元处理。为了正确刻画桥面的弯曲和扭转行为(Cámara,2011),梁和板之间的距离应等于对应重心的间距,如图 9.1(a)所示。对于斜拉索中心布置的斜拉桥,其桥面的扭转反应是清晰的,一般只需采用单根弹性梁来为桥面建模(Cámara,2011),如图 9.1(b)所示。

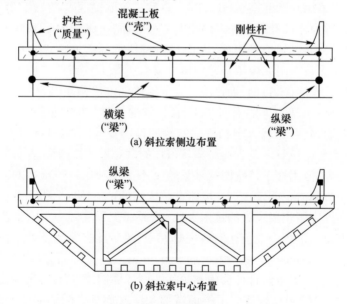

图 9.1　斜拉桥桥面的建模细节(Cámara,2011)

9.2.2 塔柱和桥墩

塔柱通常总是借助梁单元来建模,当然应当通过每个截面的重心(Cámara,2011)。塔柱的截面一般是离散成约束和非约束混凝土纤维与钢筋,如图9.2所示。纤维离散化处理对于各种单轴材料的建模而言能够刻画得更加真实。在绝大多数模型中,钢材通常采用的是双线性和 Menegotto – Pinto 模型(Filippou,1983),而混凝土则可借助三线性非线性约束本构模型来刻画,如 Kent – Park 模型(Kent,1971)。在纤维建模中,单元截面的应力、应变状态是通过对每根纤维的非线性单轴应力、应变响应进行积分得到的,每个截面都被细分成钢筋、约束混凝土和非约束混凝土部分。

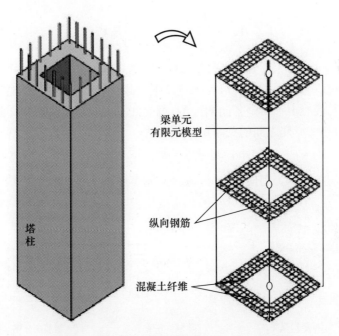

图 9.2　斜拉桥塔柱的建模细节(Cámara,2011)

最优单元是与混凝土构件中出现的塑性铰长度(l_p)相关的,该长度可以通过下式来计算,即

$$l_p = 0.08L_c + 0.022f_{s,ye}\phi_{bl} \geq 0.044f_{s,ye}\phi_{bl} \tag{9.1}$$

式中:l_p 为塑性铰长度;L_c 为塑性铰的临界截面到反弯点的距离;ϕ_{bl} 为纵向钢筋的直径;$f_{s,ye}$ 为钢筋的设计屈服应力。

借助纤维梁单元可以很方便地描述细长结构的弯曲行为,不过它难以充分揭示较短构件的剪切或弯曲-剪切破坏机制。当 RC 桥墩的剪跨比 μ 较小时（$\mu<2$），剪切破坏是桥墩的主导破坏模式，一般以混凝土斜向压碎和斜向裂缝开口形式出现（Lu 等，2015）。Lu 等（2015）曾提出过一种弥散多层壳模型，该模型能够模拟剪切破坏为主导的桥墩所具有的复杂力学行为。桥墩是通过多层壳单元来建模的，从而能够刻画出弯曲-剪切行为。壳被离散成多个完全黏结在一起的层，其中包含混凝土层和钢筋层。在该多层壳中，钢筋是借助相同厚度的弥散正交异型钢层来模拟的。每个层上的应力都被假定为均匀的，且与中曲面一致，如图 9.3 所示。针对不同的层，需要设置对应的材料特性和厚度。分析中采用了一种混凝土的二维材料本构模型，是基于损伤力学和弥散裂缝模型的，这一模型的本构关系式可以写为

$$\boldsymbol{\sigma}_{c0} = \begin{bmatrix} 1-d_1 & 0 \\ 0 & 1-d_2 \end{bmatrix} \boldsymbol{D}_e \boldsymbol{\varepsilon}_{c0} \quad (9.2)$$

式中：$\boldsymbol{\sigma}_{c0}$ 为应力张量；$\boldsymbol{\varepsilon}_{c0}$ 为应变张量；$\boldsymbol{D}_e$ 为弹性本构矩阵；d_1 和 d_2 为损伤参数。另外，当主拉应力达到指定的混凝土抗拉强度时，则认为层中会出现裂缝。在裂缝出现之后，混凝土不再是各向同性的，而是正交各向异性材料了，在裂纹坐标系下剪应力和剪应变之间的关系可以表示为

$$\tau = \beta G \gamma \quad (9.3)$$

式中：τ 为剪应力；γ 为剪应变；G 为剪切弹性模量；β 为剪力传递系数。

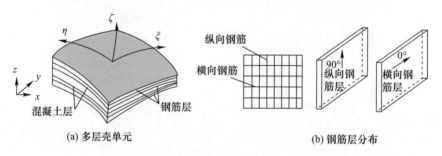

(a) 多层壳单元　　　　　　　　　(b) 钢筋层分布

图 9.3　多层壳单元（Lu 等，2015）

9.2.3　斜拉索

斜拉桥的一个动力学特征就在于斜拉索、桥塔和桥面之间存在着能量传递，通过将每根斜拉索以一个单元来描述即可把这一特征考虑进来。预应力斜拉索一般可借助带初始应力的桁架单元来模拟。斜拉索的轴向刚度会因为垂度效应而呈现出几何非线性特征。这种几何非线性可以理想化处理成等效弹性模量

E_{eq}(针对不同的斜拉索),其定义式为(Ernst,1965):

$$E_{eq} = \frac{E}{\frac{(WL)^2 AE}{12T^3} + 1} \tag{9.4}$$

式中:E 为斜拉索材料的弹性模量;L 为斜拉索的水平投影长度;W 为斜拉索单位长度的重量;A 为横截面面积;T 为预张力。

9.2.4 桩-土相互作用

斜拉桥的桩-土相互作用(SPI)可以借助动力 $p-y$ 方法(Boulanger,1999)来模拟。如图 9.4(a)所示,非线性 $p-y$ 单元从概念上是由弹性元件($p-y^e$)、塑性元件($p-y^p$)和间隙元件($p-y^g$)以串联形式组成的(Mazzoni,2005)。间隙元件又是由一个非线性闭合弹簧(p^c-y^g)与一个非线性拖曳弹簧(p^d-y^g)以并联方式构成的。辐射阻尼是通过一个阻尼器和一根弹簧元件($p-y^e$)的并联组合来刻画的。塑性弹簧可以表示为(Boulanger,1999)

$$p = p_{ult} - (p_{ult} - p_0)\left(\frac{cy_{50}}{cy_{50} + |y^p - y_0^p|}\right)^n \tag{9.5}$$

式中:p_{ult} 为 $p-y$ 单元在当前载荷作用方向上的极限承载力;p_0 为当前塑性加载阶段的初始载荷;c 为控制切线模量的常数;n 为控制 $p-y^p$ 曲线光滑程度的指数;y_{50} 为载荷达到土壤极限承载力一半时所对应的桩位移。

闭合弹簧(p^c-y^g)可以表示为(Boulanger,1999):

$$p^c = 1.8 p_{ult}\left[\frac{y_{50}}{y_{50} + 50(y_0^+ - y^g)} - \frac{y_{50}}{y_{50} - 50(y_0^- - y^g)}\right] \tag{9.6}$$

式中:y_0^+ 和 y_0^- 分别为本阶段载荷作用前桩-土界面的最大正方向间隙和最大负方向间隙。

非线性拖曳弹簧可以表示为(Boulanger,1999)

$$p^d = C_d p_{ult} - (C_d p_{ult} - p_0^d)\left(\frac{y_{50}}{y_{50} + 2|y^g - y_0^g|}\right) \tag{9.7}$$

式中:C_d 为最大的桩侧横向摩阻力与动力 $p-y$ 单元中土的极限承载力的比值;$p_0^d = p^d$;$y_0^d = y^d$;p^d 和 y^d 分别为当前载荷方向上拖曳元件的初始摩阻力和初始位移。图 9.5(a)给出了 $p-y$ 单元的典型行为。

非线性 $t-z$ 单元和 $q-z$ 单元的行为特性与 $p-y$ 单元是类似的。$t-z$ 单元是由弹性元件(t^e-z^e)和塑性元件(t^p-z^p)以串联方式组成的(Boulanger,1999),如图9.5(b)所示。非线性 $q-z$ 单元可以看成由弹性元件($q-z^e$)、塑性

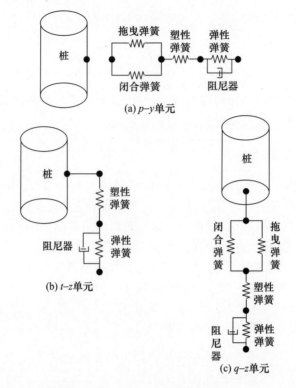

图9.4 非线性 $p-y$、$t-z$ 和 $q-z$ 单元的构成(Boulanger,1999)

元件($q-z^p$)和间隙元件($q-z^g$)串联构成的(Boulanger,1999),参见图9.5(c)。这两类单元的典型行为分别如图9.5(b)和图9.5(c)所示。

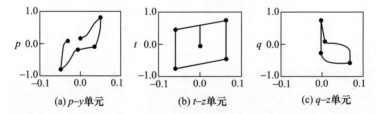

图9.5 非线性 $p-y$、$t-z$ 和 $q-z$ 单元的滞回特性(Boulanger,1999)

9.3 减震装置

9.3.1 概述

目前已经有多种类型隔震支座和耗能装置用于斜拉桥抗震场合,而且还有很多新颖的装置正处于研究之中。当代广为使用的减震装置包括黏性阻尼器、金属阻尼器、摩擦滑移支座、橡胶支座以及形状记忆合金自复位装置等。本节主要介绍黏性阻尼器和摩擦滑移支座的力学特性。

9.3.2 黏性阻尼器

黏性阻尼器主要通过迫使流体流经小孔道的方式来耗散地震能量,将外部的功转换成热能,使得黏性流体和相关机械部件温度升高(Cámara,2011),如图9.6所示。

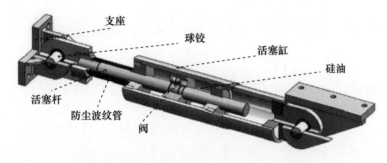

图9.6 黏性阻尼器的机械部件(Cámara,2011)

这种被动式的阻尼能够抑制位移水平,耗散地震能量。黏性阻尼器的输出力一般可以看成相对速度的函数(Constantinou 等,2010),即

$$F = C |\dot{\Delta}|^{\alpha} \mathrm{sgn}(\dot{\Delta}) \tag{9.8}$$

式中:C 为阻尼系数,取决于活塞面积;$\dot{\Delta}$ 为阻尼器两端之间的相对速度;α 为速度指数,一般位于 0.1~2.0,不过经常采用 0.2~1.0 这一范围内的数值,这样可以限制输出力,使能量耗散达到最大(Constantinou 等,2010)。

9.3.3 摩擦滑移支座

摩擦滑移支座是一种完全被动式的隔震装置,它利用曲面形滑移支撑面来生成复位力和摩擦力,能够表现出与位移相关的刚度和阻尼。这种支座通常采用的是不锈钢材料并经过打磨处理,因而能够满足竖向大承载力和大变形要求,且具有优良的耐用性。摩擦滑移支座主要可以划分为3种类型,分别是摩擦摆系统(FPS)(Zayas 等,1990)、双凹摩擦摆(DCFP)(Fenz 等,2010a)及三重摩擦摆支座(TFPB)(Fenz 等,2008、2010b)。

1. FPB 的力学行为

一般而言,FPB 的载荷-位移关系可以表示为

$$F = \frac{Wd}{R_1} + \mu_1 \mathrm{sgn}(\dot{\theta}) \tag{9.9}$$

式中：F 为回复力；μ_1 为摩擦系数；W 为竖向荷载；R_1 为上部球面半径；d 为铰接滑块与上部球面之间的相对位移；$\dot{\theta}$ 为速度；$\mathrm{sgn}(.)$ 为符号函数，根据 $\dot{\theta}$ 为正还是为负分别取 +1 和 −1 值。图 9.7(a) 给出了 FPB 的示意。

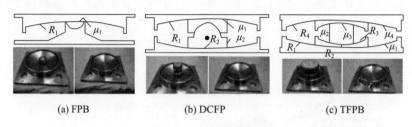

图 9.7　摩擦滑移支座

2. DCFP 的力学行为

此处所讨论的 DCFP 是由两个凹摩擦面和一个铰接滑块构成的，如图 9.7(b) 所示。DCFP 的载荷 - 位移关系可以表示为

$$F = \frac{W}{R_1 + R_2}d + \frac{f_1 R_1 + f_2 R_2}{R_1 + R_2} \tag{9.10}$$

式中：R_1 和 R_2 分别为上部和下部球面的半径；d 为上、下球面之间的相对位移；f_1 和 f_2 分别为上、下球面的摩擦力。实际上，DCFP 可以借助两个具有不同参数的 FPB 单元来建模。

3. TFPB 的力学行为

图 9.7(c) 中给出了 TFPB 的截面示意和细部结构情况。TFPB 的中部是一个刚性滑块，它与上部和下部的嵌入式滑块相互接触，支座的最外部是上板和下板。显然，TFPB 包含 4 个不锈钢凹曲面，它们构成了 3 个独立的滑移系统，且滑移面的内径和外径是不同的（$R_{e2} = R_{e3} \ll R_{e1} = R_{e4}$）。当这些滑移面上的摩擦系数不相等时，滑移状态将会出现 5 种不同情况，参见表 9.1。

表 9.1　TFP 支座的载荷位移关系（Fenz，2010b）

滑移机制	特点	载荷位移关系
	在曲面 2 和曲面 3 上滑移	$F = \dfrac{W}{R_2 + R_3}d + \dfrac{f_2 R_2 + f_3 R_3}{R_2 + R_3}$ 直到：$d = d^* = (\mu_1 - \mu_2)R_2 + (\mu_1 - \mu_3)R_3$

续表

滑移机制	特点	载荷位移关系
	在曲面-1和曲面3上滑移	$F = \dfrac{W}{R_1 + R_3}d + \dfrac{f_1(R_1 - R_2) + f_2 R_2 + f_3 R_3}{R_1 + R_3}$ 直到:$d = d^{**} = d^* + (\mu_4 - \mu_1)(R_1 + R_3)$
	在曲面-1和曲面4上滑移	$F = \dfrac{W}{R_1 + R_4}d + \dfrac{f_1(R_1 - R_2) + f_2 R_2 + f_3 R_3 + f_4(R_4 - R_3)}{R_1 + R_4}$ 直到:$d = d_{dr1} = d^{**} + d_1\left(1 + \dfrac{R_4}{R_1}\right) - (\mu_4 - \mu_1)(R_1 + R_4)$
	在曲面2和曲面4上滑移	$F = \dfrac{W}{R_2 + R_4}(d - d_{dr1}) + \dfrac{W}{R_1}D_1 + f_1$
	在曲面2和曲面3上滑移	$F = \dfrac{W}{R_2 + R_3}(d - d_{dr4}) + \dfrac{W}{R_4}D_4 + f_4$ 直到:$d = d_{dr4} = d_{dr4} + \left[\left(\dfrac{d_4}{R_4} + \mu_4\right) - \left(\dfrac{d_1}{R_1} + \mu_1\right)\right](R_2 + R_4)$

注:R_i、f_i、μ_i 分别为第 i 个滑移面上的等效半径、摩擦力和摩擦系数。

9.4 独塔斜拉桥的地震反应分析

9.4.1 独塔斜拉桥的数值模型

1. 桥梁原型

此处所考察的桥梁原型是中国贵州省剑河上的龙湾桥,该桥是半竖琴式斜拉桥,并带有两个不等长的桥跨,长度分别为120m和114m,如图9.8所示(Han等,2018a)。RC独塔在桥面上方的高度大约为62m,通过16组钢索支撑上部结构。桥面是刚性连接到塔柱上的,从而可以限制常规载荷下的桥面位移量。龙湾桥的两端均简支在桥台上。

2. 桥梁的数值模型

图9.9中给出了有无隔震系统情况下的龙湾桥三维有限元模型,是在OpenSees平台上建立的(Mazzoni,2005),该平台是一个面向对象的开源有限元分析框架。在该桥的有限元模型中,对于塔柱采用的是纤维单元,对于薄壁RC矩形桥墩则采用了多层壳单元,这样可以复现关键桥梁构件在强震条件下的非线性特性。作为一种抗震控制措施,在该斜拉桥的桥墩和承台之间安装了摩擦滑移支座和黏性阻尼器,如图9.9所示。在模拟SPI时选用的是动力 p-y 方法,另外还采

用三维线弹性梁单元对该斜拉桥的 RC 箱梁(主纵梁)进行了简化处理。

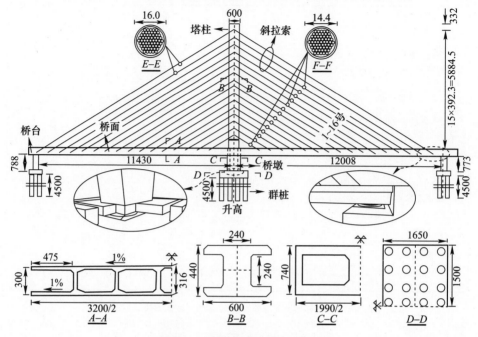

图 9.8 斜拉桥总图(单位:cm)

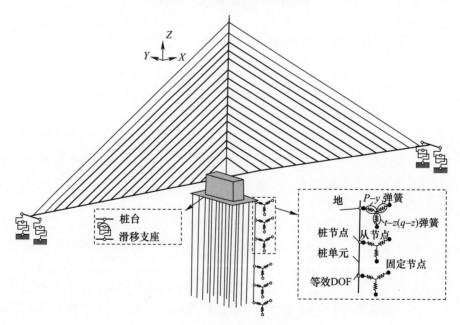

图 9.9 斜拉桥的有限元模型

9.4.2 不同桥梁模型的动力特性

这里考虑4种不同边界条件下斜拉桥的动力特性,分别为固定基础的原始桥梁模型、考虑SPI的原始桥梁模型、考虑SPI的基础隔离桥梁模型以及不考虑SPI的基础隔离桥梁模型。表9.2中列出了上述4种边界条件下前4阶模态的形状和对应的振动周期。与基础固定的原始桥梁模型相比,考虑SPI的原始桥梁模型所具有的主要振动模态表现为横向上的弯曲,这一点是类似的,不过高阶模态(第3阶以后)却会受到SPI的显著影响。另外,还可以观察到,基础隔离的桥梁模型的动力特性不会受到SPI的明显影响。将原始模型和基础隔离模型相比较不难看出,隔震系统显著增大了桥梁的基本振动周期,要比地震动的卓越周期更大。

表9.2 不同桥梁模型的模态分析

模态	固定基础的原始桥梁模型	考虑SPI的原始桥梁模型	不考虑SPI的基础隔离桥梁模型	考虑SPI的基础隔离桥梁模型
1	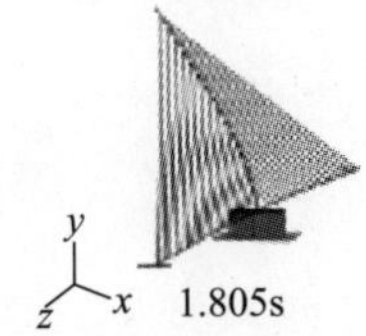 1.805s	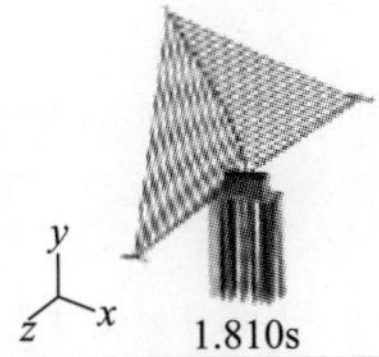 1.810s	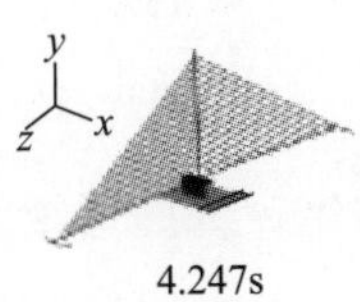 4.247s	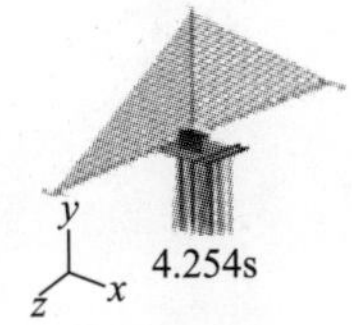 4.254s
2	 1.158s	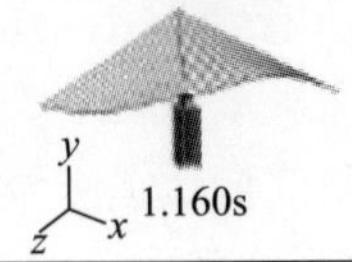 1.160s	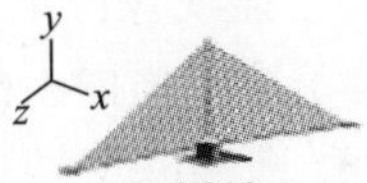 4.213s	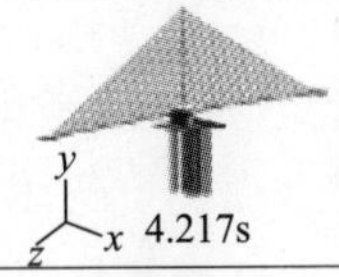 4.217s
3	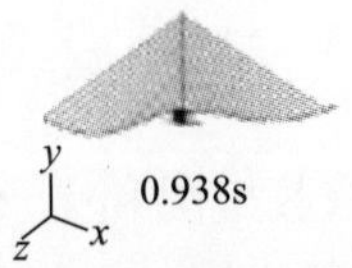 0.938s	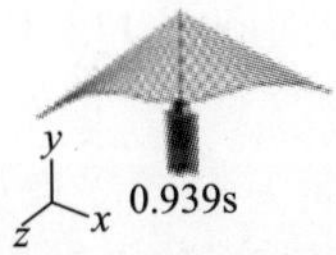 0.939s	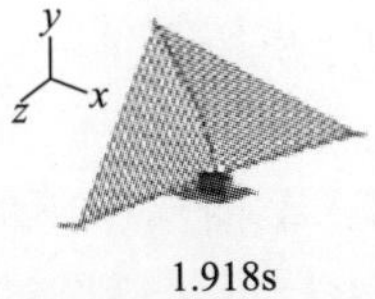 1.918s	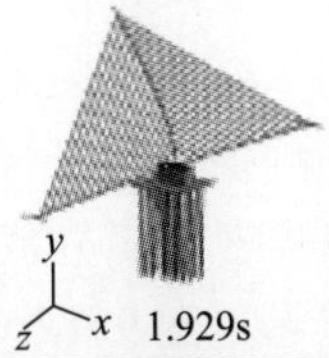 1.929s
4	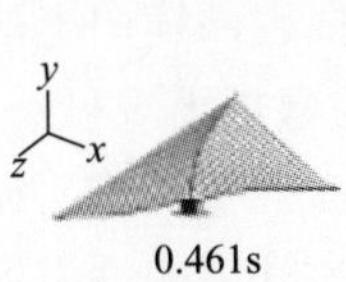 0.461s	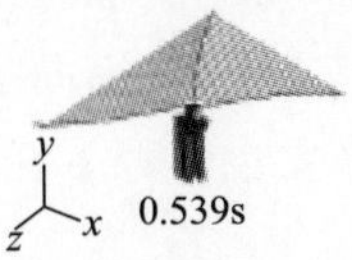 0.539s	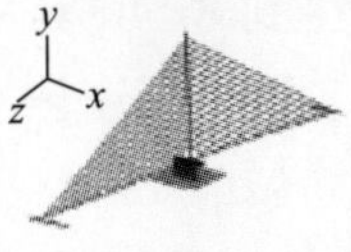 1.195s	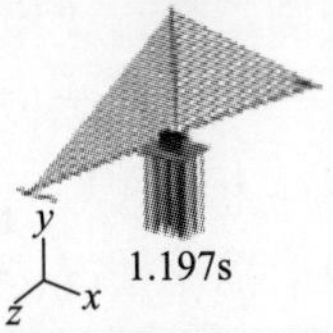 1.197s

9.4.3 非线性地震反应

1. 地震动的选择

在中国地震图中,龙湾桥地区的地震动烈度为Ⅶ级,场地类型为Ⅲ类,对应的峰值地面加速度(PGA)为0.15g。建立设计反应谱时依据的是《中国公路工程抗震设计规范》(GB/T 7714—2013),考虑了2%的阻尼水平,参见图9.10中的黑实线,每条记录包括两个水平分量。另外,还将所选择的3个地震动的平均PGA比例缩放到该场地抗震规范所要求的设计地震动烈度水平。图9.10将这3个PGA地震动时程(缩放后)所对应的反应谱及其平均反应谱与设计反应谱进行了比较。

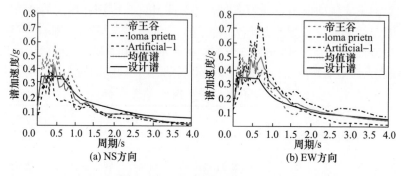

图9.10 3种地面运动的反应谱

2. 桥面-塔柱结合部的弯矩

图9.11(a)中给出了该桥横向上桥面和塔柱结合部的弯矩,所输入的是Artificial-1地震动,它能使该桥梁在所有情况下均能产生最大的横向反应。该弯矩(M_y)已经相对于塔柱横向上的抗弯承载力(M_u)作了归一化处理。在确定横截面的抗弯承载力时考虑了轴力和双向受弯。如图9.11(a)所展示的,FPS支座能够稍微减小弯矩值,桥墩能够满足横向上的承载要求。SPI对桥面和塔柱结合部横向上的弯矩所产生的影响如图9.11(d)所示,这一结果表明该弯矩的峰值增大了9%。

对于塔柱底部横截面,纵向和横向上双向受弯的承载极限和需求的对比可以参见图9.12,图中接近于椭圆的实线代表了弯曲承载极限。可以看出,当基础固定的桥梁模型受到Artificial-1地震动激励时,塔柱底部横向上的弯矩将接近其弯矩承载极限。在安装摩擦滑移支座后,纵向上的弯矩出现显著降低,不过横向上的弯矩只是略微减小。这些现象也解释了在集鹿大桥的震后调查中所发现的损伤情况:在塔柱底部横向面上出现了裂缝,然而塔柱纵向面上的损伤却不是很严重。

图9.13(a)针对桥面和塔柱结合部的弯矩将所有情况作了对比。从中可以看出,在安装了FPS、TFPS和DCFP后,EI Centro地震波激励条件下所产生的纵向弯矩表现出显著的下降,最大下降百分数分别达到80.9%、86.4%和85.8%。

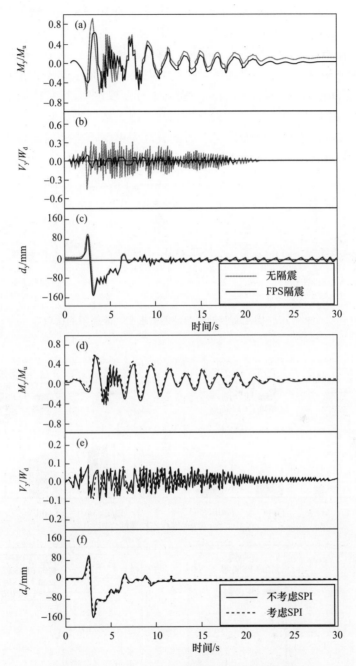

图 9.11 Artificial-1 地震动条件下的相关时程
(a)和(d)为弯矩时程;(b)和(e)为剪力时程;(c)和(f)为横向相对位移时程。

不过,横向弯矩的下降量不大明显,百分比分别为 10.3%、10.8% 和 9.9%(在 Artificial-1 地震波激励下)。这是因为该桥的塔柱在纵向上受到了斜拉索的约束,所以要比横向上的刚性更大。摩擦滑移支座能够有效减小塔柱底部的纵向弯矩,这主要是因为它能够增大桥梁的基本周期。然而,安装摩擦滑移支座对于横向上的振动模态没有明显影响。从表 9.2 可以观察到,桥塔横向上的弯曲振动周期大约为 1.8s,有无隔震装置都是如此。由于基础隔离装置不会明显影响桥塔横向上的振动模态,因而横向上的地震反应也就不会出现显著改变。也正因如此,塔柱底部处的横向弯矩的下降百分数要比纵向小得多。

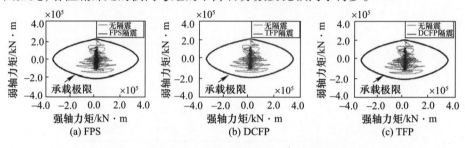

图 9.12 横截面双轴弯曲性能需求和性能极限的比较

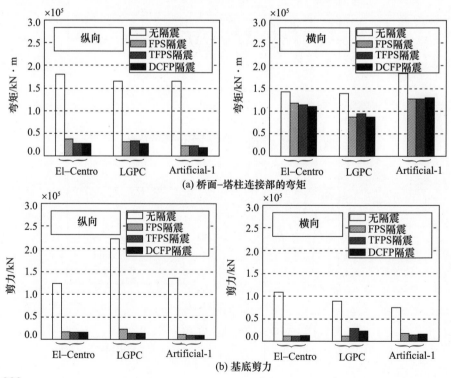

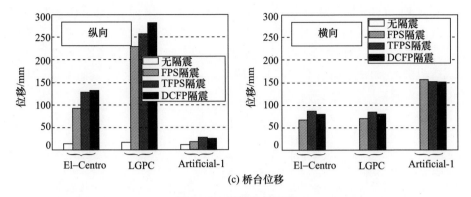

(c) 桥台位移

图9.13 隔震结果汇总

3. 基底剪力

图9.11(b)给出了 Artificial-1 地震波激励下桥墩底部横向上产生的剪力情况,该剪力 V_y 已经针对桥面重量 W_d 做了归一化处理。从该图可以看出,在安装了摩擦滑移支座后,基底剪力有了很明显的下降。若考虑 SPI,那么桥墩底部横向上的剪力反应会比不考虑 SPI 的情况稍大,约大7%,参见图9.11(e)。

图9.13(b)中给出的是地震激励下所有情况的最大剪力分析结果。在 LGPC 地震动记录下纵向上的基底剪力峰值为 $2.24 \times 10^5 \mathrm{kN}$,当在桥墩底部安装 FPS、TFPS 或 DCFP 后,该值将分别降低82.5%、89.8%和90.4%。类似地,在 El-Centro 地震动记录下横向剪力峰值为 $1.10 \times 10^5 \mathrm{kN}$,安装 FPS、TFPS 或 DCFP 之后将分别下降87.9%、88.6%和88.8%。很明显,针对斜拉桥进行基础隔震能够显著减小传递到下部结构的地震惯性力,并消除钢筋混凝土桥墩的非弹性变形。

4. 桥面位移和隔震支座的滞回曲线

在 Artificial-1 地震动记录条件下,针对安装和不安装隔震支座两种情形,图9.11(c)示出了桥墩与基础之间的横向相对位移情况。从中不难观察到,安装隔震支座后桥梁位移要比底部固定的桥梁大得多。另外,如果把 SPI 考虑进来,将发现桥墩与基础之间的相对位移还会增大4%,如图9.11(f)所示。针对所考虑的所有情形,图9.13(c)给出了桥面位移的峰值,其中包括安装和不安装滑移支座这两种情况。当采用 LGPC 地震动记录(来自 Loma Prieta 地震)时,在安装 DCFP 后,最大的纵向桥面位移将从16mm 增大到277mm。当采用 Artificial-1 地震动记录时,在安装 TFPS 后,横向上最大桥面位移将从 0mm 增大到154mm。显然,对斜拉桥采取上述隔震处理后,其相对位移在两个方向上都出现了显著增大,其原因主要在于桥塔基础连接处和桥台的边界状态发生了改变。

针对 El Centro 地震动,图 9.14 给出了 FPS、TFP 和 DCFP 的载荷-位移关系,这些滞回曲线包括考虑和不考虑双向耦合行为这两种情形。隔震支座的非耦合行为是借助多线性单轴材料来模拟的,当把双向耦合行为考虑进来时,滞回曲线所包围的面积会稍微减小,此时会降低地震能量的耗散量,进而导致更大一些的峰值位移。

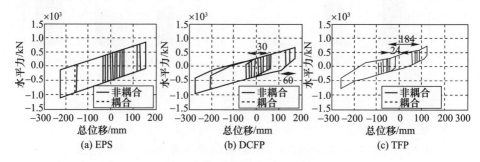

图 9.14 不同隔震装置的滞回曲线

5. 斜拉索的反应

由于斜拉桥在纵向上是近似对称的,因而这里只考虑 1~16 号斜拉索的反应,如图 9.15 所示。

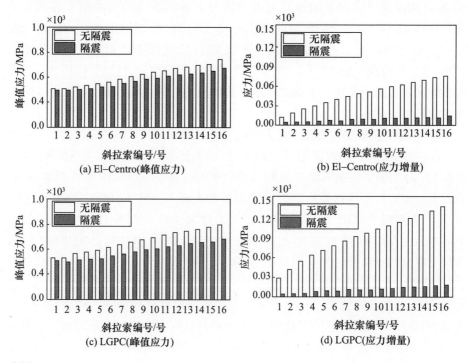

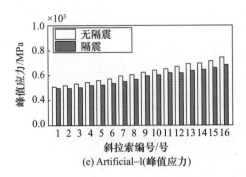
(e) Artificial-l(峰值应力)

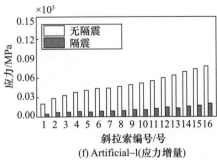
(f) Artificial-l(应力增量)

图9.15 斜拉索峰值应力和应力增量的比较

根据图9.15(a)、图9.15(c)和图9.15(e)所示的非线性数值分析结果,可以很清晰地看出,最长的16号斜拉索承受的张力是最大的。另外,从图9.15(b)、图9.15(d)和图9.15(f)可以发现,在地震动激励下,最长的16号斜拉索的应力增幅也是最为显著的,这是因为其变形非常大。进一步,从这些图像还可以看出,基础隔离能够减小斜拉索中的峰值应力,对于El Centro、LGPC和Artificial-1地震动记录,分别可以减小8%、15%和8%,所有斜拉索的峰值应力都在许用应力范围内。

6. 桩基础的反应

这里通过考察桩的弯矩和土壤的侧向位移来分析基础隔震对SPI的影响,如图9.16(a)~(f)中给出了不同排桩沿桩深度方向上的弯矩情况。在安装FPS后,桩弯矩将出现显著下降。在LGPC地震动条件下,纵向上的最大弯矩为$1.71 \times 10^5 kN \cdot m$,减少了90.2%。类似地,横向上的最大弯矩值为$1.35 \times 10^5 kN \cdot m$(在El Centro地震动记录下),减少了85.5%。图9.16(g)~(l)给出的是地表土层反应的滞回曲线,可以发现,对于未采用隔震支座的桥梁,将表现出土壤的塑性行为,而当采用基础隔震措施后,土壤变形量明显减小了,在所考虑的3种地震动条件下地表土层呈现出弹性行为。

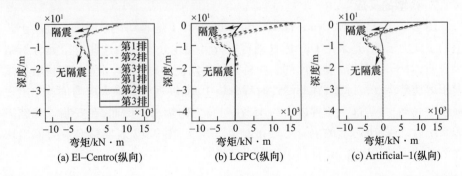

(a) El-Centro(纵向)　　(b) LGPC(纵向)　　(c) Artificial-1(纵向)

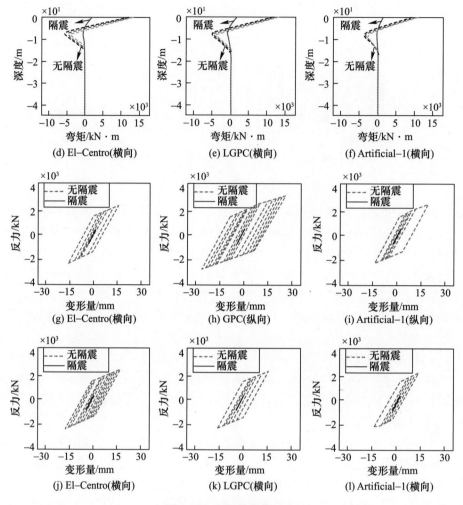

图 9.16 下部结构的反应

7. 桥墩的反应

图 9.17 给出了 El Centro、LGPC 和 Artificial-1 地震动记录激励下混凝土芯上的主应力云图,是采用 GiD 后处理器进行可视化处理的。这些有限元分析结果表明,对于未安装隔震支座的斜拉桥来说斜向应力很大,从而意味着桥墩更倾向于剪切破坏。实际上,在非线性时程分析中,能够观察到最大应力值首先出现在桥墩底部,并从这一位置以大约 45°往对角方向辐射。然而,在安装了基础隔震系统后,混凝土芯上的主应力分布发生了改变,图 9.17 表明最大应力值出现在桥墩的顶部和底部,并且其幅值也明显降低。

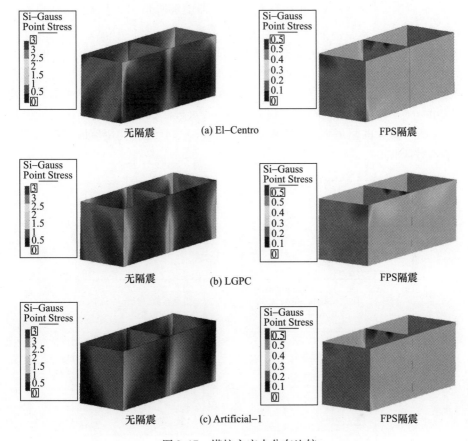

图 9.17 塔柱主应力分布比较

9.4.4 带有黏滞阻尼器的桥梁的地震反应

针对某些基础隔离的斜拉桥,人们还提出可以通过黏滞阻尼器来连接桥面和桥台以及塔柱与基础。为了评估黏滞阻尼器在控制桥面位移方面的有效性,这里考虑 El Centro 地震动记录,选择了一系列速度指数(0.3、0.6 和 1.0)和阻尼系数(1000kN/(m·s)$^\alpha$、2000kN/(m·s)$^\alpha$、3000kN/(m·s)$^\alpha$、4000kN/(m·s)$^\alpha$ 和 5000kN/(m·s)$^\alpha$),并采用指标 J 来描述这种有效性,该指标定义为

$$J = \frac{D-E}{D} \times 100\% \tag{9.11}$$

式中:D 和 E 分别为带与不带黏滞阻尼器的基础隔离桥梁的地震反应。

可以发现,随着阻尼系数的增大,上部结构的位移将不断减小,如图 9.18

(a)所示。速度指数较小的非线性黏滞阻尼器能够降低最大位移,桥面位移的下降量可达3%~35%,依赖于阻尼系数和速度指数。图9.18(b)和图9.18(c)针对带有不同参数的黏滞阻尼器的桥梁,将它们的基底剪力做了对比。可以看出,这些剪力和弯矩并不总是下降的,如当 $C = 3000 \text{kN}/(\text{m}\cdot\text{s})^\alpha$,$4000\text{kN}/(\text{m}\cdot\text{s})^\alpha$,$5000\text{kN}/(\text{m}\cdot\text{s})^\alpha$ 和 $\alpha = 0.3$、0.6 时。这主要是因为阻尼系数太大而速度指数太小使阻尼力变得更大(图9.18(d)),进而也就通过反作用力使基底剪力变大。最大的阻尼力为3150kN(图9.18(c)),这要比商用流体黏滞阻尼器的承载力低些。

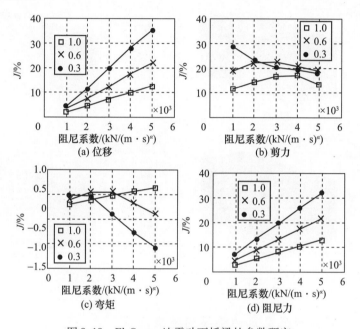

图9.18 El Centro 地震动下桥梁的参数研究

9.5 基础隔震斜拉桥的抗震设计

本节针对受到横向地震激励的基础隔震斜拉桥,介绍一种直接基于位移的抗震设计(DDBD)过程(Priestley 等,2007;Han 等,2018b)。

9.5.1 基础隔震斜拉桥的替代结构

在将桥梁模型转化为等效单自由度体系之前,DDBD 过程的第一步是明确桥面的目标位移形式,通常是通过首次非弹性变形形状来确定的(Adhikari 等,

2010)。对于采用基础隔震的斜拉桥来说,隔震支座一般安装在塔柱底部和桥台处,如图9.19(a)所示。桥面的横向振动模态形状与塔柱底部和桥台(桥面两端)处安装的隔震支座的相对刚度有着密切关系。当桥面两端放置的隔震支座的横向刚度明显大于塔柱底部的隔震支座时,横向上的基本振动模态如图9.19(b)所示,而与此相反的情况则如图9.19(c)所示,即桥面两端安装的隔震支座的横向刚度远小于塔柱底部的隔震支座,其他的振动模态则位于这两种模态之间。为了在横向上建立起有效的隔震,一般应将放置在塔柱底部的隔震支座的刚度调整为桥面两端所安装的隔震支座的刚度,这样才能使桥梁出现均匀一致的平动运动,如图9.19(d)所示;否则,桥面沿纵轴的弯曲(绕 z 轴的弯曲,参见图9.19(a))就会导致桥面与塔柱连接处出现严重损伤。

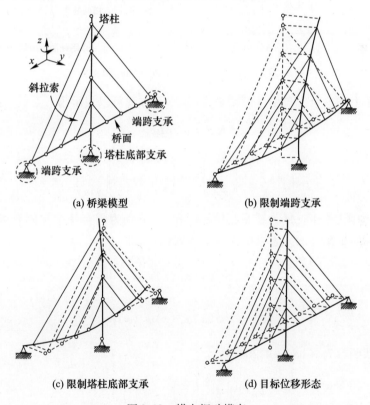

图9.19 横向振动模态

为了使桥面的横向弯曲达到最小化,显然有必要确定塔柱底部和桥面两端处需要安装的隔震支座的刚度比。为此,可以建立一个简化的二自由度模型,它是由两个形状函数来描述的,如图9.20(a)和图9.20(b)所示。对于第一个形

状函数 φ_{1a},假定桥台处的支座刚度远小于塔柱底部处的支座刚度,因而这一形状函数反映了桥面沿着纵轴的弯曲。与此不同的是,对于第二个形状函数 φ_{1b},假定桥台处的支座是刚性的,因而它体现的是塔柱和桥面在该桥横向上的运动。应当注意的是,形状函数中的塔柱是假定为刚性的。

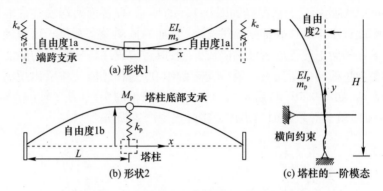

图 9.20　上部结构的形状函数(Chadwell,2003)

对于上述这个二自由度模型来说,其本征方程可以表示为

$$\boldsymbol{K}\boldsymbol{\varphi}_n = \omega_n^2 \boldsymbol{M}\boldsymbol{\varphi}_n \tag{9.12a}$$

$$\begin{pmatrix} k_{11} & k_{12} \\ k_{21} & k_{22} \end{pmatrix} \begin{pmatrix} \varphi_{1a} \\ \varphi_{1b} \end{pmatrix} = \omega_n^2 \begin{pmatrix} m_{11} & m_{12} \\ m_{21} & m_{22} \end{pmatrix} \begin{pmatrix} \varphi_{1a} \\ \varphi_{1b} \end{pmatrix} \tag{9.12b}$$

式中:$\boldsymbol{K}$ 为刚度矩阵;$\boldsymbol{M}$ 为质量矩阵;ω_n 和 $\boldsymbol{\varphi}_n$ 分别为固有频率和固有模态。刚度矩阵和质量矩阵的元素可由以下关系式给出,即

$$k_{ij}^e = \int_0^l EI(x)\varphi_{1i}''(x)\varphi_{1j}''(x)\,\mathrm{d}x \tag{9.13}$$

$$m_{ij}^e = \int_0^l m(x)\varphi_{1i}(x)\varphi_{1j}(x)\,\mathrm{d}x \tag{9.14}$$

形状函数为(Chadwell,2003)

$$\varphi_{1a}(x) = \frac{3}{2}\left(\frac{x}{L}\right)^2 - \frac{1}{2}\left(\frac{x}{L}\right)^3 \tag{9.15}$$

$$\varphi_{1b}(x) = 1 - \left[\frac{3}{2}\left(\frac{x}{L}\right)^2 - \frac{1}{2}\left(\frac{x}{L}\right)^3\right] \tag{9.16}$$

式中:L 为跨长。

于是就可以导得方程式(9.12b)中的刚度矩阵和质量矩阵的元素,即

$$k_{11} = \frac{6EI_s}{L^3} + 2k_e, k_{12} = k_{21} = -\frac{6EI_s}{L^3}, k_{22} = \frac{6EI_s}{L^3} + k_p,$$
$$m_{11} = \frac{33}{70}m_s L, m_{12} = \frac{39}{140}m_s L, m_{22} = \frac{34}{35}m_s L + M_p \quad (9.17)$$

式中:M_p 为塔柱的总质量;m_s 为上部结构(单位长度)的质量;k_p 和 k_e 分别为塔柱底部与桥面端部处的刚度。

如果将最优变形形状设定为斜拉桥的均匀平动形式,那么上述形状函数的模态坐标就变成 $\varphi_{1a} = \varphi_{1b} = 1$,于是方程式(9.12a)可以展开成以下方程组,即

$$\begin{cases} k_{11} + k_{12} = \omega_n^2(m_{11} + m_{12}) \\ k_{21} + k_{22} = \omega_n^2(m_{21} + m_{22}) \end{cases} \quad (9.18)$$

将式(9.17)代入方程组(9.18)中,就能够计算出塔柱底部与桥面端部的支座刚度之间的关系了,即

$$\frac{k_p}{k_e} = \frac{10}{3} + \frac{16}{3}\frac{M_p}{M_s} \quad (9.19)$$

式中:M_s 为上部结构的总质量。

在式(9.19)的推导过程中,已经假定塔柱为刚性的,关于塔柱的柔性将在后续步骤中加以考虑(参见图9.20(c))。

为了将塔柱的刚度考虑进来,这里建立了另一个简化的二自由度(DOF)模型,如图9.21所示。自由度1代表的是斜拉桥的均匀平动运动,自由度2反映的是塔柱的弯曲变形。塔柱的等效质量和等效刚度可以按照下式计算,即

$$\begin{cases} m_{\text{eff}} = \dfrac{1}{U_m^2}\sum_j P_j U_j^2 \\ k_{\text{eff}} = \dfrac{g}{U_m^2}\sum_j P_j U_j \end{cases} \quad (9.20)$$

式中:P_j 为离散化模型中第 j 个节点的质量;U_j 为离散化模型中第 j 个节点的位移;g 为重力加速度;U_m 为塔柱顶部节点的横向位移。

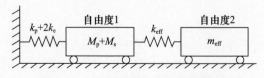

图 9.21 一个简化的二自由度塔柱模型

对于这个新的二自由度模型来说,类似于本征方程式(9.12b),不难得到以

下关系式,即

$$\begin{pmatrix} k_p + 2k_e + k_{eff} & -k_{eff} \\ -k_{eff} & k_{eff} \end{pmatrix} \begin{pmatrix} \varphi_{1a} \\ \varphi_{1b} \end{pmatrix} = \begin{pmatrix} M_p + M_s & 0 \\ 0 & m_{eff} \end{pmatrix} \begin{pmatrix} \varphi_{1a} \\ \varphi_{1b} \end{pmatrix} \quad (9.21)$$

联立式(9.21)和式(9.19)可以导得以下方程,即

$$(k_{eff} - \omega_n^2 m_{eff}) \left[k_p \left(\frac{8M_p + 8M_s}{5M_p + 8M_s} \right) + k_{eff} - \omega_n^2 (M_p + M_s) \right] = k_{eff}^2 \quad (9.22)$$

根据式(9.22)即可推导出塔柱底部的刚度与目标周期之间的关系,即

$$k_p = \frac{1}{2} \frac{\pi^2}{T^2 - T_1^2} \left[\left(1 + \frac{m_{eff}}{M_p + M_s}\right) - \left(\frac{T_1}{T}\right)^2 \right] (5M_s + 8M_p) \quad (9.23)$$

式中:T 为一阶振动周期;T_1 可以根据下式来计算,即

$$T_1 = 2\pi \sqrt{\frac{m_{eff}}{k_{eff}}} \quad (9.24)$$

在 DDBD 过程中,需要把结构的非线性多自由度模型转化成等效的线性单自由度系统,其中涉及对目标位移形式的假定。正如图 9.21 所展示的,独塔斜拉桥的横向位移形式包含了整桥的均匀平动(自由度 1)和塔柱的横向弯曲(自由度 2)这两种成分。应当注意的是,自由度 2 上的等效质量要远小于自由度 1 的等效质量,因此在 DDBD 过程中可以忽略不计塔柱的横向弯曲效应,这无疑极大地简化了整个设计过程。一般而言,基础隔震的斜拉桥都可以转化成单自由度等效结构模型,其本征关系可由式(9.23)给出。

9.5.2 设计流程

此处 DDBD 方法的一个主要目的是确定隔震装置的关键特性,使得在给定地震动水平上出现目标位移形式的变形。图 9.22 给出了针对基础隔震斜拉桥的 DDBD 流程图,基本输入数据是在第 1 步明确的,其中包括隔震装置的几何、质量、类型以及设计位移等。第 2 步主要用于选择桥面的设计位移,通常按照下式来计算,即

$$\Delta_d = \frac{\sum_{i=1}^{n} (m_i \Delta_i^2)}{\sum_{i=1}^{n} (m_i \Delta_i)} \quad (9.25)$$

式中:m_i 和 Δ_i 分别为第 i 个主要质量位置的质量和位移。

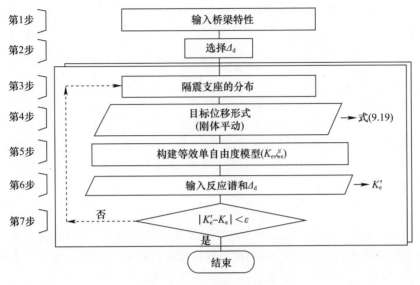

图 9.22　DDBD 设计算法

正如 9.5.1 小节所讨论过的,塔柱对变形的影响是不明显的,因而式(9.25)就可以简化为 $\Delta_d = \Delta_i$,于是也就通过隔震装置的设计位移确定了桥面的目标位移。

第 3 步和第 4 步主要是对隔震装置的设计参数进行初步选择。应当注意的是,隔震装置的刚度必须满足式(9.19),这样才能确保获得目标位移形式,也即均匀一致的桥面平动。

在第 5 步中,利用以下两式来计算隔震系统的等效刚度 K_e 和等效阻尼比 ξ_e,即

$$K_e = \sum K_i \tag{9.26}$$

$$\xi_e = \frac{\sum K_i \xi_i}{K_e} \tag{9.27}$$

式中:K_i 和 ξ_i 分别为第 i 个隔震装置的等效刚度和等效阻尼比。

第 6 步是为等效单自由度结构确定设计位移谱,针对的是特定的场地条件,包括给定的土壤类型和等效阻尼比(ξ_e)。在 DDBD 过程中,人们还引入了阻尼折减系数(CEN,1998)来导出大阻尼(大于 5%)下的反应谱,该系数的表达式为

$$\mathrm{DRF} = \sqrt{\frac{10}{5 + \xi_e}} \tag{9.28}$$

进一步,根据给定等效周期 T_e 处的位移谱就很容易得到单自由度的目标位移(Δ_d)了。与这个目标位移相对应,系统的新等效刚度(K_e')可以表示为

$$K_e' = \frac{4\pi^2 m_e}{T_e^2} \tag{9.29}$$

式中:m_e 为等效系统的等效质量。

如果这个新等效刚度与第 5 步中的等效刚度之差的绝对值超过某个指定值,就需要进行迭代来更新隔震装置的参数(第 3 步),直至达到收敛,参见图9.22。随后,就可以计算出设计基底剪力,即将等效刚度与目标位移相乘,计算式为

$$V_b = K_e \Delta_d \tag{9.30}$$

最后,如同 Cardone 等(2009、2010)以及抗震设计规范所建议的,在基础隔震结构的 DDBD 过程中,仍然需要给出隔震率的极限值,该比值一般定义为隔震结构与未隔震结构的基本周期之比。基础隔震结构的等效周期一般应在 $2T_{fb}$ 和 4s 之间(Cardone,2010),此处的 T_{fb} 代表的是未隔震结构的基本周期。

9.5.3 实例验证分析

这里所选用的桥梁原型是龙湾大桥,参见图9.8,其有限元模型已经在9.4节中给出。为了与设计反应谱相匹配,此处人工生成一组地震动记录,如图9.23所示。

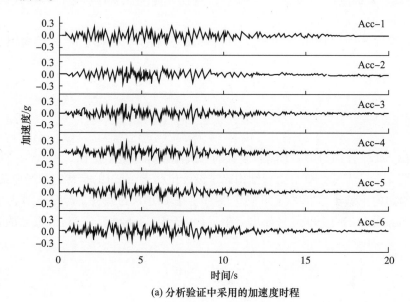

(a) 分析验证中采用的加速度时程

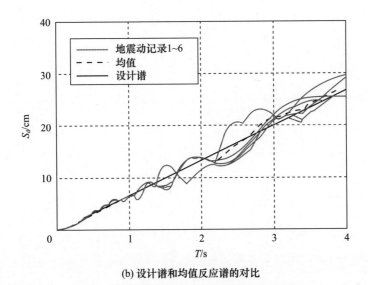

(b) 设计谱和均值反应谱的对比

图9.23 龙湾大桥人工生成一组地震动记录

图9.24中将桥面的目标位移形式(来自DDBD过程)与横向峰值位移(来自NLTH分析)进行了比较。针对基础隔震的斜拉桥,此处考虑了一个目标位移范围(120~200mm),进而在前述方法中就可以对位移值作近似估计了。必须注意的是,由于该斜拉桥关于塔柱在纵向上是对称的,因而此处仅列出了桥梁左半部分的结果。从图9.24中可以观察到,根据DDBD得到的桥面位移形式与NLTH分析得到的均值是非常吻合的。这也表明按照所述过程设计得到的桥梁隔震系统,是能够获得所期望桥面(横向上)均匀一致的刚性平动运动的。图9.24所示的结果还说明了所给出的DDBD过程是能够反映桥面峰值位移情况的。

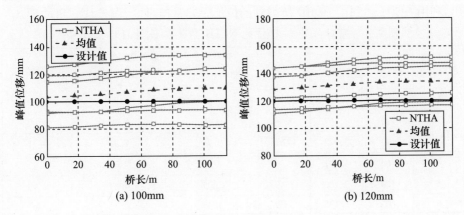

(a) 100mm (b) 120mm

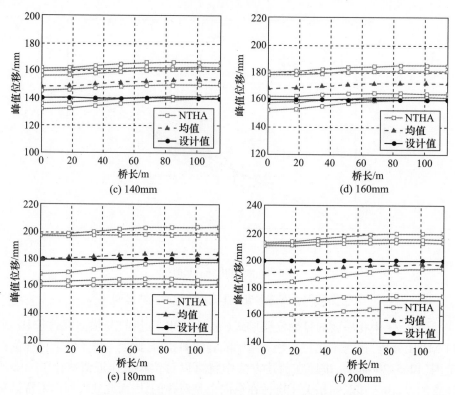

图 9.24 根据 DDBD 和 NTHA 得到的桥面横向位移

正如结果所展示的,DDBD 方法给出的位形通常要比这 6 个非线性时程分析结果的均值小些,两者之间的差值随着目标位移反应的增大而减小。表 9.3 中列出了 NLTH 给出的桥面位形与目标位形之间的差值情况,这个位形误差是指桥面端部与中部位置的峰值位移之差再除以桥面端部的峰值位移。不难看出,利用 NLTH 和利用 DDBD 所得到的位形是非常接近的,误差均不超过 5%。

表 9.3 基础隔震斜拉桥的 NLTH 结果和设计目标的比较

实例编号	Δ_d/mm	T_e/s	ξ_e/%	位移误差 $\hat{u}_{\max,\mathrm{NLTH}}^{\mathrm{DDBD}}$/%	最大基底剪力误差 $\hat{R}_{\max,\mathrm{NLTH}}^{\mathrm{DDBD}}$/%	位形误差/%
1	100	2.560	24.49	9.60	7.00	5.00
2	120	2.767	18.94	11.73	8.60	4.00
3	140	2.922	14.61	9.75	7.99	3.27
4	160	3.101	11.12	7.52	7.31	2.21
5	180	3.160	7.49	2.25	0.29	1.90
6	200	3.195	6.49	1.43	0.35	2.85

表9.3中还列出了位移误差,其定义式为

$$\hat{u}_{\max,\text{NLTH}}^{\text{DDBD}} = \frac{|u_{\max,\text{NLTH}} - u_{\text{DDBD}}|}{|u_{\text{DDBD}}|} \quad (9.31)$$

式中:$\hat{u}_{\max,\text{NLTH}}^{\text{DDBD}}$为NLTH所给出的最大位移与DDBD结果之差(绝对值)再除以DDBD的结果。不难看出,DDBD过程对于最大桥面位移是低估了一些的,随着隔震装置阻尼比的增大,这一误差也随之增大,最大位移误差达到11.73%。

在表9.3中同时也列出了最大基底剪力误差。类似地,这一误差是按照下式来定义的,即

$$\hat{R}_{\max,\text{NLTH}}^{\text{DDBD}} = \frac{|R_{\text{ave},\text{NLTH}} - R_{\text{DDBD}}|}{|R_{\text{DDBD}}|} \quad (9.32)$$

式中:$\hat{R}_{\max,\text{NLTH}}^{\text{DDBD}}$为NLTH和DDBD给出的平均基底剪力之差的绝对值再除以DDBD结果。可以看出,DDBD过程要比NLTH给出的基底剪力值低估一些,最大误差达到8.60%。

9.6 结论与展望

本章针对带有减震装置的独塔斜拉桥研究了其抗震行为特性,从中可以得出一个结论,即采用基础隔震处理措施对于减小桥墩和桩基础的地震反应是有效的,不过也会增大桥面的位移。为了控制桥面位移反应,可以在基础隔震桥梁中附加引入黏滞阻尼器,它们能够有效地降低桥面位移,不过也会使得桥墩的弯矩和剪力变得更大,从而又削弱了基础隔震效果。在非线性时程分析结果基础上,本章还针对基础隔震独塔斜拉桥提出了一套抗震设计流程,这个DDBD过程比较简洁而直接,在工程实际中很容易实施。

斜拉桥的抗震问题是一个广泛的主题,其中涵盖了结构动力学领域的诸多方面,应当透彻地加以分析和研究。本章主要集中于独塔斜拉桥的抗震行为,在此基础上仍然有必要作进一步的深入研究,下一步的工作可以从以下几个方面来进行:①针对斜拉桥进一步研究被动防护系统,考察各种减震装置的有效性;②本章所给出的抗震设计过程针对的是基础隔震独塔斜拉桥的横向,在后续研究中,有必要针对DDBD过程进一步完整地考察双向激励的情况。

参 考 文 献

Abdel-Ghaffar, A.M. and Ali, H.E.M. 1995. Modeling of rubber and lead passive-control bearings for seismic analysis. Journal of Structural Engineering 121(7): 1134–1144.

Adhikari, G., Petrini, L. and Calvi, G.M. 2010. Application of direct displacement based design to long span bridges. Bulletin of Earthquake Engineering 8(4): 897–919.

Atmaca, B., Yurdakul, M. and ŞevketAteş 2014. Nonlinear dynamic analysis of base seismic soil-pile-structure interaction experiments and analyses. Journal of Geotechnical and Geoenvironmental Engineering 125(9): 750–759.

Cardone, D., Dolce, M. and Palermo, G. 2009. Direct displacement-based design of seismically isolated bridges. Bulletin of Earthquake Engineering 7(2): 391–410.

Cardone, D., Palermo, G. and Dolce, M. 2010. Direct displacement-based design of buildings with different seismic isolation systems. Journal of Earthquake Engineering 14(2): 163–191.

Casciati, F., Cimellaro, G.P. and Domaneschi, M. 2008. Seismic reliability of a cable-stayed bridge retrofitted with hysteretic devices. Computers & Structures 8(17): 1769–1781.

Chadwell, C.B. 2003. Seismic response of a single tower cable-stayed bridge. PhD dissertation, University of California, USA.

Chang, K.C., Mo, Y.L., Chen, C.C., Lai, L.C. and Chou, C.C. 2004. Lessons learned from the damaged chi-lu cable-stayed bridge. Journal of Bridge Engineering 9(4): 343–352.

CEN ENV-1-1 European Committee for Standardisation. 1998. Eurocode 8: design provisions for earthquake resistance of structures, Part 1.1: General rules, seismic actions and rules for buildings.

Constantinou, M.C. and Symans, M.D. 2010. Experimental study of seismic response of buildings with supplemental fluid dampers, Structural Design of Tall Buildings 2(2): 93–132.

Cámara Casado, A. 2011. Seismic behaviour of cable-stayed bridges: design, analysis and seismic devices. PhD dissertation University Politecnica de Madrid.

Ernst, J H. 1965. Der E-Modul von Seilen unter berucksichtigung des Durchhanges. Der Bauingenieur 40(2): 52–55 (in German).

Evangelista, L., Petrangeli, M.P. and Traini, G. 2003. IABSE symposium on structures for high-speed railway transportation. Antwerp, 2003. Antwerp: IABSE.

Fenz, D.M. and Constantinou, M.C. 2008. Modeling triple friction pendulum bearings for response-history analysis. Earthquake Spectra 24(4): 1011–1028.

Fenz, D.M. and Constantinou, M.C. 2010a. Behaviour of the double concave friction pendulum bearing. Earthquake Engineering & Structural Dynamics 35(11): 1403–1424.

Fenz, D.M. and Constantinou, M.C. 2010b. Spherical sliding isolation bearings with adaptive behavior: theory. Earthquake Engineering & Structural Dynamics 37(2): 163–183.

Filippou, F., Popov, E. and Bertero, V. 1983. Effects of bond deterioration on hysteretic behavior of reinforced concrete joints. Report No. UCB/EERC-83/19. Berkeley, USA.

GBT 7714. 2013. Ministry of Communications of the People's Republic of China. Specification of Earthquake Resistant Design for Highway Engineering.

Javanmardi, A., Ibrahim, Z., Ghaedi, K., Jameel, M., Khatibi, H. and Suhatril, M. 2017. Seismic response characteristics of a base isolated cable-stayed bridge under moderate and strong ground motions. Archives of Civil & Mechanical Engineering 17(2): 419–432.

JTG/T D65-01-2007. 2007. Ministry of Communications of the People's Republic of China. Guidelines for Design of Highway Cable-stayed Bridge.

Kent, D. 1971. Flexural members with confined concrete. Journal of Structural Division Asce 97: 1969–1990.

Li, X.L. 2006 Study for design theories of single pylon cable-stayed bridges. PhD dissertation, Tongji University. (in Chinese)

Lu, X., Xie, L., Guan, H., Huang, Y. and Lu, X. 2015. A shear wall element for nonlinear seismic analysis of super-tall buildings using OpenSees, Finite Elements in Analysis & Design 98(C): 14–25.

Mazzoni, S., McKenna, F. and Fenves, G.L., 2005. Open Sees command language manual. http://opensees.berkeley.edu/. Pacific earthquake engineering research.

Priestley, M.J.N., Ravindra, Verma and Yan, Xiao. 1994. Seismic shear strength of reinforced concrete columns, Journal of Structural Engineering 120(8): 2310–2329.

Priestley, M.J.N., Calvi, G.M. and Kowalsky, M.J. 2007. Displacement-based seismic design of structures. IUSS Press, Pavia, Italy, 720 pp.

Qiang Han, Jianian Wen, Xiuli Du, Zilan Zhong and Hong Hao. 2018a. Nonlinear seismic response of a base isolated single pylon cable-stayed bridge. Engineering Structures 175: 806–821.

Qiang Han, Jianian Wen, Xiuli Du, Zilan Zhong and Hong Hao. 2018b. Simplified seismic resistant design of base isolated single pylon cable-stayed bridge. Bulletin of Earthquake Engineering (Doi.org/10.1007/s10518-018-0382-0).

Soneji, B.B. and Jangid, R.S. 2008. Influence of soil-structure interaction on the response of seismically isolated cable-stayed bridge. Soil Dynamics & Earthquake Engineering 28(4): 245–257.

Soneji, B. and Jangid, R.S. 2010. Response of an isolated cable-stayed bridge under bi-directional seismic actions. Structure & Infrastructure Engineering 6(3): 347–363.

Wesolowsky, M.J. and Wilson, J.C. 2010, Seismic isolation of cable-stayed bridges for near-field ground motions. Earthquake Engineering & Structural Dynamics 32(13): 2107–2126.

Zayas, V.A., Low, S.S. and Mahin, S.A. 1990. A simple pendulum technique for achieving seismic isolation. Earthquake Spectra 6(2): 317–333.

第 10 章　噪声控制原理

James K. Thompson[*]

10.1　引　言

　　噪声控制是一个非常重要的应用领域,而不仅仅是公式或经验法则的应用。在复杂的声环境中,如带有多个声源、多条声波传播路径以及多个观测点等,理解和分析声场的特性规律是一项相当困难的工作。绝大多数情况下,人们都需要进行一系列测试,可能包括声压测试、振动或加速度测试等,还需要收集产生噪声的相关设备的运行信息,以及剂量学数据(对相关人员的噪声暴露量测试)等。简而言之,我们更应当将噪声控制工作理解为实验工作和分析工作的有机组合。

　　一般而言,噪声控制工作需要透彻地理解所面对的复杂问题,这些问题之所以复杂,可能是由很多原因造成的。声环境的复杂性就是其中的一个重要方面,如在工厂中可能存在着相距较近的多个噪声源(电机、泵、风扇、控制阀、通风口、压缩机和涡轮机等),并且带有大量随机分布的反射面(混凝土基座、金属栅板、管道、设备等),这些显然给我们的认识与理解带来了显著的困难。为此通常需要进行详尽的测试工作,建立完整的计算机模型,才能帮助我们透彻地认识这一复杂声场。当然,也存在这样的简单情况,即只包含一个主声源,此时的噪声控制措施往往显得十分直观。不过,由于设备制造商和设计工程师们越来越熟悉噪声控制工程,因而这种简单情况也变得越来越少见了。

　　在透彻理解所关心的问题之后,还应注意的是,理想的解决方案可能是不可行的,或者代价过高。比如,将一台昂贵的设备换成一台全新的静音型设备可能是减小工人噪声暴露量的理想方案,然而新设备的支出以及设备安装导致的运行中断,这些都可能使这一方案在经济上变得不可行。在这种场合下,噪声控制工程师必须考虑其他解决方案,既要保护工人的听力或者降低周边环境的噪声水平,同时还应具备经济上的可行性。

---

[*]　JKT 公司,3962 Polly Court,威廉斯堡市,VA 23188. Email:JKT.JKTEnterprises@outlook.com。

噪声控制工程师们必须具备一系列知识与技能,如捕捉关键数据、理解降噪原理、熟悉听力生理学与听力损伤方面的知识,以及了解暴露在环境噪声中人员的心理。对于这一领域的新进人员来说,这些要求可能显得十分困难,不过为了帮助噪声控制工程师达到这些要求,人们已经做了很多相关工作。例如,关于噪声暴露的效应和受环境噪声影响人员的潜在反应,目前已经积累了很多有用的信息;设备噪声辐射方面的研究已经积累得很丰富,包括如何根据运行状态来预测噪声辐射量;关于噪声控制措施的应用及其有效性,目前也已经积累了大量数据和有用信息。显然,噪声控制工作的关键问题实际上变成怎样正确利用上述有用信息来有效地解决所面对的问题。

在噪声控制领域,一个最基本的要点是应当认识到听力防护装置(如耳塞和耳罩)是不属于噪声控制设备的。这些装置对于降低人员(接收者)的噪声暴露量无疑是很有用的,然而却并不能控制噪声。在使用此类听力防护装置方面,世界各国制定了各种各样的法律法规,有的将它们作为人员防护的正式措施,而有的则作为权宜之计,仅在采取噪声控制方法将噪声降低到足够低的水平之前使用。此外,还应注意的是,这些听力防护装置的有效性通常要比所标出的降噪性能差得多,相关研究已经证实了这一点(Berger 等,1996;Brueck,2009)。很多使用者不能正确选择和使用这些防护装置,这也会显著降低其有效性。还有一些人员在听取指令或休息(或者其他原因)时将这些防护装置取下,之后却并不重新戴上。由于出汗或者身体运动的原因,有时人们也可能取下这些防护装置,从而失去其防护效果。已有经验表明,在实际中长期使用这些听力防护装置很少能够提供 10dB 以上的降噪效果。

这里再来简要介绍一些经典的噪声控制问题。正如上面指出的,任何噪声控制工作的第一步就是要认识和理解所面临的问题。正确理解问题可能是十分容易的,也可能需要进行大量的测试和交流等工作。一个简单实例就是某公司在屋顶上安装了新风扇,从而突然导致了周边居民投诉噪声扰民。很显然,该风扇改变了该区域的环境噪声,我们应当进行一系列的测试来分析风扇噪声是否违反了当地法规或者导致了环境噪声水平超出允许值。如果是这样,就要进一步分析选择最佳方法来将噪声降低到允许的水平。

另一个实例要复杂一些,它要求在某个复杂工厂环境中降低工人的噪声暴露量,该环境中的噪声可能存在着很多个来源。由于工作性质的原因,一些员工需要在该环境中每天工作 8 个小时,而另一些工人虽然只在其中停留几个小时,但却需要在一个或多个噪声源附近工作。针对这一情况,为了给出有效的解决方案,噪声控制工程师将不得不进行剂量分析和动作与时间研究,这样才能更好地掌握这些工人是否暴露于过量噪声中,以及哪些设备或工序会导致这种过量噪声。不仅如此,他们还需要针对该区域中的每个噪声源根据其贡献进行分级。当确定了主要噪声源之后,工程师就可以考虑如何降低这些噪声了。当然,这需要他们充分了解运行时间表、设备运行的相关情况、机械力学以及传递路径等方面的内容,毫无疑问,这一工作是相当耗时的。

  本章将针对若干基本类型的噪声控制问题,介绍噪声控制方法的基本思想,不过这里并不会详细阐述噪声源或噪声控制方法的具体力学内容,实际上这些内容是可以在其他一些书籍中找到的。本章的主要目的是为相关人员提供方法和概念上的基础知识,这些方法和概念在解决噪声问题的过程中都是有用的。考虑到所有的结构噪声最终都会转变成空气噪声,因而本章把结构噪声和空气噪声的控制都包括进来。需要指出的是,在大多数噪声问题中,仅对结构部件进行噪声控制往往是不彻底的,也是难以成功解决问题的。事实上,噪声控制是一个涵盖面极广的主题,单靠这一章的介绍显然是无法面面俱到的。正因如此,我们才希望通过本章为相关人员提供一份良好的概要介绍,将那些已经在诸多噪声控制解决方案中采用过的最佳技术方法呈现给大家。

10.2 噪声控制方法

  在任何噪声控制工程中,首要的一步就是认识问题的性质。噪声问题可以有很多方面的原因,可能有一些工人暴露于过量噪声环境中并正在发生听力损伤,还可能是工厂等工业区域的噪声形成了环境噪声,并使得邻居和周边单位或社区受其烦扰。大多数工业化国家都颁布了相关法规,对工作人员的噪声暴露量做出了规定,并针对不采取防护措施的情形设定了对应的处罚(Lie 等,2015;Concha Barrientos 等,2004)。关于居住区域的噪声水平,目前已经有很多国家和地方规定。很多情况下,它们都对影响睡眠的噪声水平或者室内活动的噪声水平设置了一般性限制(International Institute of Noise Control Engineering(国际噪声控制工程研究所),2009;Ontario Ministry of the Environment(安大略省环境部),2013)。此外,还有一些相关法规是专门针对噪声源的,如很多国家要求监控机场附近的飞机噪声(Transportation Research Board of the National Academies(国家科学院交通研究委员会),2008;Koopmann 和 Hwang,2014;UK Environmental Research and Consultancy Department of the Civil Aviation Authority(英国民航局环境研究和咨询部),2014)。在其他一些国家中,相关部门还针对公路和铁路交通噪声做出了专门性的规定(International Institute of Noise Control Engineering(国际噪声控制工程研究所),2009;International Institute of Noise Control Engineering Working Party on Noise Emissions Of Road Vehicles(WP – NERV)(国际噪声控制工程研究所关于道路车辆噪声排放的工作组),2001;Japan Automobile Manufacturers Association,Inc.(日本汽车制造商协会),2013)。

与噪声相关的问题还可能体现在其他一些方面。噪声水平太高往往会导致结构发生振动,因而过量的噪声可能表明结构存在着疲劳问题和损伤问题,火箭鼻锥内的有效载荷就是一个非常恰当的例子。人造卫星或其他飞行器一般会包含易碎易损的零部件,在火箭发动机所产生的巨大声压作用下有可能会发生损伤。为此,往往需要进行噪声控制工程研究,开发出隔声罩或其他降噪装置以限制入射到这些易碎易损结构物上的噪声水平。由于这种场合需要严格控制重量,因而这种噪声控制项目通常是比较困难的。

最常见的噪声控制需求可能来自消费品工业领域,各种产品的开发,如汽车、洗碗机、吸尘器、电话以及很多其他消费品,通常都需要很高水平的噪声控制性能。对于汽车来说,关门的"砰砰"声、发动机排气声、车内的"吱吱"声以及很多其他噪声,都是噪声控制工程师需要关心的,汽车噪声同时还是车辆品质和安全性的评价指标之一。另外,汽车的声学品质对于消费者认知车辆性能也是非常重要的方面。

对于洗碗机来说,消费者通常希望其噪声水平尽可能达到最低。多年以前,人们还难以想象能够站在厨房中正在运行的洗碗机旁边跟人交谈,而现在这已经不再是奢望了。要想使洗碗机变得更加"安静",噪声控制人员面临的困难之一就是以往不太明显的噪声现在变得相对突出了。由于现代电器所要求的噪声级越来越低,洗碗机中的各种阀门和开关在运行中所发出的噪声相应地变得更加明显,因而现在也必须对它们加以控制。

需要注意的是,噪声控制并不能简单地理解为降低噪声水平。对于环境噪声和人员的噪声暴露来说,这么理解是正确的,不过改变噪声频谱,使其能量从高频移动到低频或反过来,这也是有用的。高频声的空间传播能力要比低频声差一些,于是如果能把部分声能移动到较高频段,那么对于周边单位或社区来说噪声的烦扰就会变得小一些了。另外,人的听力在高频声情况下往往会更快地出现损伤,因而将声能移向较低频段无疑有助于防止听力受损。

就消费品而言,噪声水平和声品质都是重要的。汽车购买者对于正常和异常的声音往往都有自身的预期。例如,如果电动座椅的电机很安静,但是却会发出不规律的声音,这种情况显然就要比电机噪声稍大一些,但是运行中声音基本不变的情况更令人生厌。近期,一家著名的冰箱制造商惊讶地发现消费者在抱怨敲击声和"嗖嗖"声,通过细致地研究却发现这些声音并不是新的噪声。这些声音的来源包括电磁阀、减压阀和压缩机等瞬态工作过程,此类噪声实际上一直就是存在着的。然而,现代的冰箱和厨房中的其他电器已经变得相当"安静"了,这些声音对于消费者来说实际上是并不明显的噪声,也就是说冰箱的噪声水平并不是问题,问题在于冰箱的声品质。显然,这种问题实际上涉及噪声控制的另一方面,即消费者对声音烦扰的主观感受。

根据上述讨论不难看出,正确认识和理解所关心的噪声问题是十分重要的,我们需要清晰地制定出所需进行的噪声控制工作的目标。对于人员噪声暴露问题,往往还应当在工作场所进行噪声调研,以识别出噪声较高的位置。为了准确获得该区域中人员的噪声暴露量,可以采用噪声剂量计进行测试。如果这些任务比较复杂,那么可能还需要进行动作与时间研究,从而识别出哪些工作任务或工序是导致噪声暴露量过大的主要原因。

对于社区噪声问题,大多数情况下需要在相关设施红线处和社区内进行噪声测试以确定噪声水平,并观察它们是否与某些设备的运行或者特定情况相关。这些测试工作可能只需几个小时,也可能需要好几天才能完成,这主要取决于问题的性质。以机场噪声为例,由于机场的运行状况不太具有规律性,同时也由于记录运行状况的需要,因而通常应当进行全天候(7 天 24 小时)监控。

10.2.1 源-路径-接受者原理

在本章中,最重要的概念可能就是噪声控制工程中常见的源、路径和接受者了。对于各种噪声问题来说这些概念都是适用的,基于噪声源、传播路径和接受者的声学分析也是最基本的方法。声音或噪声是由声源产生的,随后将在某种介质中进行传播,最后到达接受者。最简单的例子是位于一个开放式区域中的噪声源,它发出的声波在空气中传播,最终到达站立在区域边缘的人员处。然而,在实际场合中噪声源和传播路径可能是很难确定的,如图 10.1 所示。图中的噪声源是很显然的,就是压缩机。如果这台压缩机是放置在开放式区域中的,那么声压级将会像右上图那样不断衰减,在该声源附近将会呈现出球面辐射传播,到声源的距离增大 1 倍时声压级将会下降 6dB。对于图 10.1 所示的情形,传播介质仍然是空气,不过有一小部分声能会被地面反射回去,而接受者是该压缩机附近的人员(在本章所讨论的所有情形中接受者都是人员)。

一般来说,我们基本上不可能找到工作于开放式区域中的压缩机,除非是管道泵站场合或者某个受控声学实验场合中。更为常见的场景是压缩机工作于工厂中或建筑物中,这些区域往往带有多个反射面,并且人们关心的是压缩机所在室内及其邻近室内的人员。压缩机可以向空气中辐射很高的噪声能量,进入结构物中的能量可以通过面板振动这一形式辐射回压缩机所在房间或其邻近房间,另外还有一部分空气声能是由墙壁反射回来的。虽然主噪声源是压缩机,不

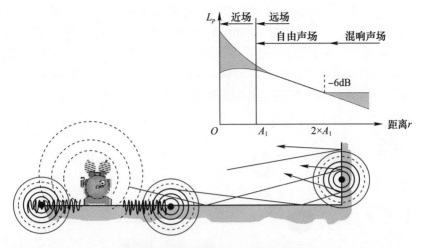

图 10.1　声源、传播路径和接受者示例

过对接受者耳朵处的噪声产生贡献的却包含了空气声和结构振动这两个方面，传播路径则包括空气中的直接传播、壁面的反射、结构中的传播以及振动壁面的辐射等。

正如图 10.1 所展示的，这种情况下噪声源和传播路径的确定是相当复杂的。接受者通常是容易明确的，可以是一个或多个工人或居民，也可以是某社区内的某个位置。如果所考察的是某个工厂，那么噪声源可能非常多，并且分布在很多不同的位置。在这种场景中，传播路径也是多种多样的，如可能包括在空气中传播、在结构中传播、在管道中传播以及各种软硬表面所形成的多重反射传播等。显然，要想简单地追踪所有可能的传播路径，无疑是一件十分困难的事情。

10.2.2　噪声源

噪声的产生存在非常多的原因，因而噪声源的种类也是非常多的。在大多数工业场合中，通常会存在若干常见的噪声源，一般来说确定主噪声源是最关键的，因为针对次噪声源所辐射出的噪声进行抑制往往不会明显改善总噪声水平。

这里考虑图 10.2 所示的场景，其中存在着多个紧密相邻的噪声源。噪声控制人员需要对这些噪声源采取有效的处理措施，那么应该针对哪些噪声源进行控制呢？由于噪声分贝值是以对数形式相加减的，因而很难直观地发现什么处理策略才是最有效的。从可行方案列表中的最下方开始，如果剔除掉两个 95dB(A) 的噪声源，只会将总噪声级从 108dB(A) 降低到 107dB(A)，这显然不是什么明显的改善。再来考虑另一方案，将声压级最高的噪声源从 105dB(A) 降低到102dB(A),可以看出这一做法也仅仅将总噪声级降低到了107dB(A),同样不是一个明显的改善。如果把105dB(A)的噪声源剔除掉呢?这一方案可以把总噪声级降低到105dB(A)。需要注意的是,这个3dB的降噪量实际上在总声能上对应了50%的下降。由此不难认识到,清晰地识别出主噪声源并加以控制,对于实现噪声的有效控制是极为重要的。

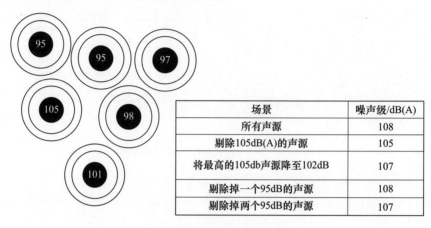

场景	噪声级/dB(A)
所有声源	108
剔除105dB(A)的声源	105
将最高的105db声源降至102dB	107
剔除掉一个95dB的声源	108
剔除掉两个95dB的声源	107

图10.2 复杂声源场景

在上面这个实例中,每个噪声源的声压级都已经明确了,然而在大多数噪声控制问题中,情况却并非如此,实际上将噪声源进行量化和排序是一件比较困难的工作。如果噪声源相互靠得较近,则可能很难将它们区分开来。在有些情况下,有可能从制造商那里获得声源的声功率数据,当然,也可以在混响室或消声室这样的环境中对声源进行测试,从而获得其辐射的声功率数据。

我们有必要把声功率和声压这两个概念区分开。声压或声压级是指声源形成的动态声压幅值,它与到声源的距离、声环境(是否存在反射面或是否为开放式声场)、气候条件等因素有关。声功率是指声源在单位时间内向空间辐射的总声能,它是声源的属性,不会随距离、环境或气候条件等变化,因此声功率或声功率级是描述声源的一个更好的指标。

噪声源的识别和排序是噪声控制工程领域中的一个主要学科分支。如果声源之间不是靠得很近,或者在测试中很容易将它们区分开来,那么噪声源的识别就是非常简单而直接的工作,只需要按照标准方法去计算出声源的声功率就可以了。然而,如果噪声源彼此之间靠得较近,就需要采用更先进的分析方法。一种方法是有选择性地启动各个声源,从而对每个声源的独立贡献进行量化。当然,也可以采用另一种方式,即在分析某个声源的贡献时利用具有强衰减性能的降噪技术将所有其他声源屏蔽掉,依次处理之后即可量化出各个声源的贡献,进而实现排序。

在复杂的机械设备中,可能很难精确确定声源情况。不妨考虑一台汽车发动机,可以将整台发动机视为一个噪声源,并将其与车辆中的其他噪声源进行比较,对于初步的分析工作来说这一做法是合理可行的。然而,在精细的分析工作中,为了优化车内噪声,发动机这个声源必须进行拆分处理和单独考虑。通常需要借助声强测试来获得声源的声强矢量,该矢量是声压这个标量与粒子速度(矢量)的乘积,利用简单的仪器通过信号分析技术就可以准确测量出这个物理量。在进行很多次测试后,就能够确定大部分声能来自于发动机,并实现"热点"或噪声源的定位。这些测试工作必须在靠近发动机表面的位置处进行,并且常常需要进行数百次测试才能完成整个发动机的噪声源识别工作。

利用近场声全息和波束成形技术可以确定出发动机声能"热点"的分布情况,一般需要在相对于发动机表面的一定距离处放置一个大型麦克风阵列(30~120个麦克风)。从麦克风阵列采集到的数据信息包含了位置上和相位上(声波到达时间)的差异,根据这些信息就能够准确地重构出表面声场。这种测试工作所需使用的大量麦克风会带来较大的经济支出,另外某些测试场合中阵列的尺寸也是一个问题。

最困难的情况之一是多种声源并存且在结构上彼此关联。这里仍然可以采用发动机这个实例来加以说明,实际上在每个汽缸中都存在着燃烧压力的作用,活塞会敲击汽缸壁,还可能采用了高压喷射系统,配气机构带有很多运动部件并会产生冲击,驱动轴会进行运动传递和力传递,此外也可能存在着许多其他声源。可以采用上述测试技术去测出发动机表面上的"热点",不过在很多情况下却并不清楚某个"热点"是否是由活塞撞击、燃烧压力还是其他声源导致,这主要是因为发动机机体和其他金属部件都是机械能良好的传播媒介。由于燃烧压力和活塞冲击作用在发动机机体上,因而其能量将会通过金属机体传递到各处。当在发动机外部进行测量时,只能观察到噪声是由于机体表面的振动而辐射出来的。借助先进的测量技术,目前已经能够分辨出一定比例的辐射噪声是源于活塞撞击行为还是燃烧压力作用的,不过由于这两个噪声源存在一定的相关性,因此很难针对整个噪声频谱进行这一区分。

对于上述实例来说,噪声源识别的最后一步工作是建模。通过对噪声源的机制、通过发动机机体的能量流以及从复杂机体几何表面辐射出的噪声进行建模描述,就能够把每个噪声源的贡献分离开来。为了准确地完成这一分析工作,一般需要建立非常详细的模型,并且还应进行大量的实验验证。以发动机的有限元模型为例,在中频段500~1000Hz范围内可能需要数百万个自由度。当模态密度很高时,也可以采用统计能量分析(SEA)方法,不过它可能难以区分出不同的噪声源。

最后,可能还希望深入认识噪声的基本来源,如燃烧压力和活塞撞击作用的物理本质,实际上这些方面的知识有助于高效率地制定最有效的噪声控制措施。

10.2.3 噪声源的类型

应当认识到,噪声源机制是多种多样的。冲击和大载荷以及其他一些机械动作可以形成若干机械噪声源,工业机械设备就是此类噪声源很好的案例。也有一些噪声源是由于流体流动的变化导致的,如泵、压缩机、排气管、风扇、控制阀等。另一种描述噪声源的方法是按照声能的传播方式来划分。很多情况下声能是直接在空气中以声波方式传播出去的,也就是我们所听到的噪声,排气口、风扇以及锤头撞击等就是一些实例。另一些情况中噪声是由振动表面辐射出去的,一般称为结构声源,如泵壳可以辐射出很强的噪声,因而经常需要进行降噪处理。大量工业机械设备都是放置在金属壳中的,这些金属壳都是优良的辐射声源。显然,我们应当认识和理解噪声是如何形成的,又是如何传播的,只有这样才能有效地解决它。

10.2.4 噪声源处的控制

如果可能,在噪声源处实施噪声控制应当是最佳选择。一般而言,这一做法将会获得最有效的控制效果,降噪量最大。噪声源处的控制策略是十分重要的,如同前面所讨论过的,我们必须识别出主噪声源,并且还需要针对每个主噪声源确定合适的控制方法,这些方法可能是不尽相同的。显然,这就有必要针对所有相关方法进行分析评估,主要涉及它们的有效性、可行性及经济性等。一般来说,最佳方案是这些要素的折中,因为最理想的方案可能过于昂贵,或者会给运行维护工作带来困难。

噪声源处的控制方法之一是对噪声源进行调整,如可以降低设备的运行速度、增加消音器或者外壳来减小辐射噪声。在有些场合中,将噪声源重新布置到人员噪声暴露量较小的位置或远离邻近社区的位置也是可行的做法。实际上,目前的商品已经有越来越多的低噪声配置或附件可供选择了,如制造商可能提供某设备静音效果更好的型号,或者提供可选配件以降低设备噪声。工业系统中常用的控制阀就是很好的例子,当存在较大压降时这些控制阀往往会导致阀门和下游管路处产生较大的噪声,控制阀制造商一般会提供多种解决方案,据此可以预测和有效地减小阀门噪声。显然,这就是一个非常好的在噪声源处进行噪声控制的案例,无论是在降噪量还是在维护的方便性及经济性等方面,这都是非常合适的做法。总之,在进行噪声控制工作时,应首先考虑是否可以针对噪声源进行控制,因为这是最有效的噪声控制手段。

10.2.5 在传播路径上进行噪声控制

如果在噪声源处难以实施有效的控制,那么可以进一步考虑在噪声传播路径上采取措施。对于室内环境来说,最常用的控制手段之一就是在室内墙面上敷设吸声材料。这种处理措施能够减小室内的混响声能,从而降低噪声级。声屏障是另一种噪声控制手段,可用于室内或室外环境中对特定区域进行噪声防护,不过其效果是比较有限的,后面会针对这一控制手段给出若干建议。

如果噪声传播路径是在结构中而不是在空气中,就必须考虑其他噪声控制措施了。首先可以考虑在噪声源与结构的连接位置进行隔振处理,实际上,将发动机、泵、压缩机、风扇以及各种其他机械设备安装到隔振器上已经是相当常见的做法了。然而,这些隔振器往往会因为旁路(存在着与结构相连接的未隔振部件)的存在而出现短路,或者不足以提供所期望的隔振效果,这些也是比较常见的情况。在很多工业场合中,人们经常选用隔振器来改善低频段性能,以预防疲劳问题或振动超标问题的出现。应当注意的是,这一做法对于较高频段的噪声往往难以获得良好的效果。对于高度工业化的产品,如汽车来说,人们已经提出了一些先进的隔振器,如有些引入了多腔结构甚至引入了主动材料来抑制噪声的传播。关于结构隔振问题,将在后文中作更详细的讨论。

正如前文所指出的,旁路环节的存在会导致设计良好的隔振器变得不再有效,因此相关技术人员应当仔细检查噪声源与结构的所有连接位置,确保不存在旁路环节,从而避免隔振器发生短路。管路系统和各种连接装置往往会带来这一问题,如某台泵可能已经经过了良好的隔振处理,然而由于疏忽或者维护不当等原因,进出泵的管路却可能刚性连接到其他结构上了。

对于通风管道、发动机排气管以及鼓风机等设备来说,消音器是一种很好的噪声控制手段,能够有效降低噪声。实际上,在大量应用领域都能看到消音器的身影,如果正确使用,可以获得非常大的降噪量。以汽车为例,由于对声品质和噪声水平都有要求,因此人们精心设计了很多汽车消音器,它们可以提供所期望的发动机声品质,同时也能减小或消除不希望的噪声。

必须注意的是,在传播路径上进行噪声控制也存在着一些不足之处。例如,在噪声源附近采取这种措施可能不会太有效,因为存在着直接的声辐射。再如,在很多工业环境中,维护和保养吸声层、隔振器甚至消音器可能是比较困难的工作。

10.2.6 在接收端进行噪声控制

此处的接收端或接收者是指人员,因此噪声控制措施也就会受到一定限制。关于听力防护装置的使用,前文已经做过介绍,虽然作为一种临时措施它们是有用的,不过并不能将其视为一种长期的噪声控制方法。

在某些场合中,为工人提供一个小型的封闭环境是可能的一种措施,能够降低这些工人的噪声暴露量。在另一些场合中,接收者处的噪声控制手段可以采用背景噪声掩蔽,如在办公环境中交谈的私密性和声品质是需要关注的,此时可以采用随机背景噪声来掩盖邻近发言者的声音以保护隐私。关于如何有效地实现这一控制,而不会导致背景噪声过高从而影响到人员的交谈,人们已经进行了大量的研究。

在非混响室内或者开放式区域中,增大噪声源到接收者的距离能够有效降低噪声暴露量,如可以考虑移动工作站点。对于环境噪声来说,有些情况下可以考虑把邻近的地产买下来以消除噪声暴露量过大的现象,如有时可以根据机场分区法防止住宅区过分靠近飞机飞行航迹。

最后一种方法是管理控制,特别适合于工人的噪声暴露问题。可以限制工人在高噪声区域内的时间,从而防止他们受到过量噪声的影响。虽然这一措施是有效的,但往往会出现另一些困难,如改变工作任务和计划以及可能存在的多个高噪声区域等。

尽管在接收者处进行噪声控制是有效的方式,然而应注意的是,这种方式应当作为最后的选择来考虑,因为它一般只能保护某些人员,而其他人员可能仍处于高噪声区域中,安全和压力问题还是难以避免。另外,当工厂运营发生改变或者设备作了调整时,这种噪声控制方式可能会带来较大的经济支出,进而不得不做出更改。

10.2.7 购买低噪声产品

噪声控制还有一类特殊的非工程性的解决方案,最有效的一种预防性措施就是购买低噪声产品,也就是在设备和元器件的购置中秉持低噪声原则。很多制造商和供应商都会提供静音型的选择,不过很多情况下人们并没有将其列入采购说明中。实际上,一些在保护工人听力方面做得非常出色的公司常常会给出十分详尽的采购说明书,他们不会购买那些高噪声设备。例如,如果相关法规规定了最大噪声级为85dB(A)或90dB(A)(针对8h工作场合),那么他们不会选择那些将导致工人噪声暴露量处于80~85dB(A)范围的设备。从一开始就有意识地防止噪声问题是实践中最有效的噪声控制手段。虽然并非所有的设备和元器件供应商都能够提供静音型号,不过在噪声控制过程中,如果具备了这些知识,那么在交货前或交货后不久就能够对相关设备做出修正以防止其后续带来噪声问题。跟彻底安装好了之后才发现噪声问题,进而不得不去调整或修改设备来降低噪声相比,这一做法在经济性上一般要好得多。

10.2.8 最佳噪声控制方法的选择实例

这里考虑一个简单的噪声问题实例。在某个工厂中存在两台电动泵,如图10.3所示。工人每天大约有4h在这些泵附近工作,假定对于该工人来说这是唯一的高噪声区域,并且允许的最高噪声级是88dB(A)。很明显,这种情况下一般是需要进行较大的降噪处理的。

图10.3 噪声控制示例——电动泵

很幸运的是,这两台泵是可以分别运行的,因此就能够测出每台泵的噪声贡献度。测试结果表明,1号泵单独运转时将会在工人所处位置产生93dB(A)的声压级,而2号泵单独运转时这个声压级为105dB(A)。综合考虑这两个声压级后,该工人在正常工作中的噪声暴露量应为105dB(A),这一结果也得到了正常工况下测试数据的验证。

利用前述方法,这里分析考察了若干可能的解决方案。表10.1中对最可行的噪声控制措施做了归纳,对于这些措施来说,应当考虑它们之间可能的组合情况。由表可知,如果只将2号泵封装起来,代价是4000元,声压级会降低到93.6dB(A);如果在1号泵上加装消音器而把2号泵封装起来,那么代价为4600元,最终的声压级为89.8dB(A);如果两个泵都进行封装,那么代价为7000元,声压级将变成85.8dB(A)。显然,唯一满足要求的方案是第三种组合,当然,这也是最昂贵的一种方案。

表 10.1 噪声控制实例

泵号	解决方案	降噪量/dB	成本/美元
1	消声器	5	600
1	隔声罩	15	3000
2	消声器	10	750
2	隔声罩	20	4000

附带提及的是,在图 10.3 中可以看到系统中的管路敷设了防冻保暖层,这对于热和噪声问题来说都是有利的。不过,电机似乎是刚性连接到地基上的,没有进行隔振处理,当然也有可能是在电机支撑座处进行了隔振,不过图中体现得不是很清晰。

10.2.9 本节小结

本节介绍了实现良好的噪声控制所需进行的一些基本步骤。首先应明确所面临噪声问题的性质,如是属于工人噪声暴露量问题,还是环境噪声问题,又或者属于改善产品品质而非噪声烦扰问题。在认识了问题的性质之后,就可以去识别主噪声源了。这一工作是一个比较复杂的过程,应当审慎而正确地进行分析。实际上,主噪声源的识别和量化精度直接决定了后续噪声控制工作的有效性。随后,只需按照噪声源、传播路径和接收端这一顺序去评估噪声控制的可行性了。最后一步是选择最佳的控制措施,一般需要综合考虑成本、效果和运行维护等方面的因素。

10.3 噪声控制措施

任何噪声控制项目的关键都是研发和实施能够有效降噪的控制方法。这里将讨论一些基本的噪声控制措施,并介绍一些可用于设计和评估噪声控制方案的有用工具。

10.3.1 板的声辐射

在结构声学领域中,主要的噪声源通常都是板壳结构的运动形成的。这些板壳结构具有很大的表面积,它们在振动时会生成显著的声场,这方面的声辐射研究是相当复杂的(Lamancusa Eschenauer,1994;Cremer 和 Heckl(Ungar 译),1988;Ver,2006;Bies 和 Hansen,2009),这里不打算对此类结构物的声辐射问题做透彻的分析和介绍,而只通过若干实例来说明其基本原理。

板壳的声辐射可以借助法向速度和辐射效率来确定,这也是最简单的形式。辐射效率可以表示为

$$\sigma_{\text{rad}} = \frac{W_{\text{rad}}}{v_n^2 \rho_0 c_0 S} \tag{10.1}$$

式中:σ_{rad} 为辐射效率;W_{rad} 为辐射声功率;v_n 为板壳表面(时空)均方振速的法向分量;ρ_0 为空气密度;c_0 为空气中的声速;S 为板壳的表面积。

这个简单的表达式表明,只需知道表面法向平均速度和表面积就能够确定辐射声功率。不过,针对各种边界状态下板壳复杂振动模式进行时空上的平均速度求解并不是一件容易的事情。

对于一些经典情况,不难得到以下结果。

(1) 刚性活塞:$\sigma_{\text{rad}} = 1$。

(2) 作弯曲振动的无限板($\lambda_B < \lambda_0$):$\sigma_{\text{rad}} = 0$。

(3) 作弯曲振动的无限板($\lambda_B > \lambda_0$):$\sigma_{\text{rad}} = \left(1 - \frac{\lambda_0}{\lambda_B}\right)^{-1/2}$。

(4) 脉动球体:$\sigma_{\text{rad}} = \dfrac{(k_0 a)^2}{1 + (k_0 a)^2}$。

式中:λ_B 为板中的弯曲波长;下标 0 指代的是空气中的参量;a 为球体直径。

虽然上面这些结果在考虑实际板壳构型时可能是有用的,不过借助它们并不能准确预测出辐射声功率。为了获得更有用的表达式,需要采用一种不同的方法。在声辐射问题中,一个非常重要的概念是临界频率。如图 10.4 所示,一块面板发出的声波与面板中传播的弯曲波是呈一个角度的,不妨记声波波长为 λ,面板中的弯曲波长则为 $\lambda/\sin\theta$,当这两个波长相等时,面板的声辐射效率将达到最大,此时对应的频率称为临界频率。利用这一波长关系,掠入射情况下($\theta = 90°$)最低吻合频率应为

$$f_c = \frac{c^2}{1.8 t c_1} \tag{10.2}$$

式中:f_c 为临界频率或最低吻合频率(Hz);c 为空气中的声速;t 为面板的厚度;c_1 为面板中的纵波波速。

在临界频率下方,只有少量表面运动才会产生声波,而在临界频率以上,辐射效率将会增大。

对于一般的面板和表面来说,由于波长效应,低频段的辐射效率是较低的,而在临界频率以上的频率阈值处将增大到 1。

对于图 10.5 所示的两端刚性固支的板,低阶的弯曲振动模式会导致法向速

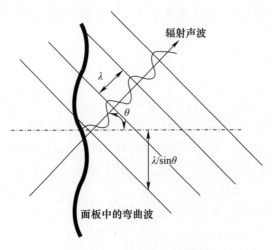

图 10.4　面板弯曲和声传播

度呈现出显著的空间变化,实际上在这些较低频率处,大部分声能会从板的边缘(靠近固支边)辐射出去。板中部较大的幅值只会对空气分子起到推拉作用,不会有任何净声能发射出去,因而几乎不会产生声辐射。

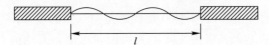

图 10.5　两端刚性固支板的纯弯曲行为(Cremer 和 Heckl,Ungar 译,1988)

分析表明,对于点激励条件下的小阻尼矩形板来说,其辐射效率可以通过以下表达式来计算(Ver,2006),即

$$\sigma = \begin{cases} \dfrac{P\lambda_c}{\pi^2 S}\sqrt{\dfrac{f}{f_c}} & f \ll f_c \\ 0.45\sqrt{\dfrac{P}{\lambda_c}} & f = f_c \\ 1 & f \gg f_c \end{cases}$$

式中:σ 为辐射效率;P 为板的周长;S 为板的表面积;λ_c 为临界频率处板中的波长;f 为感兴趣的频率;f_c 为板的临界频率。

10.3.2　墙壁和房间隔断

采用各种障碍物对声传播加以控制是实际应用中最常见的方式,如高速公路上的声屏障、房间墙壁、保护工人的隔声罩以及机械设备的防护罩等。声屏障和墙壁是比较基本的,通过研究它们的声学特性,不难进一步分析封闭式隔声装置的性能。

墙壁或声屏障中以分贝描述的传声损失可以表示为

$$\text{TL} = 10\log\frac{W_\text{i}}{W_\text{t}} \tag{10.3}$$

式中:W_i 为入射声功率;W_t 为透射声功率。这一表达式也可以通过透射系数来表示,透射系数为

$$\tau = \frac{W_\text{t}}{W_\text{i}} = \frac{p_\text{t}^2}{p_\text{i}^2} \tag{10.4}$$

将式(10.4)代入式(10.3)中,可得

$$\text{TL} = 10\log\frac{1}{\tau} \tag{10.5}$$

在计算房间隔断或声屏障的传声损失时,如果考虑所有可能的振动模态和结构与材料的所有细节,那么这一工作将是相当复杂的。对于简单的结构,Beranek(Bies 和 Hansen,2009)给出过一个良好的近似分析,该分析方法假定传声损失仅仅依赖于所使用的材料,在传声损失曲线中存在着平坦段和低谷等特征,如图10.6所示,该图为这一计算方法提供了基本参考,其中给出了一些常见材料的相关信息。这幅图像针对的是一个混响声场(声源一侧),并将临界频率附近的行为近似描述为水平直线或平坦段。

在计算传声损失时,这里可以采用以下过程。

(1) 计算面板的一阶弯曲共振频率值,即

$$f_\text{r} = \frac{\pi}{n}\sqrt{\frac{B}{\rho_s}}\left[\left(\frac{1}{L_x}\right)^2 + \left(\frac{1}{L_y}\right)^2\right] \tag{10.6}$$

式中:f_r 为一阶弯曲共振频率(Hz);n 为2(简支边界)或1(固支边界);B 为弯曲刚度($=EI/L_y$);E 为弹性模量;I 为惯性矩;ρ_s 为表面质量密度(即密度乘以厚度);L_x 为面板长度;L_y 为面板宽度。

当空气中的声波波长与面板中的波长相等时将出现吻合效应,此时传声损失会表现出显著的下降,如图10.7所示。图中的角度 θ 是面板法线与波前法线之间的夹角,面板中激发的波长为 λ_p,当 $\lambda_p = \lambda/\sin\theta$ 时发生吻合。利用这一关系,不难得到掠入射条件下($\theta=90°$)的最低吻合频率,即式(10.2)。

(2) 按照下式绘制出 $2f_\text{r} \sim f_\text{c}/2$ 之间的场入射传声损失曲线,即

$$\text{TL}_\text{FI} = 20\log(f\rho S) - 47 \quad (\text{m·kg·s 单位制}) \tag{10.7}$$

式中:TL_FI 为场入射传声损失(图10.6);f 为频率(Hz)。

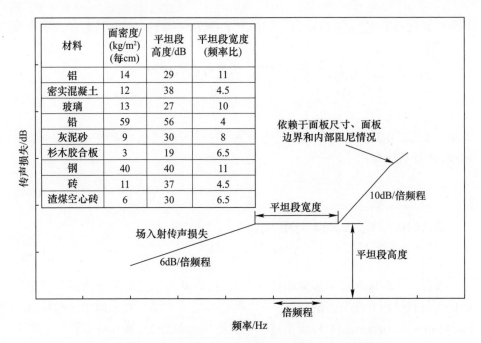

材料	面密度/(kg/m²)(每cm)	平坦段高度/dB	平坦段宽度(频率比)
铝	14	29	11
密实混凝土	12	38	4.5
玻璃	13	27	10
铅	59	56	4
灰泥砂	9	30	8
杉木胶合板	3	19	6.5
钢	40	40	11
砖	11	37	4.5
渣煤空心砖	6	30	6.5

图 10.6 用于近似分析单个面板传声损失的设计图

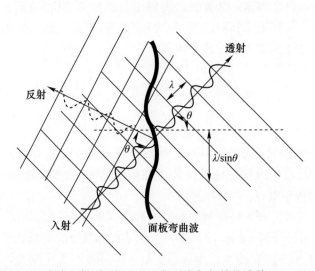

图 10.7 声波入射到面板上的几何示意与相关的波前(Ver,2006)

(3) 在吻合频率处,有

$$\mathrm{TL} = \mathrm{TL}_{\mathrm{FI}}(f_c) - C \tag{10.8}$$

式中:面板阻尼大时 $C=9$;阻尼中等时 $C=12$;阻尼小时 $C=24$。

(4) 从吻合频率到$2f_c$,有

$$TL = TL(f_c) + 9 \qquad (10.9)$$

(5) 将$f_c/2$、f_c和$2f_c$这3个点用直线连接起来。

(6) 低于$f_r/2$的无法预测。

为了更清晰地说明这一过程,可以考虑一块铝板的实例(Ver,2006),该板厚度为3.2mm,长度为2m,宽度为1.5m,第一步利用式(10.6)计算得到最低阶共振频率大约为4Hz,然后通过式(10.2)计算得到$f_c = 4000Hz$。表10.2中将计算得到的传声损失和测试结果进行了比较。

表10.2 某铝制面板的传声损失计算值与测量值的比较

频率/Hz	Beranek方法计算出的TL/dB（Bies和Hansen,2009）	书中方法计算结果/dB	TL测量值/dB
125	14	12	19
250	20	18	24
500	26	22	27
1000	32	31	32
2000	38	38	34
4000	26	32	24
8000	35	40	32

上述方法对于面板传声损失计算来说能够给出较好的近似结果,不过它不能代替制造商和行业协会所提供的详细信息,实际上大多数噪声控制材料提供方都会给出很多详细资料,其中包括诸如使用方法等可能影响性能的相关内容说明。

10.3.3 多重墙和复杂结构

对于多重隔断这些结构来说,传声损失的计算可能是非常复杂的,一般需要考虑两种不同类型的传递情况,分别是并联和串联形式的。最为常见的就是门、窗和墙壁,声能会同时通过它们透射进来(或出去),这是并联形式的。对于并联形式的面板来说,可以借助下式计算综合透射率,即

$$\tau = \frac{\tau_1 S_1 + \tau_2 S_2 + \cdots + \tau_n S_n}{S_1 + S_2 + \cdots + S_n} \qquad (10.10)$$

式中:τ_i为子面板i的透射系数;S_i为子面板i的表面积。

根据式(10.10),可知此类面板的传声损失将总小于子面板中最高的传声损失。由此还可以说明另一个重要概念,即泄漏效应,实际上在构造封闭隔声室

(或舱)时,人们需要考虑的一个重要问题就是每块面板必须进行良好的密封处理。不妨考虑一块 2m 见方的面板,假设其传声损失为 30dB 或者说透射系数为 0.001。如果在面板上存在一个面积为总面积 1% 的开口,那么其隔声性能将会出现显著下降。该开口的传声损失为 0dB,也即透射系数为 1,根据式(10.10)可知 $\tau = 0.011$,传声损失为 19.5dB。由此可知,密封是封闭舱室这类噪声控制措施的一个关键环节。

串联结构是另一种复杂形式,其中包括多层面板或墙壁,由两个外层墙壁和一个内部玻璃纤维层构成的多层墙就是很好的例子。对于这种复杂构型,目前还没有简单的公式能够预测其隔声性能。很明显,多层构型必然要比单层好些,不过其实际性能却是不容易预测的。一般而言,如果各层面板之间的距离大于声波在空气中波长的 1/4,那么这个面板的隔声效应会增强;如果面板之间填充了一些轻质吸声材料,如玻璃纤维或者就是空气(对于 2000Hz 以上的高频声而言),那么综合性能也会比所有面板按照对数加法法则形成的隔声性能更好。

在建筑工业领域,目前已经建立了相关标准,极大地简化了墙壁隔声量的预测工作,即隔声等级(STC)评定。这一标准以数字形式对面板和隔断的隔声性能进行了分级,计算 STC 时采用了 16 个 1/3 倍频程(125~4000Hz)。如表 10.3 所列,其中列出了标准传声损失曲线所对应的分贝值(Bies 和 Hansen,2009),STC 值是 500Hz 这个 1/3 倍频程的传声损失(隔声量)。当给定一个实际的传声损失曲线时,利用上述参考曲线即可确定 STC 值,在此过程中应注意任何一个 1/3 倍频程的隔声量比参考曲线低的分贝数不能超过 8dB,并且 16 个 1/3 倍频程的隔声量比参考曲线低的分贝数总和不应大于 32dB。

借助 STC 这一工具,制造商和建筑师以及建设者们就很容易对面板和隔断进行分级和选择了,表 10.4 中列出了一些常用建筑材料与结构的 STC 值。

表 10.3 STC 值(Bies 和 Hansen,2009)

STC 参考值							
1/3 倍频程/Hz	125	160	200	250	315	400	500	630
参考值/dB	-16	-13	-10	-7	-4	-1	+0	+1
1/3 倍频程/Hz	800	1000	1250	1600	2000	2500	3150	4000
参考值/dB	+2	+3	+4	+4	+4	+4	+4	+4

表 10.4 常用建筑材料的 STC 值示例

建筑材料	单位面积的质量/kgm^{-2}	STC
0.5 英寸的石膏墙板	10	28
两块 0.5 英寸厚的石膏墙板黏结在一起	22	31
2 英寸×4 英寸壁骨(中心间距 16 英寸),两侧为 0.5 英寸石膏墙板	21	33
4 英寸空心块,两侧抹灰 0.5 英寸	115	40
4 英寸砖,两侧抹灰 0.5 英寸	210	40
9 英寸砖,两侧抹灰 0.5 英寸	490	52
24 英寸石料,两侧抹灰 0.5 英寸	1370	56

关于面板和隔断的噪声控制问题,还有一点需要注意。回想一下此前对传声损失的介绍,这一概念是以声功率损耗的形式给出的,对噪声控制工程来说,这是十分方便的做法,原因在于无需再考虑环境影响以及接受者所处的距离了。实际上,应用中还有另一种表示方式,即降噪量,其表达式为

$$NR = L_{p1} - L_{p2} \tag{10.11}$$

式中:NR 为降噪量(dB);L_{p1} 和 L_{p2} 为隔断或面板两侧的声压级。

为了说明降噪量与传声损失之间的差异,不妨考虑一侧带有混响室的面板,L_{p1} 为作用在面板上的声压级,L_{p2} 为混响室内的声压级,这两个声压场都是扩散场,在面板两侧表面上都是均匀的。这种情况下,可以得到以下表达式,即

$$L_{p2} = L_{p1} - TL - 10\log \frac{S_w}{R} \tag{10.12}$$

式中:S_w 为混响室墙壁面积;R 为混响室的房间常数(一般为 $S_w \alpha$)。

于是有

$$NR = TL + 10\log \frac{S_w}{R} \tag{10.13}$$

在这个实例中,降噪量要比传声损失大些,其原因在于室内壁面会有一定的吸声效应。

10.3.4 隔声罩

如果采用多块面板把某个声源完整地封装起来形成隔声罩构型,上述关于声衰减的基本原理仍然是适用的。最容易分析的是大型隔声罩,也就是说,声源到壁面的距离远大于感兴趣的声波波长。当然,也可以从另一角度来看待这一

点,即较高频率下声波波长较小,那么即使隔声罩的尺寸小一些也可以远大于此时的波长。人们常常采用一个经验性的规则,即隔声罩壁面到声源的距离至少应在 1m 以上,这实际上意味着在 1000Hz 上方的频带是满足上述大隔声罩假定的。

在上述假定基础上,可以将隔声罩视为一个房间,其外部声压级可以通过下式进行预测,即

$$L_{p2} = L_{p1} - \text{TL} - 10\log\frac{S_e}{R_e} \tag{10.14}$$

式中: L_{p2} 为隔声罩外部的声压级(dB); L_{p1} 为隔声罩内部的声压级; S_e 为隔声罩内部的表面积; R_e 为隔声罩的房间常数。

隔声罩的声学性能也可以采用另一个指标来衡量,即插入损失,有

$$\text{IL} = L_{p0} - L_{p2} \tag{10.15}$$

式中:IL 为插入损失(dB); L_{p0} 为安装隔声罩之前某位置处的声压级(dB)。

应当注意的是,降噪量和插入损失是不同的概念,其值也是不同的,在噪声控制问题中经常容易引起混淆。

这里考虑一个足够大的隔声罩,声场为扩散声场,在未安装隔声罩时某位置处的声压级可以按照下式计算,即

$$L_{p0} = L_{w0} + 10\log\left(\frac{Q_0}{4\pi r^2} + \frac{4}{R}\right) \tag{10.16}$$

在安装隔声罩后,同一位置处的声压级可以表示为

$$L_{p2} = L_{w2} + 10\log\left(\frac{Q_2}{4\pi r^2} + \frac{4}{R}\right) \tag{10.17}$$

式中: L_{w0} 和 L_{w2} 分别为安装隔声罩前、后的声功率级; Q_0 和 Q_2 分别为安装隔声罩前、后的声源指向性因数; r 为声源到感兴趣位置(接受点)的距离; R 为声源所在空间的房间常数。

如果感兴趣的位置是在混响声场中(距离声源足够远),那么这两个量的差别是不大明显的,此时根据式(10.15)即可得到以下关系式,即

$$\text{IL} = L_{w0} - L_{w2} \tag{10.18}$$

利用式(10.16)和式(10.17),安装隔声罩之后的声功率级就可以写为

$$L_{w2} = L_{p1} + 10\log S_e \tag{10.19}$$

$$L_{w2} = L_{w0} + 10\log\left(\frac{Q_0}{4\pi r^2} + \frac{4}{R_e}\right) - 10\log S_e - \text{TL} \tag{10.20}$$

如果隔声罩内的声场是扩散场,那么安装隔声罩之后声功率级将变为

$$L_{w2} = L_{w0} + 10\log\frac{1}{\alpha_e} - \mathrm{TL} \tag{10.21}$$

$$L_{w2} = L_{w0} - 10\log\frac{\alpha_e}{\tau} \tag{10.22}$$

考虑到式(10.18),插入损失可以表示为

$$\mathrm{IL} = 10\log\frac{\alpha_e}{\tau} \tag{10.23}$$

尽管这是一个显著的简化,不过它仍然能够给出大型隔声罩性能的良好估计。不妨考虑一个内衬玻璃纤维的隔声罩,该玻璃纤维在所关心的频率处吸声系数为0.5,壁面可提供20dB的传声损失。根据式(10.23)可以估计出插入损失为17dB,这似乎令人感到惊讶。实际上这是因为隔声罩内的声能形成了混响场,因而壁面的隔声性能难以充分体现出来。为了获得20dB的插入损失,隔声罩的壁面应具有100%的吸声性,也就是吸声系数应为1.0。

在大型隔声罩的性能分析与设计方面,可以参考和借鉴以下一些经验规则。
(1)对于无吸声性的隔声罩:IL = TL − 20。
(2)对于具有部分吸声性的隔声罩:IL = TL − 15。
(3)对于内衬吸声材料的隔声罩:IL = TL − 10。

应当注意的是,上述讨论针对的是大型隔声罩,也就是声源到壁面的距离远大于感兴趣的声波波长这种情况。与此相比,对于较小的或者紧凑的隔声罩来说,其性能的预测就要困难得多。这主要是因为声源与隔声罩壁面之间可能会出现驻波或者声学共振行为。此类声学共振行为能够导致很高的噪声级,从而削弱隔声罩的隔声性能,使之远达不到预期的传声损失。对于未加内衬的隔声罩来说,这一情况尤为明显;而对于带有强吸声材料的隔声罩,这往往不是什么问题。在很多情况下,如果在隔声罩内壁面上敷设了很厚的吸声材料层,那么利用式(10.23)也是可以准确地估计出小型隔声罩性能的。

1. 局部隔声罩

在工业领域的噪声控制应用中,还有另一种独特的隔声罩,即局部隔声罩,它们一般用于保护那些既需要在某位置停留一段时间,又需要频繁移动到其他位置的工人。此外,当只对某个特定方向上或一组特定位置的辐射噪声感兴趣时,这种隔声罩也是有用的。然而应当指出的是,局部隔声罩存在着很多不足。正如前面已经指出的,在隔声罩的设计过程中密封是一个十分关键的环节,而局部隔声罩本质上就是无密封性的。实际上,将它们看成一种仅针对非常有限的空间才有效的局部声障可能更恰当些。在很多工业场所中,混响往往比较显著,

因而很难利用局部隔声罩达到预期效果。只有针对来自特定方向的入射声波时,这种局部隔声罩才能实现声障的作用,而在很强的混响声场中,声波来自所有方向,因此除非将局部隔声罩放置在非常靠近声源的地方;否则是难以提供良好隔声效果的。在最坏的情况下,它们甚至还会增大某些位置的声压级。

最常见的情况是在一个封闭空间内(非强混响声场)使用局部隔声罩,如很多工业场合中同时包含声学上"硬"和"软"的区域,同时还可能包括开放区域,此时就符合了上述特点。在这种情况下,相关的基本方程与大型隔声罩情况下所采用的是类似的,即

$$L_p = L_w + 10\log\left(\frac{Q_B}{4\pi r^2} + \frac{4}{R}\right) \tag{10.24}$$

式中:Q_B 为带有该声障情况下的声源指向性因数,下式可以给出其良好的近似,即

$$Q_B = Q \sum_{i=1}^{3} \frac{\lambda}{3\lambda + 20\delta_i} \tag{10.25}$$

式中:$\delta_i = A_i + B_i - d$,这些尺寸如图 10.8 所示;i 为该声障 3 条外露边的序号。

式(10.25)实际上是针对该声障或局部隔声罩 3 条外露边的菲涅耳衍射近似。

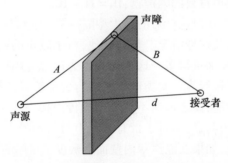

图 10.8　局部隔声罩分析中的关键尺寸

2. 管路保护层

管路保护层是隔声罩的一种特殊情况,经常用于管路会辐射噪声的加工厂、精炼厂、压缩机站以及很多其他场合。这种保护层紧紧包覆在管路的外表面,与其他隔声包覆层一样,管路保护层也需要采用吸声材料来构成具有高传声损失的层,这样才能实现有效的降噪。

图 10.9 和图 10.10 给出了常见工业场合中所采用的管路保护层实例。类似于隔声罩,该保护层中的最内层材料是吸声材料,最常用的就是矿物棉和玻璃

纤维。如果需要还应加上一个保温层。进行上述处理之后，通常需要在外面加装一层薄铝片或者纤维增强胶泥，这一层可以增大表面质量，从而增强低频段的隔声性能。

图 10.9　某工厂中的管道保护层

图 10.10　管道保护层的构成

表 10.5 中给出了一些管路保护层的插入损失情况，针对的是内径 30.5mm（12in）的钢管，外部带有铝制护套（0.25lb/ft^2）（Lord 和 Evensen，1980），且带有不同厚度的玻璃纤维层。正如所预期的，保护效果是在最高频率处达到最佳。由于这种管路保护层是用于抑制管路的辐射噪声的，因而该保护层应当覆盖相当长的管路部分，如果只覆盖较短的长度，则一般只能在特定区域形成有限的降噪效果。

表 10.5　管外保护层的一般性能

材料	传声损失/dB				
	倍频程中心频率/Hz				
	4000	250	500	1000	2000
2.5cm 厚	1	6	14	19	26
5.0cm 厚	1	6	15	21	28
7.6cm 厚	2	8	18	23	30

10.3.5 加装吸声材料

在房间、隔声罩和通风管道内加装吸声材料是非常有效的一种噪声控制方法，其工作原理在于耗散声能，一般有以下3种方式。

（1）声波在吸声材料中传播时由于狭窄曲折的通道而导致黏性损耗。

（2）将反射声波用于引发相移，从而对入射声能形成部分抵消作用，也即抗性损耗。

（3）工作介质或材料发生弯曲等运动耗能，从而形成机械损耗。

与吸声材料性能有关的一些关键参数包括安装类型、流阻、厚度、表面积、密度和刚度等。吸声系数的一般定义为

$$\alpha = \frac{W_A}{W_I} \tag{10.26}$$

式中：W_A 为被材料吸收的声功率（包括透射声功率在内）；W_I 为入射声功率。

此处所介绍的吸声系数都是指在混响室内通过赛宾法测得的值。当然，也可以利用阻抗管来测量吸声性能，此时得到的是法向入射条件下的数值，与此处所讨论的赛宾吸声系数是不同的。

随着频率的改变，吸声系数会出现很大的变化，因而式（10.26）应当针对多个频率或某个频率范围（如1/3倍频程）进行计算。为了方便各种材料或处理措施的比较，人们有时还会使用降噪系数这一参量，它将250Hz、500Hz、1000Hz和2000Hz处的吸声系数进行了算术平均，即

$$\text{NRC} = \frac{\alpha_{250} + \alpha_{500} + \alpha_{1000} + \alpha_{2000}}{4} \tag{10.27}$$

目前，绝大多数吸声材料供应商都会提供性能方面的数据，网上也有各种材料的大量相关数据，表10.6中列出了一些常见材料的吸声性能值。

表10.6 常见材料的吸声系数

材料	吸声系数						NRC值
	125Hz	250Hz	500Hz	1000Hz	2000Hz	4000Hz	
壁面(1-3,9,12)声反射：							
1. 砖，未抹灰	0.02	0.02	0.03	0.04	0.05	0.07	0.05
2. 砖，未抹灰，上漆	0.01	0.01	0.02	0.02	0.02	0.03	0
3. 混凝土，坚硬	0.01	0.02	0.04	0.06	0.08	0.10	0.05
4. 混凝土块，上漆	0.10	0.05	0.06	0.07	0.09	0.08	0.05

续表

材料	吸声系数						NRC 值
	125Hz	250Hz	500Hz	1000Hz	2000Hz	4000Hz	
壁面(1-3,9,12)声反射:							
5. 玻璃,厚重(大玻璃板)	0.18	0.06	0.04	0.03	0.02	0.02	0.05
6. 玻璃,普通窗户	0.35	0.25	0.18	0.12	0.07	0.04	0.15
7. 石膏板,厚度1/2英寸(固定到2×4s/16英寸的混凝土墙上)	0.29	0.1	0.05	0.04	0.07	0.09	0.05
8. 胶合板,3/8英寸镶板	0.28	0.22	0.17	0.09	0.10	0.11	0.15
9. 钢	0.05	0.10	0.10	0.10	0.07	0.02	0.10
10. 金属百叶窗	0.06	0.05	0.07	0.15	0.13	0.17	0.10
11. 木板,1/4英寸镶板,背面带空气层	0.42	0.21	0.10	0.08	0.06	0.06	0.10
12. 木板,1英寸镶板,背面带空气层	0.19	0.14	0.09	0.06	0.06	0.05	0.10
声吸收:							
13. 粗混凝土块	0.36	0.44	0.31	0.29	0.39	0.25	0.35
14. 碎木纤维板,2英寸厚,在混凝土(mtg. A)墙上	0.15	0.26	0.62	0.94	0.64	0.92	0.6
15. 厚实的纤维材料,位于饰面层后	0.6	0.75	0.82	0.8	0.6	0.38	0.75
16. 木窗格板(1/2英寸厚),开有直径为3/16英寸的孔,11%的开孔面积,后方的空气层内设有2 1/2英寸玻璃纤维	0.4	0.9	0.8	0.5	0.4	0.3	0.65
天花板(6,8-10)声反射:							
17. 混凝土	0.01	0.01	0.02	0.02	0.02	0.02	0
18. 石膏板,1/2英寸厚	0.29	0.10	0.05	0.04	0.07	0.09	0.05
19. 石膏板,1/2英寸厚,吊顶	0.15	0.10	0.05	0.04	0.07	0.09	0.05
20. 板条抹灰	0.14	0.10	0.06	0.05	0.04	0.03	0.05
21. 胶合板,3/8英寸厚	0.28	0.22	0.17	0.09	0.10	0.11	0.15

所有的吸声性能值都与吸声材料的安装形式高度关联,大多数情况下在给出类似表10.6这样的数据时都会明确指出安装条件。如果使用的是同一种材料,而采用的是不同的安装形式,那么所得到的性能与表格中列出的数据是不同的(Acoustical and Insulating Materials Association Bulletin(隔音材料协会公告),1941—1974)。图10.11中给出了一些标准安装方式,有时可以看到相关表格在

给出吸声系数时会根据这些标准方式(或类似的标准)进行标注。

吸声材料与后方硬壁面之间的空气层是能够增强低频吸声性能的。从某种意义上来说,它能够使吸声材料在低频段显得更厚(硬壁面只存在反射)。与此不同的是,如果将吸声材料做成空间吸声结构或自由悬挂在某个位置,那么这种情况下的吸声性能会比放置在硬壁面上差些。

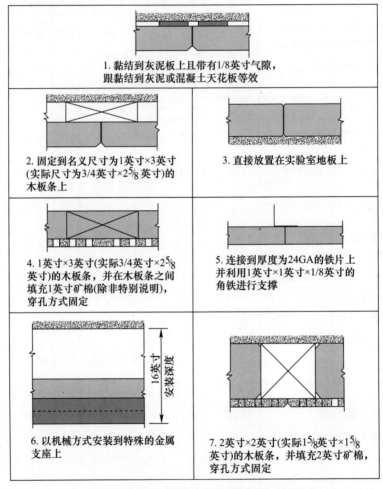

图 10.11 吸声性能测试中常见的标准安装方式
(声学和绝缘材料协会公报,1941—1974)

为了确定加装吸声材料的有效性,可以考虑以下降噪量关系式,即

$$\mathrm{NR} = L_{p0} - L_{pa} \tag{10.28}$$

$$\mathrm{NR} = 10\log\left(\frac{Q}{4\pi r^2} + \frac{4}{R_0}\right) - 10\log\left(\frac{Q}{4\pi r^2} + \frac{4}{R_a}\right) \quad (10.29)$$

式中：L_{pa} 为加装吸声材料后的声压级(dB)；L_{p0} 为加装前的声压级(dB)；Q 为声源指向性因数；r 为声源到所关心的点之间的距离；R_0 为加装前的房间常数；R_a 为加装后的房间常数。

由于只有混响声场发生改变，因而式(10.29)可以化为

$$\mathrm{NR} = 10\log\frac{R_a}{R_0} \quad (10.30)$$

这种情况下的 R_a/R_0 一般是小于 10 的，因而 NR 通常小于 10dB。显然，对于在房间内加装吸声材料这种处理措施来说，不应期望获得极高的降噪效果。如图 10.12 所示，要想实现显著的降噪量，R_a/R_0 应有很大的改变才行。简言之，在无吸声性的场合中引入吸声材料将是有效的，而如果已有明显的吸声性，那么再试图通过加装更多吸声材料来提高性能一般是不太有效的。

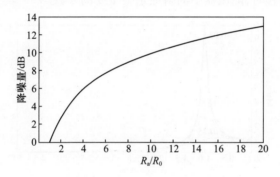

图 10.12　增大吸声性的效果

10.3.6　振动隔离

减少声源传递到结构的振动能量也是一项非常有效的噪声控制措施。与振动设备相关的噪声问题不单单涉及设备自身，如果设备将振动能量传递到相连结构中，那么能量就可以通过结构上的面板或表面以噪声的形式辐射出去。振动隔离这一措施的目的就在于打断这种能量传递途径，从而抑制可能由此导致的噪声问题。

应当注意的是，能量的传递往往还会导致系统中的其他部件出现振动问题，隔振处理也经常用于解决这一问题。例如，当大型压缩机靠近建筑物中的办公区域或敏感仪表区域时，往往就需要进行隔振处理。

首先应当认识到，隔振能够减小设备的运动，设备的运动会导致辐射噪声、

设备上的易损仪器可能出现损伤以及相连管路可能出现疲劳等问题。如果把设备视为一个集中质量,把所安装的一个或多个隔振器视为弹簧和阻尼器,就可以通过单自由度表达式来描述隔振器的作用。根据单自由度系统受迫振动方程,不难导得静态位移与动态位移的比值,其表达式为

$$\mathrm{MF} = \frac{X}{X_0} = \frac{X}{F}k = \frac{1}{\sqrt{(1-r^2)^2 + (2\zeta r)^2}} \qquad (10.31)$$

式中:MF 为放大因子;X 为动态位移幅值;X_0 为动态力幅值作用下的静态位移($X_0 = F/k$);$r = \omega/\omega_n$;ω 为激励力频率($2\pi f$);ω_n 为系统的固有频率;F 为激励力幅值;k 为弹簧刚度;ζ 为阻尼比(c/c_c);c 为阻尼系数;c_c 为临界阻尼系数。

根据式(10.31)不难绘制出图 10.13,该图清晰地表明了在小阻尼($\zeta = 0.05$)情况下,共振频率点处的位移幅值可以非常大,大约为静态位移的 10 倍。当阻尼较大时,共振频率处的位移会显著减小。因此,当我们希望减小安装在隔振器上设备的位移时,隔振器中的阻尼是很重要的参数。

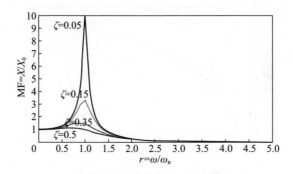

图 10.13 采用隔振器时的位移放大因子

根据图 10.13 还可以观察到与系统特性相关的响应区。ω 远小于 ω_n 这一频率范围称为刚度控制区,近似满足 $X = F/k$,在该区域内 MF 近似为 1。ω 远大于 ω_n 这一频率范围称为质量控制区,近似满足 $X = F/(m\omega^2)$,当 ω 很大时,位移趋于零。响应峰值所在区域称为阻尼控制区,近似有 $X = F/(c\omega_n)$。根据人们的经验,设备的工作频率应保持在整个隔振系统固有频率的至少 2 倍以上才能获得良好的隔振效果。

另一个需要关心的问题是从振动设备传递到结构上的载荷力,这些载荷力会导致结构其他部件出现噪声或振动。以汽车为例,汽车制造商将发动机通过隔振器安装到车体上,从而保证乘坐人员不会受到发动机振动和噪声的干扰。与前面类似,如果考虑单自由度系统的受迫振动情况,那么可以建立力传递率的表达式为

$$\mathrm{TR} = \frac{F_\mathrm{T}}{F} = \frac{\sqrt{1+(2\zeta r)^2}}{\sqrt{(1-r^2)^2+(2\zeta r)^2}} \tag{10.32}$$

式中:TR 为力传递率;F_T 为传递过去的力。

根据式(10.32)可以绘制出图 10.14。该图表明力传递情况与位移情况是很不相同的。在高频段,力传递率将迅速下降。然而,在共振频率上方,阻尼比越大将导致传递的力变得越大,因而在选择隔振器的参数时需要细致谨慎。正如上面曾指出的,在设计隔振器时,较好的经验性做法是使工作频率远高于隔振系统的固有频率。就力的隔振而言,将工作频率设定为固有频率的 3 倍更好(与位移控制中的 2 倍相比)。

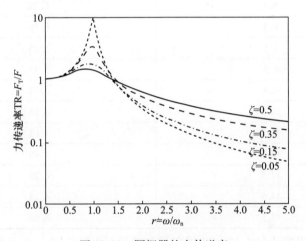

图 10.14 隔振器的力传递率

一般来说,隔振器供应商是支持基于静态位移(X_0)的选择的,这简化了参数选择过程,不过没有阐明隔振器的阻尼情况。实际上,根据动力学方程不难导出以下关系式,即

$$X_0 = \frac{F}{k} = \frac{mg}{k} = \frac{g}{\omega_\mathrm{n}^2} \tag{10.33}$$

重新整理后,可得

$$f_\mathrm{n} = \frac{1}{2\pi}\sqrt{\frac{g}{X_0}} \tag{10.34}$$

式中:g 为重力加速度;f_n 为固有频率(Hz)。

根据式(10.34)即可按照固有频率来选择静态位移,或者按照静态位移来选择固有频率。如同所预期的,为获得较低的固有频率,静态位移应较大。如果使静态位移变小(即隔振器变"硬"),就会导致固有频率变高,隔振效果将会变差。

表 10.7 中列出了根据式(10.34)得到的一些结果。

表 10.7　隔振器固有频率与静态位移之间的关系

静态位移/mm	固有频率/Hz
0.5	22.29
1.5	12.87
2.5	9.97
3.5	8.42
4.5	7.43
5.5	6.72
6.5	6.18
7.5	5.75
8.5	5.41
9.5	5.11
10.5	4.86
11.5	4.65
12.5	4.46
13.5	4.29
14.5	4.14
15.5	4.00

进一步,根据式(10.32),如果阻尼忽略不计(令 $\zeta=0$),并且假定工作频率远高于固有频率(即 $\omega \gg \omega_n$),那么可以得到以下表达式,即

$$\text{TR} = \frac{1}{r^2 - 1} = \frac{\omega_n^2}{\omega^2 - \omega_n^2} \tag{10.35}$$

重新整理后可获得静态位移的表达式为

$$X_0 = g\frac{1+\text{TR}}{\text{TR} \cdot \omega^2} \tag{10.36}$$

利用这个表达式能够针对预期的传递率和已知的工作频率,快速估计出所需的静态位移值。

1. 惯性质量

在很多隔振应用场合中,人们经常把一台或多台机械设备安装到一个惯性质量或结构框架上,图 10.3 就是一个实例。研究表明,这种系统的传递率可以表示为(Bies 和 Hansen,2009)

$$TR = \left| \frac{1 - R^2}{1 - r^2 \left(G^2 - \frac{R^2}{M} \right)} \right| \quad (10.37)$$

式中：$R = f/f_s$；f_s 为安装设备之前支撑系统的固有频率；$G = f_s/f_m$；f_m 为无惯性质量时的固有频率；$M = m/m_s$；m_s 为惯性质量的大小；m 为设备的质量。

根据式(10.37)，可以绘制出类似图 10.15 所示的结果，由于设备和惯性质量支撑座存在阻尼，因而图中不会出现明显的高阶效应。很明显，在设备安装时加装惯性质量这一措施能够显著改变设备隔振特性。

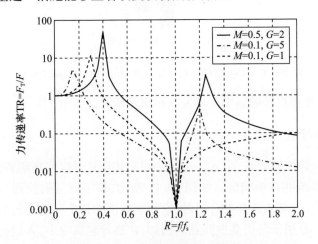

图 10.15　双质量系统的传递率

无论是单独使用隔振器还是加装惯性质量，正确选择隔振器始终是最关键的。当前应用中已经出现了很多隔振器类型，并且也已经商业化。很多时候隔振器供应商都会提供非常详尽的信息，帮助人们进行正确的选择，并且还会给出一些合理的建议。目前可购买到的隔振器包括常见的金属弹簧、橡胶垫、橡胶隔振器，还包括一些比较先进的类型，如带有多腔结构和主动控制单元的隔振器，后者可在较宽频段内实现隔振目的。如图 10.16 所示，其中针对常用的隔振器类型给出了一般适用范围(Bies 和 Hansen，2009)。

对于噪声控制来说，还有一种特殊的隔振情况值得关注。在有些场合中，设备引发的振动可能过大，进而使加装惯性质量和隔振器之后也难以获得足够的隔振效果。例如，考虑一台安装在某建筑物会议室结构板上的大型往复式空气压缩机，这种情况下最佳的解决方案是将压缩机改装到一个独立基础上，使之与建筑物其他部分分离开来。尽管这一方案需要较大的投入，不过这种噪声控制措施能够非常有效地降低噪声和传递到结构中的振动水平。当然，在进行这种改装时，必须十分细致谨慎，避免出现管路、电气、暖通空调系统或其他功能性的

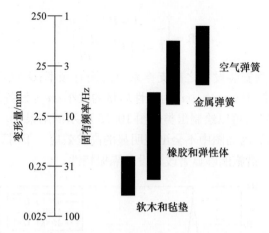

图 10.16　隔振器的一般适用范围（Bies 和 Hansen，2009）

辅助连接，使该独立基础隔振系统发生短路的情况。

10.3.7　调谐吸振器

类似于加装惯性质量，引入一个较小的附加质量可以实现解调作用，从而减小甚至消除系统的共振响应。如图 10.17 所示，将小质量附加到一个大型设备或结构部件上，当参数选择得合适时，它就能够消除某个频率处的共振响应。这一措施已经广泛用于解决共振问题。例如，在高耸建筑物中，人们将大质量块悬挂在电梯井内，形成单摆效应，从而可以解决风载荷或地震载荷导致的共振现象。再如，过去的一些汽车经常采用保险杠（重型钢）和变速器的悬臂质量来抑制不希望出现的共振。另外，还有一个比较好的例子就是现代汽车发动机的曲轴上所安装的扭转吸振器，至今还在广泛应用中。

吸振器中的小质量在感兴趣的频率（工作频率）处会以较大的振幅振动，因而能够吸收该频率的所有能量，进而有效抑制传递到基础结构的载荷。在最简单的情况下，可以选择 m_2、k_2 和 c_2 这 3 个参数，使之在问题频率处形成 1 阶共振。不过，设备速度可能会发生改变，因而问题频率也会随之变化，这就要求在一定频率范围内实现振动的抑制。

为评估吸振器的性能，可以采用以下关系式（Bies 和 Hansen，2009），即

$$\frac{Xk_1}{F} = \sqrt{\frac{\left(\dfrac{2\zeta_2\Omega m_1}{m_2}\right)^2 + \left(\Omega^2 - \dfrac{k_2 m_1}{k_1 m_2}\right)^2}{\left(\dfrac{2\zeta_2\Omega m_1}{m_2}\right)^2\left(\Omega^2 - 1 + \dfrac{m_2\Omega^2}{m_1}\right)^2 + \left[\dfrac{k_2}{k_1}\Omega^2 - (\Omega^2 - 1)\left(\Omega^2 - \dfrac{k_2 m_1}{k_1 m_2}\right)\right]^2}}$$

(10.38)

式中：$\Omega = \omega(m_1/k_1)^{1/2} = f/f_0$；$f_0$ 为所关心的频率；$\zeta_2 = c_2/(2\sqrt{k_1 m_1})$。

如图 10.18 所示，其中针对一些主要参数值，给出了基于式(10.38)得到的结果。

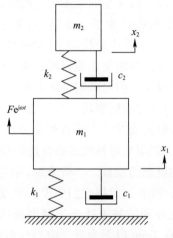

图 10.17 吸振器

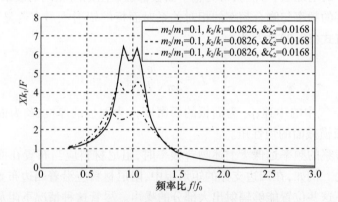

图 10.18 吸振器的性能(Bies 和 Hansen,2009)

如果设计得合适，那么吸振器是能够在特定频率处高效吸收振动和噪声的。设计过程是很简单的，只需选择恰当的附加质量、弹簧和阻尼器，使得一阶共振位于问题频率处即可。

从上述讨论可以认识到，目前有很多方法能够隔离或减少从源传递到结构的机械能，不过这并不意味着结构噪声的传播无关紧要，实际上即便采用了恰当的隔离和源控制措施，结构中传递的能量仍然可能导致噪声。因此，还应当在传播路径上考虑其他一些控制措施。

353

10.3.8 阻尼减振

在噪声控制工程中,引入阻尼是一种既可以在噪声源处也可以在传播路径上起到降噪效果的有效手段。最常见的做法是在振动面板上敷设阻尼层以减小位移振幅,由此即可降低辐射噪声水平。显然,如果这些面板是噪声源的一部分,那么这一处理措施也就属于噪声源控制了(即在源处进行修改)。如果面板是因为结构中传递过来的能量而激发出振动噪声的,那么这一处理措施就属于传播路径上的噪声控制手段了。阻尼减振实际上就是通过阻尼材料来耗散部分振动能量,一般常用橡胶材料把机械能转化为热能。

阻尼的引入一般需要根据面板的力学特性来分析,只需较少的阻尼即可获得很好的效果,其关键在于把阻尼材料放置在合适的位置,使之能够耗散对辐射噪声贡献最大的那些振动模态的能量。一般来说,阻尼材料只有发生较大的弯曲变形才能更好地发挥其作用,因此将它们敷设在节点位置就是非常不利的,同时这也说明了为什么阻尼处理措施更适合于薄面板的振动噪声控制。经验表明,这种面板的厚度最好在7mm以下为宜。应当注意的是,在面板上的恰当位置布置较少的阻尼层,可能获得与整个面板都敷设阻尼层相同的效果。

所考察的频率与吻合频率的相对关系对面板的辐射噪声有着显著的影响。这里可以将式(10.2)改写为

$$f_c = \frac{c^2}{2\pi}\sqrt{\frac{\rho_s t}{EI}} \tag{10.39}$$

式中:c 为空气中的声速;ρ_s 为面板的面密度;t 为面板的厚度;E 为面板弹性模量;I 为面板横截面的惯性矩。

当所考察的频率远低于上述吻合频率时,阻尼材料应当布置在面板边缘和连接点等处。例如,在四边支撑的矩形板中,阻尼材料应沿着四边布置。在此类低频条件下这些位置能够辐射出大部分的噪声。尽管这种情况下阻尼材料是有效的,但所提供的降噪量是有限的。

当感兴趣的频率高于吻合频率时,阻尼材料应当布置在与该频率对应的反节点位置,这样才能更好地发挥耗能作用。

为了更好地衡量阻尼效果,人们一般采用阻尼损耗因子 η 这一概念,其定义为

$$\eta = 2\left(\frac{c}{c_c}\right)r = 2\zeta r \tag{10.40}$$

式(10.40)将损耗因子与临界阻尼和阻尼比等广泛用于振动分析中的参量

联系了起来。由于阻尼材料通常是针对共振问题引入的,因而式(10.40)就可以进一步简化为

$$\eta = 2\zeta \tag{10.41}$$

人们经常利用损耗因子来定义复模量,进而用于描述阻尼材料的特性,即

$$E^* = E(1+j\eta) \tag{10.42}$$

在噪声控制领域,常用的大部分阻尼材料的相关性能都有较全面的资料可供查阅。当然,在损耗因子的测试方面目前也已经建立了若干成熟的方法。需要指出的是,弹性体材料的损耗因子通常会受到温度和频率的影响,其性能往往会因温度或频率的变化而出现显著的改变。

利用梁和板来测试阻尼材料的性能已经是较为成熟的做法了,基于对数衰减的测试过程就是其中一种,如图10.19所示,该方法建立在振幅的对数衰减特性基础上。

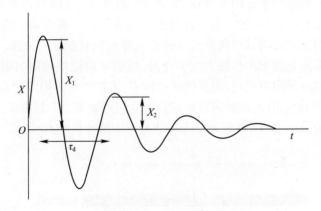

图 10.19 对数衰减分析

根据图10.19,对数衰减可以表示为

$$\delta = \ln \frac{X_1}{X_2} \tag{10.43}$$

不难证明,损耗因子可以表示为

$$\eta = \frac{2\delta}{\sqrt{(2\pi)^2 + \delta^2}} \tag{10.44}$$

对于常见的小 δ 值情况,式(10.44)进一步可以化为

$$\eta = \frac{2}{\pi} \tag{10.45}$$

测量损耗因子也可以采用另一种基于振动梁的测试方法,该方法将阻尼材料敷设在已知振动特性的梁上,然后测量其共振频率的变化情况。这种情况下,损耗因子可以近似表示为

$$\eta = \frac{\Delta f}{f} \tag{10.46}$$

式中:Δf 为敷设阻尼材料前后该梁固有频率的变化量;f 为敷设阻尼材料前该梁的固有频率。

在振动面板上敷设阻尼材料可以有两种方式。第一种是将黏弹性材料层自由地敷设在板面上,阻尼效应主要源自材料的拉伸形变过程。这种方式中比较常见的就是塑料和沥青材料,其厚度不得小于板的厚度才能获得较好的效果。损耗因子与阻尼材料的质量成正比,后者不应低于板质量的 20%,并且敷设的尺寸至少应在弯曲波波长的 40% 以上。

另一种方式是约束层阻尼敷设,如图 10.20 所示,这种方式更加有效,不过也更贵。在这种应用方式中,阻尼材料表面加装了一个刚性较大的附加层。约束阻尼层与面板之间的剪切变形是这种方式阻尼损耗的主要来源,由于该剪切变形能够在较短长度上产生较大的剪应力,因而可以提供较高的阻尼水平。这种方法只需较少的阻尼材料,附加质量也较小,人们经常采用厚度为板厚 1/3 的铝片或钢片作为约束层,由此可以获得较好的阻尼效果。一般来说,阻尼层质量在面板质量的 20% 以下,敷设的最大尺寸为弯曲波波长的 60%。

图 10.20 约束层阻尼处理

10.3.9 消音器

对于通风管道、风扇噪声、暖通空调系统以及很多涉及流体噪声的其他场合,消音器都是一种非常有效的噪声控制措施,有时也称为消声器、吸声器、谐振器和滤波器等,本节将对其主要类型做一介绍。

首先,有必要介绍一下消音器的有效性评价问题。式(10.3)对传声损失进行了定义,即输出与输入声功率之比的对数的 10 倍。由于这个指标与消音器的上下游情况无关,因而它能够有效地描述消音器的性能,不过直接测量却是非常困难的。式(10.15)所定义的插入损失,是采取噪声控制措施前、后的声压级之差。这个指标的测量要相对容易,不过对于复杂环境条件是比较难以计算的。

当采用消音器时,可能会遇到所谓的动态插入损失问题,也就是存在流体运动时的插入损失,在有些场合,如果不存在流体运动,插入损失的测量是相当容易的。最后,式(10.11)所定义的降噪量也是一个可行指标,对于消音器来说,其降噪量是指入口和出口处测得的声压级之差。

在暖通空调系统和其他类似的流体系统中,人们还经常采用衰减量这一概念来描述噪声控制的有效性,它是系统中两个位置的声功率之差,非常类似于传声损失,可以将其视为传声损失的粗略近似。实际上,在平面波这一假定基础上(声波波长远大于通风管道的尺寸),声功率级的变化与声压级的变化是等价的,因此在粗略计算中衰减量是一个非常方便的参量。然而,必须注意的是,在较高频段(声波波长接近于通风管道的尺寸),声压级与声功率级的等价关系是不成立的。

消音器一般分为两种类型,即抗性消音器和阻性消音器。抗性消音器是通过反相位的反射相消来实现声波衰减的,而阻性消音器则主要通过吸声材料来耗散声能。一般来说,阻性消音器在较高频段更加有效,应用范围也更广泛。有些情况下,人们还将这两种消音器组合起来使用,从而可以获得更宽的衰减频带。

图10.21给出了一个最简单的阻性消音器示例,它将玻璃纤维或其他吸声材料作为管道的内衬,依靠它们吸收声能从而产生声衰减。这种类型的消音器所能提供的衰减量可以表示为

$$A = 1.05\alpha^{1.4}\frac{P}{S} \tag{10.47}$$

式中:A 为衰减量(dB/m);P 为流体域的周长(m);S 为流体域的面积(m^2);α 为无规入射吸声系数。

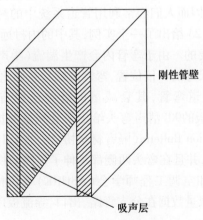

图10.21 简单的管道消音器

人们经常使用这个表达式,不过应注意的是,它是室内声学方法的简化结果,至多是一个较好的近似,在使用该表达式时需要受到若干限制。首先,流体速度不应太高;否则流体自发噪声将超过衰减量。已有经验表明,流体速度最好低于1200m/min。其次,前提是管道中传播的是平面波,这就要求管道的截面最大尺寸应小于$\lambda/10$。再次,消音器中的吸声材料长度应足够大,才能提供预期的性能,相关的经验规则不太一致,不过当长度至少是管道截面最大尺寸的3倍时,式(10.47)能够给出不错的近似估计。最后,这种类型的消音器的性能是有上限的,无论消音器段的长度如何,最大衰减量很少能超过20dB,实际应用时很难达到这一衰减性能。

为了改善性能,一般应在流体中部设置更大的吸声材料表面,为此人们已经提出了很多不同类型的消音器几何形式,图10.22给出了若干实例。必须注意的是,在设计和选择此类消音器时,除了降噪性能外,还需要考虑压降、自发噪声、流体中的微粒堵塞以及使用寿命等方面,这些因素都会给特定应用问题中最佳消音器的确定带来明显影响。后面还会对此作进一步的讨论。

图10.22 管道消音器示例

在管道的噪声控制问题中,直角弯管是一个非常重要的工具。由于它能够提供较大的吸收表面,因而人们经常利用管道系统中的衬里弯头来实现高效的噪声衰减控制。图10.23给出了一个实例,其中的内衬远超过弯管段,这对获得良好的性能是非常重要的。由于弯管内会产生湍流(噪声),因此内衬应当至少延伸到管道最大截面尺寸的4倍位置,弯管两端均是如此。

对于带内衬的管道弯管,其衰减量的计算已经有了若干不同的方法,表10.8针对不带导流板的90°消声弯头给出了衰减量数据(Acoustical and Insulating Materials Association Bulletin(隔音材料协会公告),1941—1974),所敷设的吸声层厚度为2.54cm,并且在弯头两侧都延伸了足够的长度。对于更加复杂的情况,美国采暖、制冷和空调工程师学会(ASHRE)等机构也给出了相关数据。这些管道系统中的衰减量数据在分支管路、出口、导流板以及其他方面的系统设计中都是有用的参考。

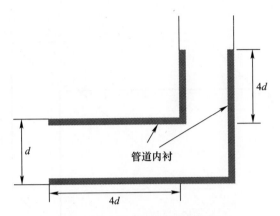

图 10.23 带内衬层的管道弯头

表 10.8 无导流板的消声弯头的衰减量(Kingsbury,1979)

管道宽度/cm	频率/Hz							
	63	125	250	500	1000	2000	4000	8000
15	0	0	0	1	7	12	14	16
30	0	0	1	7	12	14	16	18
60	0	1	7	12	14	16	18	18
120	1	7	13	15	15	18	18	18

1. 静压箱

静压箱也是一种可用于管道系统噪声控制的手段。如图 10.24 所示,如果布置了恰当设计的静压箱,就能有效地减小沿管道传播的声功率。对于图中所示的设计,传声损失可以根据下式计算(Ver,2006),即

$$TL = 10\log\left[S\left(\frac{\cos\theta}{2\pi d^2} + \frac{1-\alpha}{\alpha S_w}\right)\right] \quad (10.48)$$

式中:S 为入口或出口面积;θ 为入口和出口夹角;d 为入口和出口之间的距离;α 为静压箱内表面的平均吸声系数;S_w 为静压箱内的壁面面积。

当 λ 小于静压箱的主要尺寸时,式(10.48)是准确的。当 λ 等于或者大于该尺寸时,式(10.48)给出的结果一般会低估 5~10dB。当入口和出口之间存在隔板等元件阻挡视线时,静压箱的性能将远远超过式(10.48)给出的结果。

2. 抗性消音器

正如前文所指出的,抗性消音器主要借助反射声波或反相位声波的抵消作用来实现声衰减,其设计与阻性消音器存在着很大的不同。最简单也是最常见的抗性消音器就是扩张室,在压缩机、鼓风机以及小型内燃机等设备中是十分常

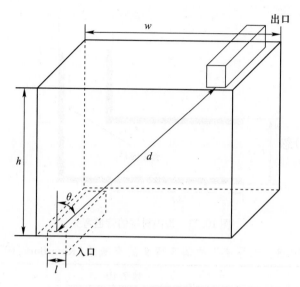

图 10.24 噪声控制静压箱布局

用的。正如名称所体现的,扩张室实际上是流体管道中一个突然扩大的管段,它能够反射声能,减少传播过去的能量。图 10.25 中给出了一个典型的扩张室实例。

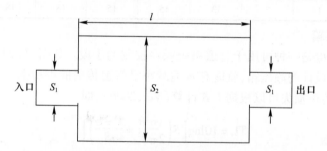

图 10.25 扩张室型消音器

扩张室的传声损失可以根据下式确定(Ver,2006),即

$$TL = 10\log\left[\cos^2 kl + 0.25\left(m + \frac{1}{m}\right)^2 \sin^2 kl\right] \quad (10.49)$$

式中:$k = \frac{2\pi f}{c} = \frac{\omega}{c}$ 为波数;$m = S_2/S_1$;S_1 为入口和出口的横截面面积(假定两者相等);S_2 为扩张室段的横截面面积;l 为扩张室的长度。

要想使扩张室起作用,m 应取 4 或更大的值,并且其尺寸必须大于 0.8λ(对于感兴趣的最低频率而言)。与最大衰减量相对应的,存在着一系列最优长度

值,它们由下式确定,即

$$kl = \frac{n\pi}{2} \quad n = 1,3,5,\cdots \tag{10.50}$$

或者

$$l = \frac{n\lambda}{4} \quad n = 1,3,5,\cdots \tag{10.51}$$

式(10.49)忽略了流速的影响,当 $M<0.1$ 时这是相当合理的。

根据式(10.49),图10.26给出了一个实例计算结果。从中可以清晰地观察到,传声损失是在 $n\pi/2$ 的整数倍位置出现峰或谷的。实际应用中,当 n 较大时,传声损失将会下降,原因在于声波波长将趋近于或小于扩张室的横截面尺寸。一般来说,这种扩张室消音器的作用类似于高通滤波器,在 λ 远大于横截面尺寸的低频段更加有效,而在较高频段绝大部分声能将会"通过"该消音器,衰减很小,因而效果变差。

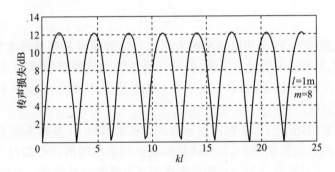

图10.26 扩张室的传声损失

还有一种非常常见的抗性消音器,就是在旁路上加装亥姆霍兹共振腔,如图10.27所示。这种消音器能够在旁路上产生反相位声波,从而显著抑制主路上传播的噪声。有时人们也将该共振腔视为一个弹簧质量系统,这样处理会更方便,这一点将在后面做进一步介绍。

亥姆霍兹共振腔的性能可以根据下式计算(Kinsler 和 Sanders,1982),即

$$TL = 10\log\left[1 + \frac{c^2}{4S^2\left(\dfrac{\omega l}{S_b} - \dfrac{c^2}{\omega V}\right)}\right] \tag{10.52}$$

式中:S 为主管路的横截面面积;S_b 为旁路管道的横截面面积;l 为旁路管道的长度,且有 $l = t + 0.8\sqrt{\dfrac{S_b}{n}}$;$n$ 为旁路个数。

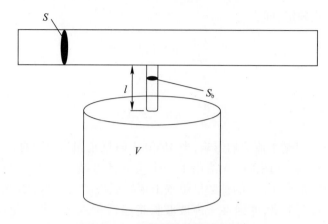

图 10.27 亥姆霍兹旁路共振结构

该性能参数将在共振频率 f_R 处达到最大,该频率为

$$f_R = \frac{c}{2\pi}\sqrt{\frac{S}{lV}} \qquad (10.53)$$

应当注意的是,这个共振频率的表达式与弹簧质量系统是非常类似的,S/l 等价于刚度,V 等价于质量。于是,就可以通过增大共振腔的容积,或者通过增大 l 或减小 S 来降低共振频率。由于 S 一般是固定不变的,因此人们通常考虑的是改变 l 参数。

图 10.28 给出了一个亥姆霍兹共振腔的性能实例,主要影响参数是以无量纲形式表达的。与扩张室不同,旁路共振腔这种类型的消音器的行为更像一个带通滤波器,在共振频率附近它能够提供相当有效的衰减效果。不过,在该频率的上方和下方,衰减量会下降。通过调节参数,可以使亥姆霍兹共振腔具有更宽或者更陡峭的响应曲线,正如图 10.28 所揭示的,Vl/S_b 类似于阻尼因子,当它增大时响应曲线会变得更为平坦。当然,需要在更宽的衰减范围与共振频率处更大的衰减这两者之间折中考虑。需要注意的是,为增大该因子,常见的做法是减小 S_b 或增大 l(因为所需空间问题,所以一般不会考虑增大容积 V),实际上不难想象,这时相当于在共振腔与主管路之间的旁路管道变得更细或更长,这种情况下旁路管道内的空气柱在做往复运动时会出现更大的能量损耗。

与阻性消音器一样,抗性消音器的产品也是多种多样的,其设计和选择原则不仅需要考虑噪声控制方面,还会涉及使用寿命、压降、堵塞以及水液收集与排放等诸多方面。图 10.29 中给出了一些抗性消音器产品实例。

很多暖通空调系统中的消音器都是纯阻性的,并且绝大多数常见的抗性消音器中也会包含阻性元件。在图 10.29 的右图中,深色区域通常是玻璃或矿棉

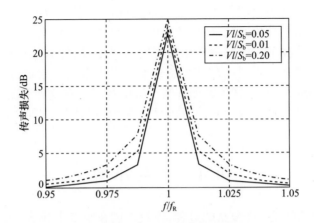

图 10.28　旁路共振结构的性能

图 10.29　商用抗性消声器

纤维,它们能够为抗性衰减性能进一步提供附加的阻性衰减。从所展示的两个消音器中可以清晰地观察到消音器入口处的扩张室,以及很多孔洞内的亥姆霍兹共振腔,这些旁路管道的长度仅为孔洞的深度或者管厚。人们通过把这些要素组合起来,就可以获得更宽的衰减频带,并且能够借此来调节该消音器,从而实现预期的噪声控制特性。当需要在较高频段获得更强的衰减时,只需加大加密阻性段即可。为实现进一步的调节,还可以改变内部管路的长度、孔洞尺寸以及扩张室的容积等。需要注意的是,在进行上述这些改变的同时必须考虑压降、阻塞、流体滞留以及其他设计参数。一般而言,这种消音器可以用于暖通空调系统、压缩机、汽车、飞机发动机、涡轮机进口和出口、鼓风机以及很多其他应用领域。

值得特别关注的一个特定应用是通风管道消音器,当空气或蒸汽通过管道排放到大气中时,经常会安装此类消音器,可以说这一应用场景不仅能够反映工人噪声暴露问题,同时也能够体现出环境噪声问题。这种消音器的工作原理与前文所介绍的是相同的,不过它们往往会涉及一些额外的问题,如在强力排风时可能出现高轴向载荷作用、长时间的噪声辐射导致的环境干扰以及腐蚀现象等。当用于高流速场合时,此类消音器的成本一般是比较高的,如果只有在若干特殊情况下才能发挥作用而平时效果不大,那么这种投入可能是较难决定的。我们曾经看到过在某些场合下不得不采用一台这样的消音器,其直径大约为10m,只有这样才能处理某个极端状况。在这种情况下,如何说明这种高成本的投入和大量空间的占用是合理的,往往是一个非常令人头疼的问题。

10.4 本章小结

噪声控制通常是一个复杂的过程,涉及声能在空气中和结构中的传递。将空气中的传播与结构中的传播这两条路径区分开来是有必要的,这样有助于更好地确定如何以最有效的方式减少工人的噪声暴露量或降低环境噪声水平。一般而言,在每一项噪声控制工作中这两条传播路径都是必须要考虑的。

本章对相关的基本原理作了简介。所有噪声控制过程都是围绕着源－路径－接受者这一模型来进行的,该模型也是任何噪声控制工作的出发点。在声源处进行控制是首选的解决方案,在所有情况下这种方案往往是最快速而有效的。不过,也经常存在着一些不宜在声源处进行控制的情形,通常是因为成本、生产运行以及其他方面的一些考虑。为此,应进一步考虑在传播路径上进行噪声控制,目前可用于实现这一目的的噪声控制材料和设备是非常多的,一般都能购买到。本章讨论较多的内容也正是此类控制方案的基本原理,理解了这些原理,就能够正确认识上述材料和设备的性能以及最佳应用方式,进而设计出有效的噪声控制方案。需要注意的是,一些便宜而"神奇"的材料或装置虽然能够提供几十分贝的声衰减能力,不过有时它们是难以满足多方面性能诉求的。当然,如果在声源和传播路径上采取了恰当的噪声控制措施,还是能够获得几十分贝的降噪性能的。

参 考 文 献

Acoustical and Insulating Materials Association Bulletin, 1941–1974, Performance Data, Architectural Acoustical Materials.

Berger, E.H., Franks, J.R. and Lindgren, F. 1996. International review of field studies of hearing protector attenuation. pp. 361–77. In: Axlesson, A. et al. (eds.). Scientific Basis of Noise-Induced Hearing Loss. Thieme, New York.

Brueck, Liz. 2009. Real world use and performance of hearing protection. Prepared by Health and Safety Laboratory for the Health and Safety Executive 2009, RR720, Health and Safety Laboratory Harpur Hill Buxton Derbyshire, UK.

Lie, Arve, Skogstad, Marit, Johannessen, Håkon, A., Tynes, Tore, Mehlum, Ingrid Sivesind, Nordby, Karl-Christian, Engdahl, Bo,and Tambs,Kristian, 2015,Occupational noise exposure and hearing: a systematic review. Int. Arch. Occup. Environ Health: 1–22.
Concha-Barrientos, Marisol, Campbell-Lendrum, Diarmid and Steenland, Kyle. 2004. Occupational noise—Assessing the burden of disease from work-related hearing impairment at national and local levels, World Health Organization Protection of the Human Environment, 33 p.
International Institute of Noise Control Engineering, survey of legislation, regulations, and guidelines for control of community noise,2009,International Institute of Noise Control Engineering Publication 09-1, Final Report of the I-INCE technical study group on noise policies and regulations (TSG 3). 50 p.
Ontario Ministry of the Environment, Environmental Approvals Access and Service Integration Branch and Environmental Approvals Branch. 2013. Environmental Noise Guideline Stationary and Transportation Sources – Approval and Planning Publication NPC-300. 65 p.
Transportation Research Board of the National Academies. 2008. Effects of Aircraft Noise: Research Update on Selected Topics – A Synthesis of Airport Practice, 99 p.
Koopmann, Jonathan, Solman, Gina Barberio, Ahearn, Meghan, and Hwang, Sunje, John A. Volpe National Transportation Systems Center (U.S.). 2014. Aviation Environmental Design Tool user guide version 2a. 184 p.
UK Environmental Research and Consultancy Department of the Civil Aviation Authority, 2014, Aircraft noise, sleep disturbance and health effects, CAP 1164. 33 p.
International Institute of Noise Control Engineering Working Party on Noise Emissions of Road Vehicles (WP–NERV), 2001, Noise Emissions of Road Vehicles Effect of Regulations Final Report 01-1, 56 p.
Japan Automobile Manufacturers Association, Inc. 2013. Report on Environmental Protection Efforts Promoting Sustainability in Road Transport in Japan, 38 p.
Lamancusa, John, S. and Eschenauer, Hans, A. 1994. Design optimization methods for rectangular panels with minimal sound radiation. AIAA Journal 32(3): 472–479.
Cremer, L. and Heckl, M., Translated by Ungar, E.E. 1988. Structure-Borne Sound: Structural Vibrations and Sound Radiation at Audio Frequencies, Springer-Verlag, Berlin.
Ver, Istvan, L. 2006. Interaction of sound waves with solid structures. pp. 389–515. In: Istvan, L. Ver and Leo, L. Beranek (eds.). Noise and Vibration Control Engineering: Principles and Applications. John Wiley & Sons, Inc., New York.
Bies, David, A. and Hansen, Colin, H. 2009. Engineering Noise Control: Theory and Practice, Fourth Edition, Spoon Press, New York.
Lord, H., Gately, W.A. and Evensen, H.A. 1980. Noise control for engineers. McGraw Hill, New York.
Kingsbury, H.F. 1979. Heating, Ventilating, and Air-Conditioning Systems. pp. 28–5. In: Harris, C. M. (ed.). Handbook of Noise Control. McGraw Hill, New York.
Kinsler, L.E., Frey, A.R., Coppens, A.B. and Sanders, J.V. 1982. Fundamentals of Acoustics, 3rd edn. John Wiley & Sons, New York.

译者简介

舒海生,男,汉族,1976年出生,工学博士,博士后,中共党员,现任池州职业技术学院机电与汽车系教授,主要从事振动分析与噪声控制、声子晶体与超材料、机械装备系统设计等方面的教学与科研工作,近年来发表科研论文30余篇,主持并参与了多个国家级和省部级项目,出版译著6部。

孔凡凯,男,汉族,工学博士,博士后,现任哈尔滨工程大学机电工程学院教授,博士生导师,主要从事机构学、海洋可再生能源开发以及船舶推进性能与节能等方面的教学与科研工作,近年来发表科研论文20余篇,主持国家自然科学基金和国家科技支撑计划重点项目等多个课题。

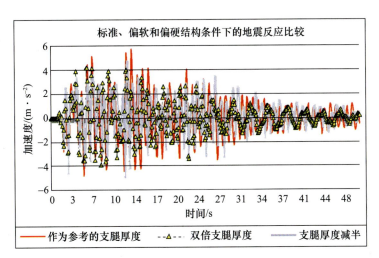

图1.27 不同支腿刚度条件下支腿与上部结构连接位置处的加速度情况
(峰值加速度:半基准厚度时为4.7m/s², 基准厚度时为5.8m/s², 双倍基准厚度时为4.7m/s²)

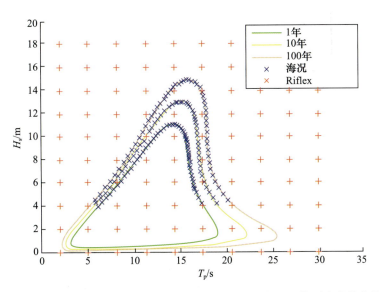

图3.10 基于图3.9的联合PDF(与1年、10年和100年重现期对应的等值线)

彩1

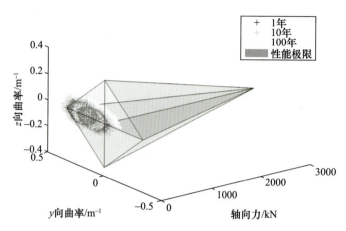

图 3.16 针对立管上端横截面的长期凸包与极限状态面
（忽略了位于该部位的防弯器所带来的有利效应）

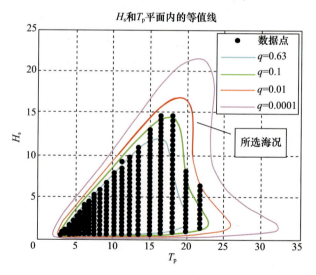

图 4.5 为确定最不利的海洋气象条件而选择的海况